U0196609

住房城乡建设部土建类学科专业"十三五"规划教材

"十二五"普通高等教育本科国家级规划教材

国家自然科学基金项目：编号 59178305

国家自然科学基金项目：编号 50078036

国家自然科学基金项目：编号 51308379

国家自然科学基金项目：编号 51208340

建设部七五计划重点项目：编号"86- 五 -1"

中国现代建筑史

（第二版）

A History of Chinese Modern Architecture

邹德侬　张向炜　戴路　著

中国建筑工业出版社

图书在版编目（CIP）数据

中国现代建筑史 / 邹德侬，张向炜，戴路著 . —2 版 .
北京：中国建筑工业出版社，2019.3（2024.11 重印）
住房城乡建设部土建类学科专业"十三五"规划教材
"十二五"普通高等教育本科国家级规划教材
　ISBN 978-7-112-23245-1

　Ⅰ.①中… Ⅱ.①邹… ②张… ③戴… Ⅲ.①建筑史 –
中国 – 现代 – 高等学校 – 教材 Ⅳ.① TU-092.7

　中国版本图书馆 CIP 数据核字（2009）第 024211 号

为了更好地支持相应课程的教学，我们向采用本书作为教材的教师提供课件，
有需要者可与出版社联系。
　建工书院：http://edu.cabplink.com/index
　邮箱：jckj@cabp.com.cn　　电话：（010）58337285

责任编辑：陈　桦
文字编辑：柏铭泽
责任校对：焦　乐

住房城乡建设部土建类学科专业"十三五"规划教材
"十二五"普通高等教育本科国家级规划教材
中国现代建筑史（第二版）
邹德侬　张向炜　戴路　著
＊
中国建筑工业出版社出版、发行（北京海淀三里河路 9 号）
各地新华书店、建筑书店经销
北京雅盈中佳图文设计公司制版
建工社（河北）印刷有限公司印刷
＊
开本：787 毫米 × 1092 毫米　1/16　印张：22¾　字数：478 千字
2019 年 6 月第二版　2024 年 11 月第八次印刷
定价：**49.00** 元（赠教师课件）
ISBN 978-7-112-23245-1
　（33522）

作者自 1982 年起，先后在建设部设计局、建设部七五计划重点科研项目、两项教育部博士点基金和两项国家自然科学基金等基金的资助下，在青年学者的广泛参与下，对中国现代建筑进行了持续研究，该课题 2002 年获教育部自然科学一等奖。2001 年出版《中国现代建筑史》专项学术著作，并于 2002 年获第十三届国家图书奖。2010 年该课题被列为十一五国家级规划教材。参加此项研究的主要青年学者，如今已经成为不同战线上的骨干，这里列出部分主要成员：

篇幅所限，不能全部列出所有参与的人员，请见谅。

本书在"十一五"国家级规划教材版本的基础上有所增补和精简。增补了第 8 章的内容：全球化背景下的应对：新世纪再启国际视野，2000—2010；精简了原版本的章节、文字和案例，以期内容有更加精炼的呈现。至此，这里所呈现的中国现代建筑史，其远端大约在 1950 年代之初（1950 年代之前作为背景建筑史），近端一直叙述到进入 21 世纪的 2000 年代和部分 2010 年代。

中国加入 WTO 之后，进一步打开国际视野，更与外国建筑师同台竞技。建筑设计市场以及建筑设计自身如何应对入世之后的局面，成为面临的新问题。

姓　名	研究工作时的单位及工作	在修学位和学衔	主要研究内容
刘　珽	天津大学建筑学院，在修	硕士	建筑理论 1949—1980 年代
韩　斌	天津大学建筑学院，在修	硕士	1950—1980 年代建筑
路　红	天津大学建筑学院，在修	硕士，博士；客座教授	居住建筑、天津风貌街区保护
曾　坚	天津大学建筑学院，教师	博士；教授	建筑师一、二代
刘丛红	天津大学建筑学院，教师	硕士，博士；教授	1980—1990 年代建筑，绿色建筑
运迎霞	天津大学建筑学院，教师	硕士，博士；教授	特区建设
张向炜	天津大学建筑学院，教师	硕士，博士；副教授	建筑理论家，2000—2010 年代建筑
戴　路	天津大学建筑学院，教师	硕士，博士；教授	建筑师二、三代
赵建波	天津大学建筑学院，教师	硕士，博士；教授	1900—1940 年代
李国庆	天津大学建筑学院，在修	硕士，博士；教授	唐山震后重建
邓庆坦	天津大学建筑学院，在修	硕士，博士；教授	1900—1940 年代
李　卓	天津大学建筑学院，在修	硕士，正高级建筑师	援外建筑
柴　晟	天津大学建筑学院，在修	硕士，正高级建筑师	外来建筑

资深的和体制内的建筑师努力开辟新领域做出新探索，一批有国外教育背景的青年建筑师也求新图变，在实践中试图与国际建筑接轨，取得一定影响。国内建筑兴起广场风和新区的群体规划直到大学城。同时，建筑的可持续发展及绿色建筑，开始深入建筑创作。世界瞩目的汶川大地震灾后重建、北京奥运会场馆建设和上海世博会的准备和举办，大大带动了国内的建筑创作。

本书特别注重对建筑作品的介绍，有的并附有多幅图片。作者访问过大量的建筑师，并现场参观作品。书中没有标注出处的图片，是《中国现代建筑史纲》时期和随后的研究过程中，在现场拍摄的，当中有龚德顺提供的珍贵照片。其他大部分图片，是设计单位和建筑师以及热心的友人，无私提供的，图片的主人往往就是建筑的作者，至今仍让本书的页面生辉。

现在有越来越多的人关注和研究这段建筑史，让我们非常兴奋。首先是，举足轻重的大设计院如北京院、中国院等，有专门人员梳理和出版一些珍贵的资料，例如历史亲历者的回忆文集和各种图片、文献展览。由于他们曾经承担过这些万人瞩目的建筑项目，所以他们的工作具有特殊意义。还有一些有实力的高等院校的研究，以及个人的工作，都显出勃勃生机。相信这种趋势一定能持续发展下去，呈现多视角、多方法，更深入、更广泛的研究成果。

邹德侬　张向炜　戴路
2018 年立秋于天津大学建筑学院

中国现代建筑史课题研究，始于1982年，在建设部设计局、科技局、建设部七五计划重点科研项目的支持下，大约于1986年由时任设计局长和建设部总建筑师的龚德顺主持完成了中国大百科全书的大型条目《中国现代建筑》和专著《中国现代建筑史纲》。当时，这个课题属于比较敏感的"禁区"，因而此两项成果具有一定开拓意义。此后，在两项教育部博士点基金和两项国家自然科学基金等基金的资助下，在几代青年学者的广泛参与下，对《中国现代建筑史》进行了持续研究，2001年出版了专著《中国现代建筑史》，并于2002年获第十三届中国图书奖。该课题2002年获教育部自然科学一等奖，国家自然科学一等奖提名奖，列入十一五国家级规划教材。参加此项研究的主

要青年学者，如今已经成为不同战线上的骨干，这里列出部分主要成员如下表所示。

中国现代建筑史，是离我们生活最近的建筑史，它的远端正逐渐积淀成为历史，而近端就是我们的现实生活，我们甚至难以分辨"历史"和"动态"之间的界限在哪里，这也是中国现代建筑史的生动之处。

这里所呈现的中国现代建筑史，其远端大约在1950年代之初（1950年代之前作为背景建筑史），近端至20世纪末，而最近10年的建筑现象，目前尚在观察研究之中，所以没有载入。如果以1970年代末的改革开放为界，这个历史会呈现出特征分明的两段：前段（1950—1970年代，约30年），建筑跟随国内政治运动及相应的经济起伏而演化，建筑创

姓　名	当前单位	学　衔	主要研究内容
刘　珽	上海市建筑装饰有限公司	工学博士，设计总监	建筑理论
路　红	天津大学建筑学院	工学博士；客座教授	居住建筑
曾　坚	天津大学建筑学院	工学博士；教授	建筑师一、二代
刘丛红	天津大学建筑学院	工学博士；教授	1980—1990年代
运迎霞	天津大学建筑学院	工学博士；教授	特区建设
张向炜	天津大学建筑学院	工学博士；副教授	建筑理论家等
戴　路	天津大学建筑学院	工学博士；副教授	建筑师二、三代
赵建波	天津大学建筑学院	工学博士；副教授	1900—1940年代
李国庆	河北农业大学城乡建设学院	工学博士；教授	重建新唐山
邓庆坦	山东建筑大学	工学博士；副教授	1900—1940年代
李　卓	上海交通大学	建筑学硕士，副教授	援外建筑

作具有强烈的意识形态影响；后段（1980年代~1999年世纪之末，约20年），建筑创作跟随了由计划经济向社会主义市场经济转化的过程，经济因素对建筑的影响上升到第一位，而贯穿前后两段全过程的是，我国人口众多和资源匮乏的国情。这个国情，前段曾被称为"一穷二白"，前辈建筑师们，在当年"短缺经济"的困难条件下，从现实生活出发，立足国情，完成了许多优秀建筑，这是值得广大建筑学子学习的建筑精神遗产。而今，中国经济获得巨大发展，建筑创作环境已相当宽松，但巨大的人口"分母"依然让我们在各种经济"排行榜"中处于下游的位置。在经济全球化的全新环境里，"可持续发展"和"低碳经济"已经成为普世的国际准则，新一辈建筑师，不但要考虑此时此地现实生活的"实情"和反映国家现实的"国情"，而且必须遵从保护容纳我们生活的唯一的地球"世情"。在先辈建筑师的建筑精神遗产里，我们可以找到对今天依然有用的东西。

然而，创造建筑史的不只是建筑师，尽管他们具有不可替代的作用。使用建筑的业主，管理城市的长官，全社会的文化风气乃至国家政治、经济状况，都在直接或间接地左右着建筑师运笔的方向，所以，"建筑是时代的镜子"这话很贴切。但在现实中，这面"镜子"却常常蒙尘，甚至被当做"老皇历"而丢弃，例如我国建筑中屡整不改的"浪费"现象，三令五申而制止不住的"楼堂馆所"，各种名目的"跟风"，等等，今天都在以不同的面目重现。在当前建筑设计市场里，在强烈的业外指导力量的推动下，建筑师虽然没有决定性的作用，但是，现代建筑历史素养给我们的洞察力，建筑科学的专业知识，会告诉我们，在建筑师的社会责任面前，什么可以做，什么不可以。

由于历史的原因，我们的研究没有包括中国台湾、香港和澳门地区，这是一件憾事。同时，由于建筑发展得飞快，数量庞大，而且出现了大量的建筑群体乃至新区、新城，原有的研究方式显然已经难以适应发展了的新形势，这也是现代建筑史研究面临的新挑战。衷心期望包括台湾、香港、澳门各地的青年学者，创造出适应新形势的新方法，使得中国现代建筑史的研究，出现新成果，展现新面貌。

邹德侬
2010年立夏于《有无书斋》

目 录

第 7 章

設計市場和建筑创作：
計划经济向市场转型，
1990 年代

第 8 章

全球化背景下的建筑应对：
新世纪再启国际视野，
2000—2010

中国现代建筑史概论：
国际现代建筑运动与中国

中国现代建筑史，学科较新，学术用语及其内涵难能共识，在不同语境中容易产生歧义。有必要对一些基本用语及其含义作些限定，建立起讨论中国现代建筑的基本语言环境。

0.1 中国现代建筑的几个用语

1）当代建筑和现代建筑

（1）当代建筑（Contemporary Architecture）：指目前的、最近一个时期的建筑，但时限不确定。

（2）现代建筑（Modern Architecture）：特指西方现代建筑运动（Modern Movement）以来的"新建筑"，具有特定的历史含义。

（3）近代建筑（Modern Architecture）：在当前中国建筑史教材里，把1840年鸦片战争至1949年中华人民共和国成立这段建筑历史叫作中国近代建筑史。国外建筑史著作，不分现代和近代，日本则统称近代建筑。

2）现代运动、现代建筑运动、经典现代建筑、前现代建筑、现代主义和现代性

现代运动（Modern Movement）：在外国的现代艺术史著作里，泛指包括现代建筑在内的现代艺术运动。

现代建筑运动（Modern Architecture Movement）：指西方现代艺术运动中的现代建筑运动部分。

经典现代建筑（Classical Modern Architecture）和前现代建筑（Per-Modern Architecture）：从19世纪与20世纪之交发源，到两次大战之间成熟的现代建筑及其理论，称为"经典现代建筑"。而此前以新艺术运动等为主导的建筑探新活动，称作前现代建筑。

现代主义（Modernism）：在教学和研究工作中，我们曾尽量避免"现代主义"一词，这是因为：

（1）"现代主义"一词所适范围过于宽泛，不但在建筑领域里使用，而且在文学、艺术等领域里也使用，不同的环境，与建筑领域时有歧义；

（2）传统意义上的"主义"，一般应有纲领、主张、领袖乃至组织，哪怕是松散的。事实是，现代建筑是个集合现象，是个运动。在许多国家，有许多群体和个体，它们在不尽相同的条件下，以趋同的思想和方法进行工作；

（3）不少论者用"方盒子""光秃秃""冷冰冰"或"千篇一律"之类的形式特征来形容"现代主义"建筑，不但失之偏颇，且有悖于现代建筑运动的内在特征。有的论者也常把"国际风格建筑"（International Architecture）与现

代主义混为一谈。

现代建筑运动一词，宏观概括了发源于欧美的现代建筑集合，在基本相同的建筑原则下，不同地域的建筑师，各有各的创造，故而避免用"主义"概括。

现代性（Modernity）：此语来自西方，大约 1990 年代流入我国。"现代性"一语在西方的运用，可上溯到文艺复兴，而且，不同的论者其定义也相距甚远。进入中国，论者必然各有各的理解和定义。为尽量避免歧义，这里还是以我们自己的方式加以限定，顾名思义：建筑的现代性是进入现代社会后，建筑所产生的新性质。

一般地说，旧时代的建筑转变为新时代的建筑，例如手工业时代的古代建筑转变为工业时代的现代建筑，要完成建筑体系的巨大变革，才能进入新的建筑时代。概括地说，建筑体系的变革由以下内容组成：

（1）由建筑材料、结构和设备等构成的新建筑技术体系（Architectural Technology System）；

（2）由新生活方式带来更复杂的新建筑功能体系（Architectural Function System）；

（3）由工业化思想为主导的自由开放的新建筑思想体系（Architectural Thought System）；

（4）由建筑设计、建造、管理和法制组成的新建筑制度体系（Architectural System）。

这些新体系的形成，并非齐头并进，也非朝夕之间，而是在进程中相互促进，逐步形成"多位一体"的建筑整体。

3）学院派的风格化

学院派的建筑风格化（Stylize）：现代建

筑发源之前，老学院派及其影响的建筑师，把建筑炮制成不同风格的传统程式"套子"，如古典式、哥特式和林林总总的其他样式，以满足业主像选帽子一样，选择不同建筑样式。"风格"一词是中国现代建筑活动中使用频率最高的词汇之一，这里用"风格化"来承担这种现象里的负面含义。

0.2　中国建筑与国际现代运动

中国现代建筑在国际现代建筑运动的影响下，被动输入后主动发展。虽然自 1950—1970 年代，中国建筑与国际现代建筑运动主流隔绝长达 30 年之久，但中国建筑追求现代性的努力一直不断。事实上，中国人口众多、资源匮乏，天然需要主张简约的现代建筑原则。1990 年代以来，中国建筑在深入改革和经济全球化的国内外背景下，全面恢复了与国际建筑的关系，在国际建筑多元化的环境里，中国建筑也开始了多元化进程。1999 年国际建协（UIA）第 20 次大会在北京召开，是中国现代建筑重新融入多元国际建筑的象征。

中国现代建筑经历了一条曲折而坎坷的路，其独有的特征，形成了它与国际现代建筑运动的特定关系。

1）被动输入后的主动发展

西方现代建筑输入中国的那段历史，是令国人痛楚的历史，发达的帝国主义列强，用炮舰打开落后中国的大门，所进行的建筑活动，内含中国被掠夺的屈辱，但同时也成为外来文化的重要组成，甚至成为先进事物的载体，如同西方发源的电灯、电话、电影、汽车、飞机……

一样，也是中国进入现代社会的初始标志和促进因素之一。随着时代的发展，中国社会越来越主动地引进、吸收国际上优秀的科技成果和思想成果，包括建筑师主动引进、吸收国际上包括现代建筑在内的优秀建筑成果。这样，被动输入的西方现代建筑，经过中国建筑师结合国情的主动发展，就完全转化为中国的现代建筑。事实表明，中国现代建筑是国际现代建筑运动的组成部分。

2）工业化与非工业化共存

中国现代建筑经过了初始期以后，工业化的建筑设计思想也逐渐成为该时期中国建筑活动的主流，非工业化设计思想为基础的非"摩登"建筑乃至复古的建筑，是它的支流。虽然有后者的存在，但并不能改变已经处在现代建筑阶段的总体属性。何况，某些非工业化思想，是针对工业化带来的问题而产生的。比如，主流建筑过远地离开传统、脱离地域和失掉人情等等。所以，非工业化思想，业已成为工业化思想的积极补充，升华为现代意识的一个组成部分。即便有一些穿着旧衣服的"复古"建筑出台，实际上它们都在广泛地运用着现代建筑体系的成果，特别是技术体系或制度体系的成果。

在中国，工业化和非工业化共存还有一层意义，那就是传统建筑体系和现代建筑体系的共存。中国的大中城市和广泛的农村，发展极不平衡，当大中城市正在接受外来种种建筑洗礼的时候，广大农村一如既往，几乎依然采用千年一贯制的"秦砖汉瓦"，来建设他们的住宅和公共建筑。这种城乡建筑分离的现象一直在持续，所以，一部现代建筑史，小城镇和农村建筑的小比例或缺位现象，应当逐步有所改善。

3）创作环境排斥现代运动

1949 年以后，国家面临严峻的国际和国内政治形势，如果不实行"一边倒"向以苏联为首的社会主义阵营，新生的共和国在当时就很难生存。"一边倒"倒向苏联的结果，是在引进苏联建设资金的同时，大量甚至全盘引进了苏联以阶级斗争为纲的所谓"社会主义"建筑文化。社会主义和资本主义之间、无产阶级和资产阶级之间阶级斗争的观念，渗透到政治经济和文化艺术各个领域，并长期指导着这些领域的一切活动。1955 年，毛泽东主席用"政治工作是一切经济工作的生命线"[①]概括了这一观念。

在这个"政治挂帅"的建筑创作背景下：

（1）中国建筑全面排斥发源自欧美资本主义国家的经典现代建筑，这些建筑被蔑称为帝国主义的"方盒子"，成为建筑领域阶级斗争的"靶子"；

（2）学术性的建筑理论，往往大篇引用政治领袖的政治论述，矛头经常指向抽象的"假想敌""帝国主义""资本主义""资产阶级"，学术理论转化为某种政治理论；

（3）建筑师和他的建筑，经常因反映一些现代建筑的思想和方法而受到批判，特别在频繁的政治运动中，很多建筑师因此遭到不公的对待。

4）现代建筑始终隔而不绝

在现实中，人们不但运用着大量现代建筑的成果，而且对于建筑现代性的追求从未中断。1950 年代初期，已经熟悉现代建筑原则的多数建筑师们，自发地延续了现代建筑的思想和实

① 毛泽东.中国农村的社会主义高潮 [M]// 毛泽东选集（第五卷）.北京：人民出版社，1977：243.

践，出现过一些比较优秀的现代建筑作品，成为中华人民共和国成立之后现代建筑的经典之作；1956年反掉大屋顶"复古主义"之后，不但有对现代建筑的强烈呼唤，而且出现了一些结合中国国情具有一定现代性的建筑作品；即便是在1958年"大跃进"这样的非科学的政治性经济运动中，中国建筑师响应了"技术革新""技术革命"的"号召"，也有结构先进的探新作品问世；进入1960年代后，中国建筑师在长期"短缺经济"条件下，探索了对资金、材料等的节约措施，事实上，建筑的经济问题，也是现代建筑重点关注的原则问题；"文革"十年中，在"促生产"的"间隙"里，适应外交和外贸需要的建筑，均反映出现代建筑的技术和艺术特征；特殊地域如广州等南方地区的地域性建筑，同时也反映出对现代结构和新功能的追求；1980年代之初的改革开放，建筑师结合当时国情条件，重新在中国现代建筑之路上起步，出现一些有中国特色和现代意义的建筑作品。这一切表明，现代建筑的经济性、工业化以及简约性的美学原则，符合中国国情现实。现代建筑在中国，绝不是学派之争，而是天然需要。

0.3　中国现代建筑师

1）建筑师生存环境和创作环境相对艰难

新型建筑体系是由外国输入，外国建筑师很早就在中国开展业务，正在成长的中国建筑师，难以与外国建筑师抗衡。正如所见，在上海、广州、天津和武汉这样的大城市，外国资本的建造活动和外国建筑师的建筑设计占绝对优先地位，中国建筑师在夹缝中艰难跋涉。

2）经济因素的持续困扰

没有得到充分发展的近代民族经济，大大地制约了民国时期的建筑活动。共和国成立之后，虽然有过几次发展的高潮，但从总体而言，国家经济起伏跌宕，多次陷入周期性"调整"的困境之中，直至1980年代。

经济的欠发达，导致资金长期短缺，技术相对落后，因缺乏钢材、水泥和木材等基本建筑材料，经常要求材料代用，建筑造价更是一降再降，中国建筑师面临少有的严苛建筑设计条件。以住宅设计为例，每人居住面积$4m^2$的设计指标，延续了30余年，住宅造价曾由共和国初期的每平方米近100元，长期压缩到50元以下。

3）特有的群体思维特征

（1）中庸和辩证的设计思想方法

中庸之道是深深影响中国知识分子的思维模式，共和国成立之后的长期的思想改造活动，这一思想又被辩证法所强化。这两种思想方法，以既要这样、又要那样的兼容状态为最高境界。这种思维模式，能帮助建筑师设计出周到而实用的作品，却难以创造出有鲜明个性的作品。

（2）传统情结和文化使命感

苦难和屈辱的中国近代史，令中国知识分子具有振兴中华的情怀，许多人往往以传统建筑文化作为出发点，期望作品带有文化使命感，有时，也会成为建筑创作难以负担的压力。

（3）封闭环境中自发探索现代建筑

共和国成立之后，中国建筑师与外界的接触，仅限于苏联和东欧的社会主义国家，1950年代成长起来的建筑师，绝少拥有去现代建筑发源地求学的经历。中国建筑师依靠原先的积累和绝少新资信，结合国情探索自己的现代建筑之路。

（4）形象思维重于建筑理论的思辨

重视知识、技巧的具体落实与运用，是我国建筑师的主要思想方法之一。能从环境或从功能、历史、文化出发，创造出完美的建筑形象，但缺乏上升为建筑思想、发展为建筑理论系统的动因。

（5）高超的设计技艺和多元的折中

第一代留学生集中于学院派大本营美国宾夕法尼亚大学，学生大都能够以优异的成绩完成学业，有的在学期间就获得重要的奖项。归国之后，激烈的竞争环境和应对领导或业主的要求，促成了创作的折中倾向。许多建筑师设计出典型的现代建筑，同时又能设计出地道的大屋顶建筑。

4）独特的建筑政治现象

在中国现代建筑中，政治思想因素影响之大，持续时间之长，实属少见。主流建筑所推动的建筑思想，如民国时期"中国固有之形式"，共和国初期的"民族形式"和1970年代遍及各个领域的"阶级斗争要天天讲"等等，事实上形成了一种支配建筑活动的"建筑政治"。建筑中的"政治挂帅"，造成了建筑理论和政治理论交叉，学术思想和政治思想交叉，以及设计业务和政治运动交叉，建筑活动基本上成为历次政治运动的重要话题。

5）集体创作和长官抉择

计划经济时期的集体创作环境，往往使得"综合"或"合作"的作品失去了鲜明的个性。而长官的直接干预和拍板的机制，限制了更为

专业的眼光，加上一些似是而非的"理念"或商业语言，令作品很难具有创造性突破。最终作品成为大家都能接受的方案，却难以成为公认的优秀作品。

6）建筑创作广有成就的地域品格

中国的疆域广大，南北气候反差鲜明，东西地貌差异显著。各地民间建筑形成了不同的地域特点，成为官方倡导的主流建筑以外的民间建筑海洋。在中国现代建筑的发展过程中，地域建筑是广有成就的重要方面。特别是共和国成立之后，当传统的官式建筑和外来建筑式样受到种种批评的时候，建筑师往往在地域建筑里寻求新的灵感。这里确实也是一个广阔的天地，从某种意义上说，地域性建筑乃是共和国成立以来最有活力和成就的建筑创作领域。

7）关于中国建筑师的分代

为建筑师分代，不是一个"可持续"的方法，三代之后就可能难以为继。况且，所持分代标准不同，比如，按年龄还是毕业年份等，会得出不同的结果。所以，这里的工作，并没有分代的意愿。

但是，中国建筑师特殊的历史背景，十分自然地把建筑师大体分成了三代：第一代，1949年之前毕业和执业的；第二代，1949年之后受建筑教育并参加工作的；第三代，1977年以后恢复高考接受建筑教育并参加工作的。当然，这三代以后，那就进入一个可能引起争论的难题了。

第一代，人数较少，大多受过良好的教育，有相当比例的人员有出国的经历，其中许多人有硕士学位，他们除了在民国时期为建筑事业

做出贡献外，许多人成为共和国建筑实践和教育的中坚力量。

第二代，人数较多，在国内的巨大变革中受过良好的教育，但除个别人外，很少有出国留学和参观的机会。他们对国情有较深刻的了解，是共和国建筑实践和教育的主体力量。

第三代，是"文革"十年动乱结束后开始接受建筑教育的新一代，他们是在安定的社会条件下，以及第二代建筑师的教育下，在大量的实践机会中成长起来的。他们还有机会去国外就读、研究和执业，眼光开阔，胸怀开放，是具有革新和创造精神的新一代。

向外看，中国现代建筑师是国际现代建筑运动影响下的群体；向里看，他们扎根于中国的土地上，走着艰难曲折的路。

0.4　中国现代建筑的基本轨迹

我国当前的建筑历史教学沿用 1840—1949 年为中国近代建筑史的惯例。这里的中国现代建筑史，把起点提前到 1920 年代末，内容与中国近代建筑史有部分重叠，这个重叠可视为 1950 年代掀开新篇章的背景，它反映了现行近代建筑和现代建筑不可切割的一体关系。

1）被动输入和主动发展：现代建筑之弱势起步，1920—1940 年代

19 世纪和 20 世纪之交的中国，已被迫纳入世界市场，各主要资本主义国家在中国扩大商品输出、资本输出，并取得开办工矿、兴修铁路的权利。为了服务于这些在中国谋利的种种活动，列强也把它们不同类型、不同风格的建筑输入中国，包括西方正在发展着的现代建筑。

至此，中国的建筑体系逐渐发生了巨大的变化，钢和钢筋混凝土结构开始大量应用，主要体现在大城市的公共建筑之中。与此同时，中国的传统营造方式依然在继续，现代体系与传统方式并置。面对强大的外来经济、政治势力和建筑潮流，中国官方时常以"中国固有之形式"加以应对。

具有现代建筑技术特征的建筑，起初披着古典形式的外衣。此后，从建筑创作思想和形态上，渐渐具备了现代建筑的典型特征。许多图变的中国建筑师，在新技术的条件下，努力推出新建筑，成为中国现代建筑的重要先例。正当现代建筑思想以较大力度影响中国建筑师的时候，中国进入了长期战乱时代，1937 年开始的 8 年抗日战争和接踵而至的 3 年国内战争，使国家满目疮痍、民不聊生，待到这 11 年战争停止的时候，胜利者面临的已是一个百废待举的破烂摊子。

2）现代建筑的自发延续：国民经济的恢复时期，1950 年代前期

1949 年中华人民共和国成立，为中国大陆的建筑发展揭开新篇章，在清理战争废墟的同时，展开了规模不大但生气勃勃的建设活动。由于建筑任务紧急而经济力量薄弱，加之长期在农村进行革命活动的多数进城干部对建设活动十分陌生，建筑设计过程少见行政干预。建筑师自发地采取了自己所熟悉的、最能适应目前形势的现代建筑原则。重视基本功能、追求经济效果、创造简约的现代形式，留下一些优秀的经典作品。

3）民族形式的主观追求：第一个五年计划时期，1953—1957

不久，自发的现代建筑现象遭到了严厉批判，其原因是，两大敌对阵营在意识形态上的尖锐对立。当苏联带着项目、资金和图纸来华援助实行第一个五年计划的时候，也带来了斯大林倡导阶级斗争的所谓社会主义建筑思想和理论。中国自发延续的现代建筑，被当作苏联本土"结构主义""形式主义""世界主义"的中国版本而严厉批判，斯大林的"社会主义现实主义的创作方法""社会主义内容、民族形式"原则，提高到阶级斗争的高度在中国加以发扬。这些苏联理论，经历了中国化的过程之后，在全国掀起了像当年苏联"民族形式"建筑一样的热潮。鉴于浪费现象严重，建设资金难以为继，这一热潮被斥为"复古主义"。继苏联对本土"复古主义"的清算之后，中国也掀起以反对"复古主义"为中心的第一次反浪费运动。在这期间，指导中国建筑创作 30~40 年之久的"适用、经济，在可能条件下注意美观"的建筑方针正式确立。

4）技术初潮及理论高潮："大跃进"和大调整时期，1958—1964

1958 年的"大跃进"是一个非科学的经济建设狂潮，在国内的各个行业，没有留下多少正面的经验，但在建筑领域，却有若干值得记录的事情。一是北京十大建筑：一年之内设计建成，体现了一代人的建设国家的意志。二是结构技术带动建筑艺术："技术革命"符合了当时的世界潮流，形成自发追求现代建筑的罕见现象，是中国建筑技术革新的初潮。三是掀起建筑理论高潮：开创了针对创作实践研究建

筑理论的风气，尽管这种讨论具有官方倡导的局限，但在客观上起到了普及建筑理论的作用。四是普遍出现探索地域性建筑的浪潮：由于经济处于低潮但思想趋于活跃，许多建筑师展开对地域性建筑的探索，并取得显著的成就。

5）政治性地域性现代性：设计革命和"文化革命"，1965—1976

"文化革命"是一场灾难，其中作为切入点之一的设计革命，把中国建筑创作领域的"建筑政治"现象，推向了荒谬的极端。如果从正面观察，一是出现了所谓的"政治建筑"，给建筑强加一些政治口号和符号，形成"革命"的隐喻和象征；二是在特定的时期、特定的领域，如外交和广交会，所需的相关建筑得到发展；三是不同地域兴起了一批地域性建筑。值得注意的是，这批建筑体现出相当明显的现代性，广州建筑对此做出贡献。可以说，"文革"时期的建筑，呈全局停滞、局部发展的状态。

6）繁荣创作对千篇一律：拨乱反正和改革开放，1977—1989

中共十一届三中全会，把中国由频繁政治运动转向以四个现代化为核心的经济建设，改革开放的中国，完成了建筑创作领域的拨乱反正。改革开放初期"繁荣建筑创作"的倡导，成就了一批结合国情、深入生活并具有中国特色和现代性的作品。国际上正逢经典现代建筑运动的解体，导致多元化建筑时代的来临，多种外国先锋建筑思想也进入中国，如后现代建筑、解构建筑和各种流派及思潮。这些作品和思想，在消除"千篇一律"方面，起到了积极的作用，但其巨大的消极意义有待深究与评估。

7）设计市场和建筑创作：计划经济向市场转型，1990—1999

1980 年代开始的中国经济体制由计划经济向市场经济转型，进而初步形成了竞争激烈的建筑设计市场。市场经济对于建筑创作产生了深远的影响，曾经在建筑创作中起主导作用的政治因素，让位给经济因素。以经济为本位的建筑设计市场，对建筑创作正负两方面的影响同时并存。一个刚刚形成的不太完备的建筑设计市场，出现了浮躁的业主、长官和建筑师。富于责任感的建筑师或设计单位，他们放眼未来，为产生建筑精品做出努力。1999 年在北京举行的国际建协第 20 届大会通过了《北京宣言》，给中国建筑走向可持续发展之路注入了新的动力。在国际经济全球化的背景下，许多外来建筑师夺得了中国国家级建设项目的设计，引起了建筑界和社会的关注，甚至争议，这将是中国建筑面临的新挑战。

8）全球化背景下的应对：新世纪再启国际视野，2000—2010

2001 年中国正式加入世界贸易组织，建筑设计市场面临全球化的挑战。大型国营设计院运行"工作室"体制，发挥建筑师个人的积极性，促进了建筑的创新与进步。共和国成立后培养出来的建筑师，是中国建筑创作的主力军，进入新世纪，仍有许多人活跃在创作第一线，创作出许多建筑精品。1977 年中国恢复高考之后毕业的建筑师，逐渐步入中国建筑创作舞台的中心，表现出一代新人的探新诉求。外国建筑师在中国的建筑创作活动更趋活跃，并得到很多重大项目，有示范效应，也引人思考。

为了应对全球化的能源危机和环境问题，中国政府颁布并执行《绿色建筑评价标准》GB/T 50378—2019，获得绿色建筑创新奖的建筑项目数量呈现逐年递增的态势，绿色建筑运动正在逐步拓展和深化，但总体而言仍然处于起步阶段。

2000 年伊始，我国有世界瞩目的三项大规模建设：四川汶川大地震的灾后重建、奥林匹克运动会的场馆建设、上海世博会的规划和设计，皆尽显中国建筑师的创作实力以及光明前景。

第 1 章

被动输入和主动发展：
现代建筑之弱势起步，1920—1940 年代

智慧勤劳的先贤们，留下了灿烂的古代建筑文化，感动着一代代后人，直到我们。

中国古代建筑，具有科学而精美的结构体系，支撑起丰富的内部空间和外部体量；它适应从治理国家到百姓生活的全部功能体系；它体现了上至皇家下至黎民建筑理念的思想体系，创造出优美的建筑艺术形式和深刻的文化内涵；它制定了以官方为主流严整而缜密的制度体系，保证了从建筑设计到施工的完美品质。中国古代建筑，是以农耕生产为基础的手工业社会，从城市到建筑群体，从个体建筑到园林环境，举世无双的建筑艺术。

19 世纪中叶以来，率先完成工业革命的列强，利用野蛮的方式，在中国开辟产品销售市场和原料供应基地。打头的是炮舰，炮舰后面是经济，经济之中就有建筑。这个时期，也是西方以机器生产为基础的工业社会新建筑——经典现代建筑的发源和成长时期。西方世界这些发展中的新建筑与它成熟的古代建筑形式一起，沿着炮舰开辟的道路来到中国。这就形成中国近代史中一个挥之难去的矛盾心结：西方列强侵华给中华民族带来深重灾难的同时，也送来先进事物；而中国在反对侵略、振兴民族的同时，却要接受这些外来先进事物。

在建筑领域的所谓先进事物，就是发展中的西方新兴现代建筑体系。现代建筑体系是工业社会的产物，其结构体系或技术体系是：运用人造的钢筋混凝土建筑材料或钢结构体系；其功能体系能适应现代社会的生产和生活；其建筑思想体系自由、开放，有适应工业社会发展方向的思想方法；有适应工业社会条件下包括设计、施工、管理和市场的建筑制度体系。作为知识分子一部分的中国建筑师，从开始登上建筑舞台的时候起，就深深领受着因列强侵入而带来的两种矛盾冲突：一是与列强的民族矛盾，二是中国传统建筑体系与外来新建筑体系之间的矛盾。可以说，近百余年来，中国建筑创作及其思想，基本上是在这些矛盾冲突中发展前进的。

1.1 被动输入，西方建筑全面来华

进入 20 世纪之后，挣扎着的满清王朝宣布自上而下的变革，列强对中国经济、政治和文化侵略深化，外来建筑的输入加大了规模、加快了速度。这一过程也促进了中国第一代建筑师的出世。但是，与外国的建筑师事务所相比，中国的事务所处于弱势，就像民族资本相对于外来资本一样。毕竟，中国建筑师脱离了传统营造匠人的角色，以全新的建筑师身份，

登上了建筑舞台。1906 年中国建筑教育起步，1910 年代第一批留学建筑的学子归国，1920 年代第一批中国建筑师事务所开业，并且建立了建筑师学会。

时间进入 20 世纪，中国的社会生活需求发生了重大变化，社会文化心理也逐渐开放，开始容纳一些外来的新生事物，全新建筑类型和外国建筑形式，已经频频出现在中国的大城市，至 1920 年代，所有全新的建筑类型，包括早期现代建筑在内所有建筑形式基本齐备。

1.1.1 类型齐备

（1）教堂建筑是出现最早的建筑类型。教会是列强进入殖民地、半殖民地国家或地区的先锋，向人们宣传教义、兴办教育和慈善事业，除了兴建教堂以外，也建立了不少学校、医院等建筑。进入 20 世纪后，不但教堂数量大增，且式样齐全，其式样与宗教派别有直接关系。如哈尔滨 1900 年建成了圣尼古拉东正教教堂；1904 年北京宣武门天主教堂即南堂改建完成；1910 年上海徐家汇天主教堂建成；1916 年天津西开天主教堂建成；哈尔滨 1929 年还建成一座具有伊斯兰风格的土耳其清真寺。此外上海、天津都有犹太教堂建成。可以看出，就教堂本身而言的建筑类型也相当齐全。

（2）办公建筑与过去的衙署不同，也是新兴的建筑类型之一。在开埠城市和租借地，列强来华人员或机构，新建或重建了许多行政管理部门和洋行建筑。这些新建筑，已经不再是曾经的简单殖民地外廊式，而是采用当时本土流行的种种建筑式样，表现出多种多样的建

筑风格。如 1904 年建造了天津德国领事馆；1905 年建成青岛德国总督府；1912 年建成奉天日本总领事馆等，都是本土流行的精美形式。而建于 1919 年的上海工部局新楼，其规模之大、用料之考究以及设备之先进都是上海之最，并预示了上海建筑黄金时期的到来。外国列强攫取了中国关税自治区的海关，开始在中国的几个大城市里建造海关大楼。1923 年广州海关大楼建成；1924 年汉口的江汉海关大楼建成；上海江海关，几经兴建，现存建筑于 1927 年建成。

（3）银行建筑是新兴的建筑类型之一，是列强资本市场的产物。早期建设的一些有实力的银行，进入 20 世纪后进行了翻建，并有一些新银行建筑陆续建成。银行以严整的构图和宏伟的古典建筑形象，显示资本雄厚和安全可靠，因而也往往成为业主之间竞争的工具。如上海外滩英商汇丰银行，拆除旧建筑后于 1921 年新建成目前的古典主义式样，1920 年兴建汉口汇丰银行、1923 年建哈尔滨汇丰银行、1925 年建天津汇丰银行等不胜枚举。

（4）交通建筑因列强在华兴修铁路，火车站之类的交通设施应运而生，并建设了相应的管理机构和修理工厂。1902 年津浦铁路天津西火车站建成；1903 年建成旅顺火车站；1904 年建立哈尔滨中东铁路管理局办公楼和哈尔滨火车站；1907 年沪宁铁路上海站建成；1912 年津浦铁路济南火车站建成；1937 年，具有现代建筑特征的大连火车站建成。这些车站，不但式样新颖，且表现出早期现代建筑的发端，如新艺术运动的时尚特点。而且，设施已经十分完善，如津浦铁路济南火车站，

设有钢筋混凝土天桥等。

（5）学校建筑是随着现代高等教育的兴起而开始兴建，特别是教会办学新建校舍规模日益扩大。开创于1895年的天津北洋大学堂，于1903年建成主楼，1910年华西协合大学兴建，1916年清华学堂一院大楼建成，1917年济南的齐鲁大学建立，1918年北京大学红楼建成，1919年南京金陵大学北大楼建成，1920年建燕京大学，1921年建清华学校大礼堂，1926年建天津工商学院，1930年建东北大学，1931年武汉大学等等陆续兴建。其中教会大学的兴建者，在设计中请外国建筑师采取"中国固有之形式"，在客观上进行了中外建筑文化交流，留下了一批颇具中国趣味的中式建筑，成为一个时期中外建筑文化交流的生动例证。

（6）旅馆和公寓建筑也是外国资本输入和在华经济开发的产物，国际和国内业务来往促使旅馆和公寓迅速发展。1913年哈尔滨建成马迭尔饭店，1917年北京东长安街上的北京饭店建成，1929年上海建成沙逊大厦，1934年建成上海国际饭店。新式公寓有，1934年兴建的上海百老汇大厦，1935年的上海峻岭寄庐等。旅馆和公寓建筑的大量出现，是现代社会生活的特征之一。

（7）居住建筑应新型生活方式应运而生。在一些大城市，中外上层人士引入新型居住建筑，如小住宅等，具有新的类型意义和革新意义。同时，小住宅作为府邸或别墅，也含有显示主人身份、表达品味的意愿，所以，有些住宅设计和施工达到高水准。如1908年的青岛德国总督官邸，反映出包括室内装修与陈设在内的豪华和精致；青岛"八大关"路一带的别墅，1924年上海嘉道理住宅，1936年上海英商马勒住宅，都是环境优雅、居住舒适、造型亲切的这类住宅。后来，一些商业性的居住建筑类型，如里弄建筑也相继出现，大大地丰富了居住建筑的新类型。

1.1.2 风格多样

1）西洋的新古典主义和折中主义建筑盛行

以五种柱式为基本特征的西洋古典建筑，具有独特的艺术魅力，以优美的比例、尺度和装饰，表现出建筑的崇高、雄伟、庄重等内在气质。采用古代希腊和罗马严谨建筑形式的建筑，以古典复兴即新古典主义建筑的名义，在欧美各国流行。1910—1920年代，西方国家输入到中国的建筑形式，主要就是西方现代建筑之前所流行的这类建筑形式，中外建筑师都参与了这类建筑风格的推行。外国建筑师，以此宣扬建筑持有者的威严和实力，如上海总会、汇丰银行上海分行、天津开滦矿务局大楼等。而中国建筑师，则表现出初登建筑舞台之际的设计技巧和能力，如庄俊在北京的清华大学一系列作品，在上海的金城银行和在青岛的交通银行（1934），沈理源的天津盐业银行等建筑，都在不同程度上表现出革新意向。

所谓折中主义建筑，是一种形式宽泛、并无定法的建筑形式，其基本特点是把多种不同建筑要素集合在一个建筑上，力图表现出更多的新意。如上海江海关大楼、天津劝业场大楼等等。

2）"中国固有之形式"与西洋建筑形式并行

中国之传统建筑形式注定要与外来的西洋建筑形式并行发展，中外建筑师都有采用"中国固有之形式"的现象。与炫耀西方文明和力量的西洋古典建筑不同，西方建筑师率先在中国土地上兴建了一批"中国式建筑"，这是一个有趣的现象，是一种融入中国的文化策略，主要反映在外来教会所兴办的学校、医院甚至教堂等建筑之中。这些建筑以中国的宫殿和庙宇为蓝本，对中国建筑要素加以组合与发挥，以期得到中国人对西方宗教和文化的认同。如1905年的上海圣约翰大学、1906年的北京协和医学堂、1910年的成都华西协合大学、1911年的南京金陵大学等。不过，外国建筑师的这类做法，也引起了许多中国建筑师的非议，主要说他们不谙中国建筑之法度。

而中国建筑师采用传统建筑形式则是出于文化本位。如国民政府定都南京之后，实施文化本位主义，提倡"中国本位""民族本位"，在建筑中倡导"中国固有之形式"。因而，1927—1937年的10年间，有一个兴建中国古典建筑形式的高潮，可以说是20世纪由中国官方支持中国建筑师的第一次古典建筑复兴。主要的建筑实例集中在上海、南京和广州，如上海市政府大楼、上海市博物馆、图书馆（1935）、南京中央体育场（1933）、南京国民党中央党史史料陈列馆（1935）、南京中山陵藏经楼（1936）、广东中山纪念堂（1926）等等。

3）外来的地域性建筑形式独具魅力

此类建筑广泛地反映出世界各地民间建筑风情，如大型宅邸或小型住宅。这类建筑形式受原地不同地域的不同自然条件影响，在民间能工巧匠的手下，脱离了古典建筑法式的拘束，更活泼、更有生气。如来自英国、德国、俄国或日本的地域风格，主要反映在那些具有异国风貌的居住建筑中。

1.1.3　早期现代

外国建筑师的建筑作品，除了"新古典主义"和"中国式"等等建筑风格之外，也有一些追求当时最新时尚的意趣。虽然是一种时尚，在渐进的过程中，不失时机地将这种现代建筑萌芽引入中国。外国建筑师将前期现代建筑的装饰主义风格引入中国，并非有意在中国建立全新的现代建筑体系，在无意间成就了中国现代建筑的开端。

1）新艺术运动的新消息

英国改革实用艺术的运动（即工艺美术运动，Arts and Crafts），直接启发了比利时新艺术运动（Art Nouveau），虽然自由装饰运动算不上真正意义上的现代建筑，但它已经冲破老学院派的桎梏，以活泼的体形，流畅的曲线，使得长期停滞守旧的建筑面目焕然一新。沙俄和德国建筑师较早地把新艺术运动建筑引入中国。如哈尔滨中东铁路局的官员住宅（1900），中东铁路管理局（1902—1906）。又如青岛亨利亲王大街商业建筑（1908），津浦铁路济南火车站（1908—1912）等。

2）装饰派艺术和新建筑

"装饰派艺术"（Art Deco）也称"现代风格"，[①]得名于1925年巴黎的国际现代工业艺术装饰博览会（Exposition International des

---

① 参见：中国大百科全书出版社《简明不列颠百科全书》编辑部.简明不列颠百科全书：第9卷[M].北京：中国大百科全书出版社，1986：549."装饰派艺术"条。

Arts Decoratifs et Industrials Modernes），其工业设计或时尚设计的基本造型，向机器美学更靠近了一步，把装饰性的"有机型的"（Organic）造型，升华为更为简捷的"流线型的"（Streamlined）和"几何型的"（Geometric）造型，与"现代建筑"之间已经相差无多。"装饰派艺术"建筑也及时地来到中国，在上海、天津等大城市留下许多重要建筑实例。如上海新新公司（1925），上海沙逊大厦（1929）等。

1920 年代，经典现代建筑就在积蓄能量，以 1932 年纽约现代艺术博物馆（Museum of Modern Art，即 MOMA，New York）举行的《现代建筑：国际风格展览》和包豪斯的持续工作为契机，确立了现代建筑原则和实践。以国际风格为代表的经典现代建筑类型之一，超越了"装饰派艺术"，真地走向新建筑。如上海国际饭店（1934），上海峻岭寄庐（1935），天津香港大楼（1937），大连火车站（1934—1937），青岛东海饭店（1936）等等。

1.2　主动发展，现代建筑弱势起步

一批有才华的中国建筑师，不失时机地求索中国建筑的现代性，部分建筑师一直旗帜鲜明地追寻现代建筑的方向，部分建筑师原先钟情于中国传统建筑，而后转向现代建筑，这两类建筑师，都是中国现代建筑的先驱。

1）中国特征起步

人们经常以批判的眼光看待国民政府倡导"中国固有之形式"，但这批建筑中有许多实例隐含着中国现代建筑起步的特征：尽量回避大屋顶，如果运用大屋顶则着重于简化，以此适

应新的建筑体系。应该说，这是在外来影响下，中国建筑容纳现代建筑体系的起步。吕彦直设计的中山陵（1925—1929），布局创新，建筑从平面到立面，体现了强烈的探新精神。其他如南京中央体育场田径场（1933），上海江湾体育运动场（1935），吉林大学校舍（1929—1931），南京中央医院（1933）等等。

2）走向现代建筑

在主动发展的初期，建筑以现代功能和体形为主，或吸取传统石头建筑手法，或简化体量、细部，以及在西洋古典建筑的框架内探索中国新建筑的思路。这些都是带有先驱性质。沿着这条道路的后续探索，现代建筑的性质越来越明显，逐步向国际现代建筑运动靠近、融合。这种融合依然带着中国建筑的种种印迹，并没有走全盘西化之路。如南京国民政府外交部大楼（1934），南京国立美术陈列馆（1936），南京国民大会堂（1936），上海美琪大戏院（1941）。高层建筑如上海中国银行总行（1936），广州爱群大厦（1936）等。

1.3　八年离乱，现代建筑思想深入

1937 年 7 月，日本军国主义悍然发动了全面侵华战争，建筑业从 1920 年代、1930 年代的空前繁荣跌入 1937—1949 年长达 12 年的衰退时期。抗战爆发后，大批工厂内迁到西南、西北大后方，大批中国建筑师也迁往后方城市重庆、成都和昆明等地，在极其艰苦的物质条件下惨淡经营，中国营造学社先迁至云南昆明，1939 年辗转迁至四川李庄。外国房地产商大量抛售地产和房产，转移资产，西方建筑师事务所纷纷停业。

1.3.1　战时国防工程的技术要素

　　在中华民族的生死存亡的危急关头，一切服从战争需要，成为战时建筑的基本出发点。建筑的防空问题，建筑材料、建筑结构的抗爆炸能力，在物资匮乏的条件下，地方材料的如何运用等实际问题，成为建筑师关注的焦点。1939 年国民政府颁布的《都市计划法》，以法律形式确立了防空在城市规划中的地位。建筑师卢毓骏编写了《防空建筑工程学》《防空都市计划学》等著作以应时需。中央大学建筑系1934 年届毕业生费康编写了《国防工程》，受到欢迎。[①]

　　许多中国建筑师从沦陷区内迁到大后方，杨廷宝、童寯、徐中等投身防空洞、地下工厂、军事工业设施的建设中。1940 年重庆遭到大轰炸后，唐璞还设计了中国第一座地下工厂。[②]

1.3.2　对于中国固有形式的反思

　　战争期间，建筑活动锐减，设计任务冷落，建筑师有机会以冷静的心态对战前建筑活动进行反思。抗战后方的建筑界，对战前国民政府官方倡导的"中国固有形式"进行了普遍质疑。童寯指出，"拿钢骨水泥来模仿宫殿梁柱屋架，单就用料尺寸浪费一项，以不可为训，何况水泥梁柱已足，又加油漆彩画。平台屋面已足，又加筒瓦屋檐。这实不能谓为合理。"[③] 梁思成也认为："在最清醒的建筑理论立场上看来，'宫殿式'的结构已不适合于近代科学及艺术的

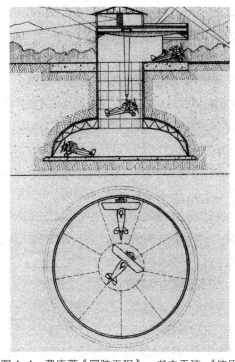

图 1-1　费康著《国防工程》一书之手稿，"使用吊车的升降飞机库"（图片引自：费麟，费琪编著《中国第一代建筑师张玉泉》）

理想。……因为浪费侈大，它不常适用于中国一般经济情形，所以不能普遍。"[④] 南京国民政府"宫殿式"考试院的设计者卢毓骏指出"若我国固有建筑之设计不良者，亦常感日光空气之不足。"[⑤]

1.3.3　大后方涌动现代建筑思潮

1）抗日战争与科学主义

　　在日本侵华战争阴霾的笼罩下，人们真切地领会到落后就要挨打的道理，战争，终归是

---

① 张玉泉.中大前后追忆 [M]// 杨永生.建筑百家回忆录.北京：中国建筑工业出版社，2000：45.

② 唐璞.千里之行，始于足下 [M]// 杨永生.建筑百家回忆录.北京：中国建筑工业出版社，2000：31.

③ 童寯.我国公共建筑外观的检讨 [M]// 童寯文集（第一卷）.北京：中国建筑工业出版社，2000：120.

④ 梁思成.为什么研究中国建筑 [M]// 凝动的音乐.天津：百花文艺出版社，1998：212.

⑤ 卢毓骏.三十年来中国之建筑工程 [M]// 建筑百家评论集.北京：中国建筑工业出版社，2000：287.

国家之间经济力量和现代化程度的较量。历史学家蒋廷黻指出："……在世界上，一切的国家能接受近代文化者必致富强，不能者必遭惨败，毫无例外。并且接受得愈早愈迅速就愈好。"[1] 文艺家林语堂深刻指出"只有现代化才能救中国"。他说，"现在面临的问题，不是我们能否拯救旧文化，而是旧文化能否拯救我们。我们在遭受侵略时只有保存自身，才谈得上保存自己的文化。"[2] 就连被称作"玄学鬼"的张君劢也说，"现在国家之安全、人民之生存无不靠科学，没有科学便不能立国。"[3] 抗日战争，促使科学主义在中国发扬。

2）科学主义与建筑形式

崇尚科学的思想，直接与建筑思想产生关联，许多建筑师撰文从科学技术的普遍性立论解释建筑，也成为反大屋顶的继续。1936年创刊的《新建筑》，在抗战爆发前就主张，"反抗现存因袭的建筑样式，创造适合于机能性、目的性的新建筑"。林克明在《新建筑》1942年第7期上发表的《国际新建筑会议十周年纪念感言》说，"……新建筑的曙光，自国际新建筑会议后已成一日千里，几遍于全世界，而我国仍无相继响应，以至国际新建筑的趋势、适应于近代工商业所需的建筑方式，亦几无人过问，其影响于学术前途实在是很重大的。"1942年毕业于中央大学的戴念慈，在新中国成立前后的一系列论文中，显露出新生代建筑师现代建筑的思想锋芒。在中国社会急剧动荡的1940年代，科学主义思想推崇

着现代建筑思想的科学性、进步性，以及与社会革命潮流之间的紧密关联。

3）社会现实与社会责任

目睹抗日战争中民众颠沛流离，一些建筑师开始把注意力更多地投向民生问题，主要集中在战后重建和大规模住宅建设问题，而平民住宅研究成为这一时期建筑界关注的焦点。这标志着建筑师对社会的关怀有了更加深刻的现实内容。梁思成提出了"住者有其屋""一人一床"的理想，他还呼吁"打倒马桶"，"我们不一定家家有澡盆，但必须家家有自来水与抽水厕所"。[4] 卢毓骏也特别呼吁"吾国战后建设，无疑的，当尊奉国父实业计划，工厂与民居将为战后建筑上之中心题材。……至若民居问题，因吾国各城市经此敌之破坏，将成为吾国战后之极难解决的问题，故特提请注意"。[5]

抗战八年胜利后，林徽因在《中国营造学社汇刊》终刊的第7卷第2期上写道："战前中国'住宅设计'亦只为中产阶级以上的利益。贫困劳工人民衣食皆成问题，更无论他们的住处。八年来不仅我们知识阶级人人体验生活的困顿，对一般衣食住的安定，多了深切注意，……为追上建设生产时代，参与创造和平世纪，我国复员后一部努力必须注意到劳工阶级合理的建造是理之当然。"[6] 该文还汇编了英美等国实验过的低租劳工住宅的案例。1943年，青年建筑师林乐义还做了《战后居室设计》，提供了28套住宅的详细图案。[7]

① 蒋廷黻.中国近代史[M].海口：海南出版社，1993：5.
② 林语堂.中国人[M].上海：学林出版社，1994：343.
③ 罗志田.物质与文质——中国文化之世纪反思[N].光明日报，2000-12-26.
④ 梁思成.市镇的体系秩序[M]//凝动的音乐.天津：百花文艺出版社，1998：220.
⑤ 卢毓骏.三十年来中国之建筑工程[M]//建筑百家评论集.北京：中国建筑工业出版社，2000：281-284.
⑥ 林徽因.现代住宅设计的参考[M]//林徽因文集.天津：百花文艺出版社，1999：251-314.
⑦ 崔愷.建筑师林乐义[M].北京：中国建筑工业出版社，2003：28-41.

4）现代建筑能量再积累

（1）与现代运动的自觉联系

战前，现代建筑的流行，在很大程度上基于建筑师的设计业务选项之一，很少与国际现代运动联系起来，并成为它的一部分。抗战期间的一些讨论，适时地把中国建筑与国际现代建筑运动联系起来。童寯认为："中国建筑今后只能作世界建筑一部分，就像中国制造的轮船火车与他国制造的一样，并不必有根本不相同之点。"[①] 梁思成也认为："我国虽为落后国家，一般人民生活方式虽尚在中古阶段，然而战后之迅速工业化，殆为必由之径，生活程度随之提高，亦为必然之结果，不可不预为准备，以适应此新时代之需要也。"[②]

（2）对中国建筑持乐观态度

值得特别注意的是，在讨论时，中国建筑师甚至提出了建筑文化的全球化与地方性、世界性与民族性问题。卢毓骏撰文说，"建筑艺术之'国际化'，是否将有碍固有'民族化'之发展，……一切纯粹科学固多为国际性，而建筑艺术亦将求进于大同之域欤？"梁思成也强调，"无疑的将来中国将大量采用西洋现代建筑材料与技术。如何发扬光大我民族建筑技艺之特点，在以往都是无名匠师不自觉的贡献，今后却要成近代建筑师的责任了。"[③] 卢毓骏主张建筑式样应当因地制宜、尊重地方性。他认为："式样尽可谈国际化，但仍须顾及适应地方性。"[④] 这些言论，好像提前上演了当今讨论

"全球化"和"地域性"的节目。

（3）建筑教育贯彻现代思想

中国的许多著名建筑师，同时也在建筑院校任教，在艰苦的条件下，对新一代优秀建筑师的培养，作出巨大贡献。1938年起，建筑师沈理源在国立北平大学工学院和天津工商学院任教期间，培养了龚德顺、虞福京等著名建筑师。童寯1944年起兼任中央大学教授，夏昌世1942—1945年期间任中央大学、重庆大学教授，林克明于1945—1950年任教于中山大学工学院建筑系。这些具有鲜明现代建筑思想的建筑师对于改变战前占主导地位的学院派建筑教育发挥了积极作用。

在沦陷区的上海，1930年代后期和1940年代留学归国的建筑学子，如以汪定曾、黄作燊、冯纪中、王大闳、陈占祥、金经昌等人为代表的建筑师，直接带回西方最新的现代建筑思想和现代城市规划思想，也使中国与国际现代建筑运动更紧密地联系在一起。中国东北大学和中央大学的早期毕业生，如张开济、张镈、唐璞，都在战争时期开始独立工作，他们的设计生涯都是从现代建筑开始。

抗战胜利后，梁思成提议创办清华大学建筑系。他主张摒弃学院派建筑教育体系，引进包豪斯教育体系。他认为："国内数大学现在所用教学方法（即英美曾沿用数十年之法国 Ecole des Beaus-Art 式之教学法）颇嫌陈旧，过于着重派别形式，不近实际。今后

① 童寯. 中国建筑的特点 [M]// 童寯文集（第一卷）. 北京：中国建筑工业出版社，2000：109-111.
② 梁思成. 致梅贻琦的信 [M]// 凝动的音乐. 天津：百花文艺出版社，1998：376.
③ 梁思成. 为什么研究中国建筑 [M]// 凝动的音乐. 天津：百花文艺出版社，1998：209.
④ 卢毓骏. 三十年来中国之建筑工程 [M]// 建筑百家评论集. 北京：中国建筑工业出版社，2000：290.

课程宜参照德国 Pro. Walter Gropius 所创之 Bauhaus 方法，着重于实际方面，以工程地为实习场，设计与实施并重，以养成富有创造力之实用人才。"[1] 在梁思成于 1946—1947 年出国考察后，使课程逐渐"鲍豪斯化"。在筹组教学师资方面，梁思成刻意选择现代建筑师任教，著名现代建筑师童寯是他最心仪的人选。虽然最终未能如愿，但是梁思成和学生们对童寯的盼望，可以看作是对他长期坚持现代主义立场的肯定。

新生代建筑师的成长和战前开业的中国建筑师向现代建筑思想的转变，共同标志着抗日战争和战后时期中国现代建筑已经占据了主导地位。

（4）现代城市规划思想传播

从 1927 年南京国民政府成立到抗日战争爆发，中国城市规划领域进行了早期的三大城市规划实践：1928 年的南京首都计划，1930 年的上海市中心区域规划和"大上海计划"，同年还有天津特别市物质建设方案。它们共同的特点是将城市划分为行政区、商业区、住宅区和工业区，商业区完全采用方格网对角线的道路系统及密集的小街坊，行政区则采用中轴对称的布局，建筑形式则要求采用"中国固有形式"。中国城市规划理论经历了从西方传统城市规划到现代城市规划的转变。

现代战争中，陆战、空战的立体作战模式，影响了抗战时期的中国城市规划思想，分散主义成为战争时期规划理论最明显特征。有机疏散、邻里单位、卫星城、隔离绿带、取消市中心等分散主义理论，由于适合于战时需要而行其道，梁思成是 1940 年代西方现代城市规划

思想的大力倡导者。

（5）中国现代建筑蓄势待发

第二次世界大战结束后，经典现代建筑成世界范围内占统治地位的建筑潮流。1947 年，联合国当局任命了一个由各国著名建筑师组成的顾问委员会，其中包括法国的勒·柯布西耶、巴西的尼迈耶和中国的梁思成等。1944—1945 年杨廷宝受国民政府资源委员会的委托赴美国调查工业建筑。这些国际性活动和抗战时期中国现代建筑思潮的涌动，奠定了中国作为国际现代建筑成员的主流地位。

在国内，抗战前后新建的建筑虽然为数不多、规模也不大，但大多采用了现代建筑风格，一是战时条件所限，无力更多地建设"固有形式"，二是现代建筑思想已是水到渠成，已经认识到它的时代使命。

①重庆，南开中学，教学楼

1937 年 7 月底，日寇轰炸天津，南开校舍全毁，师生及家属内迁重庆南渝中学，1938 年建成三栋教学楼以及图书馆、宿舍等建筑，并更名重庆南开中学。教学楼为简洁的现代风格，平屋顶、灰砖墙红缝，校园有良好的绿化

图 1-2　重庆，南开中学，教学楼，1936—1938，设计单位：新华兴业公司建筑部

① 梁思成. 致梅贻琦的信 [M]// 凝动的音乐. 天津：百花文艺出版社，1998：379.

环境，是抗战时期最早内迁的学校之一。

②南京，美国顾问团 AB 大楼

建筑 4 层，钢筋混凝土结构，立面为简洁的平屋顶，大面积的带状钢窗形成横向线条和划分，是典型的现代建筑。

③上海，浙江第一商业银行

其流畅的线条、简洁的外形和合理的内部空间处理，显示了纯熟的现代建筑手法。

④南京，孙科住宅延晖馆

平面设计自由，建筑的公共部分，如会客室、平台、餐室、大客厅之间，有流动空间的意趣。建筑立面简洁明快，是一个优秀的现代建筑作品。杨廷宝在南京还设计过许多现代风格的建筑，如招商局候船厅及办公楼等。

抗日战争胜利后，人民期盼和平建设。重庆和平谈判失败之后，三年"第三次国内革命"战争，推翻了大陆上的国民政府，于 1949 年 10 月 1 日成立了中华人民共和国。大多数经过连年战争和现代建筑运动洗礼的中国建筑师，选择留在大陆为新政权服务，如著名建筑师梁思成、杨廷宝、庄俊、赵深、陈植、童寯、董大酉、沈理源等，成为共和国建筑事业的奠基人。

抗战时期对战前建筑的反思和现代建筑思想的涌动，以及战后发展现代建筑能量的积累，注定共和国成立之后建筑创作的第一波，以现代建筑面貌出现。这是医治积累十余年间战争创伤之必需，是解决四万万同胞居住问题之必需，是促进贫困中国尽速现代化的必需。

图 1-3　南京，美国顾问团公寓 AB 大楼，1946—1947，设计单位：华盖建筑师事务所（左）

图 1-4　上海，浙江第一商业银行，1948，设计单位：华盖建筑师事务所（右）

图 1-5　南京，孙科住宅延晖馆，1948，建筑师：杨廷宝（左）

图 1-6　南京，招商局候船厅及办公楼，1947，建筑师：杨廷宝（右）

第2章

现代建筑的自发延续：
国民经济的恢复时期，1950 年代前期

2.1 拉开沉重的建设序幕

1949 年，中华人民共和国成立，新政府在极为严峻的国际、国内政治环境中，拉开了沉重的建设序幕。

长达 11 年的全国范围的战争，给中国人民带来了深重的苦难，罹难同胞无数，财产损失无算，城市残破，经济败落，农村凋敝，人民贫寒。原本比较低下的社会生产力，几近崩溃的边缘。同时，国内的敌对势力不甘失败，千方百计破坏新政权的方方面面。

1950 年 6 月 25 日，朝鲜爆发大规模内战，美国武装干涉，并演化成联合国军入朝参战。10 月 19 日"抗美援朝"战争开始，直至 1953 年 7 月，正式停战。战争对我国的经济造成巨大压力，外来封锁更使局面雪上加霜。

内战余波和抗美援朝，需要浩大的军费开支，致使各地不可能进行大规模的建设活动，基于解决迫切的民生问题，只能进行一些急需的小规模的修复和建设。

2.1.1 政治运动巩固政权

面对国际、国内严峻的政治和经济形势，党和政府果断采取了强有力的措施，且用政治运动的方式加以贯彻，将抗美援朝、土地改革、镇压反革命三大运动相互结合、齐头展开，进行所谓"三套锣鼓一齐敲"。

1951 年冬，在开展三大运动的同时，又展开了"反对贪污，反对浪费，反对官僚主义"的"三反"运动。1952 年初，部署了"反对行贿、反对偷税漏税、反对盗骗国家资财、反对偷工减料和反对盗窃经济情报"的"五反"斗争。运动中，暴露了建筑业的大量问题，如贪污浪费、偷工减料现象普遍而严重，引起了政府高度重视。1952 年 8 月成立了中央人民政府建筑工程部，部长陈正人，副部长万里、周荣鑫、宋裕和。

1951 年 11 月，即在抗美援朝期间，党和政府发起了对知识分子的思想改造运动，认为由于美国长期对中国的经济和文化侵略，在一部分人当中形成了"亲美、崇美、恐美"思想，因此要展开一个"仇视、蔑视、鄙视"美帝国主义的运动，促使知识分子转变立场，以适应新环境的要求。在建筑界，这项运动指向了工程技术人员和建筑师，重点清除这些人头脑之中的"盲目崇拜英美""单纯技术观点"以及"立场不稳"等问题，这些，从此成为长期思想改造的主题。

1952 年，教育部进行了院系调整。调整后中国内地的高等学校 182 所，其中设建筑学专业的院校共 7 所，它们是：东北工学院（今东北大学）、清华大学、天津大学、南京工学院（今东南大学）、同济大学、重庆土木建筑学院（后改名重庆建筑工程学院、重庆建筑大学，现并入重庆大学）、华南工学院（今华南理工大学）。1956 年，东北工学院、青岛工学院、苏南工业专科学校和西北工学院等学校的土建专业，合并成立西安建筑工程学院（后改名西安冶金建筑学院，今西安建筑科技大学）；1959 年，在哈尔滨工业大学土建系的基础上成立了哈尔滨建筑工程学院（后改为哈尔滨建筑大学，今又回归哈尔滨工业大学）。这 8 所院校集中了共和国成立之前中国建筑教育的主要力量，继承了优良的教育传统，为共和国培养了一代又一代的建筑师。

2.1.2　恢复生产改善民生

在进行政治运动的同时，党和政府不忘发展生产和提高人民生活水准，领导着渴望和平建设家园的人民忘我劳动、艰苦创业，在短短三年内，医治了战争创伤，把国民经济恢复到战前的最好水平，各项工农业生产达到和超过了战前的最高指标。同时实现了财政收支平衡、物价稳定，取得了财政经济状况基本好转。

恢复工业生产，是改善民生的基础。战争中，东北地区的工厂装备散失、损毁较多。由于东北战争结束较早，工业生产的恢复、改建、扩建生产工作随即开展。如以鞍山钢铁工业为中心，逐步形成了比较完整的生产体系。全国各地的一些大中型项目，如太原重型机械厂、郑州棉纺厂、上海经纬纺织机械厂也先后建成。

1952 年年底，中国第一个现代化的纺织机械厂国营山西榆次经纬纺织机械厂全面完成建设任务，给第一个五年计划中的棉纺工业奠定了基础。

铁路的恢复和建设也在大力进行，特别是新建铁路，已经初见成效。成渝铁路 1952 年 5 月通车，天兰铁路 1952 年 8 月通车，宝成铁路 1958 年 1 月通车。1952 年 10 月，兰新铁路开工，全长 1892km，1962 年 6 月全线通车。

2.2　确立基本的建设体制

2.2.1　建立国营建筑企业

在接管城市的同时，政府开始了各项改组和组建机构的工作。如北平改组工务局成立建设局，成立都市计划委员会，成立北平市建筑业工会等。在成立国营建筑企业的同时，对于私营事务所进行了改造。

1）公私建筑企业走向国营设计院

（1）公营建筑企业

北京先后成立了 3 家比较大的建筑公司，是国营企业的代表。

①华北公路运输总局建筑公司。1949 年 8 月 10 日正式开业，这是全国第一个大型国营建筑公司，承办各类土木工程业务，包括测量、设计、监造、家具、工程工具、工程材料、采运、信托等。

②永茂建筑公司。1950 年 3 月 10 日正式开展业务。李公侠兼任总经理，总工程师顾鹏程，副总工程师张开济、杨耀，顾问工程师杨廷宝、杨宽麟。同年又去香港聘请张铸、

张宪虞等 4 人，形成技术力量比较强大的建筑公司。1951 年更名为北京市建筑公司，下设设计公司，为今日北京市建筑设计研究院之前身。

③中直修建办事处。1949 年初，中共中央办公厅在西山一代成立中直机关修建办事处。1950 年 1 月青年建筑师戴念慈担任设计室主任。1952 年 3 月 12 日，政务院把该单位交给国家建筑部门。

④其他地区也相继成立了国营的建筑企业。如 1949 年 4 月，山东省成立了山东建鲁营造公司；7 月成立了天津营造服务公司；8 月上海成立华东建筑公司；1950 年 4 月成立上海市工务局，后扩大成为上海市营造建筑工程公司，市工务局副局长汪季琦兼任经理。[①]

（2）私营营造机构

在成立国营建筑企业之际，许多私营的营造厂、建筑师事务所或其中的技术人员，被国营企业所吸收，但在社会上，依然是国营和私营企业并存，共同参与了三年国民经济恢复时期的建筑设计和建造活动。随着建设活动的开展，一些不法商人投机倒把、哄抬物价、层层转包、偷工减料，加上一些国家机关工作人员和技术人员丧失立场，给建设活动造成了混乱和损失。1952 年初全国范围的"三反运动"，各地揭露了许多奸商和贪污盗窃分子在基建方面的罪行。

（3）设计院的建立

1952 年 7 月 2 日至 17 日，召开了第一次全国建筑工程会议，对 3 年来建筑事业的情况做了评估，并为今后即将展开的大规模建设工作制定方针政策。会议提出："设计方针必须注意适用、安全、经济的原则，并在国家经济条件许可下，适当照顾建筑外型的美观，克服单求形式美观的错误的观点。"可以看作这是日后"十四字建筑方针"的原型。

会议结束之后，各地建立了建筑业的行政主管部门和设计单位。1952 年 5 月，由 11 个在京中央建筑单位合并，成立了"中央直属设计公司"，后改称"中央设计院"，即今中国建筑设计研究院有限公司前身。1952 年，各地也成立了第一批设计单位，如天津市建筑设计院、甘肃省建筑勘察设计院、四川省建筑勘察设计院、湖南省建筑设计院、中南（湖北）工业建筑设计院、贵州省建筑设计院等等。建筑工程部和国营的设计单位成立之后，随着计划经济体制的不断完善，设计力量就完全纳入政府的管理之中。1951 年 2 月，当中共中央提出"三年准备，十年计划经济建设"的设想时，五年计划草案就已开始进行，苏联帮助改建和新建的工厂项目陆续开展设计。这些项目的设计及实施，意味着苏联建筑设计思想的登陆，预示了三年恢复时期现代建筑自发延续现象的悲剧性结局。

2.2.2　延续现代性的环境

1）现代意识普遍，现代建筑延续

活跃在 1950 年代初的许多前辈建筑师们，受教育期间或执业期间，普遍具有现代建筑认知。经过抗战前的实践和战时的反思以及战后

---

① 以上资料参考了：王弗，刘志先. 新中国建筑业纪事（1949—1989）[M]. 北京：中国建筑工业出版社，1989；董光器. 北京规划战略思考 [M]. 北京：中国建筑工业出版社，1998：311—313. 华南工学院建筑系建筑史教研组编著的《中国解放后建筑》（初稿）未出版的油印搞。

的准备，多数建筑师认同现代建筑原则。1949年后的一两年内，政府并没有对建筑思想做出硬性规定，在急需建造房屋的具体环境中，自然地延续了已经熟悉的现代建筑原则。

2）建设规模不大，建设速度要快

政权初创，战争未了，可以投入建设的财力和物力有限。在上海、南京和天津这样的大城市，由于可接受原有建筑，并没有马上兴建多少办公建筑。定都北京之后，国家各部利用过去的王府和其他建筑作了安排，军事机构在西郊有规模相对较大的建设，但每个单体建筑的规模比较适当。其他城市，除了个别地区，如抗战时期的陪都重庆，经济基础较好、建筑人才济济，出现了像重庆西南人民大礼堂这样的建筑，一般城市的新建筑，大多以满足急需为限。建筑类型方面，工人新村及简易的住宅当先，医院和学校，是建设数量较多的类型。其他建筑多为办公建筑、集会和观演用的礼堂等，这些都和政权建设、改善人民生活紧密相关，但标准不可能很高。由于要求快速，有些公共建筑，边设计、边施工。建筑多为平屋顶，无装饰，以满足基本功能为主旨，既提高速度，又节约资金，这恰恰是现代建筑的基本原则。

3）行政干预较少，苏联影响渐入

由于当时进城的干部，长期投身战争或农村工作，对于建筑设计和技术比较陌生，乃至心怀敬畏，一般对建筑师的具体技术工作很少干预。这样，建筑师的本来意图可以得到较为完整的贯彻，在苏联的理论输入之前，人们毫不觉得平屋顶的"方盒子"建筑是帝国主义的建筑。至1952年左右，苏联的所谓社会主义理论影响渐渐增强。

2.3　现代建筑的自发延续

在这种延续现代建筑的具体环境，造就了现代建筑的自发延续。具体体现在，建筑布局简单、造型简洁无装饰。同时，建筑类型和建筑形式却比较丰富。个别地区，也有自发的或受苏联影响的民族形式建筑出现。

2.3.1　居住建筑

1949年之前的中国居住建筑，呈明显分化状态，多数城市市民和城市贫民阶层的住房，同少数显贵及中产阶级的住房，在数量和质量上形成了强烈的对比。

城市市民和城市贫民阶层的居住建筑，低矮破旧，缺乏公共设施，卫生条件极差，许多大城市形成了环境恶劣的棚户贫民窟。据北京、上海、重庆等十余个大城市的统计，多数城市人均居住面积只有 $3m^2$ 多一点，最低者如重庆、大连，只有 $1m^2$ 多。战后，紧急解决城市劳动者的住房问题，已迫在眉睫。根据当时全国50个城市的调查结果，平均每人居住面积 $3.6m^2$，所以中国长期采用每人居住面积 $4m^2$ 作为设计标准，达30余年。

政府在各大中城市，以较少的投资建设了大量"工人新村"，这些新村规划比较简单，住宅简易，大多数为平房或 2~3 层建筑，有的地方将这批房屋作临时住宅应急，待日后有条件时拆除改建。在大城市，规划和设计比较正规，并深入地探索了"工人新村"这种全新的居住形式。

（1）上海曹杨新村

新村位于上海西北郊，原是居住环境十分

恶劣的贫民区。一期建设占地 23.63hm²，建筑面积 11 万 m²，建成住宅 4000 套。在规划中，充分考虑地段内的自然地形，建筑顺应小河走势，因地随坡就势，采用自由布局，颇有国际流行的"花园城市"意味。住宅平面简单、光线充足，多数只能采取大居室的单室户；外部淡黄粉墙、红色瓦顶，楼梯间窗略带装饰，形式十分简朴。新村中心设立了各项公共建筑，如合作社、邮局、银行和文化馆等；新村边沿设菜市，便于日常生活；小学及幼儿园不设在场内，平均分布在独立地段。新村绿化呈点、线、面的结合，构成一个有机的体系。建筑师自动地运用合乎时宜的规划和设计手法，处理面临的全新问题，亦属难能可贵，开创了中国现代居住区规划和建筑设计的先河。

（2）北京西郊区百万庄住宅区

以干部住宅为主的居住区，住宅以 3 层为主，公共建筑 1~2 层。住宅布局以双周边式为主，人均建筑面积 6.59m²。双周边式的住宅布局，使区中心留出了大片的绿地和儿童游戏

图 2-2　上海，曹杨新村，1951，沿河居住环境

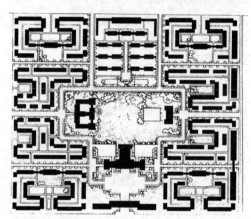

图 2-3　北京，百万庄住宅区，1953，总平面示意图，规划设计：宋融，张开济指导

图 2-1　上海，曹杨新村，1951，中心区总平面示意图，规划设计：汪定曾等

图 2-4　北京，百万庄住宅区，1953，住宅外观

场地，并保证了住宅周围的安静；住宅建筑比较朴实，采用红砖墙、坡屋顶，局部简单装饰。居住建筑的建设，由过去的少量、分散兴建发展为集中成片的规划。

（3）天津中山门工人新村

天津第一个大规模建设的居住区，新村设计以"邻里单位"理论为依据，采用比较规整又有适当变化的路网，有良好的房屋朝向以及基本配套的生活服务、文化教育设施；内部道路为八卦形，将新村划分为12个街坊，围绕中心的公园布置；中学、小学、百货、副食等公建安排在中心公园的周围；住宅每户由一间住房、半间厨房组成，公共设施比较简陋，共用上下水、公厕。新村当年设计、当年施工、当年竣工，当年进住，解决了大量无家可归人的燃眉之急。

各地都有类似的新村建设展开，如济南的工人新村、鞍山的工人住宅区以及沈阳铁西工人住宅区等。

2.3.2　医院建筑

1950年代之初，中国现代医院数量少、规模小，功能不全、设备简陋。比较正规、符合科学化管理要求的少数医院，主要集中在上海等大城市。农村及县城更是缺医少药。医院建筑布局多为分散式，以门诊、病房为主。辅助科室只限于药房、检验科、放射及手术室，占用建筑面积比例较小。病房多为大病室，只有少量小病室作为一、二等病房，建筑物单体多数为砖混结构。

在大城市有限的新建中，医院的设计也取得了显著的成就，出现了像武汉医学院附属武汉医院和北京儿童医院这样令人注目的建筑精品。

（1）武汉医学院附属武汉医院（今同济医院）

其为综合性教学医院，一期500床位，建筑面积1.93万m^2。由于基地先期已有大批宿舍和几幢教学楼建成，为适应基地偏于一隅的

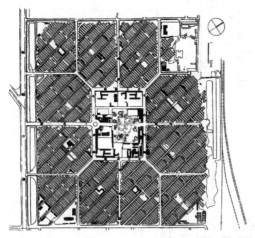

图2-5　天津，中山门工人新村，1950，总平面示意图（图片引自：天津市城乡建设管理委员会编《天津建设五十年》）

图2-6　武汉，武汉医学院附属武汉医院，1952—1955，总平面图，建筑师：冯纪忠等

狭小面积，且考虑尽量节约基础工程，其体形略呈米字形，建筑以四层为主，局部五层。医院的平面设计，综合贯彻安静、清洁和交通便捷的医疗运作原则，四翼护理单元分区明确，争取最好的护理环境和医疗环境。建筑体量丰富，细部设计精妙，入口反曲面实墙及十字开窗，成为医院建筑的符号；屋顶自由曲面的平台屋顶，活跃了室外空间的气氛，在总体上显示了现代医院建筑的性格。

（2）北京，儿童医院

其为北京最大的儿童专科医院，一期建筑面积 3.6463 万 m²，门诊 2000 人次 / 日，600 病床。建筑设计严格地按照专业儿童医院要求，门诊大厅有完善的预检部，各区隔离严

图 2-7　武汉，武汉医学院附属武汉医院，1952—1955，立面

图 2-9　北京，儿童医院，1952—1954，局部立面

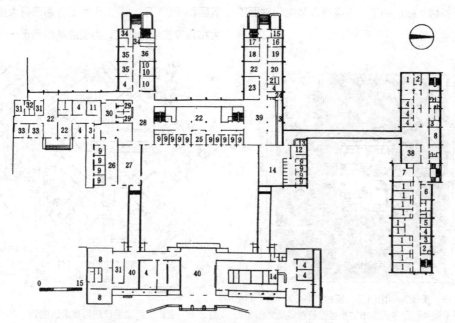

图 2-8　北京，儿童医院，1952—1954，平面，建筑师：华揽洪、傅义通

密、路线分明，各科为独立单元，双走道两侧候诊，并有家长的候诊面积。病房有探视阳台，地下室设陪住母亲室。建筑的檐头出挑轻巧，角部微微起翘，使人联想到传统建筑飞檐的神韵，栏板为传统格饰。山墙错落开窗，显出手法的自由；烟囱与水塔合二为一，并以方塔造型加以装饰，成为建筑群的制高点。外墙为北京地方蓝灰机砖清水墙，局部配以水刷石，与北京建筑特有的灰调浑然一体，是探索中国现代建筑的优秀实例。

（3）青岛，纺织管理局医院

该医院为集门诊、医疗、病房和办公为一体的综合建筑群，占地面积 9.3hm²，建筑面积 4300m²，200 病床。建筑物沿等高线布置，主入口开在山墙上。

图 2-10　北京，儿童医院，1952—1954，烟囱和水塔合并

图 2-11　青岛，纺织管理局医院，1952，设在山墙上的主入口，设计单位：华东建筑工程公司

从规划到单体设计，功能合理形体简练，局部点缀石块，是典型现代建筑实例。施工质量上乘，基座部分的石工，表现出当地匠人处理石材的高超技艺。

2.3.3　教学建筑

1949 年之前的中国教育很不发达，教育设施与众多的人口不相适应，1949 年全国校舍建筑面积仅 345 万 m²。有一定规模和水准的学校，大多是教会或由外国开办或资助。三年国民经济恢复时期，仅在原有校园之内填平补齐，大规模的建校活动，则是在 1952 年全国高等学校院系调整之后。

（1）上海，同济大学文远楼

其作者是青年建筑师黄毓麟（1927—1953），毕业于之江大学，当时只有 26 岁，合作者有哈雄文等。令人无限感慨的是，就在设计完成的当年，作者却英年早逝了。

建筑约 5000m²，平面按功能需要灵活布置，在最接近入口的部位布置阶梯教室，以利于疏散。阶梯教室部位的建筑立面，其开窗直接反映内部阶梯地面。室内布置，考虑合理的视线和声响效果，后来又在小桌板上设计了简易的弱电小台灯，以利于学生在放幻灯时笔记。正面门廊作不对称处理，与不对称体量相呼应。建筑的踏步、楼梯和扶手栏杆的处理，在干净流畅中不忘点以简单装饰。值得特别提出的是，作者已经自发探索现代建筑的中国化，如通风孔的图案、壁柱顶端做传统纹样，成为共和国初期建筑师自动探索现代建筑中国化的先例。

（2）广州，中山医学院建筑群

建筑师夏昌世早年留学德国，归国后长

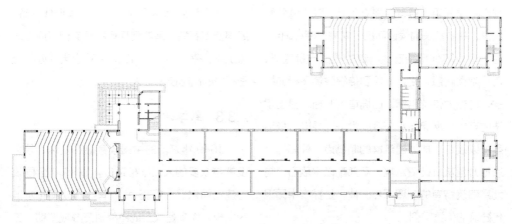

图 2-12　上海，同济大学文远楼，1953—1954，平面，建筑师：黄毓麟、哈雄文

图 2-13　上海，同济大学文远楼，1953—1954，正面

期专注亚热带气候条件下建筑研究，在规划和设计中善于结合环境，特别注重结合亚热带气候特点进行建筑创作。教学楼设计采用多种遮阳手法，在建筑上形成阴影，既遮蔽阳光又丰富了立面。大约同时期所做的广州华南工学院图书馆，也是造型简洁、自由灵活的平屋顶建筑，富有现代感。

图 2-14　广州，中山医学院教学楼，1953，建筑师：夏昌世（图片引自：杨永生主编《中国建筑师》）

图 2-15　广州，中山医学院生物楼，1953，建筑师：夏昌世（图片引自：建筑工程部建筑科学研究院编《建筑十年》）

（3）长沙，湖南大学工程馆

建筑师柳士英是早期留学日本的留学生之一，1921年回国从事建筑教育和设计。工程馆是工程学科使用的教学和办公建筑，设计手法体现了尚简的现代思想。入口处一根支柱托起一面实墙，高耸的半圆楼梯强调出建筑的重点，其余部分统一在横线条的平整体量之中，表现出内部功能相同。联想到日后他设计的民族形式的礼堂，充分表现出中国建筑师多能的设计技巧。

图2-16　长沙，湖南大学工程馆，1953，建筑师：柳士英

2.3.4　商贸展览

为繁荣经济，改善人民生活，1950年在全国的一些大城市先后举办了物资交流会或土特产展览会，如天津、武汉、济南和广州等地。这些展场，大都是临时建筑，用帐篷或围栏搭建展出场所，闭幕之后即行拆除。在广州，把场馆建设成半永久性建筑，展览过后，在原址上发展成为公园，广州的文化公园，就是由华南土特产展览交流大会发展而来。

（1）广州，华南土特产展览交流大会

1951年春，广州计划举办华南土特产展览交流大会，选定西堤灾区为会址，12个展览馆由一批建筑师分工负责，以不同的风格提出方案，建筑既统一又呈多样。参加设计工作的建筑师有：林克明、谭天宋、夏昌世、陈伯齐、余清江、金泽光、黄适、杜汝俭、郭尚德、黄远强等，技术图纸在半月之内完成。12个展览馆有：林产馆、物资交流馆、工矿馆、日用品工业馆、手工业馆、水产馆、交易服务馆、水果蔬菜馆、农业馆、省际馆、食品馆、娱乐馆等。这些建筑，规模都不大，利用普通材料，满足功能要求且造价便宜。建筑体形活泼，不事装饰，全是平顶细柱的方盒子建筑，有的很富想象力。水产馆和林产馆等具有

图2-17　广州，华南土特产展览交流大会，水产馆，1951，建筑师：夏昌世

图2-18　广州，华南土特产展览交流大会，水产馆一侧的船形建筑，1951

一定的代表性。

华南土特产展览交流大会水产馆建筑经水环绕，过小桥进入建筑。入口轻快亲切。展厅为环形展线，为适应南方气候，设计了可调的玻璃百叶窗。建筑有圆形内院，薄壳屋顶围合水池。有意思的是，建筑的右侧"停靠"了一个船形建筑，与水产呼应。

百货公司或百货大楼，曾是 1950 年代之初各地广泛建立的公共建筑，对于繁荣商业、丰富人民生活起过重要的作用，许多大中城市都有过这类建设，其中，以北京王府井百货大楼最为著名。

（2）北京，王府井百货大楼

其位于王府井大街的中段，在著名的传统商业街东安市场对面，是当时北京第一个新建设的大型商店。现代功能和结构，给建筑师以探新的机会，建筑体量为简单的矩形，中部高起之处，三开间为空廊，加强了建筑的重点。檐口采用传统的额枋、雀替形式，局部饰以中国建筑纹样，是在现代建筑的基础上，探索民族形式的建筑实例。

2.3.5　办公建筑

北京等地建设了数量不多的办公建筑，其中许多为军用。北京西郊比较集中，其他如武汉、兰州等地也有相当的规模。这些建筑的业主虽然是军政机构，但所取方案则是现代建筑的思路，与民用建筑情况无异。

2.3.6　旅馆建筑

社会旅馆建筑建设不多，许多旅馆建筑为苏联专家而建，为适应专家生活需要，标准较高。为在我国召开国际会议，也有一些兴建，如北京新建和平宾馆、新北京饭店等，都有良好的设计和设施。

（1）北京，和平宾馆

其位于北京金鱼胡同，是 1949 年后所建的第一座宾馆，原系中等标准，改为和平会议使用。宾馆建筑面积 7900m^2，主楼客房为一字排开。设计对环境有周到的考虑，前院保留两棵大榆树、一口井和部分平房，用不对称手法处理建筑的入口。为解决交通问题，建筑上

图 2-19　北京，王府井百货大楼，1951—1954，设计单位：兴业投资公司设计部，建筑师：杨廷宝、巫敬桓、杨宽麟等

图 2-20　武汉，军区司令部大楼，1950 年代初

开了"过街门洞"，汽车穿过建筑可停在后面，既可免除日晒，又不致沿街杂乱。同时，在宾馆前面保留并整理出一组四合院（原系清末大学士那桐住宅），也供外宾使用。设计切合当时经济情况，立面干净利落，符合现代建筑设计和艺术规律。在后来受苏联影响批判"结构主义"时，和平宾馆被糊里糊涂地指为"结构主义"建筑。

（2）北京，新北京饭店

其为原北京饭店一旁加建的建筑，东面的老建筑是西洋古典式样，西面则遥对故宫建筑群，所处地段是要同时照应中西古典建筑的敏感地带。建筑的入口门廊、上部的空廊以及大片的墙面，可以和旧有建筑取得联系；在空廊的两端，做了用直线大大简化了的重檐体量，以结束空廊并取得中国建筑的神韵；墙面为暗红水刷石，色彩上和宫墙协调。建筑的革新传递出现代设计精神。

（3）西安，人民大厦

其建筑面积 1.1 万 m^2，客房 190 套，是 1950 年代初为苏联专家建造的招待所，也是当时当地规模最大、标准最高的旅馆建筑。作为雕塑家的建筑师洪青，以强烈的雕塑感，塑造了富有装饰艺术（Art Deco）意味的中部主体建筑形象，也应该算是对早期现代建筑的一种延续。

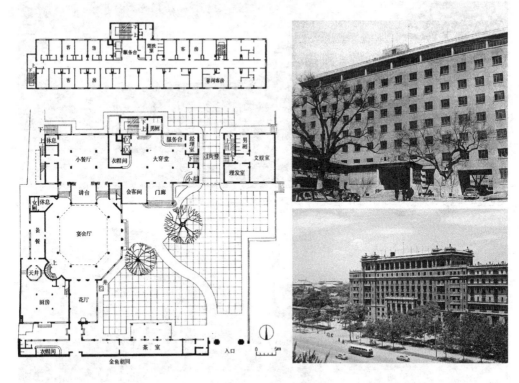

图 2-21　北京，和平宾馆，1953，平面（图片引自：建筑工程部建筑科学研究院编《建筑十年》）（左）
图 2-22　北京，和平宾馆，1953，立面（图片引自：建筑工程部建筑科学研究院编《建筑十年》）（右上）
图 2-23　北京，新北京饭店，1954，建筑师：戴念慈（图片提供：中国建筑设计研究院有限公司张广源）（右下）

2.3.7 会堂建筑

由于原有的营业性观演建筑不能适应机关团体举行会议的需求，省市各级机关逐渐建设一些会堂建筑，以方便各单位的使用。会堂建筑一般兼作观演之用，或建设俱乐部兼作观演。

（1）杭州，人民大会堂

其是1949年后在杭州建设的第一个礼堂，十分简洁地处理简单的方块建筑体量，只把中部入口重点做了中国建筑的梁枋和彩画处理，门口周围的白色边框，设计了具有象征意义的圆形"工"字图案。值得指出的是，作为业主的军管会人员，曾要求把礼堂的座位数目设计成1949个，以纪念中华人民共和国建国的年份。

（2）重庆，劳动人民文化宫大礼堂

其位于文化宫院内，平面呈扇形，无休息厅；立面示为扇形的弧面，仅有六根毫无装饰的流线型柱子支持着简单的檐口。室内设计有新艺术运动的作风，作者在一些局部设计了具有全新内容的图案，如栏杆处的"和平"字样，以表达对新生活的向往。

在这个文化宫内，风景点里有个五星亭，同样有反映当时向往和平建设思想的设计，如"五星亭"的命名、亭内顶部四周图案的内容。

图2-24 西安，人民大厦，1953，建筑师：洪青（图片提供：中国建筑西南设计院，摄影：高原、张立力）

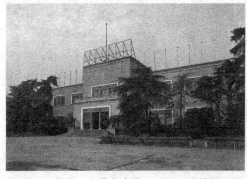

图2-25 杭州，人民大会堂，1951，建筑师：唐葆亨（图片提供：浙江省建筑设计院唐葆亨）

图2-26 重庆，劳动人民文化宫大礼堂，1950年代初，建筑师：徐尚志

（3）大连，人民文化俱乐部

其位于中山广场的东北面，布局遵从圆形的广场，体量前部的界面略呈凹弧形。观众厅采用直径为 29m 的薄壳结构，内部有良好的视听条件。面向广场的正立面处理十分简单，石头贴面丰富了界面的质感，有鲜明的现代建筑特征。

（4）青岛，纺织管理局俱乐部

与纺织管理局医院同时建立，建筑有可供各种演出的观众厅，并设有办公和其他活动的用房。建筑呈不对称布局，有一个造型简单的高塔调整水平构图；在现代建筑中采用地方石材，石材基座砌筑精致，石缝平均在 3mm 以下。

（5）重庆，西南人民大礼堂

这个会堂，是在三年恢复时期自发采用民族形式颂扬新政权的赞歌。征集方案的过程中，张嘉德、徐尚志、唐璞等四位建筑师各设计一个方案，其中三个是现代建筑形式，地区首长选中了张嘉德集仿清式古典建筑特征的方案。建筑利用山坡地势，99 步台阶的烘托，给建筑的宏伟壮观打下了先天的基础。建筑运用了各种清式屋顶形式，分别加以组合处理。圆形礼堂大厅屋顶跨度 46.33m；建筑装修用南竹 3.5 万余根，宝顶等处消耗黄金 300 两。大礼堂功能上的若干欠缺和艺术上的强烈感染力，给人们留下了论题。

1950 年代之初的短短三年，产生了一批明显的现代建筑优秀作品，表现出现代建筑在建设新社会中的能力和魅力。这些作品，不论在功能合理性和艺术处理方面，均达到相当高的水准。可是，这些优秀作品被苏联专家带来的所谓社会主义的建筑理论所批判。40 多年以后，中国建筑师最崇高的社团——中国建筑学会，把最高学术奖赏授予其中有代表性的建筑。

图 2-27　大连，人民文化俱乐部，1951，设计单位：旅大市土木建筑公司设计科

图 2-28　青岛，纺织管理局俱乐部，1952，设计单位：华东建筑工程公司设计

图 2-29　重庆，西南人民大礼堂，1951—1954，建筑师：张嘉德（图片提供：重庆建筑工程学院建筑系李再深）

第3章

民族形式的主观追求：
第一个五年计划时期，1953—1957

3.1 "一五"计划和苏联援建156项

三年国民经济恢复，在政治上巩固了人民民主专政政权，社会结构也发生了巨大的变化：在农村，40%的农民加入了互助组，出现了几百个农业合作社；在城市，一半左右的资本主义工商业被纳入不同形式的国家资本主义轨道。在经济上，国家的工农业生产已恢复到或超过历史的最高水平，财政经济状况有了根本的好转。

3.1.1 过渡时期总路线和"一五"计划

1952年9月毛泽东提出："要在十年到十五年基本上完成社会主义，不是十年以后才过渡到社会主义。"[①]1953年12月，中共中央批准并转发了中宣部关于党在过渡时期总路线的学习和宣传提纲，对过渡时期总路线做了完整的表述：

"从中华人民共和国成立，到社会主义改造基本完成，这是一个过渡时期。党在这个过渡时期的总路线和总任务，是要在一个相当长的时期内，逐步实现国家的社会主义工业化，并逐步实现国家对农业、对手工业和对资本主义工商业的社会主义改造。这条总路线是照耀我们各项工作的灯塔，各项工作离开它，就要犯'右'倾或'左'倾的错误。"

这条总路线由1954年2月召开的中共七届四中全会正式批准，随后载入第一届全国人民代表大会第一次会议通过的宪法之中。

中共中央在提出过渡时期总路线的同时，即由周恩来、陈云主持着手编制发展国民经济的第一个五年计划（1953—1957）。"一五"计划的重点是进行重工业建设，规定的基本任务是，"集中主要力量进行以苏联帮助我们设计的156个建设单位[②]为中心的、由限额以上的694个建设单位组成的工业建设，建立我国的社会主义工业化初步基础……"。计划在五年内，全国经济建设和文化建设的支出总额为766.4亿元，折合黄金7亿两以上，其中用于基本建设的投资为427.4亿元，占支出总数的55.8%。

3.1.2 "一五"计划苏联援助及156项

苏联在中国的第一个五年计划编制制定和实施过程中，起了重大的作用，斯大林曾对

---

① 参见《中共党史研究》1988年第1期，19页。

② 所谓156项，实际是154项，由于156项工程公布在先，所以仍称156项。此后实际进行的是150项，"一五"计划期间施工146项。

此提出了一些原则性意见，苏联国家计划委员会和经济专家对"一五"计划也提出许多具体的意见，并给予大量的援助。除了已经提出的156项之外，1956年4月苏联部长会议副主席米高扬率团访华时，决定再援助中国兴建55个新的工业企业，作为对156项的补充。此后落实了150个项目，其构成是：军事44个，冶金20个，化工7个，机械24个，能源52个，轻工和医药3个。

以斯大林为首的苏联政府，对中国的援助虽然不是无偿的，[①] 却还是真诚的。东欧社会主义国家的援助也很重要。这些及时而真诚的援助，对处于困难之中的中国建设来说，是至关重要的起步。

1953年第一个五年计划开始，5月，中国第一座精密机械工具制造厂哈尔滨量具刃具厂开工（1955年1月投产）；7月，中国第一汽车制造厂在长春开工（1956年7月出产了第一辆解放牌国产汽车）；10月，中国西北第一座大发电厂西安第二发电厂落成；12月，鞍钢三大工程开工生产，中国第一座现代化纺织机械厂国营榆次经纬纺织机械制造厂全面完工；1954年2月，毛泽东亲自确定第一拖拉机制造厂的厂址在洛阳。

这些规模空前的工矿企业，大部由苏联帮助设计和安装，大批来到中国的苏联专家，在中国工程技术人员的辅助下，共同工作。中国的建筑工作者，第一次面临如此宏伟和复杂的任务，不论从思想上、技术上或管理上，都难以适应新的需求，从这个角度讲，向苏联学习完全必要。

图3-1　哈尔滨量具刃具厂，1953—1955，设计单位：苏联建筑工程部设计总院

图3-2　长春，第一汽车制造厂，1953—1956，苏联援建（图片提供：长春第一汽车制造厂基建处）

图3-3　洛阳拖拉机厂，1958，设计单位：北京工业建筑设计院，建筑师：陶逸钟等

① 援助中国的协议规定，用战略物资偿还，如钨砂、铜、锑和橡胶等。

3.1.3 学习苏联建筑经验的得与失

"一边倒"向苏联专家学习，是国家的既定政策，甚至是政治任务。建筑界的这个向苏联学习的运动，一开始就人为地被置入以阶级斗争为核心的激烈的意识形态斗争之中。《人民日报》于 1953 年 10 月 14 日发表社论《为确立正确的设计思想而斗争》中指出：

> "在近代的设计企业中，有两种指导思想，一种是资本主义的设计思想，一种是社会主义的设计思想。以资产阶级思想为指导的设计原则是一切服从于资本家追求个人的最高利润的目的，设计人员受资本家的雇佣，为实现资本家的意愿，同时也为提高自己的名望和物质待遇而进行设计。……资产阶级的设计思想是孤立的，短视的，没有国家和集体的观念，又常常是保守落后的。"

苏联是第一个社会主义国家，它的建设经验，对于正在开始大规模建设社会主义社会的中国，无疑极其重要。由于这种经验，带有激烈的阶级斗争意识，在学习方法上也过于简单、强制，更像一场政治运动，因而缺乏对外来经验及其生成条件的基本分析，带有相当程度的主观性和盲目性。

向苏联的学习有得有失。得在中国社会主义体制和工业建筑体系的确立，失在苏联所谓社会主义建筑理论的夹生引进及其后果。

1）初创新型工业建筑设计体制

1953 年 9 月，政府决定将建筑力量转向工业建设，此后各大区、省市的设计院，均改为"工业建筑设计院"，并于 1955 年完成这一体制的转变。这个转变，主要汲取了苏联的工业建筑设计管理体制和管理经验，如组织机构、技术管理、建筑法规、标准设计等，大体上搬用了苏联现成的体制和制度，以适应当时的建设要求。

同时，苏联援建的工业项目，提供了中国所不熟悉的工业建筑经验。如厂区的规划、厂前区设计、生产工艺、各设计工种的配合、各设计阶段技术文件的编制等。特别是在车间、生活间、工厂绿化和工业建筑的艺术面貌等方面，都力图体现对工人的关怀。

2）城市规划的经验

苏联 40 余年的社会主义的城市建设经验及理论已经初成，特别是在城市的工业区规划、居住区规划、规划标准、指标定额、远近期结合以及城市的艺术面貌等方面，具有比较丰富的经验，而这些正是当时中国所缺乏的。

同时，苏联在大量性经济住宅建设方面，积累了独特的经验。苏联专家十分强调加大进深、减小开间，以降低造价；取消起居室，改为走廊式布置，并增加独立房间，显然是从有限户室面积的条件下增加居室的办法。住宅的标准化和构件的系列化、定型化，给大量性的住宅建设提供了条件，同时也注重住宅的民族形式和环境美化。

3）技术革新的经验

苏联的建筑设计和施工技术，为中国提供了一些具体的经验。在建筑设计方面，注重建筑总体布置和城市环境，提倡使用定型设计或标准设计。在结构计算理论方面，不用英美的"弹性理论"而采用苏联的"塑性理论"，以节约钢材和水泥；苏联专家主张在建筑上尽量采用砖混结构，认为经过正确的设计，砖混建筑的刚性比钢筋混凝土结构大得多。施工的机械化、构件的标准化以及流水作业法、冬季施工法等等技术，在当时的建设具有重要意义。

4）建筑教育改革

1952 年全国高等院校院系调整之后，大力引进了苏联的教学体制、方法和教材，建立起以苏联建筑教育为蓝本的中国建筑教育体制。苏联建筑教育注重基本功，注重文化修养，也注重技术和工业课程。它的体系脱胎于法国的老学院派法国巴黎美术学院（即布扎）体系，这是一个保守的也是一个成熟的体系，虽然在不同时期曾经多次尝试对它加以改革，其成效不尽理想。

5）所谓社会主义建筑理论和口号

苏联建筑理论最响亮的两个口号是"社会主义现实主义的创作方法"和"社会主义内容、民族形式"，这本是苏联文学艺术领域中相辅相成的两个创作口号。按照苏联的文艺传统，建筑艺术适用于这两个口号。"十月革命"前后，苏联出现了激进的现代艺术运动，并漫延至文艺各个领域。当局认为那是敌对的资本主义艺术，1932 年斯大林下令加以整肃，这两个口号就是在这种情况下相继提出的。此后，他们批判了建筑中的构成主义（我国当时翻译成"结构主义"），以建筑师茹尔托夫斯基为首，掀起苏联建筑的古典主义高潮。

（1）社会主义现实主义的创作方法

根据当时比较权威的解释，这个口号有两个主要内容：第一，一贯力求按照生活的真正社会内容来全面地、真实地反映和认识生活；第二，具有共产主义党性。[①]但对当时广大建筑师而言，这是一个难以和建筑挂钩的口号，例如，建筑中的"现实生活"是什么？建筑中的"党性"又是什么？所以，多数中国建筑师只能处于观望状态。

（2）社会主义内容、民族形式

从苏联的文献看，所谓"社会主义内容"，大都是说关心劳动人民的物质和精神生活，反映社会主义制度的优越性；而"民族形式"基本是指俄罗斯以及加盟共和国各民族的古典主义艺术和建筑。这在苏联的设计实践中看得很清楚：建筑带有古典建筑的柱廊；低层建筑设有高高尖顶；高层建筑顶部处理哥特化；建筑追求纪念性和象征性。对于中国建筑师而言，这种榜样很容易被引向传统宫殿式大屋顶建筑。

3.2 梁思成尝试苏联理论中国化

3.2.1 中国建筑学会应运而生

1950 年，在北京成立了中华全国自然科学专门学会联合会（简称科联）和中华全国科学技术普及协会（简称科普）。在全国科联的倡导下，建筑界知名人士梁思成、范离和王明之等 25 人，作为原始发起人向全国各地联络，征得了签名共 296 人，成立了中国建筑工程学会筹备委员会，推举梁思成为主任委员，范离、王明之为副主任委员。1953 年起，在中央建筑工程部和各省市局的支持下，各省市的学会筹备工作也在积极进行，到 7 月底，上海、天津、长春、广州、开封、兰州 6 地成立了分会，

---

① 苏联科学院哲学研究所、艺术研究所. 马克思列宁主义美学原理 [M]. 陆梅林，等，译. 北京：生活·读书·新知三联书店，1961：699.

北京、南京、昆明、武汉、福州、青岛、西安
7 地产生了地方筹备委员会，各地登记的会员
1572 人，中国建筑学会成立的条件已经成熟。

　　1953 年 10 月 23—27 日，中国建筑工程
学会第一次代表大会在北京文津街中国科学院
院部正式开幕，北京、天津、上海、南京等 16
个地区和特邀代表参加了会议。中国科学院副
院长张稼夫致辞，全国科联副主席吴有训讲话，
梁思成发表了著名的《建筑艺术中社会主义现
实主义的问题》报告，周扬最后作了长篇发言，
并特别为大会组织了一次同文艺界知名人士交
换有关建筑创作意见的座谈会。会议通过了中
国建筑学会的会章，选出了第一届理事 27 人，
建筑工程部副部长周荣鑫当选为理事长，梁思
成、杨廷宝当选为副理事长，汪季琦任秘书长。
大会成立了组织委员会（主任委员：贾震）、编
辑委员会（主任委员：梁思成）、中国建筑研究
委员会（主任委员：陈明达）、学术研究委员会
（主任委员：庄俊）。

　　在此之前，梁思成的报告《建筑艺术中社
会主义现实主义的问题》，曾在外地做过多次讲
演，有广泛的影响。

3.2.2　苏联理论的中国化尝试

　　梁思成是一位学贯古今中外的建筑家，
对西方古代建筑以及现代建筑都有深刻的认
识。1932—1946 年任中国营造学社法式部
主任期间，对于中国古代建筑有开创性的研
究和深厚的感情。抗战期间，又对现代建筑
有所思考和认同，1947 年被外交部推荐任
联合国大厦设计顾问时，访问了经典现代建
筑大师赖特、格罗皮乌斯、沙里宁等人及其

作品，对国际现代建筑理论和动态深有体察。
此后他又在清华大学建筑系教学中注入包豪
斯体系。据此观察，梁思成在抗战胜利以后
至 1950 年代初，其主要的建筑思想应该处
在现代建筑运动影响之下。

1）民族形式理论的政治论证

　　梁思成在《建筑艺术中社会主义现实主义
的问题》的报告，引用了清华大学建筑系苏联
专家阿谢甫可夫教授的话："艺术本身的发展
和美学的观点与见解的发展是由残酷的阶级斗
争中产生出来的。并且还正在由残酷的阶级斗
争中产生着"。他接着引用毛泽东的话："在民
族斗争中，阶级斗争是以民族斗争的形式出现
的，这种形式表现了两者的一致性。"（引自《统
一战线中的独立自主问题》）。据此他说："在今
天的中国，在建筑工作的领域中，就是苏联的
社会主义的建筑思想和欧美资产阶级的建筑思
想还在进行着斗争，而这斗争是和我们建筑的
民族性的问题结合在一起的。这就是说，要充
满了我们民族的特性而适合于今天的生活的新
建筑的创造必然会和那些充满了资产阶级意识
的、宣传世界主义的丝毫没有民族性的美国式
玻璃方匣子的建筑展开斗争。"他的报告有一个
十分合乎逻辑的结论：建筑艺术有阶级性，阶
级斗争常以民族斗争的形式出现，因此，在建
筑中搞不搞民族形式，是个阶级立场问题。

2）两张中国新建筑的具体形象

　　梁思成在建筑学报 1954 年创刊号上发表
了《中国建筑的特征》的论文，它概括出可以
认识并能具体操作的中国建筑九大特征。梁思
成在另一篇论文《祖国的建筑》中，进一步发
展了这一思想，他直接用自己所画的两张图，

图 3-4　未来民族形式建筑的想象图之一，建筑师：梁思成（图片引自：梁思成著《梁思成文集：第四卷》

图 3-5　未来民族形式建筑的想象图之二，建筑师：梁思成（图片引自：梁思成著《梁思成文集：第四卷》

表达了他心目中民族形式的建筑理想。他在解释这两张图时说："这两张想象图，一张是一个较小的十字小广场，另一张是一座约三十五层的高楼。在这两张图中，我只企图说明两个问题：

第一，无论房屋大小，层数高低，都可以用我们传统的形式和'文法'处理；

第二，民族形式的取得首先在建筑群和建筑物的总轮廓，其次在墙面和门窗等部分的比例和韵律，花纹装饰只是其中次要的因素"。[①]

这样，梁思成从理论和式样两个方面完成了苏联建筑理论的中国化。

3.3　民族形式的主观追求和探索

大约在 1953 年一五计划开始的前后，一些民族形式建筑的设计已经开始，其直接原因是强调学习苏联以及"社会主义内容，民族形式"口号的引入。梁思成对于"民族形式"的解读以及所提供的理论和形象，指出了具体的方向。中国传统宫殿式建筑的雄伟和纪念性，

以及它所表现出的正统气派，恰好成为民族形式建筑方便式样。

民族形式的探求从来没有这么广泛。从地区看，中国的东西南北中均有明显的反映，即便是很少设计宫殿式大屋顶的地区，也有实例；就民族而言，除了被认为是汉族多使用的宫殿式大屋顶建筑之外，还有少数民族常用的各种屋顶形式，这是 1950 年之前十分少见的，应当说有一定创新；在一些外来建筑影响较深的地方，也有比较鲜明的西洋古典建筑。

3.3.1　中国宫殿式

这是民族形式建筑中最为普遍的一类，以中国古代宫殿和庙宇建筑为基本范式（比如仿清式、宋式或辽式）的"大屋顶"模式。基本特征是，整体建筑分屋顶、墙身和基座上下三段；屋顶一般敷设琉璃瓦，檐口有相应的木结构装饰构件，如斗栱、檐椽和飞檐椽；梁枋部位有彩画点缀。宫殿式建筑，看上去雄伟壮观，具有强烈的纪念性，适于表达新政权建立之后的民族自豪感和正统感。

[①]　梁思成.祖国的建筑 [M]// 梁思成文集（四）.北京：中国建筑工业出版社，1986：156–157.

（1）北京，四部一会办公楼

该项目位于北京阜成门外三里河路，建筑面积8.49万 m²，是政府四个部和一个委员会的办公大楼。主楼地上4层，中部9层，原设计是钢筋混凝土框架结构，后来接受苏联专家郭赫曼的意见，改为砖混结构，是国内最高的砖混结构建筑。

总平面布局采用当时比较盛行的周边式，平面布置大进深，一般为17m，个别达21m，以力求节约土地、材料和能源。为使建筑有鲜明的民族形式建筑轮廓，同时可以隐藏高层建筑的电梯间、水箱等，各楼的主要入口部分上部加以双重檐庑殿攒尖屋顶。屋顶的承托部分，自下而上

收分，以衬屋顶雄浑壮观。檐口下面的斗栱和梁枋均作仿石建筑处理。大片墙面的窗户内陷，以显建筑厚实稳健。这是共和国第一批民族形式建筑的尝试，尽管在许多方面力求合理节约，但在艺术处理方面的花费掩盖了这些努力。

（2）北京，地安门机关宿舍大楼

该项目位于贯通天安门和地安门的北京城市主要轴线上，轴线上古建筑林立，位置极为敏感。建筑师主要考虑如何创造民族形式以适应环境。建筑的主要入口部位自道路退后10m，同时以绿地加以衬托，中部体量和角部的几个重点部位，使用绿色琉璃瓦顶，其他部位是平顶作屋顶花园。屋顶檐口下面的檐枋、

图 3-6　北京，四部一会办公楼，主体，1952—1955，设计单位：北京市规划管理局设计院，建筑师：张开济

图 3-7　北京，地安门机关宿舍大楼，1954，自景山的景观，设计单位：建筑工程部设计院（中央设计院），建筑师：陈登鳌

图 3-8　北京，地安门机关宿舍大楼，1954

斗栱、柱子采取复杂的彩画以示重点，其余大部分墙面作浅灰绿粉刷。作为特定环境之中的建筑，特别是在北京城内制高点景山上，有良好的景观。

（3）北京，友谊宾馆

该建筑位于北京西郊，建筑面积 2.4 万 m²，客房 380 间，是接待苏联专家的招待所。设计利用当时已经完成的新侨饭店图纸加以修订，中部作重檐歇山屋顶，屋顶内设电梯间和消防水箱，重檐的下檐，与两侧盝顶拉平，以压缩体量。墙身采用灰色磨砖，不多做装饰，仅在顶层琉璃剪边檐口下做抹灰，上嵌琉璃墙花。底部用假石墙及挂落板，划清基台部位。

（4）长春，地质宫

该建筑位于长春市中心地带，是在伪满拟建"宫廷府"正殿原有基础上兴建，占地面积 27hm²，建筑前面有 411.5m×468.5m 的公共绿地。建筑功能原按博物馆设计，后转作长春地质学院教学主楼使用。平面严谨对称，设有电梯和空调及齐备的各类教学用房，顶层设置了遥望平台。立面中部稍加凸起，冠以歇山屋顶，覆绿色琉璃瓦；朱红柱子、白色围栏、米色墙身，色彩丰富灿烂；在门前中轴 30m 处设大台阶，并在两侧展开作检阅观礼平台。

（5）南京，华东航空学院教学楼

该建筑位于南京华东航空学院（后改为南京农学院）教学区，考虑到地段地形的起伏和使用功能，将平面错落布置，底层地坪采用三种不同标高，以减少土方工作量。立面为不对称构图，入口取法于中国牌坊，旁边高起的楼梯间配以重檐十字脊屋顶，东西两侧教室，采用绿色琉璃瓦盝顶和传统的檐口装饰纹样。在

图 3-9　北京，友谊宾馆，1953—1954，建筑师：张镈（图片提供：北京市设计院，摄影：杨超英）

图 3-10　长春，地质宫，1954，设计单位：长春建筑设计公司，建筑师：王辅臣等

图 3-11　南京，华东航空学院教学楼，1953，建筑师：杨廷宝

运用传统屋顶的建筑中，采取不对称手法、在同一建筑上采取多元屋顶的处理均不多见。

杨廷宝在 1950 年代初期，既设计了具有现代建筑设计思想的和平宾馆，也设计了改良现代建筑的王府井百货公司，又设计了传统技

巧十分娴熟的南京大学东南楼民族形式建筑，反映出建筑师扎实的功底和应变能力。他是体现中国第一代建筑师群体特征的代表之一。

（6）兰州，西北民族学院教学楼

该建筑位于兰州龙尾山北麓，西北民族学院 1952 年建院，同期建设的有大礼堂以及各类教学楼。建筑布局采用了中国庭院式格局，单体建筑为传统大屋顶，室外以园林手法处理，室内有丰富的民族风格纹样装饰。

（7）广州，广东科学会堂

该建筑位于中山纪念堂西侧，是全国第一个科学馆。建筑面积 8850m^2，其中科学会堂设有 900 座位，并有阶梯式报告厅、小报告厅、教室等。由于地处中山纪念堂一侧，建筑处理与之协调，故在反浪费之后依然采取改良的民族风格。屋顶为绿色琉璃瓦，檐口做了简化处理。

（8）长沙，湖南大学图书馆和礼堂

湖南大学地处风景优美的岳麓山脚下，拥有传统久远的岳麓书院。作者在设计中，充分考虑到这些环境因素条件。绿色的琉璃瓦顶与周围的绿色环境相互融合，红色砖墙闪烁于绿丛之间。建筑处理具有南方传统地域建筑特色，屋顶有微妙的曲线，细部不拘法度，形式自由多样。对比建筑师在该校园设计的现代式样工程馆，同样反映出中国建筑师扎实的功底和应变能力。

（9）哈尔滨，中共市委办公楼

哈尔滨长期处在俄国和日本建筑的影响下，当地中国古典建筑传统并不明显，在全国性的民族形式的浪潮中市委办公楼这种性质的建筑中采用民族形式，有它的思想意义。建筑

图 3-12 兰州，西北民族学院教学楼，1954，设计单位：甘肃省城市建设局城市设计院，建筑师：阳世镠（图片提供：甘肃省建筑设计研究院阳世镠）

图 3-13 广州，广东科学会堂，1957—1958，设计单位：广州市建设局，建筑师：林克明、谭荣兴等（图片引自：《中国著名建筑师林克明》，1991）

图 3-14 长沙，湖南大学图书馆和礼堂，约 1955，建筑师：柳士英

的各部位设计进行了简化处理，装饰节制，是地方上探索民族形式的实例。

（10）西安，建委办公楼

该项目虽然地处古都西安，其民族形式的处理却有较大革新。建筑师把正面处理成两层通高的巨柱通廊，以上退层并设屋顶，退层的女儿墙即是通廊的檐口。檐口以下有方形巨柱，有简化了的雀替、额枋，点出古典装饰。这座建筑的处理不拘法式，手法灵活多样，在同类建筑中比较少见。

（11）济南，山东剧院（已拆除）

山东剧院是一个成功利用地形的民族形式建筑。门厅地面标高位于楼座和池座的标高之间，向下半层可达池座，向上半层可至楼座。建筑在民族风格的格局下，用普通的灰砖外墙，体量和装饰比较简单，室内设计朴实无华，仅在局部点出中国建筑构件的神韵。同期济南的民族形式建筑还有山东宾馆等。

体育建筑一向是运用大跨度、新结构获得新造型的建筑类型，与体育活动的特点关联，其形象应当轻快而具张力感。大约同期的几个体育建筑，它们有相对先进的结构，在结构的计算上也有对经济性的成功追求。但在造型方面，受到民族形式建筑主流的影响，包上了相当厚实的外衣，在一定程度上掩盖了体育建筑的性格。

图 3-15　长沙，湖南大学礼堂，约 1955，建筑师：柳士英

图 3-16　哈尔滨，中共市委办公楼，1955，建筑师：张驭寰

图 3-17　西安，建委办公楼，1950 年代初

图 3-18　济南，山东剧院，1954，建筑师：倪欣木

实例如北京体育馆、天津市人民体育馆、重庆体育馆、广东体育馆（已拆除）等。

图 3-19 北京，伊斯兰教经学院，1957，设计单位：北京市规划管理局设计院，建筑师：赵冬日、朱兆雪等（图片提供：北京市市规划管理局设计院，摄影：杨超英）

图 3-20 乌鲁木齐，新疆人民剧场，1956，设计单位：新疆维吾尔自治区设计研究院，建筑师：刘禾田、周曾祚等

图 3-21 乌鲁木齐，新疆人民剧场，1956，观众厅

3.3.2 少数民族式

把少数民族地区的传统屋顶或其他部件，在新的条件下加以改造利用，成为建筑构图中心或要素。在新疆[①] 有伊斯兰风格的圆顶、尖拱，在内蒙古[②] 地区有蒙古包式的圆顶。这种探索使人耳目一新，丰富了中国民族大家庭的建筑文化。

（1）北京，伊斯兰教经学院

该建筑位于西城区南横街，建筑用地 1.2hm²，建筑面积 9600m²，由主楼、食堂、宿舍三部分组成，可容学员 400 名。主楼的艺术处理着重强调中央大厅及西翼，中央正门入口做成高大的伊斯兰式尖拱空廊，屋顶设计成五个大圆拱顶，亦为伊斯兰建筑常用的形式。西翼礼拜殿外，设断面为八角的柱子，尖拱外廊，柱头、柱脚、檐头、栏杆等装饰，为伊斯兰风格，乃非少数民族地区探索民族形式之作。

（2）乌鲁木齐，新疆人民剧场

该建筑位于南门广场，占地面积约 1.8hm²，建筑面积 9850m²，观众厅座席 1200 个。建筑师把当地建筑中某些具有印度风格的伊斯兰建筑概念，应用于设计之中，正面的柱式来自维吾尔古宅中的木柱式，门廊和舞台台口采用了经过变形的尖拱，各部的装饰采用伊斯兰的特殊做法，并聘请民间的艺人与建筑师密切合作。细部制作精细，色彩丰富华丽，给人以强烈感受，成功探索少数民族地区民族形式。

（3）乌鲁木齐，人民电影院（已改建）

该建筑位于小十字圆形广场一角，故正面采用凹弧形平面，与之呼应。建筑面积 1801m²，1000 座席。这座建筑较早地采用了

① 新疆一般指新疆维吾尔自治区
② 内蒙古一般指内蒙古自治区。

少数民族的尖拱门廊，柱头的处理具有伊斯兰建筑装饰风格，是新疆第一批探索少数民族地区民族风格的成功作品。

（4）伊克昭盟（今鄂尔多斯），成吉思汗陵

为纪念蒙古民族成吉思汗，在伊克昭盟伊金霍洛区原成陵旧址修建陵园。蒙古人行密葬，不建陵，该陵是成吉思汗的衣冠冢，成吉思汗所留衣物，几百年来曾辗转鄂尔多斯、甘肃、青海，1954 年迁回伊克昭盟。陵园建筑面积1820m²，背山面河，四周一片草原，环境壮美。中央的纪念堂为八角形，上设重檐屋檐，饰以蓝色琉璃瓦，顶部中央覆盖蒙古包式圆顶及宝顶，并镶嵌以黄色琉璃砖纹样，体现出蒙古民族建筑风格。

同期探索蒙古少数民族新建筑形式的还有呼和浩特蒙古说书亭以及稍后的蒙古赛马场等，它们的共同特点是，有一个类似于蒙古包的圆顶，上面做些繁简不同的装饰。

3.3.3　苏式及其他

外来的民族形式建筑，主要来自两个方面：一是第一个五年计划期间来自苏联的设计或者合作设计，是苏联本土的民族形式或地域形式，如北京和上海的苏联展览馆建筑等；二是在一些受外来建筑文化影响较大的城市，如哈尔滨的一些建筑有西洋古典建筑的影响。

（1）北京，苏联展览馆（今北京展览馆）

该建筑位于西直门外展览路北侧，占地面积 13.2hm²，建筑面积 2.3188 万 m²，其中主馆建筑面积 1.2711 万 m²，是用来介绍苏联工农产品、文教、艺术成就的展览建筑。建筑平面呈"山"字形，内容包括展览大厅、剧场、

图 3-22　乌鲁木齐，人民电影院，1955，设计单位：新疆建设兵团设计处

图 3-23　伊克昭盟（今鄂尔多斯），成吉思汗陵，1955，设计单位：内蒙古工程局直属设计公司，建筑师：郭蕴诚等

电影厅、餐厅和露天展场。主体建筑为单层，局部 2 层，但中央有一个 87m 高耸云天的黄金色尖塔，塔顶安装巨大的红星。塔基平台的四角各有一个金顶亭子，与金光闪闪的尖塔交相辉映。建筑前面有直径 45m 的花瓣形喷水池，围绕广场和水池，并设由圆拱组成的弧形单廊，各圆拱中心分别悬挂 16 个加盟共和国之一的国徽。建筑每平方米造价为 833.34 元，并消耗大量黄金。当时住宅造价是 50 元 /m²，大型的公共建筑不过百元，苏联提倡民族形式的经济代价可见一斑。

图3-24 北京，苏联展览馆（今北京展览馆），1952—1954，鸟瞰，建　　图3-25 上海，中苏友好大厦，
筑师：（苏）安得列夫、吉丝洛娃夫妇，中方建筑师：戴念慈等，结构　　1955，建筑师：（苏）安得列夫、
工程师：（苏）郭赫曼（图片引自：建筑工程部建筑科学院编《建筑十年》）　吉丝洛娃，中方建筑师：陈植

（2）上海，中苏友好大厦

该建筑与北京苏联展览馆有同样的用途，苏方的建筑师也相同，中方有建筑师陈植参加。建筑除设有展厅和剧场外，还组织了空间良好的庭院。建筑构图也以中部高耸的镏金尖塔为中心，下设层层柱廊，门口设华丽的柱子和纹样，整个体量层层向上，直入云天，有强烈的俄罗斯风格。

武汉、广州也兴建了类似的展览建筑，出自经济和工期的考虑，武汉和广州的展览馆已经不设尖塔和柱廊，也取消了繁琐的装饰。这些简化了的建筑形象，反而有些现代感和展览建筑的性格。

（3）北京，广播大厦

该建筑位于西长安街，坐南朝北，是苏联援建的156项之一。苏联提供广播电视工艺设计及结构、设备设计，中方建筑师严星华担任建筑设计，包括室内设计。建筑严格符合工艺要求，结合天线功能的需要，建筑的中部突起

了尖顶，形象合乎逻辑，但也具有苏联建筑尖塔建筑的韵味。

（4）哈尔滨，工人文化宫

该建筑是一座功能齐备的文化宫，有1600座位的剧场和不同规模的各种活动厅堂，如舞厅、图书室、天象馆等。建筑采用西洋古典建筑形式，但总体运用了不对称的手法，把不同功能的空间组织到一起。主入口采用贯通3层的巨柱式科林斯新柱范，并在山花中设计舞姿优美的雕塑（今不复存）。由于哈尔滨建筑具有西洋古典建筑的原型，所以文化宫在城市中能和谐存在。

3.4　摆脱宫殿式的其他探新活动

3.4.1　地域民居式

中国宫殿式建筑在战前就受到许多质疑，许多建筑师把眼光投向民间地域性建筑，在不同地域的民居建筑形式之中寻求民族形式的灵

图 3-26　北京，广播大厦，1957，建筑师：严星华

图 3-27　哈尔滨，工人文化宫，1956，建筑师：李光耀、胡逸民

图 3-28　北京，外贸部办公楼，总体，1952—1954，设计单位：天津大学，建筑师：徐中

图 3-29　天津大学第九教学楼，1954，设计单位：天津大学，建筑师：徐中、冯建逵、彭一刚等

感。地域性民居建筑，朴实、亲切，设计中具有民间智慧，也有一定开创性，是具有显著成就的领域之一。

（1）北京，外贸部办公楼（已拆除）

作为1950年代之初的政府机关办公大楼，不着眼气魄宏伟的"官式"建筑模式，而是转向比较亲切的民间"小式"。建筑由中间的主楼和两侧的配楼围合成为一个正面庭园，庭园衬托着主体建筑。主楼体量平平，中部并不凸起，不追求纪念性。所有建筑的屋顶采取当时极为普通的灰色机制瓦为卷棚顶，檐口用天沟封住，既免去了繁琐的檐椽装饰，又不失于单薄。山

花、搏风的处理类似硬山，赋绿色，构造简单而有装饰性。开窗比例尺度宜人，窗台抹灰处理为栏杆状图案，并与下层的遮阳板相结合，处理精巧。

（2）天津大学第九教学楼等楼群

徐中同时期类似作品，还有天津大学的以第九教学楼为代表的教学楼、图书馆等。这批建筑使用天津地方特有的浅棕色过火砖（俗称琉缸砖，砖上有过火的琉缸突起，俗称"疙瘩"），具有更大的强度和独特的肌理；屋顶用普通机制水泥板瓦，墙身局部采用水刷石。第九教学楼的屋顶中部，受摩尼殿的启发，设置了山花

朝前的十字交脊歇山屋顶，富有装饰性；建筑的局部有简化了的中国建筑纹样。图书馆门厅的单跑楼梯直登二层，两侧有开敞阅览的舒畅空间。其他教学楼同样用普通的过火砖等材料，门头造型各异，形象庄重，比例良好。

（3）上海，鲁迅纪念馆（已拆除改建）

该建筑位于鲁迅故居附近的虹口公园，为纪念鲁迅先生逝世 29 周年，将鲁迅墓由沪西万国公墓移此。公园和纪念建筑的规划，采取自由活泼的布局，尽量扩大原有的水面，并注意交通路线和分区，以同时满足各种群众活动的需要。纪念馆建筑面积 2659m²，依据纪念馆的性质，结合鲁迅先生的性格，建筑设计具有绍兴地方民居的风格，采用灰瓦、粉墙、毛石勒脚、马头山墙等，造型简洁、朴实、雅致。是探索地域性民族形式建筑的优秀实例。

（4）上海，同济大学教工俱乐部

该建筑位于同济大学宿舍区，其建筑布局构思，由外向内，由内向外，随着人的流动和视线转移，来创造功能的合理性及艺术的完美

性。整个建筑采用了空间导向、空间延伸和空间流动等建筑手法，使内容繁复的功能要求在一定的经济条件下，完成建筑艺术创造。建筑尺度亲切，形式如同朴实无华的民居。

（5）厦门大学建南大会堂

爱国华侨陈嘉庚在 1921—1937 年间，第一次为厦门大学建校，建南大会堂在 1950—1954 年间第二次大规模建校期间建立。陈嘉庚自聘工程师并按自己的意愿设计建筑，体现"古今、中西相结合"的思想。

会堂观众厅可容纳 4500 人，巧妙利用山坡地形做地面升起；会堂面临约 4000m² 的椭圆形运动场"上弦场"，建筑与地形的良好配合，使得建筑更加壮观。建筑的台阶、基座、墙身皆吸取西洋古典建筑的手法，并采用了爱奥尼克柱式；屋顶吸取闽南民居屋顶加以扩大，屋脊起翘、檐口重重、檐角高扬，具有丰富而轻快的轮廓，这种结合在中式建筑里面极为少见，反映出华侨文化对故乡和海外文化的开放态度。

图 3-30 上海，鲁迅纪念馆，1956，设计单位：上海市民用建筑设计院，建筑师：陈植、汪定曾、张志模等

图 3-31 上海，同济大学教工俱乐部，1957，建筑师：王吉螽、李德华

图 3-32　厦门大学建南大会堂，1950—1954，建筑师：陈嘉庚、刘建寅（左上）
图 3-33　厦门，集美学村，1950 年代中期，建筑师：陈嘉庚等（左下）[①]
图 3-34　厦门，集美学村，南薰楼，1950 年代末，建筑师：陈嘉庚等（右）

（6）厦门，集美学村

建筑面临宽阔的湖面一字展开，中段体量突出，有重檐阁楼式闽南民居屋顶，为构图的中心；其余各段虚实相间，既反映功能又富于变化，建筑细部透露出海外建筑的影响。民间巧匠把红砖、白石加工成工艺品式的建筑细部，十分耐看。

南薰楼高 15 层，在高层建筑中融汇民间建筑精神，在中国至今也少见。各重点部位设计了种种亭台楼阁，构图十分丰富。

陈嘉庚最后的建筑活动，是在海边选址，建造他的陵墓"鳌园"。陵墓运用民间雕刻手法，在纪念碑上刻下多种事件和故事，充满了建筑文化的地方风情。集美学村可以说是对于地域建筑的自发探求。

3.4.2　新民族形式

有些建筑类型的功能或基本体形，已经不适宜采用宫殿式大屋顶，许多建筑师更崇尚在现代建筑原则前提下摸索新路，以平屋顶为基本体型做建筑构图和建筑装饰。这批建筑有一定的探新意义，但是仍然具有中国建筑的许多要素。此类建筑很像 1930 年代一些中国式现代建筑的探索，可以称之为"新民族形式"，具有重要的探新意义。

（1）北京，建筑工程部大楼

该建筑位于西郊百万庄，占地 10hm²，建筑面积 3.774 万 m²，7 层砖混结构，如此高度的砖混结构建筑，在当时条件下是一种技术革新。建筑师结合功能要求和结构条件，采用

---

① 集美学校的建设年代有不相同的几种说法，确切年份待考。

了平屋顶。其檐口借鉴我国传统石建筑的挑檐做法，建筑细部以简化的中国传统建筑构件和纹样做装饰，依然具有中国建筑风貌，是民族形式后期创作转型的一件成功作品。

（2）北京，电报大楼

该建筑位于西长安街的显著位置上，建筑面积 2.0586 万 m^2，主体 7 层，连塔楼 12 层，塔顶高 73.37m。建筑的功能性强、技术复杂，要求有高效率的工艺运转。因而建筑平面紧凑、流线简捷；建筑体量和立面处理均十分简明，室内外均无纹样装饰。体量的中部略微向前凸出，处理成高大的空廊，既可以突显下部入口，亦可呼应上部钟楼。钟楼一扫古典风气，全新

现代面貌，钟楼的结束部造型线条挺拔，形象明快，入口两侧立灯与之遥相呼应。

（3）北京，首都剧场

该建筑位于王府井大街，占地 0.75hm²，建筑面积 1.15 万 m^2，是中国第一座以演出话剧为主的专业剧场，同时可为大型歌舞和放映电影使用。观众厅 1302 座（其中楼座 402），舞台深 20m，设有直径 16m 的转台，是当时中国首先也是唯一在剧场使用且自己设计和施工的先进设备。剧场有宽敞的休息大厅，观众厅有良好的视觉效果，前后台功能齐全、使用方便，得到国内外演出组织的好评。在建筑形式和室内外装饰上，摈弃了古代传统形式，而

图 3-35 北京，建筑工程部大楼，1955—1957，设计单位：建工部北京工业建筑设计院，建筑师：龚德顺（左）

图 3-36 北京，电报大楼，1955—1957，设计单位：建工部北京工业建筑设计院，建筑师：林乐义（右上）

图 3-37 北京，首都剧场，1953—1955，设计单位：建筑工程部设计院（中央设计院），建筑师：林乐义（右下）

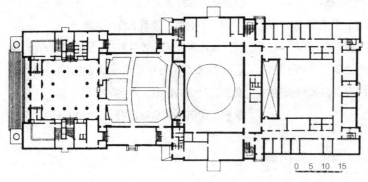

0 5 10 15

图 3-38 北京，首都剧场，1953—1955，平面

是利用有代表性的传统符号，如垂花门、影壁、雀替、额枋、藻井以及沥粉彩画等典范，进行再创造。

（4）北京，天文馆

该建筑位于西直门外大街南侧，占地面积2.5hm^2，建筑面积3500m^2，是普及天文知识、放映人造星空的场所。天文馆分天象厅、讲演厅、展览厅三部分，中心以八角形的交通厅相联系。天象厅为半圆形，屋顶分内外两层，外顶为直径25m钢筋混凝土薄壳结构，内顶为直径23m的半圆球顶，内设548个座位；建筑造型从使用内容出发，正中门厅高起，安放约10m高的傅科摆；天象厅最高，是建筑的

主要体量。立面处理略有西洋古典建筑的韵味，墙面、檐头运用中国传统云纹图案等，点出与天的关系。室内重点装饰与天文有关的神话传说内容的绘画浮雕。

（5）西安，人民剧院

其作为历史文化名城西安的一个早期剧院，探索了如何在现代建筑的体量上表现民族形式。作者仅在入口重点装饰了一个门廊，运用具有中国色彩的柱子和梁枋，其余部位均为平整的实体。既显示了剧院华丽的一面，又大大地节约了笔墨。有意思的是，年久之后实墙上长满了绿色的藤萝，使得建筑生气勃勃，似乎具有建筑结合自然的先见之明。

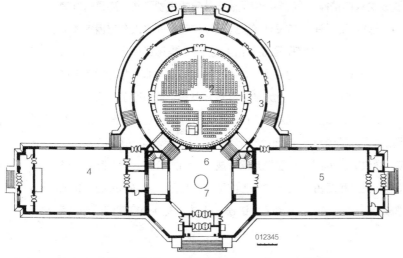

1. 舞台　2. 天象厅　3. 廊道　4. 展览厅　5. 展览厅兼报告厅　6. 门厅　7. 傅科摆

图3-39　北京，天文馆，1956—1957，设计单位：北京市规划管理局设计院，建筑师：张开济（图片提供：北京市规划管理局设计院杨超英）（上左）

图3-40　北京，天文馆，首层平面（下）

图3-41　西安，人民剧院，1954，建筑师：洪青、吴文耀（上右）

3.5 建筑中的第一次反浪费运动

早在 1954 年 9 月 15 日至 28 日的第一届全国人民代表大会第一次会议上，周恩来的《政府工作报告》就尖锐地批评了太原热电建设工程中的惊人浪费现象。《政府工作报告》里批评一个企业，足见浪费之严重、事态之紧急。建筑领域正式反浪费运动，直到 1955 苏联全苏建筑工作者会议之后，这次会议，苏联清算了"社会主义内容、民族形式"口号及其导致自己复古主义的消极后果。

3.5.1 全苏建筑工作者会议的反响

1954 年 11 月 30 日，苏共中央和部长会议召开了有 2200 人参加的"全苏建筑工作者大会"，中国派出了以周荣鑫为团长的代表团参加了会议，其他社会主义国家也派出了代表。

这次会议，是赫鲁晓夫上台以来，大力扭转斯大林时期所执行政策的一部分。大会揭露了原先政策导致建筑浪费的严重后果，倡导大量发展预制钢筋混凝土构件、推行机械化施工以及建筑设计的标准化问题。对于执行"一边倒"政策的中国建筑界来说，这次会议的精神，特别是如何对待建筑艺术倾向，更是备受关注而敏感的问题。

1955 年 1 月 20 日，建筑工程部发布《关于组织学习全苏建筑工作者会议文件的决定》，2 月 4—24 日，建工部召开了有 370 余人参加的设计及施工工作会议，以期在全国范围内对全苏建筑工作者会议做出反应。会议突出地批判了"设计工作中的资产阶级形式主义和复古主义倾向"，并点名批评了梁思成。

3.5.2 梁思成替罪大屋顶复古主义

在建工部党组给国务院总理和中共中央的报告中说：

"这种倾向的主要表现，就是脱离建筑物的适用和经济的原则，只注意或过多地追求外形的'美观'和豪华的装饰。而以梁思成为代表的少数建筑师在'民族形式'的掩盖下更走向了复古主义的道路"。

1955 年 3 月 28 日，人民日报发表了一个重要社论《反对建筑中的浪费现象》。社论列举了建筑中不注重经济原则而造成浪费的三个表现：①有些机关企业不分轻重缓急盲目建筑，如北京 1953—1954 两年之中建了 86 个礼堂；②追求所谓"七十年近代化、一百年远景"，毫无节制地提高建筑标准和造价；③某些建筑师中间的形式主义和复古主义的建筑思想。社论坦率地指出："建筑中不注意经济的倾向，首先要由有关的领导机关负责。其次是建筑领导机关没有及时提出这一问题加以批判和纠正"。

尽管"首先"和"其次"都应"领导机关"负责，但反浪费斗争的主要矛头，还是对准建筑设计单位乃至建筑师，许多人在传播媒体上开展批评和自我批评。梁思成首当其冲，在报刊上受到点名批判，《建筑学报》相继发表了许多批判他的文章，有些文章采取了阶级斗争的观点，不但指梁为资产阶级立场，甚至把他的立场上溯到封建主义。1955 年 5 月 31 日，成立了批判梁思成的专门办公室，设在颐和园畅观堂内，工作了 2 个月后，对梁思成的问题总结出 7 大错误。不过，该办公室组织的 96 篇批判梁思成的文章，在高层领导的干预下，没有完全发表，原先准备在电台点名批判的广播稿，最终撤销。

梁思成确实为"社会主义内容、民族形式"等口号的中国化竭尽了全力，他在首都计划委员会里的领导地位，足可使他推行他心目中的民族形式和建筑艺术观点。但是应当看到，梁思成实际上并没有能力独自掀起所谓"复古主义"浪潮，他只是在特定的政治气候条件下，提出了某种建筑模式而已，所谓复古主义是政治气候和苏联影响的直接后果。假如梁思成的意见果真具有决定性作用，他为保护北京的牌楼和城墙的奔走呼号，不会如螳臂当车。

3.5.3　反浪费过当造成新浪费现象

反浪费运动向深入发展，最为直接的节约措施，就是降低建筑造价。早在 1954 年，中央就已经指示，将建筑的原计划造价降低10%。1955 年 5 月，注意到了工业建筑和施工方面的浪费现象更是严重，对国家建设影响之大远远地超过民用建筑。然而，"党中央特别要求大大降低非生产性建筑的标准，即：办公室和高等学校的教室每平方米由 100 元降至 45~70 元；住宅每平方米由 90 元左右降至20~60 元；通用仓库每平方米由 70、80 元降至 40~50 元；车站每平方米由 80~130 元降至 30~70 元"。这是一个异乎寻常的降价幅度，在 1954 年削减的基础上，民用建筑要再削减30%~77%，平均也在 55% 左右，这无论如何是一个难以达到的数字。

由于降低造价的指标过于苛刻，所以采取的措施也就十分严厉，以致造成命令和执行的两种失当。例如：北京"四部一会"大楼的北面，正中大屋顶的琉璃构件已经运到现场而不准使用，这样可以不计入造价，而琉璃构件日后却毁弃在现场；建工部大楼购置的灯具等装修构件也不得就位，一直躺在库房几十年。许多建筑因节约而过于简陋无法使用，造成一些"留下无用，拆了可惜"的建筑包袱。反浪费运动在实践中的最大失误是，越过了节约的最低限界，造成另类新的浪费。

3.5.4　十四字建筑设计方针的确立

早在国民经济恢复时期，领导部门就开始提出建筑设计方针的雏形。1952 年 8 月 20 日建筑工程部在第一次全国建筑工程会议之后的一份报告中说："……设计的方针必须注意适用、安全、经济的原则，并在国家经济条件许可下，适当照顾建筑外形的美观，克服单求形式美观的错误观点。"1953 年 10 月，周荣鑫在中国建筑学会成立大会报告中提出"以适用、经济、美观为原则"，汪季琦的报告提"建筑设计的原则要适用、经济、美观，三者应通盘考虑"。1955 年 2 月，建工部党组向中共中央提出的报告为："适用、经济，在可能条件下注意美观"，在反浪费的高潮中，建筑方针正式确立。这项建筑方针，是结合中国国情的一项适用于建筑设计的方针政策，此后深入到建筑创作的各个时期和各个层次，指导中国建筑创作到改革开放时已达 30 余年，至今还在重申这一方针。

第4章

技术初潮及理论高潮：
"大跃进"和大调整时期，1958—1964

4.1　三面红旗指引方向

4.1.1　反冒进带来"大跃进"

　　1956 年，提前 1 年完成了"一五"计划的一些建设指标，完成了对私人工商企业的社会主义改造，而且还提前 11 年完成了过渡时期总路线规定在 15 年里完成的任务。这年的春天，上层领导出现了贪多求快、急躁、冒进的倾向，提出了高指标、超计划等大目标。其结果落得财政紧张、生产和生活资料供不应求。周恩来、陈云、李先念等主持经济工作的领导人，及时采取措施刹车，提出"要反对保守主义，也要反对急躁情绪"，对此种冒进倾向加以纠正。反冒进产生了积极成果，1957 年底超额完成了第一个五年计划，中国建立起社会主义工业化的初步基础，建立起高度集权的计划经济体制。

　　1957 年 9 月，中国共产党召开了八届三中全会，会上批 1956 年春天的这个"反冒进"为"右倾保守"。1958 年 3 月中共中央召开了成都会议，毛泽东在会上说冒进是"马克思主义的"，反冒进是"非马克思主义的"。1958 年 5 月，中国共产党召开了第八次全国代表大会第二次会议，正式通过了毛泽东倡议的"鼓足干劲，力争上游，多快好省地建设社会主义"

总路线。会议把建设速度问题提高到十分重要的地位。会议宣称，中国已经进入了了"一天等于 20 年"的伟大时代，又进一步提出争取 7 年赶上英国，15 年赶上美国这种更加宏伟也更加不切实际的目标。会议强调，要破除迷信，解放思想，发挥敢想敢说敢做的创造精神，去完成这一切。

　　在"总路线"提出不久，毛泽东就发动了"大跃进"和"人民公社"化运动，高高地举起了这"三面红旗"。毛泽东称赞"大跃进"一词说，"这是个伟大的发明，这个口号剥夺了反冒进的口号"。

　　大跃进从盲目追求大计划、高指标和高速度开始，尤其是针对钢铁，铸成了以高指标、瞎指挥、浮夸风和共产风为主要标志的全局性错误。当时留下来的虚假指标数字，成了令人啼笑皆非的历史资料。

4.1.2　双反带动双革双快

　　（1）双反：反浪费、反保守

　　1958 年 3 月 29 日《人民日报》社论《火烧技术设计上的浪费和保守》中说："现在反浪费、反保守的火焰正烧向技术设计部门。……为了贯彻多快好省的方针，扫除设计中的各种浪费现象，必须坚决地同各种落后思想作斗争。……因此反浪费、反保守的斗争，在设计部门中，不能不是一场无产阶级设计思想和资产阶级设计思想的尖锐斗争。"这样，反对浪费和保守等思想，成为大跃进的思想动员。

（2）双革：技术革新、技术革命

在"大跃进"运动中，建筑界同全国一样，也响彻着"破除迷信、解放思想""技术革新、技术革命"等嘹亮的口号，以达到"快速设计、快速施工"，实现"多快好省"的总路线。广大技术人员，怀着"向科学进军"的热情，在不同的岗位上，投入到意在使技术进步的运动中去。不过，以提高速度和节约材料为目的的权宜之计，经常导致非科学状况的出现。

（3）双快：快速设计、快速施工

设计单位的任务是"快速设计"。为此，它们首先改进和革新了许多设计手段和图纸。比如"图表设计""活版设计"等。快，还需要打破常规，打破原有的基本建设程序，打破设计和施工必须恪守的规范、规定和周期。

施工单位的任务是"快速施工"。它们改革了许多施工机具，提倡"放下扁担""消灭肩挑人抬"等，大大降低体力劳动的比例和强度。可以说，建筑设计和施工方法的许多重要革新，是从这时开始的。但是，施工速度并不能任意提高，否则肯定会带来明显或隐蔽的危险。

4.1.3　半山钢厂警钟深沉

无限追求速度和数量，必然留下沉重祸患。据1958年11月中旬的统计，各省市自治区以及建筑工程部所属的建筑安装企业，共发生重大伤亡事故408起，伤亡职工1407人，其中死亡348人，与1957年同时期相比增加2.2倍。因工程质量低劣而倒塌的建筑事故有64起，各地还有大量的火灾发生。

半山钢铁厂的事故触目惊心。该厂合金钢车间，在施工过程中发生了死18人、伤19人的惨剧，事故的原因是设计错误和施工质量低劣。事件惊动了中央领导，1958年12月26日，中央和建工部在杭州半山钢铁厂召开了建筑工程质量问题现场会议。陈云在会上说："目前全国建筑工程的主要倾向已经不是保守和浪费，而是在各种类型的厂房建筑上降低了结构的质量。当前的主要倾向是注意多、快、省，而注意好不够"。

但此时全国依然处于跃进高潮，所以在1959这新的一年里，人们对"大跃进"运动破坏性之认识，并没有真正起到抑制非科学性狂热风潮的作用。

4.1.4　人民公社课题正兴

新型农村人民公社的成立，也对建筑界提出了全新的课题。在政治运动的驱动下，也把公社规划提高到政治原则的高度。1958年10月举行的全国建筑历史学术讨论会上，特别对人民公社的规划和理论提出见解，认为："人民公社标志着社会主义建筑事业进入了一个伟大的新阶段，是今天建筑理论的起点，也是研究历史的中心"。许多城建设计规划部门和高等院校，奔赴农村，不失时机地开展了对农村人民公社的规划活动。到1959年底，全国已对320个人民公社和472个公社居民点进行了规划。

在许多规划中，对未来共产主义生产、生

活等问题作了乌托邦式的探索。如：居民点高度集中化问题；发展地方工业，以消灭城乡差别问题；发展多种经济，解放多种劳动力问题；普及中学、设立大学以及开展集体文化活动等问题。这些都是难以有结论的课题，但是，不失为建筑和规划工作者对未来规划和建筑设计的热情探讨。

建立城市人民公社，所牵扯的问题更加复杂，特别在大城市，涉及旧区的全面调整和改造。加之，城市人民公社提出之时，国民经济失误已经显出后果，城市公社已经难有新的建树。许多地方利用原有旧建筑或支起临时建筑办街道工业，使得原本就不良的居住环境更大大地恶化了。

4.2 首都十大建筑巡礼

4.2.1 建筑设计群众运动

为迎接中华人民共和国成立10周年，政府决定在首都北京计划建设包括人民大会堂在内的大约10项国庆工程，故又称国庆"十大建筑"。与此同时，天安门广场的改建工程也全面展开。

1958年9月6日，北京市副市长万里召集了北京1000多名建筑工作者开会，作关于国庆工程的动员报告。这些工程规模巨大、内容复杂、时间紧迫，因而要求"大搞群众运动，群策、群力"。除了组织北京的34个设计单位之外，还电请了上海、南京、广州、辽宁等省市的30多位建筑专家，进京共同进行方案创作。在这一过程中，人们对各项工程先后提出了400个方案，其中仅人民大会堂就提出了

84个平面方案和189份立面方案，并结合工程对天安门广场提出了多种规划意见，这是一个设计的大合作、大协作。

所提方案可以说丰富多彩，反映出虽然经过多次设计思想批判，当政府的态度比较开放时，建筑师的思想依然能够比较活跃。以人民大会堂的建筑造型为例，被批判过的大屋顶方案仍赫然出场；曾被指为资本主义的方盒子竟不在少数，有的发展成全玻璃的玻璃盒子；苏联式的尖顶也有方案；还有一些方案尽量采用新结构，以发挥新意。中选方案有西洋古典建筑的意味，潜在地反映了经过对大屋顶无数批判之后的必然选择。

4.2.2 革命意志变为建筑

1958年9月5日确定国庆工程的建设任务，10月25日陆续放线、挖槽开工，仅仅用了一年的时间，到1959年的9月，全部完成了人民大会堂、中国革命和中国历史博物馆、中国人民革命军事博物馆、北京火车站、北京工人体育场、全国农业展览馆、迎宾馆、民族文化宫、民族饭店、华侨大厦（10月完工）共十座建筑，总面积达67.3万 m²。原先计划有国家大剧院、科技馆等项目，十大建筑落成时变为上述项目。1959年9月25日，人民日报以《大跃进的产儿》为题发表社论，盛赞这些建筑是"我国建筑史上的创举"。无论对这些建筑持有什么观点，也不论这些建筑中有什么不足和缺欠，人们都不会否认，十大建筑技术之复杂、施工之艰巨以及难题之重大。应当说，它是政治意志、民族自豪、群众力量、举国共建意志的巨大胜利。

（1）北京，天安门广场和人民英雄纪念碑

广场为政治集会、缅怀先烈和欢聚歌舞的地方，规划中的广场 52hm²，南北为主导方向深 1090m，东西宽 500m，第一期工程 40 余公顷。广场及两侧建筑都是对称格局，人民大会堂和对面的博物馆建筑高度约 30~40m，其长度均在 300m 以上，两座建筑一虚一实相得益彰。纪念碑立在广场中央，其高度以及同周围建筑的距离，权衡得当。纪念碑之南，设大片的绿化，气氛严整肃穆。由于广场在更多的情况下被认为是政治性的，缺乏休闲设施，绿化面积也相对较少。

人民英雄纪念碑设计者为梁思成、刘开渠等所代表的一批建筑师和雕塑家。碑身通高 37.94m，台阶基座分两层，围以汉白玉栏杆；碑身台座为大小两层须弥座，下层大须弥座束腰部分，四面镶嵌八块巨大汉白玉浮雕，浮雕高 2m，总长 40.68m，刻画人物 191 个，记载自鸦片战争以来的重要历史事件；上层小须弥座镌刻花环，全部浮雕设计精美、石工精

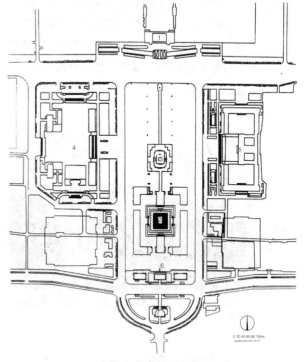

1. 天安门　2. 毛主席纪念堂　3. 人民英雄纪念碑
4. 人民大会堂　5. 革命历史博物馆　6. 正阳门　7. 箭楼

图 4-1　北京，天安门广场总平面图

图 4-2　北京，天安门广场鸟瞰，人民英雄纪念碑

湛。碑身材料为青岛浮山花岗岩，碑心石高
14.7m、宽2.9m，重达60余吨，正背两面分
别有毛泽东和周恩来所题的碑名和碑文，碑顶
冠以简化的庑殿顶。该碑的建成对各地的纪念
碑设计有深刻的影响。

（2）北京，人民大会堂

　　该建筑位于天安门广场西侧，占地15hm²，
总建筑面积17.18万m²，南北长336m，东
西宽174m（总宽206m），由万人会堂、宴会
厅和全国人民代表大会常务委员会办公楼三大
部分组成。中央大厅宽75m，深48m，面积
达3600m²，四周有10.5~12m宽的回廊，中
央空井24m×55m，大厅面向广场，可举行
各种仪式。万人会堂宽75m，深60m，平面
呈卵形，中央穹顶高33m；舞台台口宽32m，
高18m，深24m，台上可容300人以上座席，
台前有容纳70人的乐池。观众厅座席分上中
下3层，底层设带桌的固定座席3670个；二、
三层楼座分别设3446和2518座席。墙面与
穹顶呈圆角相连，采用"水天一色、浑然一体"

图4-3　北京，人民大会堂，1958—1959，建筑师：赵冬日、张镈等

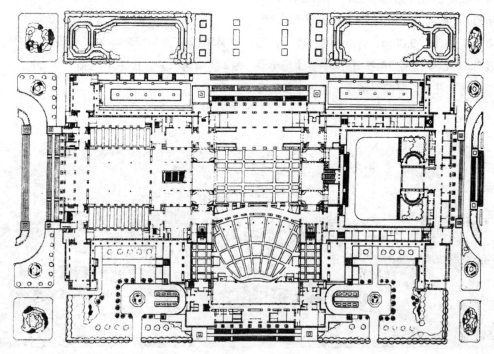

图4-4　北京，人民大会堂，首层平面

的手法，穹顶中央镶嵌五角红星和金色葵花光束图案。宴会厅主入口面向长安街，首层中央交谊大厅宽48m，深45m，净面积2500m²。宴会厅东西宽102m，南北深76m，净面积7000m²，可容5000人宴会。大会堂柱廊既非传统西洋古典建筑，也非传统中国建筑法式，而是两者独到的结合。

图4-5　北京，中国革命和中国历史博物馆，1958—1959，设计单位：北京市规划管理局设计院，建筑师：张开济等（图片提供：北京市规划管理局设计院杨超英）

（3）北京，中国革命和中国历史博物馆

该建筑位于天安门广场东侧，与人民大会堂相对，总建筑面积6.5152万m²，南北面宽313m，东西进深149m，高26.5m，立面中央部分高33m。院落式布局，革命和历史两馆分别在两个院落。展览馆为3层，第二层和第三层主要为展览厅，其展出面积2.3472万m²，可容1万人同时参观。建筑主体分两段处理，底层以实墙为主，饰以花岗石。屋顶挑檐用黄绿两色琉璃砖饰面，上部两层墙面类似柱廊处理。博物馆的西面是11开间的柱廊，造型取意中国古代的石头牌坊，廊柱为海棠角的方柱。建筑展现民族形式，与人民大会堂虚实形成对比。

（4）北京火车站

该建筑位于建国门与东单之间，占地面积12hm²，总建筑面积8.9843万m²，最高客流量1.4万人/小时，20万人次/天。平面布局

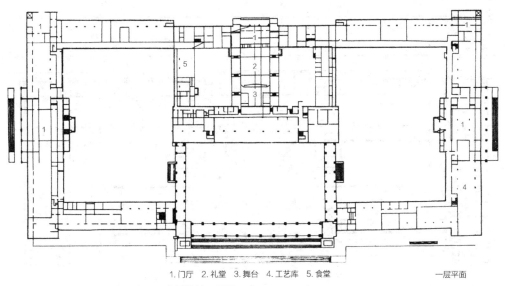

1.门厅　2.礼堂　3.舞台　4.工艺库　5.食堂　　　　　一层平面

图4-6　北京，中国革命和中国历史博物馆，平面

对称，首层安排旅客流程作业，二层大部分为候车面积和旅客餐厅等，通过高架候车厅到达各站台。建筑的中央大厅采用了 35m×35m 先进的预应力双曲扁壳结构，正立面将扁壳外露，用三个拱形垂直窗将其化成正常的尺度，与相邻的双重檐四坡攒尖的钟楼浑然一体，成为建筑的重点，并将总体统一在中轴之上。高架候车厅用钢筋混凝土连续扁壳，与中央候车大厅的扁壳相呼应。从铁路方向来的旅客，可以看到新颖的壳体曲线。北京站是在新功能、新结构的条件下，探索民族形式的可贵尝试。

图4-7　北京站，1958—1959，设计单位：南京工学院建筑系、建工部北京工业建筑设计院，建筑师：杨廷宝、陈登鳌等

（5）北京，全国农业展览馆

该建筑位于北京东郊东直门外环境优美的水碓公园西部，占地 50 余 hm²，面宽 1700m。全馆包括新建展馆八个以及活牲畜展场，总计建筑面积 2.882 万 m²。由于建筑地点恰好位于东直门外城轴线上，城市要求对准东直门处矗立一座纪念性建筑。建筑采取了集中又分散的布局，把建筑按用途分类，结合现场地形进行合理布置。总体以综合馆为主体，形成一个较为严谨的不对称轴线，庭院式布局，在综合馆加以重檐亭阁，饰以琉璃瓦屋顶。其他各馆多采用新型结构，亦是当时的设计潮流，取得了新的室内外造型。

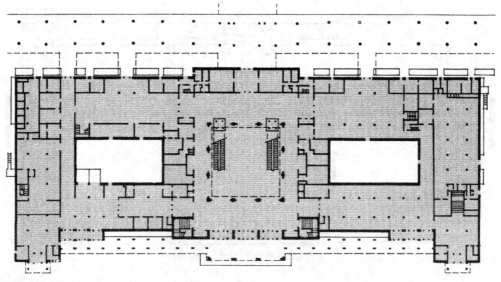

图4-8　北京站，平面

（6）北京，民族文化宫

该建筑位于北京西单以西复兴门大街，建筑用来介绍展出各民族历史、文物、生产、生活情况，也是进行各项政治文化活动的场所。建筑面积 3.077 万 m²，平面呈山字形，正面辟有绿化广场。全部建筑由科学研究部分、礼堂、文娱馆、高级招待所四部分组成。建筑中部的塔楼地上 13 层，高 67m，中部主体的屋顶主次配合，与两翼盝顶相互对照。白色面砖、翠绿色琉璃瓦顶，挺拔而秀丽，是传统建筑与现代高层建筑相结合的成功范例。

（7）北京，民族饭店

其位于西长安街民族文化宫的西侧，基地面宽 124m，约 9920m²。总建筑面积 3.4145 万 m²，12 层，高达 48m。共有客房 597 间，同时可住 1200 客人，是一座以接待国内少数民族为主的会议旅馆。这是中国第一座大型预制装配式高层框架结构建筑。建筑造型的处理，紧密结合这种新结构的特点，大片的墙面有微微鼓起的线条，形成一种带有肌理的背景，突出的阳台使立面活跃起来，并点出了建筑的居住性格。二层有阳台出挑并连成一片，饰以勾

图 4-9　北京，全国农业展览馆，主馆，1958—1959，建筑师：严星华等（图片提供：建工部北京工业建筑设计院）

图 4-10　北京，全国农业展览馆，气象馆

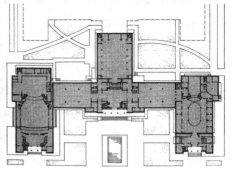

图 4-11　北京，民族文化宫，1958—1959，鸟瞰，设计单位：北京市规划管理局设计院，建筑师：张镈、孙培尧等（图片引自：国家基本建设委员会建筑科学影剧院编《新中国建筑》）

图 4-12　北京，民族文化宫，平面

图4-13 北京,民族饭店,1958—1959,设计单位:北京市规划管理局设计院（图片引自：建筑工程部建筑科学研究院编《建筑十年》）

片栏杆,点出民族装饰纹样。建筑师与美术家合作设计了8幅镂空花饰门头,取意中国古代园林廊庑花窗,表现工业、农业、交通运输、文化科学等内容。民族饭店在探索新结构与民族形式的结合方面,是成功的先例。

4.2.3　建国十年的纪念碑

1958年的"大跃进",是经济建设的大冒进,乏善可陈。但是,在建筑方面,却留下了"十大建筑"这组中华人民共和国成立10年的建筑纪念碑,尽管仅仅集中在首都北京一个城市,这也是一件可以称道的事。

（1）"十大建筑"是特殊时代的特殊产物,由于它的政治意义,设计和施工都是精工制作。利用了被视为禁忌的"三边"工作法（边设计、边备料、边施工）和人海战术,终于使之如期完成,这是将意志化为共和国纪念碑的壮举。

（2）由于集中全国的设计和施工精英,出现了在当时条件下最稳健、最优秀的建筑创作高峰,"十大建筑"的设计、施工和建筑内容都是当时最高水准。集体创作注定了建筑作品的

折中性而缺乏先锋性。

（3）在众所瞩目的建筑艺术方面,出现了多样化的局面,创作思路基本自由。例如,并不忌讳已经被批判过的大屋顶模式（全国农业展览馆）,也不拒绝类西洋古典式（人民大会堂）或类苏联模式（中国人民革命军事博物馆）。

（4）值得推崇的是,许多建筑暗合国际潮流,以新结构为切入点,进行中国建筑的探索（北京火车站、民族饭店、全国农业展览馆的小型展馆等等）,这在当时条件下是具有进步意义的可贵探索。

新结构的运用、民族形式的思考,构成了继国民经济恢复时期自然延续现代建筑理念之后,又一波探索中国现代建筑的高潮。

4.2.4　上海卫星城的建设

在大跃进的形势下,全国中小城市都将成为工业城市,具有一定规模的大城市将辟建卫星城镇发展工业生产。上海决定建设卫星城镇,分散一部分工业企业,缓解市区人口过分集中。限于当时的物力和财力条件,无法一次全面实现规划,因而采取了"先成街后成坊"的方法,这是一个花费较少但可以在城市景观方面立竿见影的方法。

（1）上海闵行一条街

即闵行一号路成街规划,1959—1960年设计、建成。闵行是上海新兴的工业基地,远景规划为30万人口的卫星城市。闵行一号路全长500多米,成街工程有13个单体建筑,路宽44m,沿街设置各种公共建筑,满足日常需要。尽管建筑是平屋顶,但造型和色彩都比较清新、简洁,更有现代感,曾令人耳目一新。

图 4-14　上海闵行一条街全景，1959—1960，设计单位：上海市民用建筑设计院

"先成街后成坊"的手法取得了效果，此后，曾作为一个成功的经验得到推广。但限于条件，在很多情况下迟迟不能成坊。

（2）上海张庙路大街

上海市民用建筑设计院设计，1960 年建成。这项工程也体现了大跃进的速度，用 12 天完成设计，仅 95 天全部完工。张庙路位于上海北郊，距离市中心广场约 12km。大街全长 700m，路宽 50m，沿街建筑上层为公寓式住宅，底层设商业和服务设施，与街坊内的公共建筑一起形成服务系统。建筑以 4、5 层为主，适当插入低层，使街景有所起伏。张庙路东段，作园林式街道处理，平顶建筑的山墙处理作马头墙，结合漏花围墙等手法，略显地方风格。沿街建筑点缀绿地花墙、画廊和小品等。

4.3　建筑技术革新初潮

4.3.1　暗合国际上大潮流

1950 年代末，世界各国基本完成了战后的恢复和重建，先后进入了新的大发展时期，特别在亚洲，如日本、亚洲"四小龙"的腾起等等。中国的大跃进也恰恰是在这个时期，与国际的建设大潮流相当吻合。

世界各国在新的建设回合中，掀起了探索新结构和新技术的热潮。1958 年布鲁塞尔国际博览会，不论是在展品上，还是在展览馆的建筑设计和结构设计的水准上，都是 20 年间国际科学技术、经济建设、文化艺术成就的大检阅。博览会的中心建筑是比利时的原子馆，庞大无比的构筑物，象征放大到 1600 亿倍的铁分子；德国馆由 8 个钢结构玻璃盒子随着地形不同标高布置，展览馆回收可建成一所学校；西班牙馆以外径 6m 的伞状结构单元为基本模度，体现了单元的定型化和装配化的灵活性；巴西馆为悬索结构，上空屋面留有孔洞，设可升降的大气球以防雨和进光；飞利浦馆是勒·柯布西耶的抽象梦幻之作，被称为"电子诗篇"。最令中国建筑师感兴趣的，是三个悬索结构的大型展览馆：苏联馆、美国馆、法国馆。原理相同的三个结构，竟然有如此不同的造型，同样是现代结构，也可以有完全不同的"民族形式"。

这些建筑不是短暂的孤立现象，而是一个时期国际建筑对技术在建筑中的创造力所作的答案，并非玩弄风格流派哗众取宠。中国建筑师虽然与国际基本隔绝，但 1958 年以来的技术革新和技术革命的方向，暗合了这一国际潮流。

4.3.2　希望之光在于技术

"大跃进"中"思想大解放"的非科学态度，已经把本属于科学的工作推入绝境。不过，更应该看到，许多建筑工作者的科学精神始终未泯，在这个特殊的社会条件下，依然倾心于开发新结构、探索新形式，作出一定的科学贡献。

这个时期所诞生的一些以新结构为特色的新建筑，其意义远远超过事情本身，它是中国现代建筑史上的有积极意义的章节，是经历十年曲折道路之后的一个有希望的方向。对建筑结构的新探索，主要有四个方面：一是标准化与装配化，二是薄壳结构，三是悬索结构，四是构筑物的新结构。应该赞扬在那种环境中的科学研究精神，新结构是建筑创作的新动力。

（1）重庆，山城宽银幕电影院（已拆除）

该建筑位于两路口繁华的商业区，用地6937m²，建筑面积3400m²，观众厅1514座位，跨度30m，由三波11.78m×30m的筒形薄壳构成30m×35.3m的钟形平面。适应山地地形，采取跌落手法，使各主要空间建立在不同标高的平台上。休息厅屋盖为五波6m×8m筒壳。新型结构全部外露，入口的连续拱壳加以艺术处理，体现出新型结构所带来的新的建筑艺术特色。这座建筑已经在1998年的大建设中拆除。

（2）上海，同济大学学生饭厅

该建筑位于同济大学校园院内，建筑面积4880m²（大厅部分3350m²），容3300人就餐，5000人观看演出。结构为跨度40m的钢筋混凝土联方网架，外跨54m。饭厅由大厅和厨房两部分组成，大厅及厨房之间有廊子相连，形成较大的内院。紧接大厅有化妆室，供演出

图4-16　上海，同济大学学生饭厅，1961，设计单位：同济大学设计院，建筑师：黄家骅等

图4-15　重庆，山城宽银幕电影院，1958—1960，设计单位：重庆建筑工程学院设计部，建筑师：黄忠恕、吴德基、梁鼎森、秦文钺等（图片提供：吴德基）

图4-17　上海，同济大学学生饭厅，天窗处钢筋混凝土网架的结构杆件图案

使用。建筑艺术处理密切与结构相结合，如落地拱结构带来的张力感，室内拱顶顶棚和侧墙天窗，均以结构杆件组成富有韵律的图案而不加任何装饰，取得了简洁有力的现代感，是当时探索新结构、新技术和新造型的代表性作品。

（3）北京，工人体育馆

该项目建筑面积 4.2 万 m²，平面为圆形，1.5 万座位。国内首次采用圆形双层悬索结构屋盖，圆形屋盖直径 94m，略大于布鲁塞尔国际博览会美国馆的 92m 直径。建筑在满足体育比赛和各项活动的前提下，采用新型结构，既节约了钢材（比同跨的网架节约 600t），又得到了新颖的室内外建筑造型。

图 4-18　北京，工人体育馆，1959—1961，设计单位：北京市建筑设计院，建筑师：熊明、孙秉源等（图片提供：熊明）

（4）杭州，浙江省人民体育馆

该建筑位于杭州市中心，是一座以体育比赛为主、集文艺演出与群众集会为一体的多功能建筑。主体建筑平面南北长 125.24m，东西 103.8m，最高外檐 20.4m。这是中国第一座采用椭圆形平面和马鞍形预应力钢筋悬索屋盖结构的大型体育馆，结构用钢量不到 18kg/m²。椭圆形比赛大厅轴长 80m×60m，设观众席 5420 座位，多数观众有良好视听效果的座位。独特的屋盖呈双曲抛物面形状，令体态轻盈，线条流畅，使观者耳目一新，当时只有在外国建筑图片上才能看见这种建筑形式。

图 4-19　北京，工人体育馆，比赛大厅

（5）成都，双流机场航站楼

该建筑位于成都双流机场，建筑面积 8728m²，主楼 2 层，二层设营业大厅、候机室、餐厅服务等设施，底层为附属部分，西向面临停机坪的候机室开大片玻璃窗并挑出阳台。候机室三开间为一单元，每开间 4.8m，每单元屋顶覆盖钢筋混凝土筒形薄壳，单元之间由平

图 4-20　杭州，浙江省人民体育馆，1965—1969，设计单位：浙江省建筑设计院，建筑师：唐葆亨、沈济黄、宋德生等，原国家建委建筑科学研究院负责悬索屋盖结构设计（图片提供：唐葆亨）

图4-21　成都，双流机场航站楼，1960—1961，设计单位：西南工业建筑设计院、四川省建筑设计院（图片提供：中国建筑西南设计院）

图4-22　乌鲁木齐，建筑机械金工车间，1960，设计单位：中国人民解放军新疆建筑工程第一师设计院

图4-23　山东体育馆双曲扁壳方案模型，约1960年代，设计单位：建筑工程部设计院（中央设计院）（图片提供：张广源）

顶相连，立面波起平复，具有新结构的轻快和明朗。

（6）乌鲁木齐，建筑机械金工车间

该项目建筑面积3280m²，车间采用圆形薄壳屋盖，沿周长按圆心角6°等距设置砖柱，柱间以大玻璃采光。柱顶钢筋混凝土连系梁上，覆盖60m直径的椭圆旋转曲面薄壳。钢筋的耗量约为12kg/m²。新型结构获得了巨大的空间，节约了大量钢材。

在大跨度建筑中探索薄壳、悬索等新结构，以期得到新颖的形象，是当时多数建筑师的设计倾向，如山东体育馆、广州火车站等。虽然实现的是少数，但真实地反映了时代精神。

4.3.3　在其他方向的努力

除了技术的初潮之外，包括"大跃进"在内的1958—1964年间，还有多方面的探索，代表了一个时期建筑师在不同方向上的努力。

（1）北京，中国美术馆

该建筑位于五四大街东端北侧，占地面积3hm²，建筑面积1.6万m²，其中展出面积7000m²。展出部分有大小展厅17个，各部既有方便的联系，又避免交通流线干扰。建筑形象丰富，以反映出对美术创作繁荣的向往，且与附近的故宫景山等环境相呼应。中部突出的四层部分（美术家之家），采用中国古典式阁楼屋顶，其他部分均为平顶，以利于展览馆的顶部采光。

（2）兰州，甘肃省博物馆

博物馆是国庆十周年"献礼"工程，主要展示省内工农业建设成就，不论在规模和内容上都备受瞩目。建筑面积1.8306万m²，重工

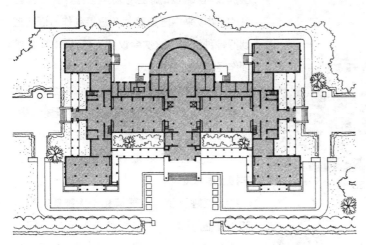

图 4-24　北京，中国美术馆，1960—1962，建筑师：戴念慈、蒋仲钧（上左）

图 4-25　北京，中国美术馆，1960—1962，平面（下）

图 4-26　兰州，甘肃省博物馆，1958—1959，设计单位：甘肃省城市建设局城市设计院，建筑师：于典章（上右）

业厅为 18m 跨度的门式钢架，其余 3 层，中部 5 层为构图中心。建筑比例严谨，檐口、门头有精致的装饰，整体建筑造型雄浑，使人感到有中国西部建筑的厚重朴实。

（3）成都，锦江饭店

其位于城市中轴干道人民南路西侧，总建筑面积 5 万 m^2，主体 9 层。建筑后退红线 40m，有比较安静的休息环境。建筑的体形和艺术处理，有旅馆建筑的性格，很好地考虑了周围环境，如与周围道路和桥梁有良好的关系。

（4）西安，邮电大楼

该项目建筑面积 1.08 万 m^2，6 层，平面呈八字形，正面朝向著名的古建筑钟楼，建筑高度为 24m，不超过钟楼，以维护建筑环境。建筑的造型平稳，顶部有平顶的空廊，两端结束处有重檐方亭，与钟楼略有呼应，使得大楼与钟楼具有和谐的关系。

（5）广州，中国出口商品陈列馆

该建筑位于海珠广场，是中国对外贸易的窗口。建筑面积 4 万 m^2，主楼 10 层，两翼 8 层。平面采用八字布局，主楼面对广场，拥有开敞

图 4-27 成都，锦江饭店，1959—1961，建筑师：徐尚志

图 4-28 西安，邮电大楼，1958—1960，建筑师：洪青、杨明根

图 4-29 广州，中国出口商品陈列馆，1958—1959，建筑师：林克明、麦禹喜等

的视野。建筑处理简洁，仅以开窗的组合取得虚实效果，靠近门头及其上部略施装饰，属于批判大屋顶之后有探新性质的建筑，在全国有一定影响。

4.4 探索建筑理论高潮

4.4.1 总结十年建筑艺术

1959 年 5 月 18 日至 6 月 4 日，建筑工程部和中国建筑学会在上海召开了《住宅标准及建筑艺术座谈会》。仅就"建筑艺术"这个敏感的话题而言，足见这个会议相当开放。建筑工程部部长刘秀峰参加了会议。由于他担任国庆工程设计和施工的领导工作，并了解自 1949 年以来中国建筑师在建筑创作方面所遇到的种种波折，这次会议成为总结 10 年建筑创作经验的盛会。

各地专家、学者和建筑师等 120 余人参加了会议，几乎包括了建筑界的所有重要人物。这次会议罕见地同时介绍了资本主义国家的建筑。与会者的论文或意见结集出版，并在建筑学报上重点发表。

会议触及了十年建筑和十大建筑在建筑艺术方面所遇到的较为敏感的问题，如对十四字建筑方针的见解、中国建筑艺术的定位、"继承与革新"、建筑形式与建筑美、苏联建筑问题等，以及鼓励建筑师解放思想、大胆创作等等。

这次会议最具有影响的还是刘秀峰的总结报告：《创造中国的社会主义的建筑新风格》（以下简称《新风格》），这是中国现代建筑历史上一个内容重要而性质独特的准官方文件。

这个报告题目所包括的"创造""中国的""社会主义的""建筑新风格"等四个关键词，既是报告的内容，也是它的目的。

报告一发表，即引起了国内外的广泛关注。这个报告有三个基本特点：

（1）《新风格》对于 10 年以来建筑创作的曲折历程进行了总结和评价，对中国建筑创作现状的判断比较冷静、客观。

（2）《新风格》全面涉及了中国建筑界长期以来最关注的各种理论问题，并在当时的认识水平上给予全面的回答。

（3）由于历史的和个人的局限，《新风格》中依然延续了建筑阶级性的说法，在对待西方现代建筑运动的基本观念方面，也有相当的误解。

这是写作背景和社会作用都极其复杂的报告。由于作者的部长身份，它是学术报告，又具有行政文件的性质；它活跃了学术气氛，但又局限了未来的思路。尽管如此，人们还是应该以极大的热情称颂这个报告，它毕竟是一篇有价值的建筑理论论文，它几乎总揽了十年间有关建筑创作的所有问题，并有清晰的语言和明确的观点，特别是它出自行政长官之手，更加难能可贵。刘秀峰在"文革"之中蒙冤，《创造中国的社会主义的建筑新风格》一文是他的罪状之一，无聊文人对报告胡批乱砍，却无损《新风格》的历史地位。

4.4.2　预设社会主义风格

建筑艺术座谈会之后的几年间，正值国民经济陷入低谷的"三年自然灾害"调整时期。建筑任务的减少，使得建筑界有机会深入探讨建筑理论问题。这是一次准官方发动的建筑理论学术讨论活动，也可以说是对"建筑艺术座谈会"所反映问题的落实。1961 年《建筑学报》第 3 期发表了一篇为《开展百家争鸣　繁荣建筑创作》的社论，既提倡自由而充分的讨论，

又要用阶级分析的观点来看建筑问题，这就从宏观上显示出，这次讨论既有广泛的积极意义，又有严重的局限。

北京、广州、上海、天津、陕西、辽宁、四川、山东、黑龙江、吉林、江苏、河北、福建、内蒙古等 14 个省市、自治区的学会，先后组织了规模不同的 70 余次讨论会，有些学会还组织了参观，邀请了美术家参加讨论。这次争鸣活动的主要论题包括：什么是建筑风格；建筑风格的决定因素；新材料、新技术和建筑风格的关系；中国的社会主义的建筑新风格的创作原则和方法；建筑的基本特征；建筑艺术问题，其中包括建筑的双重性、思想性、美观；建筑的内容和形式等等建筑基本理论问题。

对这些问题的讨论，活跃了建筑思想，形成了建筑理论大普及的局面。但它的局限也不容忽视。首先，刘秀峰的《创造中国的社会主义的建筑新风格》的讲话，成了讨论问题的基本框架，没有新的突破或超越。其次，"风格"成为这次理论活动的中心话题，事实上对未来建筑风格形成一种预设。风格是不能预设的东西，风格的实现，是一个水到渠成的积累过程。再次，"中国的社会主义的建筑新风格"，是个过于宽泛、宏大的概念，注定了它的不确定性，实践中难以起到具体的指导作用。

4.5　域外建筑初试锋芒

我国建筑师在海外的建筑活动始于 1956 年，在"援外工程"中起步。中国政府一直把对外援助作为履行国际主义义务的重要内容，以无偿赠送或低息贷款的方式，向兄弟国家或

图 4-30　蒙古国，乔巴山国际宾馆，1960，设计单位：建工部北京工业建筑设计院，建筑师：龚德顺（图片提供：龚德顺）

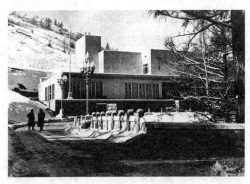

图 4-31　蒙古国，乔巴山高级住宅之一，1960，设计单位：建工部北京工业建筑设计院，建筑师：龚德顺（图片提供：龚德顺）

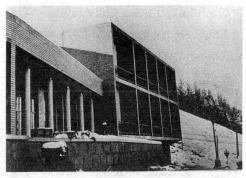

图 4-32　蒙古国，乔巴山高级住宅之二，1960，设计单位：建工部北京工业建筑设计院，建筑师：龚德顺（图片提供：龚德顺）

友好国家提供经济援助。1956 年，政府决定对蒙古人民共和国提供 1.6 亿卢布的无偿援助，帮助兴建 14 个成套项目。民用工程中首先进行了 5 万 m^2 住宅、乌兰巴托跨线公路桥的建造。到 1960 年，援助蒙方完成住宅 22 万 m^2、百货大楼 2.2 万 m^2，另有总工会疗养院、乔巴山国际宾馆、高级小住宅及政府大厦扩建工程等。与此同时还开始了对越南、柬埔寨、朝鲜、尼泊尔、也门、阿尔巴尼亚等国的经援项目。

4.5.1　现代建筑的海外版

援外建筑受到的限制少得多，在国内没有走通的现代建筑之路，在外援建筑中却十分通畅。建筑工程部北京工业建筑设计院建筑师龚德顺等在蒙古乌兰巴托完成的百货大楼、乔巴山国际宾馆、高级小住宅等，均具有现代建筑的典型艺术特征。

（1）蒙古国，乔巴山，国际宾馆和乔巴山官邸等三幢高级住宅

建筑的设计和施工都非常精心，其内部功能与外部体量统一，空间组合丰富，是国内当时已经少见的现代"方盒子"建筑构图。

国际宾馆呈灵活而均衡的非对称构图，有简洁的通长大平台，饰以铜管栏杆和混凝土栏板；乔巴山官邸等三幢高级住宅，其形体组合更加大胆，其宽厚的檐口、上部收进的金属柱头，是国内 1980 年代才开始使用的手法。体量的线条划分、屋顶的结点处理、贴面砖的铺饰，均显示出龚德顺建筑师娴熟运用现代几何构成手法的能力。

（2）蒙古国，乌兰巴托，百货大楼

应蒙方要求为国庆而兴建的百货大楼，建

筑面积 2.2 万 m²，主要功能有商场、仓库，顶部为一小剧场。由于蒙方要求按照北京百货大楼设计，所以建筑的基本立面构图、比例及平面都很像北京市百货大楼，但建筑师做了简洁的处理，没有附加装饰，线条简洁挺拔，底层开大面积玻璃窗。

4.5.2　国际竞赛初露锋芒

　　1950 年代，中国建筑师只参加了社会主义国家举办的极少数国际设计竞赛，如莫斯科新区和波兰华沙英雄第二次世界大战纪念物国际竞赛等。1957 年，在波兰华沙第二次世界大战英雄纪念物国际竞赛中，戴复东的方案获方案收买奖。

　　1963 年，为纪念古巴在吉隆滩反击美国登陆战役的胜利，国际建协受委托举办此次竞赛。中国建筑学会组织了全国范围内的方案征集、筛选，提交了 20 个方案。龚德顺、李宗浩的设计方案获荣誉奖。一根挺拔的变截面纪念柱，统一了建筑的构图，地面建筑的连廊以及底部透空的金字塔形展览馆，造型洗练而新颖，是当时十分新潮的设计。

4.6　"大跃进"后的大调整

　　"大跃进"期间，由于亿万人民建设国家的热情、意志和奋斗，加上投入了数以千万计的基建投资和物资设备，所以也取得了一定的收获。如建成了一批重要的项目，增加了一些生产能力。大庆油田的开发、原子能技术的突破、农田水利的兴建、北京十大建筑的落成，以及建筑中新技术与新结构的突现、地域性建筑的

图 4-33　蒙古国，乌兰巴托百货大楼，1961，设计单位：建工部北京工业建筑设计院，建筑师：龚德顺（图片提供：龚德顺）

图 4-34　古巴，吉隆滩纪念碑，1963，设计单位：建工部北京工业建筑设计院，建筑师：龚德顺、李宗浩（图片提供：龚德顺）

进步、南京长江大桥的设计和施工等项目，都是在这三年里完成的。但这些成就属于劳动者而不属于"大跃进"这个政治运动，如果没有"左倾"性质的政治运动，其建设成就，绝非仅此。

　　1958—1960 年这三年"大跃进"，对中国的国民经济建设，造成了严重的后果：国民经济比例全面失调；超越生产力发展水平，过急地改变生产关系，造成对生产力的破坏；三年自然灾害造成人民生活严重困难，市场供应严重不足，农民生活水平更是急剧下降，饥荒蔓延。

4.6.1　天灾加苏撕毁合同

三年"大跃进"的严重后果还有另外两个重要的原因：

一是，自然灾害。农业的减产，尽管有时不完全是自然灾害造成的，但自然灾害的作用是十分严重的，1960年农业的受灾面积，比"一五"计划受灾最严重的1957年超过了124.6%，比1961年超过了111.8%。二是，苏联政府于1960年7月16日突然照会中国政府，决定停止执行600个合同，停止供应中国急需的重要设备。在一个月内撤走全部在华的苏联专家1390名，并带走了图纸和资料。与此同时，还逼迫中国政府偿还抗美援朝期间苏联提供军需物资的款项，折款14.06亿新卢布，这一切都加重了中国经济困难的程度。

4.6.2　调整巩固充实提高

严峻的政治和经济形势，促使中共中央和政府采取应急的措施。

1961年1月，中国共产党八届九中全会要求按照"农、轻、重"的次序安排经济；强调贯彻执行国民经济以农业为基础的方针，全党全民大办农业、大办粮食，适当压缩基本建设战线和降低重工业发展的速度；会议正式通过了对国民经济实行"调整、巩固、充实、提高"的"八字方针"，并决定在农村深入贯彻"十二条"，进行整风整社。为执行"八字方针"，实行努力恢复农业生产，加强了对国民经济的集中管理，实行减少城镇人口，压缩城镇粮食销量，调整生产指标，压缩集团购买力等应急措施。

1962年5月采取了一系列更坚决的措施：

（1）压缩基本建设规模，缩短重工业战线，实行必要的"关、停、并、转"；钢从1960年的1860万t，压缩到1962年的600万t；

（2）精简职工，减少城镇人口。自1961年至1963年6月，全国吃商品粮的人口共减少了2800万人；

（3）加强农业生产。大批劳动力回到农村，农村劳动力超过了1957年，国家实行一些使农民休养生息的政策；

（4）稳定市场、回笼货币、消灭财政赤字等。

至此，才算是真正开始了国民经济的调整。

还有一个"现象"说明基建调整之困难，这就是政府三令五申禁止兴建楼、堂、馆、所。虽然国家宏观上大幅削减基建投资，但在许多地区和部门依然用各种理由保护项目。1962年3月20日，中共中央发出通知，严禁各地实行计划外工程。通知说，这种不顾国家困难，继续扩大计划缺口的分散主义行为，必须严格禁止。正在建设的所有计划外工程，一律停止施工，特别是楼、堂、馆、所，不论建设到什么程度，必须立即停止施工。此后，多次发出这种口气坚决的通知或指示。

在国民经济继续调整的阶段，全国开展了工业学大庆、农业学大寨运动，并在部分工业交通企业试办托拉斯，探索管理企业的新思路。

历经五年时间，到1965年国民经济已经全面好转，不仅恢复，而且有了发展。例如，工业生产已经超过或接近历史最高水平；积累和消费的比例已趋正常；市场供应明显改善。

第5章

政治性地域性现代性：
设计革命和"文化革命"，1965—1976

就在"大跃进"后调整时期初见成效期间，1963年毛泽东主席提出"阶级斗争，一抓就灵"。9月，对于文艺工作提出了严厉的指责，说文化部是"帝王将相部、才子佳人部、外国死人部"。1964年夏，这种批判扩大到学术领域。1965年1月，中共中央发布了《农村社会主义教育运动中目前提出的一些问题》（即二十三条），"左倾"理论新升级。毛主席关于社会主义社会阶级斗争的理论和实践，导致浩劫空前的"无产阶级文化大革命"。在建筑创作领域，这场浩劫从设计革命开始。

5.1 "文革"从设计革命始

文化大革命启动之前的1964年，毛泽东发动了"设计革命运动"，1965年全国设计革命工作会议的召开，就意味着全国设计界和建筑界的"文化大革命"已实际开始。

1964年11月1日，毛泽东就"设计革命"作了批示："要在明年二月召开全国设计会议之前，发动所有的设计院，都投入群众性的设计革命运动中去，充分讨论，畅所欲言。以三个月的时间，可以取得很大成绩。"

5.1.1 打破苏修的条条框框

设计革命起初的目标直指我国已经实行十余年的"苏修"设计体制。国务院副总理李富春指示："计划、设计、劳动工资等等问题，要坚决打破苏联框框是根本问题，不打破现代修正主义和现代教条主义的影响，我们就不能从中国实际出发，从群众的创造出发，而打破框框绝不是修修补补的改良办法可以做到的，必须'敢想敢干、破除迷信'，使我们思想和工作革命化。"中国仿照苏联模式建立起来的设计体制，经过多年实践，反映出许多不适中国国情之处。当时所反对的苏联框框，一方面是指过去旧建筑体制的框框，实际上也是在政治上反对赫鲁晓夫"现代修正主义的新危险"。设计革命运动是国内设计领域文革前站，在很大的程度上矛头针对知识分子阶层及个人。

5.1.2 解剖麻雀和下楼出院

设计革命运动认为，从事设计工作的知识分子，大多数是从"家门"到"校门"再到"机关大门"的"三门干部"，这种干部存在着"脱离政治""脱离实际""脱离群众"的"三脱离倾向"。这些人"争名图利，好大喜功，标新立异，为自己树立纪念碑"，认为他们的设计

"高、大、洋、全、古""洋、贵、飞"等等。这些，实质上都是资产阶级思想在设计工作中的表现，是修正主义思潮在设计中的反映。

　　所谓"解剖麻雀"，是指在运动中具体分析批判一个作品。几乎所有的设计单位都有一些无聊分子主动或被动揭发自己的同行。他们牵强附会，罗织罪名，把设计中本来没有的事情指为罪证。比如，一位姓钟的建筑师在建筑的总平面里设计了一个钟塔，被指为自我表现；更有人在设计图案中找到了"双十"或"青天白日"，那后果就十分可怕。因而运动中错误地批判了一些建筑，伤害了一大批有能力的建筑师和设计人员的感情。

　　解决"三门干部"的"三脱离"，具体措施是："下楼出院""三结合""现场设计"。大部分设计单位派出了设计小分队，奔赴设计现场，在现场与使用单位和施工单位"三结合"，以求得正确的设计，有时设计人员常驻工地，以方便"为施工服务"，从而完成设计革命化的全过程。现场设计可以更周详地占有资料，也不失一种可行的设计方法，但客观上又使设计力量分散，工作条件恶化，眼光局限，不利于创作和新技术的探讨。

5.1.3　建筑领域的空前劫难

　　1966 年的《五一六通知》是毛主席"砸烂旧世界"的纲领。《五七指示》是他"建设新世界"的蓝图。他期望以这种纲领和蓝图，使中国"天下大乱"而后"天下大治"。1966 年底，全国大动乱的局面开始。

　　"文化大革命运动"风起云涌，正常的建设基本停顿，全国的设计单位也基本瘫痪。广大的设计工作者，特别资深的技术人员和领导干部，被指为"反动学术权威"和"党内走资本主义道路的当权派"，几乎毫无例外地受到了冲击。

　　在建筑界，首当其冲的是建筑学会和刘秀峰以及他的《创造中国的社会主义的建筑新风格》。《建筑学报》被指为资产阶级反动学术权威和党内的资产阶级代理人物所把持，已经成为建筑界牛鬼蛇神宣扬封建主义、资本主义、修正主义，反党反社会主义反毛泽东思想，复辟资本主义的工具。而刘秀峰以及他的《创造中国的社会主义的建筑新风格》则是"建筑界的反党反社会主义纲领"。

　　各地的设计单位和高等院校，同全国一样，大体上都是以此种模式，对本单位的"反动学术权威"和"走资本主义道路的当权派"进行了残酷的斗争。更为不幸的是，许多教学、科研和设计单位，把知识分子送往各地的"五七干校"，进行"接受工农兵再教育"的劳动改造。此后，又根据各种指令和命令，对上述单位实行"下放"或"战备疏散"，直至解散。建工部所属的建筑施工、建筑设计、科学研究、大专院校等企事业单位，原有 38.2 万人，下放了 29.1 万人。代表国家建筑设计和科研水准的、建筑技术力量十分雄厚的建筑工程部建筑科学研究院、北京工业建筑设计院等单位，于 1970 年遣散下放。这些单位的地位和水平最高，受灾也最惨重，实验室的设备大量散失，成吨的资料图纸被烧毁；科技人员遣散到全国各地，有的当公社的采购员，有的卖洗澡票，几十年的人才和档案积累，毁于一旦，损失不可弥补。而刘秀峰、梁思成、刘敦桢等干部和专家，所惨淡经营的建筑科学研究院建筑历史与理论研究所，早在 1965 年就当作封资修的老窝而被倾覆，建筑科学研究院从那时就成为不再研究建筑的建筑单位了。

5.2　全局停滞局部前进

10 年之间，运动时紧时松，在"促生产"期间当然也有建筑设计的需求。尚能做设计的那些人们，虽然明令要坚决贯彻"适用、经济，在可能条件下注意美观"的建筑方针，但现实中最明确的方针是：突出政治，突出节约。由于"文革"中的"造反派"极为关注政治权力，常把经济建设抛在一边，建筑设计事实上形成了一种隐形的地方割据或部门割据的状态。在这种状态下的建筑设计人员，倒也可以在有限的条件下发挥才能，以致在局部里对建筑作出特定贡献。

"文革"中的建筑现象，可以从以下四个方面做正面观察：政治性建筑、地域性建筑、领域性建筑以及从中所表露的现代性。

5.2.1　政治建筑象征性

政治性建筑有两个基本特征：一，建筑的功能是宣传"毛泽东思想"和中国共产党的"路线斗争"；二，让建筑设计表现具体政治内容。

用建筑勉强表现思想或者政治内容的事，实例不胜枚举。如建筑中时常借助向日葵、镰刀斧头、红五星等图案或符号，表达一定的政治含义；更经常的是，借助绘画、雕塑等媒介，对政治内容作具体宣示。但是，建筑表现思想内容的能力十分有限，观者常常感莫名其妙，

在设计思想上也造成了混乱。

政治建筑表现政治的手法大体上分为两类：一是形象的明喻；二是数字的暗喻。

形象的明喻是指在建筑设计中，将建筑的体量、局部、细部或装饰，处理成具有某种含义的具体形象，让观者从中获得含义的联想。数字的暗喻则是用特定数字，来确定建筑的体量、局部、构件或细部的尺寸，企图也将这个数字的含义包含在建筑之中。

"文革"的典型政治建筑是"毛泽东思想胜利万岁展览馆"，群众称之为"万岁馆"；同时还有一些纪念性建筑。在不同的地区，对这些建筑的政治含义有不同的政治要求。

（1）成都，四川毛泽东思想胜利万岁展览馆

该建筑是中华人民共和国成立 20 周年之际，"向毛主席敬献忠心"的"忠"字工程。为显示工程的重要，领导人将展览馆设置在成都市中心明代蜀王府（俗称皇城）旧址，为此，拆除了明代蜀王府城门以及清代作贡院时期所建造的明远楼、致公堂等古建筑约 5000m²，推倒明代城墙约 1500m。建筑由主馆、检阅台和毛泽东巨像三部分组成。主馆平面呈中字形，建筑的两侧原来建有省、市的办公楼再加上检阅台，略呈一个心字，雕塑毛泽东巨像就成为心字当中的一点，平面形成一个大大的忠字。建筑立面处理，四个巨大无柱头的柱子比喻"四无限"（无限忠诚，无限热爱，无限信仰，无限崇拜），把体量竖向分成三段，称"三忠于"（忠于毛主席，忠于毛泽东思想，忠于毛主席革命路线），中段有 10 根红色花岗石柱子，把建筑分为 9 个开间，隐喻中共第九次全国代表大会的召开和中共中央下达的文件《解

决四川问题的十条意见》表示"红十条"；检阅台有 23 级踏步，隐喻中共中央发布的《农村社会主义教育运动中目前提出的一些问题》（即二十三条）；台阶总高 8.1m，隐喻"八·一"南昌起义；毛泽东巨像底座高 7.1m，隐喻中国共产党的诞生日；像高 12.26m，隐喻毛泽东的生日 12 月 26 日。这是一个十分典型的用数字或文字暗喻的建筑实例，但人们实际很难察觉。

图 5-1　成都，四川毛泽东思想胜利万岁展览馆，1969，设计单位：中央建筑工程部设计总局重庆工业及城市建筑设计院

（2）广州，广东展览馆

该建筑是用具体形象明喻政治内容的典型建筑。位于广东农民讲习所旧址旁边，建筑表现主题是"星星之火可以燎原"，作者以火把作为母题也是明喻的具体形象。在主体建筑的中央，设一个方形的塔楼，塔顶设一巨大火把，四周设置四个小火把；在建筑的立面上，设置浮雕，上面有中国革命的历程；庭院路灯的灯罩，也采用了红色的火把图案；展览馆的铁围栏也使用了排排火把图案，共同加强了这一主题。

图 5-2　广州，广东展览馆，正中有象征星火燎原的火把　图 5-3　广州，广东展览馆，围栏的火把灯具和火把图案

（3）长沙火车站

建筑严谨对称，中间大厅的上部设立高出屋面 35.1m 的钟塔，钟塔顶尖为 9m 高的红色火炬。在设计过程中，火炬飘向的方位成了问题：无论飘向何方都有政治上的不妥当，如果向西，被认为"倒向西方"；如果向东，则是"西风压倒东风"。最后决定向上，群众戏称"朝天辣椒"。

（4）郑州，"二七"纪念塔

为纪念 1923 年 2 月 7 日京汉铁路工人大罢工牺牲的两位烈士而设立，位于当年悬挂牺牲者首级处，即今之"二七"广场上。纪念碑

图 5-4　长沙火车站，1977，设计单位：湖南省建筑设计院、湖南大学建筑系，建筑师：王绍俊等

图 5-5　郑州，"二七"纪念塔，1971，设计单位：郑州市建筑设计院，建筑师：胡诗仙（图片引自：《中国百名一级注册建筑师作品选：第三卷》）

采用双塔型，两个塔体的平面各为不等边的六边形相互连接，一边为交通厅，一边为展览厅。总高 56m，是当时河南最高的建筑。建筑大量采用了数字的暗喻手法：建筑面积 1923m²，喻 1923 年；两个塔原设计各 7 层，喻"二七"，后因比例不当改为 9 层；应群众要求塔顶设两个钟亭，暗喻两位烈士。

5.2.2　自发自强地域性

这里所说的地域性，有双层含义：一是建筑反映当地的自然条件和风土人情；二是建筑师对国情有深刻的理解，真实地反映出当时当地建设条件。建筑崇尚纯朴，毫不铺张，留下一个创业时代的谨慎和清新。

在广州，温暖的气候和得天独厚的自然条件，注定具有丰富的园林建筑文化传统，建筑师在探索新建筑的同时，新园林与之并肩而行。

这种探索，并不是把园林和建筑作简单的组合，而是注入一定的使用功能，在美化环境的同时，改善环境和卫生条件。例如，前庭绿化可分隔空间、阻隔噪声、减弱视线；利用庭园作交流空间甚至集会空间；可结合防火考虑庭园，如在高低结合的建筑中以庭园相隔，可避免低层火警对高层的威胁，水池的设置可结合消防储水；室内外的空间相互渗透，融为一体等等。可贵的是，园林的设置与现代生活、现代建筑材料和工艺结合，淡化过时的情调。这样，新园林就自然地同新建筑结合在一起，取得了良好的效果，在全国有广泛的影响，甚至影响到北方。

（1）广州，矿泉客舍

该建筑位于三元里，当地有温泉资源，是将原地仓库扩建、改建而成。总平面布置中有多个院落，建筑空间与自然环境结合，主体的公共活动部分是敞开的支柱层到处有精致的大小庭院与巧妙绿化，使原来没有观赏价值的平淡地形成为具有自然魅力的场所。客舍的标准层不设会议室和会议厅，利用支柱层作公共空间，减少了会议和文娱活动的使用面积。在这座建筑里，人们几乎感觉不到建筑立面的存在；简洁的立面处理成为园林环境的一部分，是传统园林与现代建筑相结合的良好范例。

（2）广州少年宫

这是一组在条件十分简单的情况下极为朴实的科教建筑群。作者把流水湖畔某化工厂破烂的遗址变成绿草如茵、内容丰富的科学园地。建筑群的主要特点是：①善于利用旧建筑和现有条件，以极为普通的地方材料和朴素的建筑做法，改造成为广大少年儿童向往的"地道"

图 5-6 广州，矿泉客舍，1972—1974，设计 单位：广州市城市规划局设计组，建筑师：莫伯治、 陈伟廉、李慧仁等

图 5-8 广州少年宫，1966，大门空间，设计单位： 广州市建筑设计院，建筑师：佘畯南

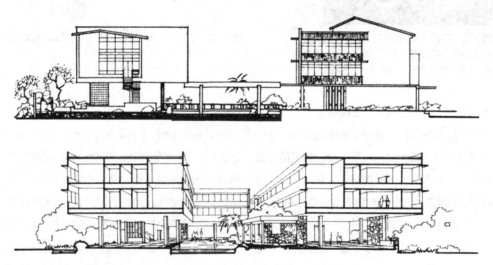

图 5-7 广州，矿泉客舍，1972—1974，立面和剖透视

"航天馆""飞机库""天文台"等；②建筑创作中考虑国情国力的经济性原则，以有限的资金新建科学馆、芭蕾舞厅和园林绿化。③设计手法简洁，追求建筑的现代性，创造了令人感到十分亲切的现代建筑。作为创作过无数大型建筑的佘畯南建筑师，曾把这项看来"简陋"的项目作为自己最重要的设计之一，是作者胸怀对儿童的爱心之作。

（3）广州，白云宾馆

应外贸之需要而设，广州市成立外贸工程领导小组下设设计组，建筑师林克明为组长，建筑师莫伯治等主持设计。位于环市东路，建筑面积 5.86 万 m²，33 层，高度 114.05m，客房 881 间，结构采用板式剪力墙体系。低层为大跨度的公共部分，高层为客房。宾馆的前院，保留了山冈和树林，尽量不破坏自然环境，

图 5-9　广州，白云宾馆，1973—1975，
设计单位：广州市外贸工程设计组，建筑
师：林克明为组长，莫伯治等主持设计

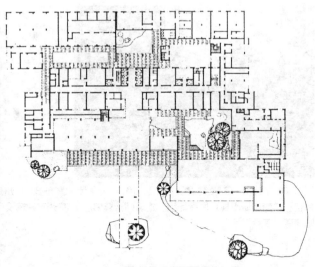

图 5-10　广州，白云宾馆，1973—1975，首层平面

不仅节约了土方，而且使主楼与交通干线之间有一个适当的隔离，保持了主楼的安静。餐厅设内院，院内设水庭，以及各种园林设施。白云宾馆一方面又创中国高层建筑新高纪录，同时也是高层现代建筑与传统园林结合的先例。

（4）南宁体育馆

该建筑位于广西南宁市邕江大桥附近，与南宁剧场遥遥相望。平面呈矩形，建筑面积

图 5-11　南宁体育馆，1966，设计单位：广西综合设计院设计

8210m²，容纳观众 5450 座。比赛大厅跨度 54m，长 66m，比赛场地 22m×34m，可供球类、体操、举重等项目的比赛，同时兼作文艺、杂技演出和集会场地。南宁地处亚热带，气候炎热，多东南风，且体育馆所处位置地势开阔、平坦，建筑师采用自然通风，将比赛大厅的大面作南北布置，使热天的主导风向垂直于大厅的长轴面，并将看台底之斜面外露，形成一个阴凉的兜风口；体育馆不作围护墙体，主体建筑的结构完全露明，加上轻巧的金属栏杆和细致的混凝土透花窗，建筑显得灵巧通透。建筑反映出亚热带地区体育建筑的明朗建筑性格。

（5）桂林，风景建筑

1959 年优美的芦笛岩发现岩洞，即辟为风景区，建筑科学研究院建筑师继续了过去的探索，由尚廓等人于 1970 年代在此规划设计了一批风景建筑，以建筑与风景的极好结合，

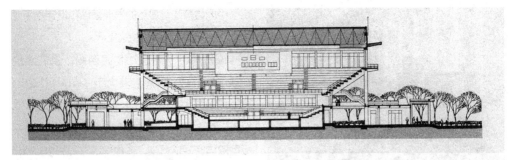

图 5-12　南宁体育馆，1966，剖面

图 5-13　桂林，芦笛岩接待室，1975，设计单位：
建筑工程部建筑科学研究院，建筑师：尚廓等

图 5-14　桂林，芦笛岩水榭

以现代建筑与中国传统建筑的成功革新，获得了普遍的赞许。

作者通过一条曲折多变的环形旅游路线，展现出优美的时空风景序列，使桂林"山青、水秀、洞奇、石美"的风貌，在游程中得以充分展现。风景建筑除了给游人提供交通、饮食、休息等服务项目之外，还与旅游路线共同组织游览序列，控制空间，点缀风景和承转风景段落。风景建筑采用民居常用的两坡顶，吸取南方及广西民居的楼层、阁楼、栏杆出挑等特点；借鉴"楼船"和园林建筑中的"旱舫"等体形处理水榭；建筑运用亲切的小尺度，体形通透，视线可穿过建筑看景色。用轻快的钢筋混凝土取代木结构，以典型的现代建筑手法处理整体和局部，鲜明的现代感和地方特色共存。

5.2.3　得天独厚领域性

十年"文革"，不是所有的领域、部门和建筑类型都没有发展，有些特定的部门、领域和建筑类型得天独厚，与地域性并行发展，并有明显的进步，可以说这是一类在特定领域发展起来的建筑，如体育、外事、援外以及其他领域的建筑类型。

1）一专多用体育馆

继"万岁馆"之后，体育馆是兴建较多的又一类建筑。体育馆可以进行体育比赛，也能适应当时政治性集会的需要，有一专多能的功效。体育馆一向是富于表现力的建筑，但在当时的条件下，创新精神受到局限，艺术成就不及技术成果。体育馆设计在技术上的进步，奠

图 5-15 北京，首都体育馆，1966—1968，设计单位：北京市建筑设计院，建筑师：张德沛、熊明等（图片提供：北京市建筑研究院）

图 5-16 南京，五台山体育馆，1975，设计单位：南京工学院建筑系、江苏省建筑设计院合作设计，建筑师：齐康等（图片提供：东南大学建筑设计研究所）

图 5-17 上海体育馆，1975，设计单位：上海市民用建筑设计院，建筑师：汪定增、魏敦山、洪碧荣等（图片提供：上海市民用建筑设计院）

定了中国体育建筑日后的发展基础和设计水平。

（1）北京，首都体育馆

该建筑位于北京动物园西侧，建筑面积 4 万 m²，1.8 万座位，比赛大厅 99m×112.2m，比赛场地最大可达 40m×88m，场地活动木地板下设有 30m×61m 的冰球场，屋盖结构为平板型双向空间钢网架，室内净高 20.3~20.8m。体育馆有许多个"第一"：①首次采用百米大跨空间网架；②国内第一个室内冰球场；③第一次设计使用活动地板和活动看台；④第一次采用拼装体操。该馆是当时设施最完备、技术最先进的大型体育馆。这个外表比较简单的建筑，可以认为，这是一种被压抑了的建筑形象。

（2）南京，五台山体育馆

该建筑位于南京市区五台山，东面为容纳 5 万人的田径场等体育设施，建筑面积 1.793 万 m²，比赛厅面积 5010m²，1 万座位。八角形平面的大厅，科学地满足了比赛、视线以及声学等要求。建筑为三向空间网架结构屋盖，造型紧密与网架结构结合。立面设计了少见的厚檐口，檐口与柱子结合在一起，形象挺拔庄重又感到柱子的力度。

（3）上海体育馆

该建筑位于市区西南漕溪中路山环路附近，占地 10.6hm²，总建筑面积 4.76 万 m²，包括比赛馆、练习馆及其他辅助用房。为适应不规则的地形，比赛馆为圆形，直径 114m，建筑面积 3.1016 万 m²，可容纳观众 1.8 万人，采用双层看台，设近 2000 座位的活动看台。在建筑造型方面，尽量做到内在与外形的统一，把功能、结构融会贯通，构成统一完整的建筑轮廓；屋盖出檐深远，檐口下面内收，使屋顶显得轻快，力图反映体育建筑简洁明朗的性格。

（4）沈阳，辽宁体育馆

该建筑位于沈阳市青年大街，系综合性比赛馆。建筑面积 2 万 m^2，双层看台，1.14 万座位，比赛场地 32m×48.8m，室内净高 18.1m。平面为 24 边形，其外接圆直径 91m，略呈圆形的平面围合方形比赛场地。顶部 6m 高处为空间网架，由 24 根支柱支撑，建筑外檐高度 28.8m，类圆形体量由 24 个板型支柱支持。为使馆内获得理想的人工环境，将四组通风机房设在馆体周围，中间有 6m 宽的天井，与机房和四座出入口大台阶，构成直径为 115m 的 24 边形环绕基座，衬托主体建筑形象。

（5）郑州，河南省体育馆

该项目建筑面积 $7800m^2$，比赛大厅 5500 座位。屋顶为钢筋混凝土碗形屋盖，上设环形气窗，构图整体感强。简单的立面处理反映出崇尚节俭的风气。

2）外交领域新建筑

1970 年，我国先后同加拿大、意大利、智利等国建立外交关系；1971 年 10 月，中华人民共和国恢复在联合国的合法席位；1972 年 2 月美国总统尼克松访华；9 月日本首相田中访华，中日邦交实现正常化。到 1972 年底，同中国建立外交关系的国家已有 88 个，其中有 31 个是在近两年之内建交的。外交领域的发展，对建筑提出了具体的要求，一方面有使领馆的建设，一方面要有相应的涉外建筑设施。

（1）北京饭店东楼（新楼）

该建筑位于天安门东侧东长安街和王府井大街的西口，是北京饭店的第二次扩建。主楼建筑面积 8.85 万 m^2，地下 3 层，地上 20 层，

图 5-18　沈阳，辽宁体育馆，1973—1975，设计单位：辽宁工业建筑设计院革命委员会，建筑师：陈式桐、王罗、刘芳敏等（图片提供：中国建筑东北设计院张绍良）

图 5-19　郑州，河南省体育馆，1967，设计单位：中南工业建筑设计院，建筑师：黄新范、李舜华、王国修

图 5-20　北京饭店东楼，1974，设计单位：北京市建筑设计院，建筑师：张镈、成德兰（图片引自：国家基本建设委员会编《新中国建筑》）

单间客房 485 套，双套间 84 套。考虑到新楼
和旧楼之间的关系，较低的大厅部分在前，以
连廊与旧楼相接，主楼退后。立面的檐部贴黄、
绿琉璃花砖，底部贴花岗石，中部及阳台处理
简洁，为白色和浅黄马赛克贴面；室内设计具
有中国古典建筑风格，如门厅设四根沥粉贴金
圆柱，藻井天花，是当时比较高的装饰标准。
在建筑艺术受到压抑的年代，具有深厚中国古
典建筑修养的作者，赋予高层建筑古典建筑神
韵，是难能可贵的探索。

（2）北京，16 层装配式外交公寓

位于建国门外，基地面积 2.03 万 m^2，建
筑面积 3.4 万 m^2，采用整体式钢筋混凝土双
向框架结构，是北京较早出现的装配式高层建
筑。建筑采用横向和半凹阳台相结合的手法处
理大片墙面。建筑顶部，电梯间和水箱间结合，
遮以大片玻璃和混凝土花格，形成一个瞭望廊，
并将檐部做重檐处理。公寓具有工业化的简洁
和居住建筑的性格。

（3）北京，国际俱乐部和友谊商店

该项目位于建国门外，建筑面积 1.3831
万 m^2。俱乐部内设文娱、体育、社交和餐饮
设施。建筑采用庭园式布局，设有几个内庭园，
前院做重点处理，使用了不同的标高，设亭、
廊将庭园分成两部分，有平台、花架、荷花池、
喷泉供室外活动。建筑的外观在当时属于新颖、
活泼的造型，由于这组建筑体量差别较大，建
筑处理高低错落，虚实有致。混凝土花格具有
朴实的装饰效果，显出俱乐部建筑的开朗性格。

图 5-22　北京，16 层装配式外交公寓，1971—
1975，设计单位：北京市建筑设计院

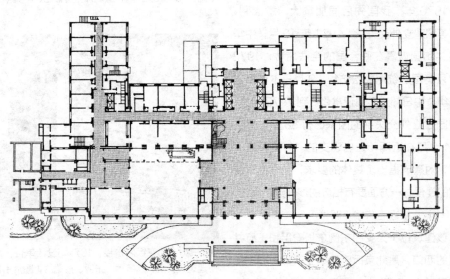

图 5-21　北京饭店东楼，平面

（4）北京，伊朗驻华使馆等

使馆建筑成为这个时期引人瞩目的建筑类型。这些建筑有的是国外建筑师的方案，与中国设计单位合作设计。伊朗驻华使馆，布局考虑到防备北京的风沙，在主导风位方向堆起假山，外墙采用北京特有的青砖，在建筑造型方面既新颖又颇具地方特色。巴基斯坦驻华使馆，在实墙上开出具有伊斯兰建筑风格的尖拱，拱内填充混凝土花格，既保持了伊斯兰建筑比较厚重的风格，又透出一些轻快，具有亚热带建筑特色。由于此类建筑设计涉外，受到干预不多，许多建筑比较活泼、清新，成为北京一道新的风景。

3）应运而生候机楼

国际交往的增多，交通设施的需求也增多，显得机场的候机楼严重不足，特别是在一些外宾活动频繁的重要城市，候机楼建筑应运而生。当美国总统尼克松访华要经过杭州时，杭州机场候机楼的建设成为当务之急。

（1）杭州机场候机楼

为迎接中美建交及美国总统尼克松访华而兴建，从勘察设计到建成使用，不到两个月。新候机楼建筑面积 5800m^2，位于杭州笕桥机场。建筑为简单的一字平面，流线简捷明确，并有利于快速施工。建筑的框架外露，形成四周列柱，柱间衬以大片玻璃，形象开朗、朴实。与北京首都体育馆相比，具有共同的时代特征。

图 5-23　北京，国际俱乐部，1972，设计单位：北京市建筑设计院，建筑师：马国馨等（图片引自：国家基本建设委员会编《新中国建筑》）

图 5-24　北京，友谊商店，1972，设计单位：北京市建筑设计院，建筑师：马国馨等（图片引自：国家基本建设委员会编《新中国建筑》）

图 5-25　北京，伊朗驻华使馆

图 5-26　北京，巴基斯坦驻华使馆

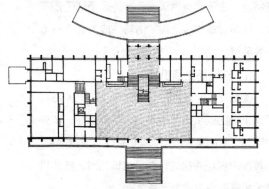

图 5-27 杭州机场候机楼，1971 年 12 月—1972 年 2 月，外观和平面，设计单位：浙江省建筑设计院，建筑师：张细榜、黄琴坡等（图片引自：国家基本建设委员会编《新中国建筑》）

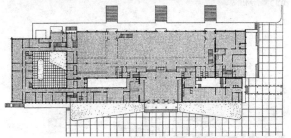

图 5-28 乌鲁木齐机场候机楼，1972—1974，外观和平面，设计单位：新疆维吾尔自治区建工局设计院，建筑师：孙国城等

（2）乌鲁木齐机场候机楼

位于乌鲁木齐西北郊地窝铺民航原址，距市中心约 22km，建筑面积 1.02 万 m^2。由于候机室陆地侧方向高出空侧方向约 3m 多，因此在机坪方向自然形成了一个基座层，层内正好利用来安排行李房、空调机房、变配电以及机务外场工作间等。在总体设计上，为利用地形，避免较大的土方，避免建筑正面向北，建筑垂直于跑道布置。候机楼简单的水平体量和塔台的竖直体量形成对比，衬托在以天山博格达峰为背景的大漠绿洲环境之中。与杭州机场的候机楼相似，大片玻璃的使用是当时候机楼的普遍做法。

4）援外领域达高峰

"文化大革命"造成了国内建筑园地长期荒芜，而援外建筑因其特殊政治意义，成为建筑创作的一块独特的国外"飞地"，一个面向世界的展示窗口，在一定程度上代表了本时期中国建筑设计的最高水平。

（1）体育建筑

体育建筑是援外建筑成就突出的建筑门类，为表彰中国援外的体育建筑，国际奥委会曾颁发奖杯给中国政府，萨马兰奇也曾赞扬说，要看中国的体育建筑，请到非洲来。在体育建筑的设计中，建筑师做到：能适应不同国家的不同要求，采取国际上比较流行的"第二代体育馆""多功能"模式，如叙利亚体育馆，要求兼有会堂和宴会厅等功能，是"一馆多用"的体育馆。塞内加尔友谊体育场（1975—1985）、塞拉利昂西亚卡·史蒂文斯体育场（1979）等也是这个时期有代表性的作品。

（2）会堂和观演建筑

会堂和观演建筑在体现当地自然条件、地方建筑文化的结合等方面做出了巨大的努力。中国援外项目，大多在非洲或东南亚地区，具有独特的气候特征。建在不同地区的会堂建筑，在总体布局和单体设计上，能采用迥然不同的手法，适应当地的条件，创造良好的人工环境。在表现地方传统建筑文化方面，能充分尊重民族情感，借助传统建筑手法或构件。

①斯里兰卡，斯里兰卡国际会议大厦

戴念慈提出初步方案，吸取了该国康提古都的传统建筑形式，将会议大厅设计成八角形平面，40 根大理石柱支撑着向上倾斜的八角形屋盖，正门入口处理成传统雕刻艺术形式。舒展的屋盖、柱廊的韵律和精美的金属柱头，给予优美形象。办公楼则是典型的国际风格，横向水平带窗，通长遮阳板，体量低缓、平展。为与会堂形成对比，斯里兰卡合作建筑师华利莫利亚和派利斯，希望加上一个高塔形屋顶，以表达该国的民族风格，中国建筑师认为此乃蛇足，并阐述了对民族风格的看法。

②几内亚，科纳克里，几内亚人民宫

该建筑位于首都科纳克里，建筑面积 2.4 万 m²，设 2000 座位大会议厅，300 座位国际首脑会议厅，40~100 座位的中小会议室五个，并设有民主党总部。为适应当地的气候，开设了大片通风遮阳的花格，形成简洁的立面。

③苏丹，喀土穆，苏丹友谊厅

该建筑位于苏丹首都喀土穆，建筑面积 2.47 万 m²，设有国际会议厅、展览厅、宴会厅和 1230 座的影剧院等。建筑的立面满铺遮阳的花格和线条，基本上没有窗户的概念，形

图 5-29　塞拉利昂西亚卡·史蒂文斯体育场，1979

图 5-30　斯里兰卡国际会议大厦，1964—1973，设计单位：建工部北京工业建筑设计院，建筑师：戴念慈等

图 5-31　科纳克里，几内亚人民宫，1967，设计单位：建工部北京工业建筑设计院，建筑师：陈登鳌

图 5-32　喀土穆，苏丹友谊厅，1976，设计单位：上海市民用建筑设计院（图片提供：上海市民用建筑设计院）

图 5-33　金萨沙，扎伊尔人民宫，1979，设计单位：北京市建筑设计院，建筑师：林开武、单沛圻（图片提供：北京市建筑设计院）

图 5-34　毛里塔尼亚青年之家，1970，设计单位：建工部北京工业建筑设计院，建筑师：刘福顺（图片提供：建工部北京工业建筑设计院）

图 5-35　阿拉伯也门共和国塔伊兹革命综合医院，1975，设计单位：湖北工业建筑设计院，建筑师：陈嵩林、李全卿（图片提供：中南建筑设计院杨云祥）

成了整体的立面。

④刚果，金萨沙，扎伊尔人民宫

该建筑位于首都金萨沙，建筑面积约 3.8 万 m^2，有 3502 座位的大会堂，800 座的电影厅。外部有大台阶和坡道直达二层，建筑竖向划分，立面坚挺明快。

⑤也门，阿拉伯也门共和国国际会议大厦

由建工部北京工业建筑设计院建筑师陈登鳌设计，1979 建成，采用高敞挺拔的拱廊适应了伊斯兰地区的普遍风格。

5）其他

此外，还有文化教育、办公、医疗、展览等其他公共建筑类型。例如阿尔及利亚展览馆（1960）、毛里塔尼亚青年之家（1970）、毛里塔尼亚文化之家（1971）、阿拉伯也门共和国塔伊兹革命综合医院（1975）、索马里摩加迪沙妇产儿科医院（1977）、坦桑尼亚达累斯萨拉姆火车站等。

5.2.4　隔而不绝现代性

中国建筑师，接受过现代建筑的洗礼，并有着令人注目的表现。由于意识形态原因，现代建筑思想在中国一直受到压抑，"文革"中又被"踏上一只脚"。尽管与外界和现代建筑隔绝了约 20 年，中国建筑师心目中的现代建筑理想隔而不绝，一有适当的气候条件，就会表露出来，现代建筑是建筑发展的客观规律，也是发展中国建筑的必须。

作为外贸窗口的广交会，在连绵十年的"文革"动乱里始终没有中断。在主管建设的广州市市长林西的支持下，广州建筑不但在探索建筑的地域性方面作出了贡献，实际上正走着一条探索中国现代建筑正确之路。广东邻近香港，且与南洋等海外国家和地区有着密切交往，易于接受海外建筑及其技术，在阶级斗争的年月里，并不以外来影响为怪。

1）高层建筑领先

作为现代建筑代表性类型的高层建筑，在这个时期的广州一直领先，除了已经提到的白云宾馆外，还有广州宾馆等。

（1）广州宾馆

该建筑位于市中心海珠广场东北角，基地面积 4300m²，建筑面积 3.2096 万 m²，考虑到广场周边的群体建筑，结合使用功能采用高低结合的手法。主楼 27 层，西楼 5 层，北楼 9 层，高 88m，是当时中国最高的建筑。客房 451 套，面向广场并争取南向。建筑立面处理反映了基本使用功能，大片的水平线条使得建筑朴实无华，窗上皮的水平遮阳板可防止渗水并考虑擦玻璃使用。已经举例的白云宾馆也是

此类实例，加上北京等地高层建筑，客观上成为中国建筑现代性一批例证。

2）横向带窗自由立面普及

勒·柯布西耶的新建筑五点中，底层的抬起、自由立面、带形窗、屋顶平台等，已经成为现代建筑的经典形式，但在当时的中国建筑成了问题，有人拿这些特征当作划分社会主义和资本主义建筑的标准。广州中国出口商品交易会展览馆和东方宾馆等建筑，率先使用水平玻璃带窗，使用整片的幕墙，并把底层架空，这在当时却需要很大的勇气。

（1）广州中国出口商品交易会展览馆

该建筑由新建东、西、南、北楼，以及服务楼和改建原工业展览馆组成，各楼均设有独立的出入口，各楼既独立成馆，也互相连通。若干个大小庭院，形成露天展场，设置庭院绿化，构成一个理想的休息观赏空间。建筑处理力求朴实大方，装修及用料全部国产，特别值得注意的是立面处理，采用了大片的玻璃，近于玻璃幕墙，这在当时是一种向往新材料的追求，令人感动。可惜的是，由于没有真正的隔热玻璃幕墙材料，致使室内日晒严重。

图 5-36　广州宾馆，1965—1968，设计单位：广州市城市规划设计组，建筑师：莫伯治等

图 5-37　广州中国出口商品交易会展览馆，1974，设计单位：广州市设计院，建筑师：陈金涛、谭卓枝等（图片提供：广州市设计院郭明卓）

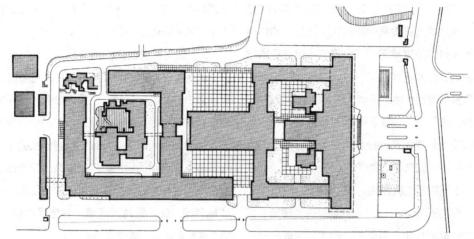

图 5-38　广州中国出口商品交易会展览馆，总平面

（2）广州，东方宾馆（原名羊城宾馆）

该项目位于流花路上，原有旅馆 1962 年建成，1975 年扩建，建筑面积 7.5 万 m²，11 层，工字形平面，客房 776 间。整个建筑群广泛使用了现代建筑的手法，如底层架空、露天平台等。立面作对称处理，中部开流畅的带形窗，由两翼结束，建筑轻快舒展。建筑群之间设置了庭院绿化，有着优美宜人的环境，是现代建筑和地域条件相结合的佳作。

3）其他现代建筑实例

（1）广州火车站

该建筑位于市中心北，流花桥三角地带，建筑面积 2.86 万 m²，最高聚集人数 6800 人。由于铁路线比广场高，站房采取线下式。平面布置注意了建筑的合理功能设置、方便旅客。建筑对称布局，朴素无华，但具有开放的气氛。1960 年代曾经设计过钢筋混凝土薄壳方案，最终没有实施。

图 5-39　广州，东方宾馆，1975，设计单位：广州市设计院（图片引自：国家基本建设委员会编《新中国建筑》）

图 5-40　广州火车站，1974，设计单位：广州市设计院（图片引自：国家基本建设委员会编《新中国建筑》）

（2）南宁，邕江宾馆

该建筑位于邕江大桥桥头重要地段，建筑面积3万 m²，钢筋混凝土框架结构，共3栋建筑组成。主体建筑10层，竖向划分，强调向上的感觉。上部突起部位安排设备间，并设瞭望台，形成建筑群的构图中心。侧面的建筑分别为8层，做水平划分。建筑朴实无华，充满了现代气息，这也是广州建筑师探讨现代性的作品之一。在相当长的一个时期内，这种建筑成为地区大型公共建筑的基本设计模式。

（3）昆明，云南省农垦局招待所

为接待省外的知识青年而兴建，其位于昆明市火车站旁北京路，建筑面积1.0887万 m²，

1599个床位，南楼垂直北京路，是当时所忌讳的"肩膀朝街"，但取得了南北朝向。南楼是云南第一个采用装配式钢筋混凝土框架剪力墙结构的高层建筑，平面简单，利于抗震。建筑高低错落，造型简洁，用料朴实，具有现代精神。

（4）桂林，漓江剧院

该建筑位于杉湖路北，东临漓江。设计吸收了友谊剧院和南宁剧场等南方剧场的设计经验，有宽敞优雅的环境、良好的声学和视线条件，并有简洁明快的现代造型。设计者能坚持不贴政治标签，还剧院以本来的面貌，是"文革"后期有影响的剧院。

图5-41　南宁，邕江宾馆，1973，设计单位：广州市建筑设计院，建筑师：陈金涛、杜伯臣（图片引自：国家基本建设委员会编《新中国建筑》）（左上）

图5-42　昆明，云南省农垦局招待所，1976，设计单位：云南省建筑设计院，建筑师：石孝测、涂津（图片提供：云南省建筑设计院）（右）

图5-43　桂林，漓江剧院，1976，设计单位：广西建筑综合设计院，建筑师：高磊明、高雷、陈璜（左下）

图 5-44　北京，毛主席纪念堂香山方案（图片引自：《建筑学报》，1977（4））

图 5-45　北京，毛主席纪念堂景山方案（图片引自：《建筑学报》，1977（4））

图 5-46　北京，毛主席纪念堂红太阳方案（图片引自：《建筑学报》，1977（4））

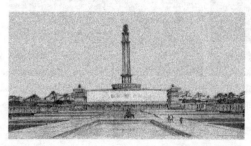

图 5-47　北京，毛主席纪念堂纪念塔方案（图片引自：《建筑学报》，1977（4））

5.3　天安门广场的句号

1976 年 9 月 9 日，毛泽东逝世，中旬，8 省市的代表和美术家，开始进行毛泽东纪念堂的选址和方案设计。在前期的准备工作中，大多数设计者把建筑设计成陵墓形式，一般体形较小，外观较实，基本不开窗，无柱廊，瞻仰厅布置在地下。有的以延安窑洞或红五星为主题。有关领导提出，要设计一个纪念堂而不是陵墓，这就加大了体量和造型的可能性。

10 月 6 日，"四人帮"覆灭，不久，中共中央决定建立毛泽东纪念堂，以长久瞻仰毛泽东的遗体。第一轮方案，纪念堂的建设地点有天安门广场、香山、景山等位置；建筑形式有柱廊式、群体式以及其他形式。10 月下旬，设计思路逐渐明确：纪念堂的位置设在天安门广场，不拆除正阳门，正方形平面，有柱廊，设台阶等。

毛主席纪念堂位于天安门广场的中轴线上，平面为 105.5m×105.5m 的正方形，高 33.6m，其中心距离人民英雄纪念碑第一层平台南台帮和正阳门城楼北边线各 200m。纪念堂打破中国传统朝南的习惯而朝北，与纪念碑朝向一致。平面布局严整对称，有强烈的中心感。路线通畅便捷，利于参观疏散。纪念堂首层设瞻仰厅，二层设陈列厅，地下室布置设备和办公用房。建筑的立面，由中共中央主席华国锋确定，执行"古为今用、洋为中用"的方针。屋顶为重檐琉璃平板挑檐，檐下 44 根白色花岗岩石四周柱廊，开间不同；底部设台阶，高 4m，选用红军长征时经过的大渡河边四川石棉县红色花岗石做台帮，象征"红色江山永不变色"。建筑的总体色彩设置，如红、白、黄等色，与天安门广场现有的建筑浑然一体。

毛主席纪念堂的设计和建设，是改革开放以前党政官方最高领导的重大项目，也是"文革"后期建筑设计思想最后总结，全面体现建筑设计政治挂帅、集体创作、领导审定的先例，以及政治任务的不惜代价、设定工期的施工程序等。与常规不同的是，由于建筑性质的关系，没有过去经常要求的降低标准厉行节约。

改革开放以后，许多建筑师乃至群众，对于纪念堂的选址、设计都颇有言词。应该看到，它是一个特定政治条件下的建筑现象，在这种

条件下，建筑确实是为政治服务的，就像在另一种条件下建筑又为经济服务一样。天安门广场上的政治建筑，纪念堂应该成为一个句号。

图 5-48 北京，毛主席纪念堂，1976—1977（图片引自：《建筑学报》，1977（4））

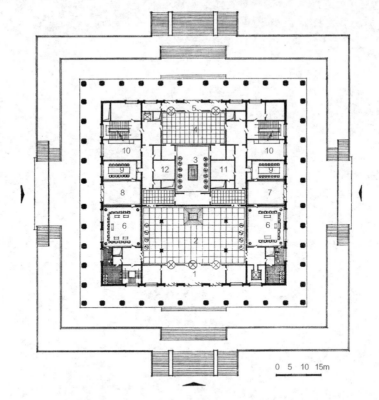

1. 北门厅；2. 北大厅；3 瞻仰厅；4. 南大厅；5. 南过厅；6. 大休息厅；7. 西门厅（可兼作休息厅）；
8. 东门厅（可兼作休息厅）；9. 小休息厅；10. 服务间；11. 工作间；12. 设备间

图 5-49 北京，毛主席纪念堂，1976—1977，首层平面（图片引自：《建筑学报》，1977（4））

第6章

繁荣创作对千篇一律：
拨乱反正和改革开放，1977—1989

6.1　进入历史发展转型的新时期

6.1.1　政治拨乱反正

（1）批判两个凡是，讨论真理标准

邓小平第二次复出之后，就"真理的标准"问题展开了讨论，肯定了"实践是检验真理的标准"。在政治上，批判了所谓"两个凡是"的方针，确定了解放思想、开动脑筋、实事求是、团结一致向前看的指导方针。

（2）知识分子重新成为工人阶级一部分

邓小平复出后，自告奋勇抓科学和教育，推翻了经过毛泽东同意的"两个估计"。[①]在1978年3月全国科学大会上，邓小平着重阐述了"科学技术是生产力"的论点，肯定知识分子已经是工人阶级和劳动人民自己的知识分子，也可以说已经是工人阶级自己的一部分。4月，教育大会的召开，邓小平对于"文革"中教育界这个重灾区进行了治理。

6.1.2　经济战略转移

（1）社会主义现代化建设为重点

1978年12月18日党的十一届三中全会，果断停止使用"左倾"政治口号的同时，做出了把工作重点转移到社会主义现代化建设上来的战略决策，对此后经济建设摆脱"左倾"的政治影响具有深远的意义。

由于批判"左倾"路线的同时也出现了批判无产阶级专政和批判中国共产党的言论，邓小平提出必须坚持"四项基本原则"：第一，必须坚持社会主义道路；第二，必须坚持无产阶级专政；第三，必须坚持共产党的领导；第四，必须坚持马列主义、毛泽东思想。

（2）新八字方针调整国民经济

1979年3月中共中央政治局决定，用三年的时间调整国民经济，随后形成了"调整、改革、整顿、提高"的新"八字方针"，从1979年起，进行三年调整，坚决地、逐步地把各方面严重失调的比例关系调整过来。

（3）经济转型中市场初成

经过九年的改革开放，在1987年10月25日至11月1日中共十三次全国代表大会提出，在"社会主义初级阶段"建设有中国特色的社会主义的基本路线："领导和团结全国各族人民，以经济建设为中心，坚持四项基本原

[①] 两个估计的内容大体是：自1949年以来的17年间，①"毛主席的无产阶级教育路线基本上没有得到贯彻执行""资产阶级专了无产阶级的政"；②大多数教师和17年培养出来的学生"世界观基本上是资产阶级的""基本上是对社会主义经济起了破坏作用"。出自1971年4—7月全国教育工作会议由张春桥起草、毛泽东同意的《全国教育工作会议纪要》。

则，坚持改革开放，自力更生，艰苦创业，为把中国建设成富强、民主、文明的社会主义现代化国家而奋斗"，这就是后来所概括的："一个中心、两个基本点"。

根据邓小平多年的构想和中国社会主义初级阶段的国情，党的十三大提出了中国社会主义建设"三步走"的经济发展战略：

"第一步，实现国民生产总值比 1980 年翻一番，解决人民的温饱问题。这个任务已经基本实现。第二步，到 21 世纪末，使国民生产总值再增长一倍，人民生活达到小康水平。第三步，到 21 世纪中叶，人均国民生产总值达到中等国家水平，人民生活比较富裕，基本实现现代化。"

1984—1988 年，中国经济经历了一个加速发展的飞跃时期，1988 年 8 月因"价格改革闯关"引发了来势凶猛的全国性挤兑和抢购风潮。中共中央十三届三中全会做出"治理经济环境、整顿经济秩序、全面深化改革"的决定，力图缓解这一严峻的局面。1989 年的北京天安门政治风波，延缓了这一进程。

1989 年 11 月的十三届五中全会再次决定，用三年或者更长一点的时间，基本完成治理整顿的任务。

在改革开放的十年巨变中，中国经济经历了从计划经济向市场经济的转型历程，同时涉及建筑设计市场的形成。

6.1.3　建筑文化交流

建筑文化从封闭走向开放，由单一转向多元，在宽松的创作环境下，奠定了中国当代建筑创作走向繁荣与发展的基础。

（1）国外各种文化观念传入，中国看到了当时正处在动荡之中的种种世界建筑理论及其现象，开始了又一次大规模主动引进外国建筑理论的进程。从 1978 年建筑学会代表团赴墨西哥参加国际建协第 13 次大会，到 1999 年在北京成功举办国际建协第 20 次大会，标志着中国建筑正在走向世界。

（2）受苏联所谓社会主义建筑理论影响，所形成的"建筑政治"现象，得到抑制和克服，1980 年代以来，直接体现了以经济建设为中心的政治方向，建筑创作环境发生了根本性的改变。

（3）引入各种西方文化思潮的同时，本土建筑文化也得到发展。

6.1.4　重塑创作环境

（1）平反冤假错案

1979 年 4 月，国家建委为建筑学会和《建筑学报》平反，并且肯定了"文化大革命"以前执行的路线、方针、政策是正确的。8 月，大连全国勘察设计工作会议，进行了一系列的拨乱反正工作，推翻了"文化大革命"期间对建筑界所做的一切污蔑不实之词，并提出"繁荣建筑创作"的口号。

（2）重建学术环境

政府或学术部门，通过与外国相应的机构签订各种科技交流计划，各单位和各城市之间开始了比较密切的往来，通过多渠道重建了与外国的联系，特别是同美国和日本这两个发达国家的关系。过去只是在期刊或书本上看到的外国著名建筑师，也来到眼前，如贝聿铭、丹下健三、芦原义信、黑川纪章、大谷幸夫、波特曼、罗普森等等。

中国建筑师著书立说，曾被指为"名利思想""一本书主义"。首先对"文革"中去世的老一代建筑师的研究成果结集出版，如《梁思成文集》（1982）、《刘敦桢文集》（1982）等；同时，卓有成就的老建筑师如童寯也在大力著述。陈志华的著作《外国建筑史》（1979）、同济大学罗小未等四所学校教师合作编写的《外国近现代建筑史》（1982）也相继出版，改善了外国建筑史长期缺少教科书和教学参考书的状态。一些西方建筑大师的名著翻译出版，并逐渐筹备翻译现代建筑理论的系列丛书。一些中青年教师或建筑师，在"文革"期间有所积累，也陆续出版了研究成果，如彭一刚的《建筑画与表现图》《空间组合论》等。

（3）灾后重建建筑教育

1966年中国的高等院校停止招生，"文革"之中建筑学专业几乎被取消，中国有大约15年的时间没有高等院校毕业的专业人才。1971—1973年，试点并全面展开保送"工农兵学员""上大学、管大学"，至1976年共招收建筑类工农兵学员约1.3万人。

1977年，中国恢复高等院校统一考试招生制度，包括拥有建筑学专业的建筑院校开始恢复和发展。1977—1980年间，许多地方依托老校建立分校，同时也成立了许多建筑工程学院，如北京、南京、辽宁、山东、吉林及西北地区等；1981年建立武汉城市建设学院，1984年建立苏州城市建设环境保护学院。1977年设置建筑学专业的八所院校招收新生321人，至1988年设置建筑学专业的学校增至46所，招生1914人。[①]

在恢复建筑教育之后，建筑教育改革的呼声日高，1986年11月17—21日，全国首届建筑教育思想讨论会在南京举行，建筑教育改革在各个院校开始探路，一直到1990年代，为实行注册建筑师制度而带来的建筑学专业评估活动，使中国的建筑教育进入了一个新的发展阶段。

（4）展开设计竞赛

"文革"之前中国曾经开展过多种设计竞赛，但"文革"中设计竞赛活动中断。从1980年4月，中国建筑学会、国家建委设计局、文化部艺术局和国家建工总局，联合举办全国中小型剧场设计竞赛，许多中青年建筑师，开始崭露头角。1981年6月，全国农村设计竞赛方案揭晓，优秀方案在设计过程中访问了农户，充分利用地方资源，发扬地方风格。高等学校的教师和学生，还积极参与国际设计竞赛，1980年，同济大学四位讲师：喻维国、张雅青、卢济威和顾如珍的设计《中国乐山博物馆》，获得日本国际建筑设计竞赛佳作奖。据不完全统计，1980—1986年间，在国际竞赛中获奖30余项。

创刊不久的《建筑师》杂志，还于1981年成功地举行了大学生设计竞赛，1983年又举办了大学生论文竞赛，令人信服地表明了中国未来建筑师所具有的研究能力和学术素养。

与此同时，政府开始评选优秀建筑，早在1978年召开的全国科学大会上，就有毛主席纪念堂、首都体育馆和斯里兰卡纪念班达拉奈克国际会议大厦等100多个同建筑有关的项目获奖。1980年7月19日，国家建工总局颁发《优秀建筑设计奖励条例（试行）》，要求建工

---

① 参见：中国建筑年鉴1984—1985，1988—1989。

系统逐级推荐优秀设计，并规定以后每两年评一次。1981年7月还公布了国家建工总局优秀建筑设计项目，苏丹友谊厅、广州矿泉别墅和南京五台山体育馆等9项，为优秀设计项目，大大地鼓励了建筑师的创作热情。

（5）民间社团萌动

1984年4月16—20日，在云南昆明召开了"现代中国建筑创作研究小组"成立会议，初创小组的共23名成员，会议讨论并确立了小组的名称和《现代中国建筑创作研究小组公约》，讨论了《现代中国建筑创作大纲》。参加小组的成员，大多数是设计单位崭露头角的建筑师，有的日后成为各方的领导，学术活动很有声色。

1986年8月22日，"当代建筑文化沙龙"在北京成立，刘开济、陈志华、罗小未等被邀请为该沙龙的顾问。在第一次学术讨论会上，讨论了后现代主义建筑问题。"沙龙"也进行了长期的学术活动，并广泛邀请社会科学、文艺界和新闻界的人士参加会议，气氛宽松活跃，并有文集出版。

（6）设计体制改革

中国的第一个五年计划，奠定了建筑业的社会主义计划经济体制，在这个体制中的建筑设计单位，依靠事业费开支，设计不收费用。设计人员没有市场和个人竞争，建筑创作水准徘徊不前的同时，事业费用也难以为继。

1979年1月6—15日，国家建委在北京召开全国勘察设计工作会议。会议提出，设计单位要实行企业化，推行合同制。这年，各地已经有28个设计单位实行了企业化试点，以后试点不断扩大。

1980年4月2日，邓小平谈到建筑业和住宅问题："从多数资本主义国家看，建筑业是国民经济的三大支柱之一，这不是没有道理的。过去我们很不重视建筑业，只把它看成是消费领域的问题。……应该看到，建筑业是可以赚钱的，是可以为国家增加收入、增加积累的一个重要产业部门。"这个谈话，为建筑业的改革提供了新观念，也为建筑设计体制的改革注入了动力。

1983年3月5—14日，建设部在济南召开全国建筑工作会议，传达了建筑业改革大纲，组织的企业化和产品的商品化，是这个改革大纲的核心内容。1983年，设计单位改为向建设单位收费；1984年设计单位由事业管理办法改为企业化经营。这些改革措施，对于打破过去"大锅饭"的分配方式，起到促进作用，并为1990年代设计单位完全企业化奠定了基础。

随着改革开放的深入，建筑师个人开业的呼声渐高。1984年9月3日，建设部副部长戴念慈发表说："建筑设计上，允许全民、集体、个人三种所有制并存。"

6.2　繁荣建筑创作克服千篇一律

6.2.1　学界谈论的焦点话题

1）现代建筑：似通未通的历史

第二代中青年的建筑师，没有受过完整的现代建筑教育，也没有机会出国考察。因此，对现代建筑的再认识，具有补课的性质。围绕中国现代建筑定位的争论，反映出对西方现代建筑历史认识似通未通。

2）旅馆建筑：引进激起千重浪

旅馆建筑是中国建筑开放的报春花：它既是最先起步的建筑类型，也是最早引进外国建筑大师作品的领域。中国大地上最新立起的外国建筑师作品：香山饭店、建国饭店、金陵饭店和长城饭店，四个典型旅馆建筑，体现了许多值得注意的观念。

（1）北京，香山饭店

香山饭店是华裔美国建筑师贝聿铭在中国大陆的第一件作品，也是中国改革开放之后引进最早的外国建筑师作品。作者青年时代成长于美丽的园林之乡苏州，尽管在国外侨居43年，依然保有深厚的中国文化底蕴，怀有江南园林的情思。作者说，他"想借'香山'这个题目看看丰富的中国建筑传统是否有值得保留的地方"。[①] 在香山饭店中，我们可以看到贝聿铭采取了园林式院落组合；加顶庭院"四季厅"；江南民居淡雅的色彩和考究的用料；园林建筑的细部，如漏窗和"曲水流觞"等。除此以外，建筑设计的确体现了一位建筑大师清新、高雅的设计风范。

香山饭店的设计和建成，引起了中国广大建筑师的关注，中国建筑师一致肯定这是一座设计精致的高雅建筑，但批评的意见也十分尖锐，认为是在不合适的地点建了一座很好的建筑，其造价的昂贵也为学者所诟病。

（2）北京，建国饭店

该建筑位于北京东长安街的延长线建国门外大街上，是标准并不高的典型美国假日旅馆，但平面布局、空间利用契合整个的使用目的，有较高的经济效益。建筑由不同体量组合成群，入口有玻璃顶门廊、喷泉，两侧天井小花园别

致活跃，具有朴实的居住气氛。加上这个旅馆严格的经营管理和优良的服务，给国内的旅馆业带来不同的信息：旅馆不一定要高大、气派，务实的设计思路，使人们耳目一新。

图6-1　北京，香山饭店，1979—1982，建筑师：（美）贝聿铭

图6-2　北京，香山饭店，四季厅

图6-3　北京，建国饭店，1980—1982，设计单位：陈宣远建筑师事务所

---

① 参见：市明. 贝聿铭谈建筑创作侧记 [J]. 建筑学报，1980（4）：19–21+4–5.

图 6-4　南京，金陵饭店，1980—1983，设计单位：
香港巴玛丹拿公司设计（左）
图 6-5　北京，长城饭店，1979—1983，设计单位：
（美）培盖特国际建筑师事务所（右）

引进未必值得称赞，后来的发展表明，玻璃幕墙有些泛滥了。

眼见为实，中国建筑师虽然在改革开放之初已经知道了许多外国建筑大师及其作品，但资本主义国家、资产阶级的建筑师作品在社会主义的中华人民共和国挺立，这还是第一回。人们看到了建筑的先进，也看到了它的问题，但是这些问题与阶级斗争学说如此的不同。

3）观念冲击：外国建筑大师作品的引介

中国建筑师对二战之前的西方经典现代建筑并不陌生，但对于战后许多建筑师力图挑战正统现代建筑观念的一些建筑实例所知寥寥。建筑师集中关注的主要建筑实例如下：

（1）法国巴黎，蓬皮杜国家文化中心：建筑空间的自由开放，建筑的结构、设备管线以及装置被称作"翻肠倒肚"式的外露，引起了中国建筑师的极大兴趣。过去衡量建筑功能和艺术的标准与现实发生了强烈的冲突。

（2）美国华盛顿，华盛顿美术馆东馆：贝聿铭建筑师在如此重要的地段上，在周围充满了古典建筑气息的环境里，竟然使用了毫无古典建筑形象的现代建筑的语言。这与中国建筑师经常采用的传统协调观念，是如此的不同。

（3）J. 波特曼（John Portman）：既是建筑师又是开发商，他那"人看人"的"中庭""共享空间"理论，让电梯从禁锢中解放出来，令人耳目一新。

（4）雅玛萨奇（M.Yamasaki，山崎实）：人们看到雅玛萨奇设计的高 412m、110 层的世界贸易中心，SOM 设计的高达 442m、110 层的芝加哥西尔斯大楼等等为代表的先进

（3）南京，金陵饭店

基地位于南京市最繁华的新街口广场西北角，地段繁华，人流拥挤，交通量极大，在市中心的十字路口上建造如此规模的旅馆，势必对交通和市政工程造成极大的压力。主楼的平面为调转 45°角的正方形，方形的四角加 4 个小方筒，形成比较挺拔的塔楼。36 层设旋转餐厅，每小时旋转一周。业主特别将建筑拔高至 37 层，造成标准层客房间数较少。对此，主管部门一再重申审批意见，具体工作人员也持有异议，但始终未被接受。说明在改革开放的新形势下，城市规划和管理部门，在对此类建筑的规划管理方面缺乏准备。

（4）北京，长城饭店

作为中国第一个玻璃幕墙建筑，能够在北京批准并实施，让人们领受到创作环境的宽松。但是幕墙的造价昂贵，每平方米高达 200 美元，且大量消耗能源，国外建设也并不轻易采用。中国没有玻璃幕墙建筑似乎是个缺陷，过多地

建筑技术，着实地感到在建筑技术上的差距。同时，城市高层建筑轮廓线，给国人以深刻的印象。

（5）法国巴黎，得方斯（La Defense）：由勒·柯布西耶倡导，时隔 60 年之后在法国实现的得方斯区，规划宏伟、技术先进、体形优美、环境幽静。尤其出现在古典传统的巴黎，引发国人深思。

（6）日本东京，代代木奥林匹克体育馆：丹下健三的作品，被认为是日本现代建筑达到国际水准的标志。纯净的外观和传统的内涵，启发人们于处理传统和现代的关系问题。

（7）黑川纪章的新陈代谢主义：长期占统治地位的功能主义国际式建筑，不应该一成不变，应该不断弃旧更新。新陈代谢主义既有建筑理论又有个人特色。

4）风格流派：后现代解构其他

C. 詹克斯所说"现代建筑死亡了"，让中国建筑师感到惊讶与困惑，加上急于解决面临的"千篇一律"问题，所以，中国建筑师十分关注后现代建筑理论及当时流行的风格流派。

1980 年代即将结束的时候，从英、美传来了"解构建筑"和"反构成主义建筑"理论的设计实践，那些建筑斜、曲、扭、翘的形象，更加令人震动。解构建筑在中国的影响，主要是思想方面，"斜曲扭翘"或"散架子"的建筑形象，并不被广泛认同。

国内对于世界建筑的新动向有比较密切的观察，一般是较快地介绍一些引人注目的新建筑，更详细些的则是介绍建筑师或流派，如高技派、白色派等等，起到活跃学术气氛的效果。

6.2.2　建筑理论与历史重建

1）经典现代建筑理论的翻译

1986 年 6 月，由汪坦主编的《建筑理论译丛》出版，这组由 13 本专著组成的丛书，是翻译国外建筑文献的一个盛举，所选的原著都是较高水准的现代建筑理论文献。打破了以往介绍外国建筑师和建筑理论的禁忌，对于发源于欧美的现代建筑运动有了客观全面的认识。

2）外国建筑大师的专题介绍

1986 年中国建筑工业出版社组织出版《国外著名建筑师丛书》，丛书首批共 12 册，介绍世界公认的 12 名建筑师。出版说明中写道："在失去理性的岁月里，研究国外（主要是西方）曾被视作禁区，建筑学术领域几乎沉寂得令人窒息，出版这方面的书籍就更是少得可怜了。"

过往对外国建筑师的介绍多为"三手"以上的间接资料，这套丛书中都是一手或二手的材料，是改革开放之后第一批走出国门的学者，在亲历著名建筑师事务所或建筑院校的研修之后所编撰的，有些大师还亲自撰写序言或介绍，拉近了我们和外国建筑师之间的距离。

3）规模虽小意义重大的建筑文库

这是一批开本不能再小、装帧不能再简单的小册子，由中国建筑工业出版社杨永生等编辑出版，称作《建筑文库》。文库收集了一些亲历现代建筑运动的前辈建筑师和有专门研究的学者主要在 1980 年代发表的论文。作者如童寯、罗小未、陈志华等人，还有"文革"前梁思成撰写的《拙匠随笔》等。《建筑文库》规模虽小，却是第一批自由撰写的著作，反映了对国外建筑发展的关切。

4）研究近代中建史的总动员

1985 年 8 月 27—29 日，中国建筑历史研究座谈会在北京举行。会议由清华大学教授汪坦主持。1986 年 10 月 14—16 日的会议之后，中国近代建筑历史的研究逐渐形成声势，在全国有广泛的影响，每次会议都取得了显著的成果。

5）广义建筑学对学科的贡献

1989 年，吴良镛出版了一部重要的著作《广义建筑学》。他认为，"无论是从更高层次的系统整体出发，还是从微观的角度出发，对一些问题作较深入的探索，都不可避免地涉及众多互相联系的学科群，对它们的了解和研究是完全必要的。"这样，原有的建筑学就被拓展为广义建筑学。[①] 这部著作在中国建筑大发展的时候问世，在 1999 年世界建筑师大会通过的《北京宪章》中有了深远的发挥。

6.2.3　砸烂之后的古典复兴

"砸烂"传统，是"文革"中的主要"革命行动"之一，由于对于古建筑和文化遗迹破坏殆尽，使得社会对古建筑的复兴或传统建筑形式的再现，有很大的包容性或期待。新时期所谓古典建筑复兴的浪潮中，不论在理论上还是实践中，真正复古性质的建筑极少，多数贯彻了创新的思路，尤其在特定的地区如古城西安、曲阜等地和特定建筑师，有明显的新成就。

1）主流传统的新续

（1）扬州，鉴真大和尚纪念堂

这座建筑虽落成于"文革"时期，但它是主流传统建筑的代表，具有领军意义。纪念堂位于鉴真的故乡城北蜀岗中峰法净寺（古代之

图 6-6　扬州，鉴真大和尚纪念堂，1963—1973，设计单位：清华大学建筑系、扬州市建筑设计室，建筑师：梁思成

大明寺），平面为庭院式布局，南面有碑亭，周围环以回廊，北部为纪念堂，中间是鉴真院。纪念堂建筑面积 187m²，木结构，以唐招提寺为蓝本，改面阔为 5 间（18m），进深 3 间，略带唐风。建筑采用扬州地方的做法，柱、梁、枋、斗栱均为木本色，配以白垩墙壁，与法净寺的其他殿堂相和谐。

（2）乐山，大佛寺楠楼宾馆

建于大佛寺内，正殿右侧，面对峭壁，用地狭窄。建筑面积 651m²，30 床位。作者采用凿石穿岩的方法，利用天桥使楼层与台地花园相连。在用地狭窄、空间闭塞的条件下，创造了一个具有内庭、外院、台地花园、悬崖石洞等等变化丰富的空间和环境。建筑采用了四川传统建筑形式，使得新旧建筑浑然一体。室内陈设用竹藤家具、四川陶瓷器皿等，富有浓郁的地方特点。

（3）江油，李白纪念馆

该建筑位于李白的故乡江油市，占地 3.3 万 m²，建筑面积 4292m²，由大小项目 20 余项组成。建筑形式采用仿唐风格，力求做到仿

① 吴良镛. 广义建筑学 [M]. 北京：清华大学出版社，1989：1.

图 6-7 乐山，大佛寺楠楼宾馆，1980，夜景，设计单位：中国建筑西北设计院，建筑师：沈庄、章光斗、黄学武等（图片提供：中国建筑西北设计院）（左）

图 6-8 江油，李白纪念馆，1982，设计单位：四川省建筑设计院，建筑师：张文聪（图片引自：杨永生、顾孟潮主编《20 世纪中国建筑》，1999）（右）

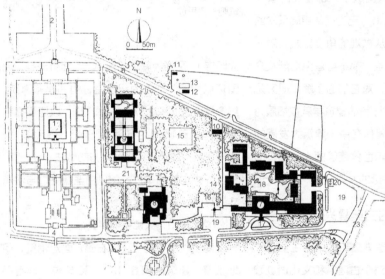

1. 大雁塔	13. 贮水池
2. 雁塔路	14. 唐慈恩寺东围墙遗址
3. 现有环路	15. 遗址花园
4. 慈恩寺大门	16. 长廊
5. 旅游风景区干道	17. 南池
6. 雁引路	18. 山池
7. 唐华宾馆	19. 停车场
8. 唐歌舞餐厅	20. 垃圾箱
9. 唐代艺术博物馆	21. 小广场
10. 变配电站	22. 泄洪沟
11. 液化气站	23. 防洪堤
12. 水泵房	

图 6-9 西安，大雁塔风景区"三唐工程"，1984—1988，总平面，设计单位：中国建筑西北设计院，建筑师：张锦秋等（图片提供：张锦秋）

古而不复古，既有古代建筑环境的意趣，又有现代园林的景观。

（4）西安，大雁塔风景区"三唐工程"

该工程包括：唐华宾馆、唐歌舞餐厅、唐代艺术博物馆，总建筑面积 2.73 万 m²。运用传统空间和园林手法，发掘唐代建筑形式，并使之与现代化的公共建筑功能、设施、材料等结合起来，形成西安地区特有的"仿唐"建筑，是西安建筑继承传统、注入现代性的共同成就。

（5）西安，陕西历史博物馆

该建筑用地 104 亩（6.93hm²），建筑面积 4.58 万 m²，文物收藏设计容量 30 万件。作为文物保护和陈列机构的同时，兼有学术交流、科学研究、科普教育和文化休息的作用。尊重环境和历史文脉，以简约的平面构图概括表现传统宫殿建筑群体的"宇宙模型"。以"轴线对称，主从有序，中央殿堂，四隅崇楼"的章法，取得恢宏的气势。由于注重了诸多传统因素与

图 6-10　西安，大雁塔风景区"三唐工程"，唐华宾馆入口正面

图 6-11　西安，大雁塔风景区"三唐工程"，唐代艺术博物馆主院

图 6-12　西安，陕西历史博物馆，1984—1991，鸟瞰，设计单位：中国建筑西北设计院，建筑师：张锦秋、王天星、安志峰等（图片提供：张锦秋）

图 6-13　西安，陕西历史博物馆，室内

现代的结合，体现了古今融合的整体美感。

（6）曲阜，阙里宾舍

该建筑位于曲阜城中心，用地 2.4hm²，建筑面积 1.3224 万 m²，客房 175 间，164 套，316 床位。建筑西临孔庙、北临孔府等重要的历史文物建筑，故在建筑中采取了甘当配角的策略，在布局、体量、尺度和色彩等方面，与古建筑群融为一体。

宾舍运用了现代建筑结构体系，中央大厅的十字脊屋顶，采用了四支点正方形壳体结构，外部顺理成章恰好形成歇山屋顶的十字屋脊，内部自然形成伞形空间，没有通常在处理传统屋顶时与结构的矛盾。大厅中央放置一座出土文物复制品——战国早期"鹿角立鹤"，点出古代文化源远流长并以欢迎宾客，体现"有朋自远方来，不亦乐乎"的意境。回廊的栏杆用中国乐器铜锣作装饰，点出孔子的礼乐思想。正面主题性壁画创造了室内的文化氛围。

（7）北京，图书馆新馆（现国家图书馆古籍馆）

1970 年代之初开始筹建，许多专家参与了方案工作，如杨廷宝、戴念慈、张镈、吴良镛、

图 6-14　曲阜，阙里宾舍，1985，鸟瞰，设计单位：建设部建筑设计院，建筑师：戴念慈、傅秀蓉、杨建祥等（图片提供：建设部建筑设计院）

图 6-15　曲阜，阙里宾舍，门厅

图 6-16　北京，图书馆新馆（现国家图书馆古籍馆），1987，设计单位：建设部建筑设计院、中国建筑西南设计院，建筑师：杨芸、翟宗璠、黄克武等联合设计（图片提供：建设部建筑设计院，摄影：张广源）

黄远强等。位于北京西郊紫竹院公园北侧，用地面积 7.42hm²，建筑面积 14.2 万 m²，地下3 层，地上 19 层，藏书 2000 万册。新馆采用了高书库、低阅览的布局，形成了有三个内院的建筑群，吸收了中国庭院式的手法，呈现出馆园结合的优美环境，中国书院的特色。建筑构图严整对称，各种屋顶丰富了构图，屋顶进行了简化，使用了明朗的蓝绿色，呈现出新意。

（8）大理州民族博物馆

该项目占地 50 余亩，建筑面积 8400m²。建筑布局结合了馆址环境条件，借鉴白族民居

"三坊一照""四合五天井"的传统建筑形式，按照使用功能，划分为几个区域，又围绕构成一个或几个庭院，庭院间用柱廊相连，可以通往建筑群的中心建筑——古典楼阁建筑珍宝馆。建筑采用了白族建筑的传统装饰，具有浓郁的地方特色。室内装修采用地方民族工艺材料，如蜡染、草编、木雕等。

（9）银川，南关大清真寺

改革开放之后较早建立的宗教建筑，属于中国回族地区的传统形式，主要设计人员也都是回族人士。建筑坐西朝东，面积 1396m²，

图6-17 大理州民族博物馆，1987，设计单位：云南省建筑设计院，建筑师：毛昆、周东华、徐志媛等（图片提供：云南省建筑设计院）

图6-18 银川，南关大清真寺，1981，设计单位：宁夏建筑设计院，建筑师：姚复兴等

平面呈方形，分两层。底层形成一个大平台，内设沐浴、办公、学习用房，二层为礼拜堂，立面有5开间的尖拱大拱廊，在平屋顶中央设直径9m的绿色穹顶，四周各设一个小穹顶，具有穆斯林传统建筑风格。

2）形式似与不似的立论

生搬大屋顶的做法，已经有所顾忌，建筑师考虑更多的是打破传统大屋顶的外形，比较有代表性的是"神似"说：主张弃"形似"求"神似"，认为"神似"乃是中国美学思想的传统和特色。主张"似是而非""似非而是""似与不似之间""不似之似之"。[①] 也有人认为，"神似"的理论是中国的"画论"，是否适于建筑，应当慎重对待。

3）真假古董的争论

为适应旅游事业的发展，在许多旅游景区，特别是著名古代建筑遗迹所在地，以复原的名义建设了一批类复古建筑。其中比较典型的有两类：一是古代建筑景点的复建如武汉黄鹤楼；另一类是形形色色的一条街，以北京琉璃厂文化街为代表；此外还有景区周围的附属建筑。由于这些古建筑形式乃今人所造，反对此举的人称之为"假古董"。反对假古董的人，主要是因为现有亟待保护的真古董建筑没有保护好，对于在建设浪潮之中对古代建筑遗迹的破坏深感焦虑，认为在破坏真古董的同时修建假古董有悖常理。主张修建假古董的人士认为，为了旅游的需要，可以取得一定的经济效益。顽强反对假古董的陈志华与武汉黄鹤楼的作者向欣然，两位昔日的师生有针锋相对的争论。

（1）武汉，黄鹤楼重建

该建筑位于武汉市武昌蛇山，相传黄鹤楼始建于三国，历史上屡建屡毁，最后一座古楼毁于1884年。重建地段纵长800m，用地约10hm²，建筑面积约4000m²，楼高51.4m，钢筋混凝土仿木结构，楼体造型"四望如一，层层飞檐""下降上锐，其状如笋"保持了明清黄鹤楼的基本风貌。楼前修复了六代白塔一座，楼后新立古黄鹤楼铜鼎遗物。

各地形形色色的一条街可以说风起云涌，继北京琉璃厂之后，天津建起古文化街、食品街、服装街，开封出现宋城等等，不胜枚举，

---

① 张勃."神似"刍议——试探建筑造型艺术的集成与创新[J].建筑师，1982（10）：13-18.

图 6-19　武汉，黄鹤楼重建，1978—1985，设计单位：湖北工业建筑设计院，建筑师：向欣然、郑锦明、袁培煌（图片提供：中南建筑设计院杨云祥）

图 6-20　北京，琉璃厂文化街，1985，设计单位：北京市建筑设计院，建筑师：张光恺、梁震宇等

图 6-21　天津古文化街，1986，入口，设计单位：天津市建筑设计院，建筑师：杨令仪等

许多项目受到专家的质疑。

（2）北京，琉璃厂文化街

该项目位于宣武区和平门外，是中外驰名的集中经营书画、碑帖、古玩的商业地段，第一期全长 500m，共有 54 家店堂。琉璃厂街按步行街布局，街宽 8~12m，沿街两侧的店铺均为 1~2 层，全部按清代乾隆年间的面貌改建，采用北方店铺、民居形式，自然形成错落的轮廓。屋顶有坡顶和平顶两种形式，坡顶用硬山小卷棚，平顶为冰盘挂落檐。外廊形式多样，分别装饰沥粉贴金彩画和苏式彩画。

（3）天津古文化街

该项目位于南开区宫南、宫北大街，建筑面积 2.9 万 m²。天津旧城东门外的宫南大街、宫北大街，是历史上随内河航运发展起来的人口稠密、店铺丛集的地带，是天津市商业活动的发祥地，1985 年对两街进行了修复，并与一道修复的天后宫（娘娘庙）及宫外戏楼广场，形成了一条长达 687m 的古文化街。文化街的修复因地制宜，依照小街走向顺其自然。南北两条大街在天后宫前相汇，形成宫前广场，并与戏楼及河岸相通，构成了层次丰富、转承自然的建筑空间序列。广场采用不完全对称布局，两根直插云天的幡杆成为空间构图的轴线，引发人们对昔日祭海的联想。

（4）南京，夫子庙古建筑群

该项目位于南京市旧城城南秦淮河北岸，原为宋、明府学所在地。清代学府他迁，此处改为江宁、上元两县县学，并在其周围形成繁华的商业区。日寇占领南京，庙市具毁，仅留有明德堂、青云楼等少数建筑。抗战胜利后，此处仍为热闹的摊贩市场。1980 年代中叶，按上、江两县县学规制予以恢复，重建了棂星门、大成殿、尊经阁、敬一亭、聚星亭、魁光阁及东西市场等，使之形成一组完整的具有清代江南风格的建筑群，作为各种展览、演出等文化活动以及销售地方工艺品的场所。

4）文物古迹的保护

保护和恢复文物建筑的遗迹，是文化劫难之后的必然行动，1982年2月8日，国务院批准公布了24个城市为具有重大历史价值和革命意义的第一批历史文化名城。其中有：北京、承德、大同、南京、苏州、扬州、杭州、绍兴、泉州、景德镇、曲阜、洛阳、开封、江陵、长沙、广州、桂林、成都、遵义、昆明、大理、拉萨、西安、延安。3月11日，国务院公布了第二批重点文物保护单位共计43处。11月8日，国务院审定第一批国家重点风景名胜区44处，政府对于建筑文物古迹的保护意识有所加强。但是，急剧增长的建设浪潮，使得建设和保护之间的矛盾日益突出。原有的文物古迹，许多因为年久失修或缺乏经费，处于摇摇欲坠的状态，位于被开发地段的此类古迹，经常处于被改造甚至被清除的境地。

北京关于"维护古都风貌"讨论，是保护和开发之间矛盾的侧面之一，几乎所有北京资深的建筑和规划专家都参加了这个讨论，看上去是北京的事情，实际上是全国关注的问题。如此受到重视的北京古都风貌或新貌，经过数年建设实践之后，虽然有建筑数量的巨大成就，但衡量建筑艺术质量时，人们对建筑上的那些大量不伦不类的小亭子深表遗憾。而在北京备受瞩目的重要地段，如久负盛名的王府井大街，已经完全失去了它的古都风貌；北京站周围，

图6-22 南京，夫子庙古建筑群，1986，设计单位：东南大学建筑系，建筑师：潘谷西、叶菊华、王文卿（图片提供：潘谷西，摄影：朱家宝）

一群大型公共建筑互不相让；著名的北京西客站的亭子，为北京一个时期的"小亭子"画上了句号。

6.3 地域建筑是繁荣创作亮点

地域性建筑的基本特征，如：回应当地的地形、地貌和气候等自然条件；运用当地的地方性材料、能源和建造技术；吸收包括当地建筑形式在内的建筑文化成就；有其他地域没有的特异性并具明显的经济性。

地域性建筑是中国建筑师久远关注的课题，也是成就突出的侧面。自1950年代至1970年代有连绵不断地域建筑浪潮，在新时期的1980年代，为建筑创作的繁荣增添了光彩。十余年间，可以明显地看到已经有几个比较活跃的建筑地区。

6.3.1 福建：风景区大城市同时并举

在福建地区，南京工学院（今东南大学）的教师和当地建筑师的探索起步较早，自1980年代已经有了显著成果。

（1）福建，武夷山庄

该项目位于武夷山自然风景区崇阳溪畔，建筑面积 1.6 万 m^2，整体规划、分期实施；由于地处优美的风景区，建筑与特定的风景环境

图 6-23　福建，武夷山庄，1980—1983，设计单位：南京工学院建筑研究所、福建省建筑设计院合作设计，建筑师：齐康、赖聚奎等（图片提供：福建省建筑设计院黄汉民）

图 6-24　福州，福建省图书馆，1989—1995，设计单位：福建省建筑设计院，建筑师：黄汉民、刘晓光、王小秋等（图片提供：黄汉民）

图 6-25　南平老年人活动中心，1985—1986，设计单位：福建省建筑设计院，建筑师：陈政恩、周以文、廖中平（图片提供：黄汉民）

和乡土建筑文脉有机结合，体现武夷山"碧水丹山"的独特风貌。单体建筑组合与设计，借鉴、发展了闽北传统村居空间形式布局，使用地方材料、坡屋面、悬梁垂柱、三段处理。在室内设计方面，突出主题意境，发掘砖雕、石刻、木雕、竹编等传统技艺塑造内部环境的潜力，提高了艺术和文化品位。在改革开放的初期，这件作品有一定的示范作用。

1990 年代，武夷山的课题又有新的发展，建筑师在原有的基础上力求出新，如武夷山九曲宾馆。

（2）福州，福建省图书馆

该项目位于福州市五四路东，建筑面积 2.25 万 m^2，设计藏书 300 万册。建筑平面对称、适度集中的庭院式布局。4 层高的中庭，对两侧庭院开敞，内外空间流通，适合南方温暖的气候。入口部分用高墙围出一个半圆形露天空间，使读者从嘈杂的城市道路进入图书馆大厅之前，有一空间的过渡，也隐喻了福建圆楼。在建筑立面的女儿墙上，汲取闽南民居屋顶分段升起的手法，丰富了建筑的天际轮廓。在底层基座部分饰以花岗石面，间红砖横条，继承闽南传统建筑的装饰效果。

（3）南平老年人活动中心

该项目位于风景秀丽的闽江之畔，九峰山下，有九峰索桥从南面凌空而过。建筑面积 1930 m^2，分餐饮区、静区、动区三部分。中部是 3 层主体建筑，采用错层布局，每走半层就到一些厅室，适于老年人使用。大厅外是宛如船舱的拱形葡萄架及供老年人垂钓的船形钓鱼台。建筑设计立意新颖，白墙交错如帆，阳台叠落似舟，寓意着古老渔村或渔舟待发。

6.3.2　江浙：主流地区的传统和现代

清丽朴实的粉墙黛瓦江浙民居，一直是江南民居地域性建筑的主流方向。进入新时期以来，这类创作由过去模仿个别要素，如马头墙、青瓦顶、漏窗等，发展到把握总体环境以及注入现代气息。

（1）杭州，楼外楼

楼外楼始建于清代光绪年间，因"山外青山楼外楼"名句而得名，周恩来曾指示楼外楼的修建要有民族形式。建筑依山而建，利用自然高差布置平面。由于建筑地处西湖游览地带，东临西泠印社，建筑采用南方当地古典建筑形式，吸取园林手法，运用现代材料及技术，使得古典建筑焕发新颖神韵。

（2）杭州，花家山宾馆4号楼

该建筑位于西湖西部花家山麓，三面环山、绿树成荫，场地有多处泉眼，山泉所到之处开三个人工湖。建筑面积1万㎡，348床位。建筑布局上形成特有的开放式庭院，建筑与环境融为一体。建筑形式采用江浙地区民居小青瓦屋面，用料方面做到所谓"粗粮细作"，性格朴实，是带有当地风景建筑特色的地域性建筑。

（3）无锡，太湖饭店

建筑面积1.2万㎡，客房164间，总入口在山东麓，解决了主要车流不需上山及大面积停车问题。建筑自山顶平台向东和东南坡延伸，将体量化整为零，按坡势分两区叠落。在太湖主要景区所见，新楼露出山头之体量甚少且较灵巧活泼，建筑寓江南地方特色于现代建筑之中。

图6-26　杭州，楼外楼，1979，设计单位：杭州市勘察设计处（杭州市设计院前身），建筑师：严佩堃、沈之翰（图片提供：杭州市设计院）

图6-27　杭州，花家山宾馆4号楼，1981，设计单位：浙江省建筑设计院，建筑师：唐葆亨、方子晋、董孝纶等

图6-28　无锡，太湖饭店，1984—1986，设计单位：东南大学建筑设计研究院，建筑师：钟训正、孙钟阳、王文卿等（图片提供：钟训正）

图6-29　无锡，新疆石油工人太湖疗养院五号疗养楼，1985，设计单位：同济大学建筑设计研究院、同济大学建筑系，建筑师：卢济威、顾如珍、李顺满等（图片提供：卢济威）

图6-30　绍兴饭店，1987—1990，庭院，设计单位：浙江省建筑设计院，建筑师：陈静观、谢永锦、龚景超等（图片提供：浙江省建筑设计院唐葆亨）

图6-31　上海，西郊宾馆，1985，睦如居，设计单位：华东建筑设计院，建筑师：魏志达、季康、方菊丽等

（4）无锡，新疆石油工人太湖疗养院五号疗养楼

该建筑位于无锡市马山、檀溪、驼南山的东南坡上，面向美丽的太湖。用地150亩，建筑面积1.7599万 m^2。以2层为主，布局依山就势，建筑取江南民居之色彩淡雅，构图简洁、用料朴实，在细部处理上融入了现代建筑的手法，力求与清秀太湖之自然山体融为一体。

（5）绍兴饭店

原系绍兴市府招待所，改建时充分尊重传统建筑的"灵霄社"建筑群，保留其整体布局及特有的庭园式建筑空间艺术风格。新建的各部楼与旧有建筑紧密结合，组成10处庭园空间。主庭院空间以水面为主题，回廊曲桥穿插其间。绍兴小巧的乌篷船可以从饭店水园摇向城区水网河道。建筑外观粉墙青瓦，错落有致，造型古朴典雅。室内装饰具有古越民居的韵味，大堂装饰以"兰"为主题，餐厅以"咸亨酒店"命名，富有地方情趣。

在上海这样具有外来影响的大城市，不但在公共建筑中有主流的西洋古典建筑，同时，由于地处江浙地区建筑传统影响之下，也有延续着当地民居特征的地域性建筑。同时，上海有些场地，具有外来地域性建筑文化环境的脉络，建筑师也充分注意到这种环境，并作出反应，像龙柏饭店。

（6）上海，西郊宾馆

该建筑位于上海风景优美的西郊，新建设有总统套房、客房61套的7号楼"睦如居"（8700 m^2）。"睦如居"建筑与"怡情小筑"组合成庭园，互为对景。建筑造型，取江南民居中坡地的处理手法，使高低起伏的屋面形成优美的轮廓线。简化传统细部构件，使之呈现新意。建筑依照江南民居风格，青瓦、粉墙、石头勒脚，局部墙面饰以虎皮石墙。在室内设计方面，不同房间各有特色，在简洁明快中透出地方做法，如木制的灯具，设计精美且具有现代感。

（7）上海，龙柏饭店

该建筑坐落在上海西郊，为专门接待外宾的旅游旅馆。建筑面积 1.2433 万 m²，324床位。基地原为私人花园别墅，有英国庄园风格，后为接待外宾的俱乐部。因园内芳草如茵、龙柏雪松可观，故此命名。新建筑的布局与原有的环境结合为一体，建筑的功能布局、室内外空间关系、建筑造型乃至装饰材料，都从"地方"出发，形成有英国和中国园林相融合的上海地方风格。

图6-32 上海，龙柏饭店，1980—1982，设计单位：华东建筑设计院，建筑师：倪天增、张乾源、胡其昌等（图片提供：华东建筑设计院）

6.3.3 川陕：民居是建筑风格的源泉

地域性建筑的许多特点都体现在民居中，有的建筑师认为民居是风格的源泉。在民居中寻求地域性建筑的创作灵感，始终是中国建筑创作中有希望的方向。

（1）仪陇，朱德纪念馆

该建筑位于四川省仪陇县，建筑面积1818m²，建筑布局如当地民间的宅院，但采用钢筋混凝土结构，仿照民居的形式，尺度亲切，造型朴实，符合这位革命家的性格。

（2）阿坝藏族自治州，九寨沟宾馆

该建筑位于四川省阿坝藏族自治州九寨沟风景旅游区，建筑面积 8773m²，其中客房部分 4600m²，200 床位。客房为两组基本相同的四合院和一座三层楼组成，并以藏式亭廊将

图6-33 仪陇，朱德纪念馆，1982，设计单位：四川省勘测设计院，建筑师：杨星海、张文聪、孙嘉瑞等

各组建筑联系在一起。山泉水流引入庭院，融合于背山面水的优美自然环境之中。由于地理和气候条件的影响，藏居具有外向封闭、内向开放的特点。宾馆朝北立面设置小窗，并加上象征吉祥的牛角窗套，使北墙的防寒功能与立面的需要得到统一。由于此处日照条件较好，朝向院内的东南向尽量开大窗。室内装修使用了当地出产的木料、石材。多功能厅挂置了藏族寺庙所习用的布幔；木装修取材于当地藏族堆码柴火呈 1/4 圆树枝的图案，带树皮的桦木吊顶装饰等，都具有浓郁的地方色彩。

图 6-34　四川，九寨沟宾馆，1985—1988，设计
单位：中国建筑西南设计院，建筑师：赵擎夏、刘小
明等

图 6-35　临潼，华清宾舍，1978，设计单位：中
国建筑西北设计院，建筑师：洪青、孙巽、张伯伦
（图片提供：中国建筑西北设计院）

图 6-36　吐鲁番招待所，1979—1980，设计单
位：新疆建筑设计研究院，建筑师：王小东等（图片
提供：王小东）

（3）临潼，华清宾舍

该建筑位于临潼骊山北麓著名的华清池
内，面向优美的"九龙汤"，地理位置得天独厚，
是个仅有建筑面积 1200m² 的小型旅馆。设计
考虑与骊山风景区协调，运用古典形式，并尝
试与现代建筑技术相结合。建筑青砖、灰瓦、
红柱、绿椽，雕梁画栋，古色古香。

6.3.4　新疆：民族形式向地域性转换

新时期的新疆建筑创作，有令人瞩目的成
就，如果说，1950 年代的探索以民族形式为主，
进入 1980 年代后，新疆地域性建筑的探索有
所加强，并取得显著成果，再次引起了内地建
筑师的关注和兴趣。

（1）吐鲁番招待所（即第一个吐鲁番宾馆）

该建筑位于吐鲁番葡萄街（青年路）吐鲁
番宾馆院内，建筑面积约 1000m²，24 间客房。
葡萄架下是当地居民很重要的活动空间，建筑
师将室外的休息、活动人流，均组织在葡萄架
下，可休息中纳凉。拱和拱券是当地传统的结
构体系，建筑采用连续的悬链线落地拱，屋面
上覆以黄土，冬暖夏凉，在有火洲之称的吐鲁
番，大大增强了隔热性能。建筑外形是正确结
合地域条件自然天成。

（2）吐鲁番宾馆新楼

该建筑位于原吐鲁番宾馆院内，占地面
积 6500m²，建筑面积 3000m²，128 床位。
建筑的基本构思原则是：适宜于当地的自然
条件；不同的宗教文化并存；现代化与地方
发展条件并存。建筑平面集中式布局，平面
呈"Π"形，功能互不干扰，吸取了民居的
"阿以旺"天窗采光。外部敦实的台阶式体

量处理，暗喻山势和生土建筑的体块；不同高度层次的凉台，可植花草、可赏歌舞；拱窗、半月窗、滴水等细部处理朴实，给建筑增添了几分生气；因为无雨，不设雨棚；风沙大，少开窗洞，是一座兼具地域性、现代性和人文特色的建筑。

（3）乌鲁木齐，新疆友谊宾馆三号楼

该建筑位于乌鲁木齐延安路，占地面积1.0万 m²，建筑面积6454m²，78间，156床位。主体以两层为主，山墙采用拱形阳台板，在厚实的墙面上形成了强烈的光影效果。考虑到气候和地方特点，整个建筑物组成了三个不同的庭院。风味餐厅取意哈萨克牧民帐篷，使人联想到牧场和森林。

（4）乌鲁木齐，新疆人民会堂

该项目占地面积 4.67hm²，建筑面积为3.0万 m²。会堂由主体和副体组成，两者用前后两条连廊相连。主体内包括能容纳3160席位的观众大厅，舞台设备齐全。副体内设500席圆桌会议多功能厅，建筑造型以方圆体量组合，高低错落有致，主体的四角高耸塔楼以及窗间连续的尖拱构件，标志着浓郁的地方特色，宽大的檐部镶贴琉璃瓦片，整个造型体现了以维吾尔为主体的各民族文化的交融。

（5）乌鲁木齐，新疆维吾尔自治区迎宾馆

该项目占地面积约 1.6万 m²，建筑面积约7000m²，满足接待国宾的复杂要求。建筑师将新疆伊斯兰建筑的传统语言加以抽象变形，赋予建筑以新意。传统的尖拱序列及其节奏，入口悬厅底部的尖拱曲梁及其优美的图案，凉水塔的轻巧、秀丽而造型符合功能，展现出强烈的新疆地方风情。

图 6-37　吐鲁番宾馆新楼，1992—1993，设计单位：新疆建筑设计研究院，建筑师：刘谓等

图 6-38　乌鲁木齐，新疆友谊宾馆三号楼，1983—1984，设计单位：新疆建筑设计研究院，建筑师：王小东、孙国城等（图片提供：王小东）

图 6-39　乌鲁木齐，新疆人民会堂，1984—1985，设计单位：新疆建筑设计研究院，建筑师：孙国城、韩希琛、王小东等

（6）乌鲁木齐，新疆科技馆

该项目建筑面积 1.0119 万 m²，位于北京路南端的底景位置，恰值城市路网斜"丁"字路口，平面选用 60° 等腰三角形的网格协调设计。建筑将低层部分组织成院落，改善了环境，形成了丰富的空间。主体建筑以通长竖向密柱，形成向上的动势，檐部略做类似尖拱结束，屋顶配以四个蘑菇凉亭，丰富了轮廓。

（7）乌鲁木齐，新疆伊斯兰教经学院

该建筑位于乌鲁木齐南郊，建筑面积 4500m²，容纳学员 150 人。平面采取集中和分散相结合的布局，各部分严格按宗教礼仪和方位布置，以连廊构成整体，并形成大小不同的庭院。建筑群高低错落，运用传统的伊斯兰

建筑符号。清真寺中有圆形天窗，饰以伊斯兰图案；正面的壁龛装饰繁简适度，具有严肃而明朗的宗教气氛。

（8）库车，龟兹宾馆

该建筑位于库车县天山路，占地面积 1.44hm²，建筑面积 3200m²，100 床位，是服务设施齐全的旅游旅馆。在建筑创作上表现出对现代化、民族、宗教、地域等诸因素矛盾交错中的思考和实践。在建筑空间和总体平面布局上，吸取了当地民居的特色，运用院落式和中亚一带生土建筑"细胞繁殖式"的高密度布置方式，使建筑处于大小庭院之中，解决通风降温的特殊要求。在建筑的外形、细部和色彩等方面，力图把石窟特色和当地的维吾尔

图 6-40 乌鲁木齐，新疆维吾尔自治区迎宾馆，1985，设计单位：新疆建筑设计研究院，建筑师：高庆林、吴建业、申国宾、阳祖跃等（图片提供：新疆建筑设计研究院）（左）

图 6-41 乌鲁木齐，新疆维吾尔自治区迎宾馆，凉水塔和庭院（右）

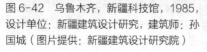

图 6-42 乌鲁木齐，新疆科技馆，1985，设计单位：新疆建筑设计研究，建筑师：孙国城（图片提供：新疆建筑设计研究院）

图 6-43 乌鲁木齐，新疆伊斯兰教经学院，1987，设计单位：新疆建筑设计研究院，建筑师：陈伯贞等（图片提供：陈伯贞）

建筑特色融合在情理之中，把洞窟和拱券结
合在一起。该宾馆地处边远，距乌鲁木齐约
800km，施工水平、设备、材料供应等方面的
困难很多，所以它是一个符合国情的、低标准
的建筑，每平方米造价仅 800 元左右（1992
年价），是精打细算的建筑创作。

6.3.5　北方：延续旧城文脉有机更新

　　北方的地域性建筑主要反映在两个方面。
一是延续以北京四合院民居为代表的有机更
新，在继承当地民居精神的同时注入现代意
趣；二是在建筑文脉比较清晰的建设地段，明
显吸取地方特定建筑文脉，融入新建筑之中，
使建筑更有新意。

　　（1）北京，菊儿胡同新四合院

　　建筑师在这项改造中，提出了"类四合院"
概念的新街坊体系，以对北京四合院住宅做有
机更新。把建筑的层数提高到 2~3 层，增加了
容积，并改善了居住条件，而且还为住户提供
了良好的居住人文环境；菊儿胡同的建筑具有
良好的尺度，富有人情味和北京地方特色。

　　（2）北京，清华大学图书馆新馆

　　该建筑位于清华大学校园教学区中心部
位，占地 1.8hm²，总建筑面积 2.012 万 m²，
藏书 200 万册。新馆临近建筑师杨廷宝改建的
旧馆，新馆尊重并延续建筑环境的文脉，力求
在朴实无华之中表现深刻的文化内涵。新老两
者在建筑形象上既有变化又能和谐统一。建筑
完全采用红砖，发挥了砖工技巧，取得了良好
的效果。

　　（3）北京，中国儿童剧场

　　该建筑位于北京东城区东华门大街，实际

图 6-44　库车，龟兹宾馆，1992—1993，设计
单位：新疆建筑设计研究院，建筑师：王小东等
（图片提供：新疆建筑设计研究院王小东）

图 6-45　北京，菊儿胡同住宅改造，1988—1990，
设计单位：清华大学建筑设计研究院，建筑师：吴良
镛等（图片提供：贾东东）

图 6-46　北京，清华大学图书馆新馆，1985—
1991，设计单位：清华大学建筑设计研究院、清华
大学建筑学院，建筑师：关肇业、叶茂煦、郑金床等

图6-47 北京，中国儿童剧场，1986，设计单位：清华大学土木建设计研究院、清华大学建筑学院，建筑师：李道增、张华、袁镔、陈衍庆等

图6-48 北京，丰泽园饭庄，1994，设计单位：建设部建筑设计院，建筑师：崔愷、韩玉斌、周玲等（图片提供：建设部建筑设计院，摄影：张广源）

图6-49 北戴河，全国政协北戴河休养所，1978，设计单位：建设部北京建筑设计事务所，建筑师：王天锡、张光华、楼竟波（图片提供：王天锡）

用地面积 2850m²，建筑面积 7031m²，800座位。这是第一代建筑师沈理源 1920 年的作品，作为一个文化建筑，本身也反映了当时的建筑文化倾向，例如具有巴洛克和新艺术运动的装饰风。在改建中，结合要求合理扩建，尽量地保持了原建筑的精神，使得原有的建筑文化得以延续，非是盲目追求"欧陆风情"者可以领略的。

（4）北京，丰泽园饭庄

该建筑位于前门外商业区原丰泽园饭庄旧址，占地面积 4300m²，建筑面积 1.48 万 m²。建筑师首先考虑到珠市口商业区传统商业文化特色较浓，有密度很高的小商店、狭窄的街道、拥挤的交通、繁杂的人流以及很少的绿化等。

建筑采用了阶梯式的体量，沿街保持两层裙房的高度，与周围建筑的高度大体保持一致。建筑采用民居的"小式"做法，门窗的分格以及重复出现的菱形图案等，都取材自北方的传统民居而加以提炼，以表现丰泽园老字号的建筑传承。建筑的外部选用了棕红色面砖为基调，灰白色仿石砖勾边，更容易和周围杂色的建筑环境相协调。

（5）北戴河，全国政协北戴河休养所

该项目建筑面积 1.19 万 m²，建筑用地由西向东坡向海滨，总体布置结合自然地形逐层下降。客房部分以敞向海面的三合院为基本单元，重复布置并加以变化，在平面上产生韵律，同时聚拢海风，利于自然通风。用单面走廊，以便使更多的客房看到海景。建筑形式上突出三角形楼梯间及尖顶，与北戴河原有建筑常出现的尖塔式坡屋顶呼应。色彩上用红顶白墙与海滨自然色调形成对比。

图 6-50　北戴河，中房集团培训中心，1990，设计单位：中房集团建筑设计事务所，建筑师：布正伟、于立方、郦小松等（图片提供：布正伟）（左）

图 6-51　北戴河，中房集团培训中心，附属部分的艺术处理（右）

图 6-52　荣成，北斗山庄，1990—1991，设计单位：同济大学建筑与城市规划学院，建筑师：戴复东等（图片提供：戴复东）（左）

图 6-53　荣成，北斗山庄室内（右）

（6）北戴河，中房集团培训中心

该建筑位于河北省北戴河林海度假村东南角，近邻海滨路与大海相望，地形开阔，在建筑处理中，注意不使"个性表现"破坏海滨优雅情调，并注意到建筑的整体性。主体建筑有客房、学习和会议用房等，建筑面积 3500m²，100 床位，结合东南两侧的眺望和"引入阳光"的功能设计，使屋顶与墙合二为一，没有任何装饰符号的红瓦斜面，由绿化托起。两个烟囱联系起来形成"门架"，下部的烧火处，成组地开方形小洞，并由墙面上深色的三角形组织起来，可以说是"化腐朽为神奇"的手法。

（7）荣成，北斗山庄

海草石屋是胶东半岛的乡土建筑，自海滩取草山地取石，用海草做顶乱石垒墙。建筑冬暖夏凉，难燃防火。北斗山庄以海草石屋方式建成，共有小招待所七幢，并以七星命名，如北斗七星布置在桑沟湾北部沿海高地边缘。每幢建筑约 200~250m²，全部面南，不挡视线。新海草石屋像其形，更重其神，又符合现代使用要求。

6.3.6　景园：由传统而创新的新消息

园林建筑的理论研究和实践，是"文革"以后行动最快的建筑类型之一，当国外景园建筑学的概念传入中国之后，中国建筑师迅速地将园林建筑加以拓展，而有所发挥。

发展着的景园建筑，都是从传统园林建筑出发，有的继承中国古典园林传统，在传统的格调内，营建景园或建筑群；有的锐意创造新园林；有的结合城市景园体系建设改善城市的大环境。对于古代名园、名楼的复原，也是这个时期景园建筑的成就之一，尽管对于这种复原有些不同的认识，但从旅游的角度出发，人们还是可以领略古代名楼风韵。

（1）上海，方塔园

建筑位于上海松江区，先后曾是县府、城隍庙、兴盛教寺及城中心地段的旧址，几经战乱已遍地瓦砾，宋代方塔仅尚存塔体砖心，方塔园定性为以方塔为主体的历史文物园林，其他文物有明砖雕照壁、明楠木厅、清天后宫等。建园用地 172.72 市亩，由于地势平坦，略做堆山理水，通过山体与水系的整理，顺应自然布局，把全园划分为几个区，各区设置不同用途的建筑，形成不同的内向空间与景色。全园布置，格局自由，突出方塔。园内建筑一般采用青瓦、钢架，尝试运用新型结构与传统形式相结合。"何陋轩"茶厅为草顶竹构建筑，延续当地农舍文脉，钢结构的巧妙运用，使得建筑通透、轻巧，并与竹子装饰有所交接，同时透出现代气息。

（2）平度，现河公园

该建筑位于平度的现河之滨，占地面积 7hm²，基地略呈三角形。东边临 70 余米宽的现河，西南之长边则临景观杂乱的闹市。造园吸取了传统皇家园林的经验，取集锦式景点布局原则，景点或疏或密，或大或小，并在园的中央部位以人工方法筑岛堆山，并把最大的一组建筑"郁秩山庄"和最高的一幢阁楼"凭柱阁"置于其上，两者结合，便形成全园的制高点和重心。建筑造型、细部乃至色彩，在大量地吸取传统造园经验的同时强调出新。屋顶采用青灰色的板瓦，可摒除老气而变化自如，出现了多种多样的屋顶变体。整个的园林建筑规划设计可以说"瞻形窥意两相顾，南北风格融一炉"。

（3）北京植物园盆景园

该建筑位于著名的香山风景区，用地 1.7hm²，建筑面积 1300m²。景园的入口以人流的情况确定，设在地段与路面高差比较小的西南部，在园和路之间形成"园外园"，可使园内外融为一体，且使游人在栏杆外即可俯瞰精

图 6-54　上海，方塔园，1980—1981，何陋轩，设计单位：同济大学建筑系，建筑师：冯纪忠等（图片提供：同济大学建筑系李铮生）

图 6-55　平度，现河公园，1989—1994，南入口，设计单位：天津大学建筑系，建筑师：彭一刚、聂兰生等（图片提供：彭一刚）

彩的园景。根据功能的需要，确定了一系列大小展厅，借助游廊花架，围合成大小不同的庭院与天井，体现了利用场地具体条件的必然性与合理性。建筑的外形重点处理了屋檐、山墙和女儿墙，既借鉴传统的坡屋顶、封火墙、垂花门等形式，也借鉴独特的装饰。

（4）南京，江苏省画院（四明山庄）

该建筑位于西城四明山上，是一组江南古典园林建筑群，以画家创作室为主，附以培训的教学用房。用地面积 1.8hm²，建筑面积 3460m²，基地上丘壑起伏、杂树丛生，建筑师结合地形将建筑按不同的使用要求设计成行政教学区、展览区和创作区三个院落，分别布置在高低不同的山脚、山坡和山顶等处，正合古典园林建筑古朴典雅、图佳景妙的意境，山庄景区的划分，既出自功能的要求，又是园林艺术的需要，同时又满足国画创作活动与环境的和谐。院内理水、植树、堆山极为考究，建筑细部耐人寻味。

（5）杭州，西湖阮公墩云水居

该建筑位于杭州西湖，阮公墩是西湖的三岛之一，1800 年浙江巡抚阮元调集民工疏浚西湖堆积而成，面积 0.554hm²，百余年来，一直保持自然本色。经过多方案比较，建筑突出"茅茨深处隔烟雾，小洲林中有人家"的意境，使得云水居建筑隐现于云水之中。建筑面积 248m²，茶室 100 座位，轻钢屋架，竹饰面。竹屋茅舍既简朴淡雅又体现逸静的意趣。

（6）杭州，西湖郭庄

该建筑位于杭州西湖西岸，卧龙桥畔，始建于清代，1980 年曲院风荷规划把郭庄列为古园保护区。新修建的郭庄占地 9788m²，其

图 6-56　北京植物园盆景园，1988，外部庭院，设计单位：北京园林古建筑设计研究院，建筑师：金柏苓、柳潞、孙洁、贾海丽等（图片提供：北京园林古建筑设计研究院）

图 6-57　南京，江苏省画院，1982，创作区，设计单位：江苏省建筑设计院，建筑师：姚宇澄等（图片提供：姚宇澄）

图 6-58　杭州，西湖阮公墩云水居，1982，设计单位：杭州市园林规划设计处，建筑师：卜昭辉等

中水面 29.3%，总建筑面积 1692m²。郭庄平面呈南北长条形，东临西湖，西靠西山路，北接曲院风荷公园密林区。采取"东借、西隔、南融、北承"八字手法，划为南北两个景区，南为"静必居"是宅园部分，组成江南四合院；北为后花园称"一镜天开"，用两宜轩把内水面划为两部分。设计充分利用原有古树，配以建筑、山石、水池造景，千方百计借景西湖，同时十分注意为西湖增色。在建筑设计的过程中，对幸存的建筑进行测绘，无存的进行挖地考证，根据浙江民居的规律进行复原。利用普通自然材料，按当地的古风进行陈设，恰到好处地运用砖雕、木雕和石雕工艺，产生了简而不陋、古朴、自然的气氛。

（7）柳州，龙潭公园

该建筑位于市区南部，距市中心 3km，规划面积约 534hm²，是一个以喀斯特自然山水为主、突出少数民族风情的大型民族公园。园内群山环抱，林木苍翠，24 峰形态各异，耸立于一湖（镜湖）二潭（龙潭、雷潭）四谷地之间。公园除名胜古迹外，别具匠心地把广西和南方少数民族多彩多姿的特色建筑、风物民俗和造园结合起来，成为主要的造园内容。壮乡、瑶山、苗岭、侗寨、傣村等，均以少数民族生活习俗而建，其中尤以鼓楼、风雨桥、民居木楼以及典雅清新的侗寨最具特色，侗寨对厕所的命名"轻松山房"及其楹联也十分有趣。

（8）合肥，环城公园

合肥环城公园是在古城墙、护城河的遗址上兴建的，总长 8.7km，规划总用地面积 136.6hm²，环形带状，共规划六个景区：西山景区以山水见长，以秋景、动物雕塑群为特色；银河景区以"印合"水景为中心，突出春夏景色；包河景区有浓郁的人文特色；环东景区以规则式广场、喷泉、大型城市雕塑为特色，并恢复"淮浦春融"一景；环北景区以山林野趣和冬景为主要特色；环西景区主要是大型游乐活动。在城市中大面积、成体系地布置景园，是传统古典园林向"地景"概念的发展，有一定开创意义。

还有一类值得重视的景园建筑新动向，这就是在 1980 年代开始兴建的主题公园，成为

图 6-59　杭州，西湖郭庄，1989—1991，香雪分春庭院，设计单位：杭州园林设计院，建筑师：陈樟德等（图片提供：陈樟德）

图 6-60　柳州，龙潭公园，1986—1987，风雨桥，设计单位：柳州市园林局规划设计

图6-61　合肥，环城公园，1983—1985，卢阳亭，设计单位：合肥规划局，建筑师：劳诚等（图片提供：劳诚）

图6-62　合肥，环城公园，银河景区叠亭

与外来游乐园相结合的一类景园建筑。主题公园起先是以景园建筑的思路和手法布局，日后逐渐转向游乐园，特别是引进国外的各种游乐设施，同时营造具有特色娱乐休闲项目的场所。后来，由于许多项目缺乏必要的可行性研究和市场调查，建造过多、过滥，且设施、管理水准低下，此类项目逐渐退潮。

（9）深圳，中国民俗文化村

该项目坐落在深圳市深圳湾之畔华侨城，东临"锦绣中华"，占地面积21hm^2，总建筑面积27000m^2，是中国第一个荟萃21个民族的民间艺术、民俗风情和民居的大型文化园林。其用地东西长，南北窄，地势平坦。为表达众多民族的民俗活动和反差很大的民居建筑，在总图环境设计上采用人造景观的手法，大手笔堆山理水。堆山最高达9m，将西南几个聚居在山上的少数民族（佤族、哈尼族、景颇族）村寨筑于山上，便于创造"盘山入寨"的意境。堆山使得园内道路起伏蜿蜒富于变化。

民居的布置呈点、线、面的状态，根据民

图6-63　深圳，中国民俗文化村，1990—1991，瑶寨，设计单位：天津大学建筑设计研究院、天津大学建筑系，建筑师：杨永祥、张敕、盛海涛、曹磊等（图片提供：天津大学建筑设计研究院）

图6-64　深圳，中国民俗文化村徽州街

俗、民风的不同和园中空间构图的需要，选择了傣寨、侗寨、苗寨、布依寨，建成成片的村寨，将徽州民居和土家族民居布置成条状，形成街衢，其余呈点状布置。"中国民俗文化村"入口平台设计成 2 层，上层走人，底层停车，合理利用了地形高差，解决了人车混流问题。西大门以巨大的石壁山洞为入口，其售票室和贵宾房都设计在山体之中，成为石林经管的一部分。

（10）深圳，世界之窗的世界广场

该项目坐落在"中国民俗文化村"以南，总占地 45hm²，共分九个大区，世界广场为其入口区。园区占地 2hm²，总建筑面积 1.6821 万 m²。广场为全园的中心部位，内广场呈椭圆形，长轴 160m，短轴 130m。

世界广场有着丰富的文化内涵，用公元前 7—6 世纪新巴比伦城的伊什达门代表西亚两河流域的古文化，用爱德府霍鲁神庙的牌楼门代表古埃及文化，用土耳其科尼亚经学院大门代表阿拉伯文化，用中国雍和宫的牌楼代表中国建筑文化，用桑吉窣堵坡门代表古印度文化，用拉亚华纳科太阳门来表示南美印加文化。在弧形建筑内

图 6-65　深圳，世界之窗的世界广场，1991—1994，设计单位：天津大学建筑设计研究院、天津大学建筑系，建筑师：杨永祥、曹磊、盛海涛、赵素芳等（图片提供：天津大学建筑设计研究院）

侧设计了世界各地的古老柱式 108 根，柱高均为 8m 上下，增加了广场的空间层次和文化气氛。广场剧场的造型，采用了双心拱的形状，结构为球形网架，既满足了大型歌舞演出的需要，又赋予广场强烈的时代感。"世界广场"企图使世界古今建筑文化集萃于一处，再现世界建筑文明。

6.4　自发中国特色建筑的重启

改革开放初期，建筑创作中的经济条件和物质条件有所改善，但改善有限；建筑思想有所解放，但力度不大；与国外建筑有所交往，但程度不深；建筑技术和材料、设备有了进步，但仍然相对落后。值得十分重视的是，努力建设"四化"的口号，成为鼓励建筑师实现中国建筑现代化的强大思想动力；"适用、经济、美观""中而新"以及经典现代建筑原则，依然是一般建筑师自觉遵守的设计准则。这个时期的建筑作品，并不刻意追求什么风格流派，但大多数项目能根据课题，在深入生活调查研究的基础上，做到功能流线顺畅、外形朴实新颖，室内毫无浮华，室外环境宜人。这个时期的一些建筑规模并不宏大，面貌也不起眼，但这是中国现代建筑的一次有意义的起步，可以说，是"具有中国特色现代建筑"的一次自发的重新起步，是具有历史意义的建筑现象。

6.4.1　小型建筑起步，朴素的经典现代建筑原则

一批规模相当小的建筑，而且多为交通建筑，成为开路的先锋。交通建筑并无传统的或固有的模式，功能性强，流线直接，不容虚饰，

契合现代建筑的设计原则。相应地，建筑平面简捷顺畅，立面划分不琐碎，建筑形象十分朴实。

（1）天津，塘沽火车站

该项目建筑面积 4100m²，最高聚集旅客1500 人。平面布局采用分散自由式，结合不规则地形环境条件，以圆形大候车室入口面向塘沽市区主干道。主候车室采用 48m 跨圆形三角锥钢网架结构，内直接暴露钢网架结构，突出下弦杆之图案，平面中有一面略有弯度的导向墙面，引导交通流线，体现流动空间。为节约投资，内外檐装修都用普通建材，以精心推敲细部适度表现其艺术性。

图 6-66　天津，塘沽火车站，1975—1978，设计单位：天津大学建筑系，建筑师：胡德君、张文忠等

（2）桂林火车站

该项目建筑面积 4549m²，最高积聚旅客1300 人。有一个十分简单的外观，但内部空间设计丰富，结合当地的气候条件，室内外通透，空间和绿化内外交融，有好的候车条件。而外观为简洁、朴实，带有挑檐的方盒子建筑，也是一个时期的共同选择。

图 6-67　桂林火车站，1977，柳州铁路局勘测设计所

（3）昆明汽车客运站

该项目建筑面积 1.32 万 m²，日发送旅客6000 人，最高聚集人数 2400 人。在分析功能的基础上，建筑平面设计成一个矩形和半圆形相结合体，人流以最短的路线进入扇形的分配大厅，由此以最大的辐射面扩散到乘车处，体现出车站的人和车，从集中到分散而又从分散到集中的概念，以简单的构图，解决复杂的关系。旅客和行李、乘车和候车，互不交叉、路线最短。半圆与矩形的交接处，设置了两个庭院，以利采光通风，是一个十分理性化又有建筑趣味的交通建筑。

图 6-68　昆明汽车客运站，1979—1983，设计单位：云南省建筑设计院（图片提供：云南省建筑设计院）

（4）重庆，白市驿机场航站楼

该建筑将通常的候机大厅打碎，做分散式布局。将多个分散的小候机厅旋转 45°，满足了总图交通转弯的流畅，同时活跃了建筑体量。采用现代手法处理整体和细部，新颖钢雕增强了现代感。同时，这也是利用现有适宜技术的良好实例，在气候炎热，又没有条件采用集中空调的情况下，采用了便于灵活起闭的小型空

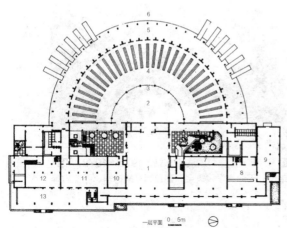

1.进站厅；2.分配厅；3.站标；4.候车大厅；5.站台；
6.发车棚；7.售票厅；8.行李托运；9.零担；10.小件；
11.休息室；12.到达行李；13.行李领取

图6-69　昆明汽车客运站，平面图

图6-70　重庆，白市驿机场航站楼，1984，设计单位：中国民航机场设计院，建筑师：布正伟、郑冀彤、张仁武（图片提供：布正伟）

小型交通建筑之一，建筑面积6528m²，最高积聚旅客2200人。上部立面体量较实，在下部类似"骑楼"的空廊衬托下，显得较为轻快，对于小型车站而言，简洁的建筑立面处理得体。

（6）北京，首都机场航站楼

上层为出港大厅，坡道解决了交通且营造

图6-71　辽阳火车站，1978，设计单位：中国建筑东北设计院（图片提供：中国建筑东北设计院）

调设备；同时在各个候机厅朝西的窗外，设置了倾斜的遮阳庇荫通风系统，窗子则深深地退到坡顶和栏板之后。即便在最炎热的夏季，西向的强烈阳光仍照射不到向后退进的带形窗上。建筑处理不仅有效地改善了内部的小气候，而且带来了丰富生动的形象。

（5）辽阳火车站

该建筑是当时东北设计院设计建成的一批

图6-72　北京，首都机场航站楼，1979，卫星厅，设计单位：北京市建筑设计研究院，建筑师：刘国昭、倪国元等

了一个开敞和包容的气氛；建筑大玻璃和立柱相间，蓝色基调使人联想蓝天。圆形的卫星厅活跃了体量的组合，其室内装饰有明朗的民族色彩。餐厅有多幅壁画装饰，其中有半裸体的形象，引发了争论，反映出艺术对"禁区"的冲击。

此类建筑虽小，却容易突破，不放松对小型建筑的艺术要求，不因没有明显的经济收入就不投入智慧，应当成为一种经验。

6.4.2　立足现实国情，从现代性出发探索新形象

随着建筑思想的进一步活跃，建筑师开始有意无意地寻求对经典现代建筑的突破，艺术形象基本消除了模仿痕迹。建筑师由于立足于所在的地域特点，立足设计项目的具体条件，经过深入现场做调查研究得出建筑构思，因而体现了建筑的特异性，也体现了自由创造精神，其艺术成就令人难忘。

"文革"晚期的一些作品，已经开始起步探索自己特色，当时的物质条件较差，也是在一些小型、边缘性的建筑类型中，例如动物园这类主流视野之外的建筑中。

（1）北京，动物园爬虫馆

这座建筑虽然建成于"文革"末期，但在当时比较寂寞的建筑界引起了很大的兴趣，特定的性质允许建筑师做些自由的发挥，因而有一定的开拓意义。建筑位于北京动物园内，结合各种爬行动物的习性和生长气候，利用各种手法为动物创造了适宜的生活条件。除了营造种种地形、瀑布、河滩之外，还将暖气管置入假山石、假树木之中，利于动物在北方冬季的生存。

（2）天津，水上公园动物园熊猫馆

熊猫馆位于水上公园的动物园内，建筑的总体布局和造型，采用了椭圆、圆形和大量的曲线，既可以得到流畅简捷的参观流线，又赋予形体以象征意义，引出圆滚滚熊猫联想。经过调查研究，室内的展笼玻璃自下而上向外倾斜，地面则往里倾斜，可消除视线遮挡并利于清洁地面。光线设计注意到展笼明亮而观众区暗淡，使注意力集中并减弱眩光。主馆立面上下各开一列小窗，既可减弱室内亮度又可组织自然通风。外墙面采用预制船形装饰板，阳光

图6-73　北京，动物园爬虫馆，1975，设计单位：北京市建筑设计院，建筑师：张郁华等

图6-74　天津，水上公园动物园熊猫馆，1976，设计单位：天津大学建筑系，建筑师：彭一刚（图片提供：彭一刚）

之下具有美丽的肌理。

（3）自贡，恐龙博物馆

该建筑位于中国恐龙化石埋藏丰富的自贡市大山铺发掘现场，第一期占地面积 38 亩，建筑面积 5882m²。博物馆以现代的简洁构思，表现最古老的主题。用化石的堆垒和简练的巨石形体，作为艺术形象的母题。顺应地形，结合化石发掘现场，保留地质剖面，引起人们对

图 6-75　自贡，恐龙博物馆，1983—1986，设计单位：中国建筑西南设计院，建筑师：高士策、夏朗风、吴德富等（图片提供：中国建筑西南设计院）

远古时代恐龙埋置环境的联想。

（4）丽水，缙云电影院

该建筑位于缙云县的五云镇，由于该县山地、丘陵占全县面积的 80%，所以建筑基地地势复杂多变。鉴于基地南北方向上进深不够，影院无法采用一般电影院楼座布置方式，而是创造性地采用了半边楼座布置。在内场看，楼座像一个个包厢。半边楼座的设计可以增加观众厅的室内层次，同时这种做法也可以降低建筑的高度，又不影响建筑体积的经济性。充分利用半边楼座下方的空间，巧妙设计了门厅和观众厅入口。观众厅入口直接开口在中间横走道上，交通路线更有利于人群的快速疏散。观众厅内墙大片石墙的裸露，一律石料露面，有利于声音的扩散。为了避免单调，在大片石墙上开设了一系列音符图案的孔洞，并配以灯光，增加了室内空间的趣味性。影院采用当地石材，色彩、肌理丰富，被称为

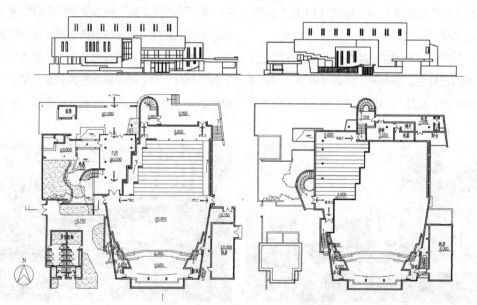

图 6-76　丽水，缙云电影院，1983，平面和立面，建筑师：葛如亮、龙永龄、钱锋（图片提供：同济大学彭怒，绘图：王炜炜）

"石头城中的石头影院"。

（5）沈阳，新乐遗址展厅

该建筑位于沈阳市新乐小区，建筑面积 860m²。展厅运用了几何形体的分解与变形，通过实廊与空廊的串联组成一组体形变异的外部体量和内部空间，空间序列交错，室内外相互辉映。外部处理，着重大型体块的排列对比，辅以虚实对比，以梯形锥台和三角形锥体两组集合形体组成一组建筑群，展现远古"新乐人"遗址的"马架"穴居文化，同时颇具古生代的意味。空廊外侧镶嵌 7 块实体面，记述着从

"新乐人"时代跨越至今演绎七千年的里程碑。展厅前面广场的"权杖"雕塑，启迪今人对古代母系社会原始人类创业的敬仰。

（6）南京，侵华日军南京大屠杀遇难同胞纪念馆

该建筑位于南京城西江东门，占地 1.3 万 m²，建筑面积 3000m²。建筑设计旨在以历史见证遗物和资料，来悼念遇难同胞，将骇人听闻的惨剧昭示后人。设计与大地环境紧密结合，以极为简洁的建筑造型，利用空间的闭合和开放、室内外空间尺度的变化，烘托和突出了特定的纪念

图 6-77　沈阳，新乐遗址展厅，1984，设计单位：中国建筑东北设计院，建筑师：张庆荣、李慧娴

图 6-78　沈阳，新乐遗址展厅，1984，室内

图 6-79　南京，侵华日军南京大屠杀遇难同胞纪念馆，1985，入口，设计单位：东南大学建筑研究所、南京市建筑设计院合作设计，建筑师：齐康、顾强国、郑嘉宁等（图片提供：东南大学建筑研究所）

图 6-80　南京，侵华日军南京大屠杀遇难同胞纪念馆，鸟瞰

图6-81　北京，国际展览中心，1985，设计单位：北京市建筑设计院，建筑师：柴裴义、张天纯、林慧姬（图片提供：北京市建筑设计院，摄影：杨超英）

图6-82　长沙，湖南师范大学美术专业教学楼，1985，设计单位：湖南大学建筑设计研究院，建筑师：王绍俊、王胜平、邹仲康（图片提供：王绍俊）

图6-83　北京，第四中学教学楼，1985—1987，设计单位：北京市建筑设计院，建筑师：黄汇、程玉珂、徐禹明等（图片提供：北京市建筑设计院，摄影：杨超英）

意义。纪念馆入口迎面"遇难者300000"几个大字点出令人难忘的沉重的主题。内庭院以大片卵石和草地交织，雕塑"母亲"与枯树突出其间，表达了生与死的主题，沿途的浮雕加强了这一主题，使人触景产生悲愤与缅怀之情。

（7）北京，国际展览中心

展览中心的总图是在极短的时间内定案的，一期工程的设计过程也相当短促，建筑单方造价比甲方在规划场地范围内添建的临时性展览厅还低。从展览功能出发，建筑适于采用简单的方盒子，为了打破"方盒子"的呆板格局，作者在每两个方盒子之间插入连接体，安排入口和门厅，入口处有突出的拱形门廊，上面飞架圆弧形额枋；方盒子四角局部切削，装上玻璃窗；外墙上部是外凸的高窗，下部为斜向内凹的低窗。在简单的体量上运用现代建筑艺术的处理手法，获得了繁简得体的建筑效果。

（8）长沙，湖南师范大学美术专业教学楼

为了使绘画教室得到理想的天然采光条件，采用10.2m大开间和4m小进深的钢筋混凝土框架结构，造成逐层收进的阶梯形剖面，从而实现了多层、重叠的北向天然顶部采光，同时取得了建筑体形的变化。中庭内部及走廊兼作展厅，使整体内部空间得到充分的利用，且层次分明、动静分明。

（9）北京，第四中学教学楼

该建筑位于北京西城区西什库大街，规模为30班的现代化中学，教学楼建筑面积5081m^2。将教室使用的舒适、方便作为设计思想的根本出发点，按最佳座位区的方法，把教室设计成边长为5.4m的六角形，因为"在面积相近的情况下，（六角形教室）学生视听

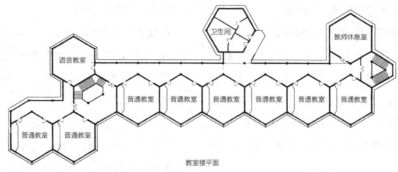

图 6-84 北京，第四中学教学楼，平面

效果最佳，较好的座位数所占比例比矩形教室大"，[①] 因此出色地解决了此种规模的教室中课桌排列形式与视角、视距、黑板长度的关系，且获得了教室门前的缓冲地带。科技实验室按每一层一科，依各科不同的房间数，自然构成台阶式建筑，造型别致。

6.4.3 整体建筑语言，建筑艺术中的整体性观念

建筑作品，从体量到空间，从整体到细部，

图 6-85 曲阜，阙里宾舍，1985，用铜锣设计的栏杆，设计单位：建设部建筑设计院，建筑师：戴念慈、傅秀蓉、杨建祥等（图片提供：建设部建筑设计院）（左）
图 6-86 上海西郊宾馆，睦如居，1985，成套灯具设计，设计单位：华东建筑设计院，建筑师：魏志达、季康、方菊丽等（右）

应当有统一的构思，不但反映在总体布局和单体的空间体量设计上，也反映在室内设计中沿用整体建筑语言，构成一个不可分割的建筑艺术整体。中国建筑师的创作过程中，设计一直跟进整体构思的全过程，并在室内设计中深化整体的构思，这一作风，在改革开放之初，在一些创作中得以恢复。这不仅是一种建筑手法的恢复，也是建筑文化观念在创作中的恢复。

（1）阙里宾舍的室内设计

室内设计与建筑设计一气呵成。除了厅堂之内古朴的陈设外，回廊的栏杆采用铜锣作装饰，手工打制的金色铜锣，古雅而有装饰意趣，点出孔子的礼乐思想。厅堂和客房的灯具，为建筑师自行设计，用钢筋作支架，外敷以白色麻布，让人想起古代的竹架纸灯。这种从宏观入微观的整体建筑语言，使之成为完美的整体建筑艺术。

（2）上海西郊宾馆睦如居的室内设计

室内设计基本格调与建筑外观一致，都是更多地注入现代精神，以尺度亲切的江南民居定位，朴实中透出精致。建筑师也是自行设计灯具，以精细的木工和油工灯框，配以乳白玻璃，也能产生古代白色灯具的联想。

[①] 曾昭奋.创作与形式——当代建筑评论 [M].天津：天津科学技术出版社，1989：8.

（3）上海电影技术厂录音楼

科技建筑的室内装饰一般紧紧依托建筑的特定功能，没有无关的虚饰。录音楼对于音质的要求十分严格，恰恰这些要求与室内设计的地面、墙壁、顶棚等要素的设计有至关重要的关系。顶棚、墙面材料的使用、形状和部位，均符合科学要求，同时又不失色彩和造型的美观。

新疆的一批建筑，从总体到局部，能够使用整体的建筑语言，将传统伊斯兰建筑语言加以提炼、抽象，贯彻到细部和室内设计之中。

6.4.4　技术观合国情，低技术和适宜技术的并用

改革开放之初，尚缺乏先进的建筑技术和设备，所以常常沿用当时仅有的技术，甚至用所谓"土法"，其实，就是地域性的技术或地方特有的做法，以低技术或适宜技术解决建筑的实际问题。这是许多建筑师所长期关注和深入研究的课题。"土法上马"曾是一种短缺的无奈，但以可持续发展观来衡量，正是多种技术并举的全面技术观的基础。

（1）敦煌航站楼

该建筑地处干旱少雨的戈壁地带，建筑师借鉴当地土堡、内天井的民居布局，让旅客大厅窗少而小，外墙较为封闭，防范风沙。圆形综合楼，沉入地下，可以有效地阻挡风沙，防止辐射和热损耗。整个建筑造价低、结构简单，形象朴素，不但采用符合国情的技术手段，而且很好地体现了汉回藏维民族杂处地区的人文景观。

前面所举重庆白市驿机场设计，也是结合国情利用适宜技术的范例。

在我国西部地区，有许多采用民间技术、地方材料建成的不同类型的建筑，如建筑师任震英长期从事新窑洞的研究，并取得丰富的成果。

（2）兰州，白塔山庄窑洞居住小区

该项目探索了新式的城市型窑洞住宅生活区。布局依山就势，爬坡而上，节约土地，不

图6-87　上海电影技术厂录音楼，1985，设计单位：上海市民用建筑设计院，建筑师：郭小苓、刘呈莺、徐之江等（图片提供：上海市民用建筑设计院，摄影：陈绍礼、冯立辉）

图6-88　敦煌航站楼，1983—1985，设计单位：甘肃省建筑设计研究院，建筑师：刘纯翰等（图片提供：刘纯翰）

破坏地表植被，有利于保护生态环境，显示了人类"重返浅层地下空间"的特殊魅力和黄土高原的雄浑气势。窑洞建筑节约能源、冬暖夏凉，有利于防火、防风、防泥石流，没有噪声、光辐射、空气污染和放射性物质污染。

陕西省礼泉县烽火大队窑洞农房和学校、四川道孚县藏族康房等，同样就地取材、施工简便、冬暖夏凉、节约能源，有利于保持生态和保护环境。这些地方性设计方法，值得纳入全面的技术观，成为新形势下综合技术的重要组成部分。

"中国特色现代建筑"，是我国建筑师心中明确目标，然而这是一个永远不会宣告完成的终极目标。值得玩味的是，当我们在任何阶段回眸观察的时候，不论是个人自发还是政府号召，大体上总会呈现"中国特色的现代建筑"。这是国情的自然决定，也是建筑师的自然走向。国民经济恢复时期的现代建筑现象，"一五"计划的民族形式建筑现象，"大跃进"时期的国庆工程及之后结构革新，乃至十年动乱时期的建筑现象，都是阶段性的中国特色而不是其他。新时期自发中国特色建筑，是

图6-89　兰州，甘肃窑洞建筑，办公建筑，建筑师：任震英（图片提供：任震英）

经过种种曲折道路之后的重启。当我们融入经济全球化之后，人们还将会看到，中国建筑师将以自己的方式，处理世界面临共同问题的中国建筑特色。

6.5　几项影响深远的建筑探索

改革开放以来，还有许多对建筑创作具有全面和深远影响的新事物或领域，它们的出现，不但回归了建筑的基本科学原理，也指出了未来的方向。

6.5.1　旅馆带头：探索设计新观念

如果说在引进国外建筑设计方面，旅馆建筑走在了前面，那么，新时期的国内建筑创作，旅馆建筑同样也带了头。不但数量较多，而且在吸收新理念、新材料、新设备等方面，走在了前面。

中国的改革开放，使得国外来华的旅游者剧增，早在1979年国家还是计划经济体制的时候，政府一次投资3.7亿元，在17个省、市建设23个旅游旅馆。尽管这第一批旅馆设计有若干不足，但他们开辟了新时期旅馆建设的广阔前景。十年间，旅馆建筑创作十分丰富，在一定程度上，代表了整个建筑界的历程、甘苦和得失。这里再举部分实例，力图反映该时期旅馆建筑全貌。

（1）武汉，晴川饭店

该建筑位于武汉汉阳鹦鹉洲晴川阁旁，背依龟山，濒临长江，邻近武汉大桥，与武昌蛇山上的黄鹤楼遥遥相望，视野开阔，风景宜人，是武汉较早的高层涉外旅游旅馆。建筑面积

2.25万m²，387间客房，600余床位。建筑总高87m，25层。高层主体建筑呈方塔，室内设计采用国产和地方材料，如怡翠园的竹厅、知音馆的木雕，均形成民居格调。

（2）上海宾馆

该项目建筑面积4.457万m²，客房600套，1200床位。由于用地比较紧张，客房采用了双矩形交叠的平面，交叠部分居于核心，为交通和服务面积。建筑力求表达现代建筑的简洁，结合竖向井道，立面做竖向线条处理，并以色彩的深浅对比来加强垂直感和识别性。室内设计运用商周青铜器上艺术形象之抽象变形、朴素粗犷的汉画艺术、色彩绚丽的敦煌艺术等，来表现中国五千年的灿烂文化。采用江南的木雕、漆雕、石雕及古老的沥粉贴金工艺来表现旅馆的乡土气息。

（3）广州，白天鹅宾馆

地处沙面岛南侧，南临珠江白鹅潭，江面开阔。用地面积为2.85万m²，公园绿地7500m²，建筑面积9.298万m²，客房1014间，主楼34层，高100m。为1980年代之初引进外资唯一由中国建筑师设计的国际五星级旅游宾馆。宾馆与城市交通联系自成系统，宾馆的布局使功能、空间和环境达到统一。公共活动部分临江布置，便于旅客欣赏江景。中庭为整体的多层园林，公共活动空间分为前后两个中庭，庭中有园，园中有中庭"故乡水"飞瀑流涧。所有活动空间如餐厅、休息厅、商场等围绕中庭布置，构成上下盘旋、动静相融的有机主体园林空间。主楼平面为"腰鼓"形，南北两个方向的阳台均由斜板构成，因阳光下产生阴影而显得雅致轻巧。

图6-90 武汉，晴川饭店，1979—1984，设计单位：中南建筑设计院，建筑师：袁培煌、刘新民、李文彩、姚金墩等（图片提供：中南建筑设计院杨云祥）（左）
图6-91 上海宾馆，1979—1983，设计单位：上海市民用建筑设计院，建筑师：汪定曾、张皆正等（图片提供：上海市民用建筑设计院）（右）

图6-92 广州，白天鹅宾馆，1979—1983，设计单位：广州市设计院，建筑师：佘峻南、莫伯治、蔡德道、谭卓枝等（图片提供：广州市设计院，摄影：陈绍礼）

图6-93 广州，白天鹅宾馆，故乡水中庭

（4）深圳，南海酒店

该建筑位于深圳蛇口，背山面海。建筑面积 4.31 万 m²，客房 424 间。建筑地处优美的自然环境，尽量使建筑融于环境。基本体形为 5 个相似的矩形单元，由 4 个锥形体连成面海的弧形体量，建筑自下而上层层后退，与山形吻合。客房有开敞的海景。

（5）拉萨饭店

该建筑是内地援藏项目，占地面积 5.7 万 m²，建筑面积 3.9784 万 m²，客房 512 间，1028 床位。建筑布局为多层、群体院落式，由 3 组客房和若干连廊，组合成 5 个大小不同的庭院，另两侧分别辅以旅馆的公共部分和餐饮部分。建筑外部为现代手法，少量吸收藏式建筑的特点。室内设计则是浓郁的藏族风格，以此探索现代化和民族化的结合。

（6）北京，昆仑饭店

该建筑位于东三环路与亮马河交叉的西北角，占地 3hm²，建筑面积 8 万 m²，客房 1005 间，1940 床位。中央塔楼 28 层，屋顶设有圆形旋转餐厅，在 102m 高处设直升机停机坪。建筑的体形以 60° 展开组合，在活泼中有规整，外部色彩为沉静稳重的古铜色。中庭用抽象的石头造型，点出山的意趣。后花园以昆仑山石堆砌假山，绿化成荫，与亮马河结成一片。

（7）西安，阿房宫宾馆

该建筑位于市中心繁华地带，用地面积 1.43 万 m²，建筑面积 4.4642 万 m²，客房 500 间，主楼 12 层。建筑形体从环境分析入手，在转角地带设置封闭式空间，避免客房直接接触繁华街道的噪声，把光线引入北立面并调整

图 6-94　深圳，南海酒店，1986，设计单位：华森建筑与工程设计顾问公司，建筑师：陈世民、谢明星、熊成新、华夏等

图 6-95　拉萨饭店，1985，设计单位：江苏省建筑设计院，建筑师：陆宗明、赵复兴、曹兴儒等（图片提供：江苏省建筑设计院）

图 6-96　拉萨饭店，室内

矮胖的比例等问题。造型简洁，力求与古城的环境如城墙和塔等相协调。

（8）青海，格尔木旅游宾馆

该项目建筑面积3844m²，54个标准间。客房大部朝南，避开冬季主导风向高原寒冷和多风沙的气候。内部空间利用地形高低相错，层层后退的客房部分和弧线展开的公共部分，试图使人联想草原上的蒙古包和风吹沙海层层浪的景观。

（9）杭州，黄龙饭店

该建筑位于杭州西湖风景保护区之内，占地2.8hm²，建筑面积4.1923万m²，客房580间。为避免体量过大，采用多层单元分散布置，将客房体量分散为三组六个塔楼呈"品"字布置，层数不高，体量不大，不但较好地解决了使用管理问题，并力图使体量空间尺度与宝石山风景区相协调。建筑围绕庭园布置，内庭与外部风景相互渗透，强化建筑的艺术魅力。

图6-97 北京，昆仑饭店，1986，设计单位：北京市建筑设计研究院，建筑师：熊明、寿振华、刘力、耿长孚等

图6-98 西安，阿房宫宾馆，1986—1990，设计单位：建设部建筑设计院、华森建筑与工程设计顾问公司，建筑师：梁应添、崔愷、朱守训等（图片提供：建设部建筑设计院）

图6-99 青海，格尔木旅游宾馆，1987—1989，设计单位：青海省建筑勘察设计院，建筑师：杨兆安、杨刚、郝素琴（图片提供：青海省建筑勘察设计院）

图6-100 杭州，黄龙饭店，1987，设计单位：杭州市建筑设计院，建筑师：程泰宁、胡岩良、徐东平、叶湘菡、陈忠麟等（图片提供：程泰宁）

（10）北京，国际饭店

该建筑位于东长安街的北京站路口上，用地 4.2hm²，建筑面积 11.1371 万 m²，29 层，高 104m，客房 1050 套，是中国投资、设计和施工的大型现代旅馆。建筑平面为非对称的三叉形，面南的正面对称。建筑的主体为凹弧面体量，表面处理十分简洁，挺拔的实面侧端墙与正面形成对比，各部比例尺度优良，显示出建筑师的深厚功力。也可以说是前辈建筑师倡导"中而新"原则的成功实例。

（11）北京，首都宾馆

该项目位于前门东大街北侧，用地面积 2.7hm²，建筑面积 5.964 万 m²，宾馆由 Ｙ 形塔楼与大片的裙房组成，主体塔楼分别为 14、16、20 层，高度 95m，客房 296 套。宾馆总体布局结合用地内有百年以上的五棵白果树以及松、柏、枫等珍贵树木，组成有水面、假山和草坪等仿燕京八景的城市型花园宾馆。建筑的主体造型简洁，在不同高度的屋顶上点缀了五个现代形象的亭子，但保持了传统亭子的神韵。裙房的屋面上铺装绿地并布置有民族特色的连廊。

（12）西安，秦都酒店

该建筑位于环西路，基地与护城河同古城墙临近，设计重视与古城墙及环城公园的协调。体形为较舒展的多层建筑，靠护城河一侧的客房楼做成台阶式，逐层减层退台。结合平屋面在入口和四角设计了仿秦汉风格的黑色琉璃瓦屋顶，点出命名"秦都"的文化内涵，力求建筑与古城协调又不失现代气息。大堂空间严谨，在中轴线上设立了秦始皇塑像及线刻出巡壁画。

图 6-101　北京，国际饭店，1987，设计单位：建设部建筑设计院，建筑师：林乐义、蒋仲均等（图片提供：建设部建筑设计院，摄影：张广源）（左）

图 6-102　北京，首都宾馆，1988，设计单位：北京市建筑设计院，建筑师：张德沛、吴观张、何玉如等（图片提供：北京市建筑设计院）（右）

图6-103　西安，秦都酒店，1989，设计单位：陕西省建筑设计研究院，建筑师：彭应运（图片提供：陕西省建筑设计研究院顾宝和）

6.5.2　特区开发区高新技术开发区

1）深圳和厦门经济特区

1979年3月5日，国务院批准广东省革委会将宝安县改为深圳市、珠海县改为珠海市的决定。1980年8月批准建立深圳、珠海、汕头、厦门4个经济特区，不久划定了特区的位置和面积，并逐步扩大。1984年1月24—2月17日，邓小平视察了深圳、珠海和厦门3个特区，并给3个特区分别题词表示支持，对特区的建设作了权威性的总结。1984年5月，中共中央、国务院决定进一步开放大连、秦皇岛、天津、烟台、青岛、连云港、南通、上海、宁波、温州、福州、广州、湛江、北海14个沿海城市，认为这是关系到争取时间、较快地克服经济技术管理落后状况的一项重大政策。

1988年4月13日，在特区发展中采取了更大的步骤，第七届全国人大一次会议，通过设立海南省、建立海南经济特区的决定，批准面积3.4万km^2、人口638万的海南省为经济特区，实行比前4个经济特区更特殊的政策。此后，进一步以立法的形式完善了许多法

规，特区的建设，在争论声中取得了令人瞩目的发展。

（1）深圳经济特区

深圳的旧城区原是一个面积为3km^2、人口2.3万多人的小镇，道路总长8km，没有交通岗楼和红绿灯，房屋建筑面积仅29万m^2，只有一栋5层楼房，人均居住面积仅2.74m^2。1979—1986年间，已经把旧城扩展成有罗湖、上步共38.7km^{2}的新城区，连同蛇口、南头、沙头角和沙河在内，城市开发建设区域面积已经达到47.6km^2，人口发展到47万，新建道路长189km。

根据特区的地理环境和城市功能，总体规划采取比较先进的城市组团式结构，功能分区明确，城市运作流畅。到1986年底，完成建筑面积1216.8万m^2，人均建筑面积达11.8m^2。建成文化教育建筑35万m^2，创办大专院校3所、中专7所和一批中小学。建成医疗卫生建筑达15.5万m^2，科研建筑用房2.8万m^2。[①]

由于深圳是新开发的特区，它的建筑设计来自全国各地，新区的建筑创作没有什么条条框框，更多的是新意，尤其是在高层建筑方面，有令人瞩目的成就。其他公共建筑和住宅，也成为当时各地参观的对象。

①深圳，国际贸易大厦

该建筑位于深圳市罗湖区，总建筑面积9.9789万m^2，地面以上高160m，主楼地下3层，地上50层，其中第24层为避难层，第46层屋顶部分为擦窗机平台，第49层为旋转餐厅，第50层为直升机停机坪。裙楼地下1层，地上4层，布置有中庭、商场、出租商店、餐厅、

①　参见：中国建筑年鉴1996—1997[M].北京：中国建筑工业出版社，1988：283-284.

酒吧、咖啡厅、会议厅等，设有地下停车场。
该建筑是中南建筑设计院自行设计，是深圳开
发初期有广泛影响的高层建筑，一个时期内占
据全国最高的位置。

②深圳体育馆

该项目用地 9hm²，建筑面积 2.1980 万 m²，
固定席 5940 座位，活动席 480 座位，是一座
设施先进、功能齐备的中型多功能体育馆。四
根立柱支撑 90m×90m、1600t 重的球节点
钢网架，钢筋混凝土看台自由挑出，支柱外露，
顶部包以不锈钢。建筑结构的外露，给人以"一
柱擎天"之感，体现了体育建筑的健美和强劲。

③深圳科学馆

该项目位于深圳市上步区，建筑面积 1.24
万 m²，9 层，由科技活动、学术交流和培训 3
部分组成。科学馆设置 200 座位学术报告厅、
85 座位国际会议厅、展厅、各种科技活动室、
会议厅及教室，是特区科技活动和进行国内外
学术交流的场所。设计构思从整体环境入手，
结合厅堂建筑的要求，形成八角形母题的体形
组合。造型简洁，会议厅的座位呈圆形布局，
报告厅墙壁按声学要求做了相应艺术处理，创
造了良好的视听条件。

（2）厦门经济特区

1984 年，政府决定将原来厦门特区范围
由 2.5km² 扩大到全岛（包括鼓浪屿），特区
的建设速度加快，1985 年，市政府先后邀请
中外专家对城市总体规划进行了修订和评议，
1986 年完成了规划，面积达 20 余 km²，形成
以本岛为中心，环海各城镇"众星捧月""一环
数片"的格局。进一步完善了城市的基础设施，
如港口、机场、通信、水电、煤气等等。6 年间，

图 6-104　深圳，国际贸易大厦，1981—1985，
建筑师：中南建筑设计院，方案：黎卓健、袁培煌；
工程：朱振辉、陈松林（图片提供：中南建筑设计院
杨云祥）

图 6-105　深圳体育馆，1985，设计单位：建设部
建筑设计院，建筑师：熊承新、梁应添、陈元椿等（图
片提供：建设部建筑设计院，摄影：张广源）

图 6-106　深圳科学馆，1987，设计单位：华南理
工大学建筑设计研究院，建筑师：何镜堂、李绮霞等
（图片提供：华南理工大学建筑设计研究院）

新建道路总长60余km，建成了1万m²的火车站通车使用。新区开发已经初具规模，建成配套完善的9个小区。

2）经济技术开发区试验（表6-1）

经济技术开发区，是各类城市开发中数量最多一类，可以实行特区的某些政策，如外资审批权限、减征或免征部分税收、对进出口贸易实行自主经营和自负盈亏等。但特区并不享有在商业、对外贸易方面的一些特殊待遇。1984年4月，在经济特区已经取得一定经验的基础上，政府决定在14个对外开放的沿海城市市区，设立第一批14个经济技术开发区。1992年，批准建设第二批6个经济技术开发区。1993年5月，又批准设立第三批7个经济技术开发区。此时，经国务院批准的经济技术开发区共有27个。邓小平南方谈话以后，全国各地出现了设立开发区的热潮，到1992年10月，全国共有经济技术开发区1874个，首期规划开发面积675km²。[①]

（1）上海虹桥经济技术开发区

1980年代中期，为了适应对外开放的形势，上海积极开发闵行、虹桥两个新区。虹桥开发区是外事外资经营旅游事业的中心，面积65hm²，已有一批旅馆办公楼、领事大楼、公寓、银行、保险公司、超级市场、购物中心等陆续落成，区内还设有网球场、游泳池、剧场、花园等娱乐设施。

（2）天津经济技术开发区（泰达）的工业建筑

1984年12月经国务院批准建设的中国最早的开发区之一，总规划面积33km²，是一个成功的开发区，已经形成较强的支柱产业，如诺和诺德（中国）生物技术有限公司、天津三星电管有限公司、天津三星电子显示器有限公司等。在发展工业的同时，注重环境建设和配套设施的建设，已经形成经济快速、稳步增长的良性循环。

各类开发区的设置时间和地区　　　　　　　　　表6-1

经济开发区类型	设置时间	设开发区的城市
经济技术开发区	1984.4	天津、大连、青岛、烟台、广州、秦皇岛、湛江、连云港、南通、上海、宁波、福州
高新经济开发区	1988.5	北京
经济技术开发区	1992	温州、昆山、威海、营口、东台、融桥
经济技术开发区	1993.5	沈阳、杭州、武汉、芜湖、哈尔滨、重庆、长春
高新技术开发区	1991.3	武汉（东湖）、南京（浦口）、天津、西安、中山、长春（南湖—南岭）、长沙、福州、广州（天河）、合肥、重庆、杭州、桂林、兰州（宁卧庄）、石家庄、济南、大连、深圳、厦门、海南、沈阳、上海（漕河泾）
保税区	1988.12	深圳（沙头角）
保税区	1990.8	上海（外高桥）
保税区	1991.4	天津、深圳（福田）、广州、大连
保税区	1992.10	张家港、海口、青岛、宁波、福州、厦门
浦东新区	1990.4	上海（川沙）

---

① 参见1992年10月15日《光明日报》第四版。

图6-107　上海虹桥经济技术开发区全景（图片提供：上海建筑设计研究院）

图6-109　摩托罗拉（中国）电子有限公司厂房，设计单位：天津机械部第五设计院合作设计，中方建筑师：杜振远（图片提供：杜振远）

图6-108　天津泰达工业区鸟瞰（图片引自：天津市城乡建设管理委员会编《天津建设50年》）

3）高新技术开发区试验

高新技术开发区、高新技术产业开发实验区及高科技工业园等，其目的是加强高新技术研究及其产业的发展。政策与经济技术开发区基本相同，但主要是适用于经过核准的高新技术企业，对一般或传统的技术、产品开发的企业，则没有优惠。1986年和1988年先后批准实施高技术研究发展计划（863计划）和高技术产业开发计划（火炬计划），并在1988年5月批准建立了中国第一个国家高新技术产业开发区——北京新技术产业开发试验区。1991到1992年，经国务院批准的国家高新技术产业开发区27个，全国自办的高新技术产业开发区93个，全国共计有高新技术产业开发区120个。[1]

各地政府为引进外资、外技，依托老城市而创建各类开发区。这类城市开发区享有的政策开放度变化很大，有些按中央授权的政策范围，多数则想尽办法争优惠。地方性开发区分布很广，有遍地开花之势，不但中小城市设立

---

① 参见1992年12月29日《光明日报》。

开发区，有些乡镇也争相设立开发区，以至划出大片土地长期闲置的情况相当普遍。

4）保税区开发区

保税区开发区主要发展对外贸易、转口贸易、港口、仓储、出口加工以及金融服务等业务，区内享有政策的优惠度最高。1988年12月，中国设立了第一个保税区——深圳沙头角保税区。1990年9月，国务院批准在上海设立外高桥保税区。1991年4月，批准天津、深圳、广州、大连四城市设立五个保税区。以后，张家港、海口、青岛、宁波、福州、厦门等城市也都获准设立保税区。中国沿海城市还出现了大量保税仓库和保税工厂。它们作为保税区政策的延伸，对改善投资环境起了良好的作用。

5）浦东开发区的建设

1990年4月，政府决定在中国最大的城市——上海，开发建设面积达350km^{2}的浦东，再次表现了开放的决心。在为浦东开发制定的政策中，既有经济技术开发区的政策，也有经济特区的政策，也包括一些经济特区还没有实行的政策，例如兴办保税区和允许外商投资第三产业，当时在国内都属首例。浦东开发区虽然起步较晚，但所取得的重大成就，在全国影响很大，使得上海重新聚焦在改革开放的焦点上。

6.5.3　重建唐山：废墟上的新家园

唐山是中国近代工业发展较早的城市之一，曾被誉为中国近代工业的摇篮，在这里，诞生了全国第一座现代化的煤矿唐山矿，建成了全国第一家机械化生产水泥的企业启新洋灰公司，这里有全国第一条标准轨距铁路唐胥铁路，第一个铁路工厂唐山机车车辆厂，生产了

第一台国产蒸汽机车龙号机车，创办了第一座铁路学堂。

1976年7月28日，唐山发生了罕见的里氏7.8级大地震，地震释放的能量相当于在日本广岛爆炸原子弹的400倍，直接死亡人数24万余人，直接经济损失30亿元以上，市区房屋倒塌超过90%，这几乎是世界上最惨烈的一次地震。国外新闻曾有报道："唐山从此在地图上消失了"。更为世界瞩目的是，唐山的恢复、建设和振兴发展，1990年11月13日，唐山市获得了由联合国颁发的"人居荣誉奖"，唐山市政府以"为人类居住区发展做出贡献的组织"的名誉被载入史册。

1）震后重建规划

地震发生仅10天后，由国家计委、建委等部门组成的国务院工作组便抵达唐山，进行调查研究和重建唐山的规划，8月底，便提出了最早的规划设想，与此同时，河北省建委派出的勘测队伍也奔赴唐山，为进一步规划收集技术资料。

图6-110　唐山地震现场，1976

对于唐山重建，当时提出过两种设想：一种设想是放弃原有市区，把老市区的企事业单位分散到唐山所属各县进行建设；另一种设想是立足原有市区，就地重建新唐山。新唐山建设的规划工作9月初正式启动。国家建委和河北省建委组织来自全国各地的专家和技术人员60多人，进行了唐山的规划编制工作，10月底，完成《河北省唐山市总体规划》。虽经后来的多次修改和补充，但是它的指导思想、规划原则包括大的布局关系，对以后的建设一直产生着重大的影响，相距25km左右的老市区、东矿区、新区三片的鼎立关系，就是按这一规划形成的。

老市区现称中心区，工厂和居民全部搬出，将京山铁路改线建设，把采煤塌陷区建成绿化风景区和果园、林场。中心区作为党政机关驻地和经济文化中心，保留开滦唐山矿、唐山钢铁公司、唐山发电厂和一些陶瓷、机械等工业。市中心规划位于生活区的几何中心，这一带繁华热闹，结合中心广场设有百货大楼、旅馆、饭店、银行、影剧院等。行政办公部分设在该交叉点以北建设路两侧，相对安静，总的规划布局分区合理，中心区规划人口25万。

新区的设立主要是为了搬迁原路南区的企业和居民，这些企业有机车车辆厂、轻机厂、齿轮厂及纺织、机械等工业，除此之外，还要在新区建设水泥厂、热电厂等，规划人口10万。东矿区依托开滦赵各庄、林西、唐家庄、范各庄、吕家坨五矿发展，依矿设点，分散布局，相对集中，形成小城镇，规划人口30万。

1977年5月14日，中共中央、国务院原则上批准了这一规划，在执行中，不断调整和完善，如减少搬迁企业数量，利用部分路南区作为建设用地，以及后来开辟适应个体经济发展的农贸市场等。1981年10月，中共中央电示："唐山恢复建设要实行收缩方针"，其基本精神是控制城市人口，减少占地，压缩投资，重点加快住宅建设。这次调整后，中心区人口控制在40万，用地40.88km^2；新区人口控制在6万，用地7.34km^2；东矿区规划人口30万，用地25.5km^2。

1985年，面临恢复建设的即将完成，唐山市建委委托中国城市规划设计研究院承担《2000年唐山市市区城市建设总体规划》任务，规划于1986年4月完成，1988年2月15日得到国务院批复。该规划确定唐山市区的城市性质为："以能源、原材料工业为主的，产业

图6-111　唐山重建之一，居住区建设

图6-112　唐山重建之二，市中心广场

图6-113　唐山，抗震纪念碑，1986，设计单位：河北省建筑设计院，建筑师：李拱辰（图片提供：河北省建筑设计院徐显棠）

图6-114　唐山，百货公司，1984，设计单位：建设部建筑设计院，建筑师：石学海、于家峰、陈贵祥（图片提供：建设部建筑设计院，摄影：张广源）

图6-115　唐山，陶瓷展览馆，设计单位：河北省建筑设计院，建筑师：徐显棠（图片提供：河北省建筑设计院徐显棠）

结构比较协调的重工业生产基地；冀东地区的经济、文化中心。"提出"控制中心区，积极发展新区，完善调整东矿区"的原则。

2）新唐山的建设

1977年底，大规模的救灾活动结束，市政设施、工业生产和居民生活基本恢复，1978年2月2日，河北省提出，重建唐山"一年准备初步展开，三年大干，一年扫尾，到1982年建成"的计划。2月11日得到国务院批复，宣告了唐山恢复建设全面展开，到1979年下半年，大规模的施工开始，进场的建筑队伍达10万人以上。唐山的重建是一个巨大而困难的系统工程，众多工地同时展开施工，又是在保证几十万灾民衣食住行的场地上进行。为协调各种关系，唐山市专门成立了建设指挥部，实行"统一规划、统一设计、统一投资、统一施工、统一分配、统一管理"的"六统一"原则，在当时的情况下，这种做法无疑是必要的。

时至1986年6月统计，国家用于唐山震后建设投资43.57亿元，完成的房屋面积1800万m²，其中居民住宅1122万m²。98.5%的住户迁入新居，市区人均居住面积已达6.3m²。1986年7月28日，唐山召开了"唐山抗震10周年庆祝大会"，大会正式宣布："唐山人民经过10年艰苦奋战，唐山震后的恢复重建已基本完成"。

唐山后十年的建设主要是进一步调整完善城市功能，加强配套设施建设，加大治理污染的力度，美化城市环境，增加了公共建筑的投入。凤凰大厦等一批高层拔地而起，京山铁路改线工程全面完成，唐山西站1992年12月竣工，京沈、唐津、唐港三条高速公路将在唐山境内立交互通，一个个住宅小区相继建成，到1995年底，全市房屋建筑总面积3414.4万 m²，其中住宅1825.8万 m²，城市住房人均居住面积8.9m²，人均使用面积12.2m²。唐山现有体育馆7座，标准体育场8个，先后举办了全国第二届伤残人运动会、全国中学生运动会、全国第二届城市运动会和第三届中日韩青少年体育交流大会等重大国内、国际综合性运动会。这些运动会的举办成功，是对唐山城市功能的检验和城市建设成就的肯定。

唐山是中国现代历史上首座按规划进行全面建设的城市；唐山的设防周到，增加了建设中防震的内容和措施，这使唐山成了名副其实的"最坚固的城市"；唐山的设施综合考虑了各种管线、配套设施和公共建筑的配置，预留发展和一次到位相结合，这在很多城市中是难以办到的；唐山的热化率居全国第一位，气化率也居前列；唐山形成了点、线、面一体的绿化体系，建成区绿化覆盖率28.4%；城市中的主要街景及建筑，都是由来自全国各地一流的专家精心设计、严格把关，从中心广场的设计可以看出作者独具匠心，唐山百货大楼、陶瓷展览馆、抗震纪念碑等建筑在国家获奖就是对设计水平的肯定。

6.5.4　城乡住宅：人本主义的回归

1）住宅建设再起步

自中华人民共和国成立起，住宅的设计指标一直采取每人居住面积4m²，沿用了30余年。1952年城市居民平均每人居住面积为4.5m²，1978年下降到3.6m²。解决住宅的"欠账"问题已经刻不容缓了。

1978年10月19日，国务院批准国家建委《关于加快城市住宅建设的报告》要求，迅速解决职工住房紧张的问题，到1985年，城市平均每人居住面积要达到5m²。[①]

（1）开拓投资渠道，促进数量增长

1978年提出发挥国家、地方、企业、个人四个方面积极性建设住宅的方针之后，1979年，城镇住宅投资增至85亿元，相当于1978年的两倍多。1979—1984年的六年间，住宅投资计924亿元，是1949年以来35年总投资的71.7%，全国城镇共建成住宅6.7亿 m²，占1949以来35年建成住宅总面积的55.8%，到1984年，全国城市人均居住面积增至4.77m²。[②]做到了住宅增长速度超过了人口增长速度，使得旧账逐步还，新账不再欠。

（2）商品化新概念，要求标准调整

1980年4月2日，邓小平在谈话中指出："要考虑城市建筑住宅、分配房屋的一系列政策。城镇居民个人可以购买房屋，也可以自己盖。不但新房子可以出售，老房子也可以出售。可以一次付款，也可以分期付款，十年、十五年付清。"4月，国务院原则同意国家建委、国家城市建设总局《关于城市出售住宅试点工作座谈会情况的报告》。[③]由此，拉开了城市住宅商品化的序幕。

福利分配住房制度，用住宅标准来控制住户的面积，住宅设计标准控制十分严格。1978年国务院批转的国家建委《关于加快城市住宅建设的报告》规定，每户平均建筑面积一般不

---

① 建筑年鉴 [M]. 北京：中国建筑工业出版社，1984—1985：588.

② 以上数据引自 顾云昌 . 城镇住宅建设 [M]// 建筑年鉴 . 北京：中国建筑工业出版社，1984—1985.

③ 建筑年鉴 [M]. 北京：中国建筑工业出版社，1984—1985：592.

超过 42m²，最高不超过 50m²。这是一个在福利分房条件下的较低住宅标准，在执行期间，许多地区擅自制订住宅标准，以至有些 2 室户住宅的建筑面积达 100m² 上下。1984 年 11 月国家科委蓝皮书第二号印发的《技术政策（住宅建设、建筑材料部分）》指出，到 2000 年争取基本实现城镇居民每户有一套经济实惠的住宅，全国居民人均居住面积达到 8m² 的目标。

（3）从竞赛看转型，新概念的初现

1979 年国家城市建设总局举行了"全国城市住宅设计方案竞赛"，这是中断了 22 年后的一次举动最大、规模最大的方案竞赛。首次提出了"住得下""分得开"与"住得稳"的要求；开始出现平面紧凑的一梯两户型，平面由窄过道式演变成小方厅式，进而把小方厅变成小明厅。

1984 年开展了"全国砖混住宅新设想方案竞赛"，首次引入了"套型"的概念，出现了以基本间定型的套型系列与单元系列平面。整体建筑体现了标准化与多样化的统一，还出现了大厅小卧的平面模式，已逐渐向现代生活靠拢。

1987 年城乡建设环境保护部举办的"'七五'城镇住宅设计方案竞赛"，是一次为响应国际住房年而组织的活动，更多地考虑了现代生活居住行为模式的影响，以起居室为中心的"大厅小卧"式住宅设计得到普遍重视和应用并成为本次竞赛的主流。

1989 年进行了"全国首届城镇商品住宅设计竞赛"，配合了住房体制改革和住宅商品化。"我心目中的家"成为创作核心，以满足住户的多种选择、心理要求和适应商品市场的要求。

1991 年进行了"全国'八五'新住宅设计方案竞赛"，注重功能改善，由追求数量转为讲求质量，由粗放型向精细型转换。竞赛出现了空间利用的众多手法，如变层高、复合空间、坡屋面、错层设计以至四维空间设计等，使住宅模式有了较大的变化和改进。

（4）开辟多种渠道，回归人本精神

住宅规划设计，逐渐实践新概念和手法，使得住宅摆脱由不合理的外界条件限制而造成的人本精神的失落，为住宅的起飞助跑。例如，适应新型生活、变换住宅类型、开展室内设计、探索新的体系、室外环境设计等等。

①深圳，园岭联合小区

该项目占地 60hm²，采用不划分独立小区而以组团为基本生活单元的"联合"规划结构，以集中的商业综合体代替分散的公共建筑。绿化与邻近的市级公园连通，并引入小区中心，造成了良好的园林气氛。小区开辟架空廊道作为步行层，形成了立体交通，提高了土地使用率，又丰富了小区景观。

②东营，胜利油田仙河镇

规划总人口 6 万人，分布在 8 个居民村，镇中心设商业、服务、文教体育、娱乐以及行政管理等设施。规划密切结合自然地形、地貌、

图 6-116　深圳，园岭联合小区，1982

河流与树木，住宅布置与单体设计力求多样化，8个村分期建设，每个村各具特色，具有可识别性和良好的环境景观。当地建设者与管理者结合，尝试了小区的集中物业管理。

③无锡，"支撑体系"住宅试点工程

该"支撑体系"住宅只为住户提供结构空间，而由住户自己划分户内空间和进行室内装修，开创了一条解决住宅标准化与多样化矛盾的新途径。

④天津，低层高密度住宅

住宅设计为3层，北向退台，有效地节约了土地，创造了宜人的空间尺度，不失为当时形势下对住宅设计的有益探索。

⑤北京，台阶式花园住宅

在借鉴国外台阶式住宅经验基础上，出现的一种新住宅形式，设计出发点是对居住环境质量的重视。其方案只用少量参数设计成套单元系列，平面组合灵活，建筑外形丰富，每户均有一个大露台。该方案在北京某学院兴建，取得了良好的效果。

⑥再现别墅类型

在一些发达地区，出现了多年不见的别墅式住宅，供外方或企业家购买或租用。不过，许多地方因用地和自然条件所限，别墅住宅缺乏应有的外部环境，致使效果减色，名不副实。

图6-117　东营，胜利油田仙河镇，1984，设计单位：同济大学建筑系，建筑师：卢济威等规划设计

图6-118　无锡，"支撑体系"住宅，1983，设计单位：东南大学建筑系，建筑师：鲍家声等规划设计

图6-119　天津，低层高密度住宅，1979，设计单位：天津大学建筑系，建筑师：胡德君等规划设计

图6-120　北京，台阶式花园住宅，设计单位：清华大学建筑系规划设计

⑦高层住宅勃兴

由于城市人口急剧增加和用地紧张以及建设单位提高用地容积率的迫切愿望，加之"高层建筑就是现代化城市标志"这一偏颇认识的推波助澜，住宅层数呈逐步增加的趋势。在一些大城市，过去已经萌芽的高层住宅，此时得到了很大的发展。据统计，整个1970年代全国共建造高层住宅建筑面积约182万 m²。而1980年代的头几年，仅北京市每年建造的高层住宅建筑面积就达130~140万 m²（占北京市住宅竣工面积的三分之一左右）。各地的高层住宅多为12~16层，个别的18层以上。高层

住宅的兴起，引发了多种高层住宅结构体系的设计与实验，积累了丰富的经验。高层住宅也引起一些争论，如在一些历史文化名城或风景城市，对原有的城市格局和气氛有不同程度的破坏，也给城市原有市政设施带来了过重的负荷。高层住宅也引起一系列城市小气候环境和居民的心理健康问题，也日益引起人们的重视。

2）试点小区开大路

（1）第一批试点

1986年，城乡建设环境保护部选择无锡、济南、天津三个城市作为城乡建设环境保护部第一批城市实验住宅小区的试点城市，并将其列为

图6-121　深圳，金湖山庄3型别墅，1992，建筑师：徐显棠（图片引自：《百名一级注册建筑师作品选：第一卷》

图6-122　上海，漕溪北路高层公寓，1970年代，设计单位：上海市民用建筑设计院（图片提供：上海市民用建筑设计院）

图6-123　天津，体院北高层住宅，设计单位：天津市建筑设计院（图片提供：天津市建筑设计院）

图6-124　广州，名雅园小区高层建筑

"七·五"国家重大技术开发50个项目之一。这三个小区考虑了北方、南方及南北方过渡地区三种气候特点，建设规模总计50万m²，是一次大规模、多目标的科学实验。三个小区分别从1986、1987年开始建设，1989年全部竣工。

①无锡，沁园新村

该项目位于无锡市南郊，离市中心5km，占地11.4hm²，总建筑面积12.5万m²，其中住宅建筑面积11.2万m²，可提供商品房2102套。沁园新村代表南方地区，小区采用了改良型行列式布置手法，将点式住宅和条式住宅搭配，条式住宅单元长、短结合拼接，南北进口相对布置，插配一些台阶型花园住宅和4、5层住宅，既为住宅争取了较好的朝向，同时使小区空间有所变化。小区还将不同属性的空间领域作了划分，并强调了空间的序列，精心配置公共绿地的小品及绿化。在设计上，完善了住宅的内部设施，注意了内部设施与公共服务设施、市政设施的配套建设。住宅吸取了传统江南民居形式，成为具有浓郁江南地方风格的花园式住宅小区。

②济南，燕子山小区

该项目地处济南市东部，离市中心约3.8km，占地17.3hm²，总建筑面积21.9547m²；其中住宅建筑面积20.1万m²，可提供住房3468套。济南的气候，既有南方夏季炎热的特点，又有北方冬季寒冷的共性，这一过渡地带在全国拥有相当大的范围。小区规划充分考虑当地气候特点及地区民风、民俗特色，做了多种"新型院落式邻里空间"的尝试。院落式邻里空间的基本模式，是由南北加大距离的单元式拼联住宅组合而成，分别设置朝向内院的南北入口，山墙采用向内递错的手法围合成内向空间，辅以围墙、组团标志等形成院落。这些大小不等的院落为居民提供了人际交往场所，密切了邻里关系，有强烈的可识别性和较强的封闭性，增加了居住的安全感和归宿感；院落又提供了良好的日照与通风，适应本地南、北气候过渡地带的条件。

③天津，川府新村

该项目位于天津市区偏西部，离市中心约5.5km，小区占地12.83hm²，总建筑面积

图6-125　无锡，沁园新村，1987—1988，设计单位：无锡市建筑设计院等规划设计

图6-126　济南，燕子山小区中心，1987—1989，设计单位：山东省建筑设计院、济南市建筑设计院等规划设计

15.8 万 m²；其中住宅建筑面积 13.7 万 m²，可提供住房 2398 套。依靠科技进步，开发运用新技术、新材料是该小区的特色。川府新村的建设涉及 54 个科研、设计和教学单位，共应用了新技术 60 项。川府新村首先提出与应用的住宅建设"四新"（新技术、新材料、新工艺、新设备），推动了当时的住宅建设，并为以后的住宅建设提供了宝贵的经验。

川府新村在总体规划布局中，采用了小区→组团→住宅单体的规划结构，四个形式各异的住宅组团围绕中心绿地；各组团采用不同的住宅单体和不同的空间构成："田川里"主要布置了大开间内板外砌系列住宅；"园川里"选用台阶式花园住宅，组团采用里弄与庭院相结合的方式；"易川里"以 11.16m 进深砖混住宅为主；"貌川里"处于小区中心，采用"麻花型"7 层大柱网升板住宅，首层顶部做成外连廊式大平台，形成一个整体。

第一批三个实验小区的成功建设取得了很大的社会效益、经济效益和环境效益，为以后

图 6-127　天津，川府新村，1987—1989，带连廊的住宅，设计单位：天津市城乡规划设计院、清华大学、建筑标准设计研究所等规划设计

的大批住宅建设提供了宝贵的经验，起到了先导作用，并在实践中锻炼了一批住宅建设人员。

（2）试点的扩大

1989 年建设部在济南召开会议，总结了第一批三个实验小区的成功经验，决定在全国范围内开展住宅小区试点建设工作。此后，成立了全国城市住宅小区试点办公室，由建设部两位副部长带头。自此，在全国范围内，又进行了第二、第三、第四、第五批全国城市住宅小区建设试点的工作，同时，各省、直辖市、自治区也相继进行了省级试点工作。截至 1997 年底，先后有 90 多个小区分五批列入全国城市住宅小区建设试点计划，另有近 300 个小区列入省级试点，它们分布在全国 26 个省、直辖市、自治区的 110 多个城市（县），总建筑规模约 8000 多万平方米。至 1997 年底，相继告竣了 30 多个试点小区，推动着全国住宅建设迈向新的阶段。[①]

1994 年，建设部公布了对第二批 15 个全国城市住宅试点小区的验收评比结果。15 个小区分别荣获金、银、铜质奖，其中的合肥琥珀山庄南村、北京恩济里小区、上海康乐小区、常州红梅西村等优秀小区更成为住宅建设的典范。[②]

①合肥，琥珀山庄

该项目位于市区西部，紧靠旧城，毗邻绿树成荫的环城公园，离市中心 1km 左右，交通便利。琥珀山庄规划为三个小区，占地为 32hm²，总建筑面积 33 万 m²。南村是其首期开发的小区，总用地 11.398hm²，总建筑面积 11.76 万 m²，可居住 1428 户。南村用地狭长，呈不规则带状，地形起伏，最大高差 15m。规

① 建设部城市住宅小区建设试点办公室《小区试点导刊》，1996（1）.

② 参见：《建筑学报》，1994（11）。

划布局突出了因地制宜的原则，设计了便捷、自然、顺应地势的道路系统；沿地形设置一条主干道串联起四个各有特色的组团及公建群。南村的规划不拘泥于一般有规律的居住小区模式，它依据当时当地具体情况，做出了富有创造性的设计。

②北京，恩济里小区

该项目位于北京市西郊，距阜成门约6km。小区占地 9.98hm²，总建筑面积 13.62万 m²，可居住 1885 户。恩济里小区的规划设计以人为中心，在有限的用地上既做到高密度，又争取好朝向，满足人的生理需求，同时试做了部分残疾人住宅；吸收北京传统四合院的形态，将住宅组团建成"内向、封闭、房子包围院子"的"类四合院"；恩济里小区规划结构分级明确，即小区→组团→住宅单体，其道路、绿化、公建系统均根据这个结构而分级设置，每个级别都有各自的功能及相应的空间和领域。同时，遵循人的行为轨迹，安排各项公共设施，道路分级布置，顺而不穿。可以说，恩济里小区的规划与设计是本时期居住小区规划设计的样板。

③上海，康乐小区

该项目位于上海市郊西南部的漕河泾地区，占地 8.72hm²，总建筑面积 11.87 万 m²，可居住 2154 户，是南方小区的代表。针对上海市人口多、土地紧、住房挤、资金少的实际情况，以及上海人精巧求新的居住心态，在广泛吸取上海的"里弄建筑"优点的基础上，创造了"总弄→支弄→住宅"的空间序列，强化了住宅组群的归属性，运用过街楼、顶层退台、加大进深等手法，有效地节约了土地、强

图 6-128　合肥，琥珀山庄，1990—1992，设计单位：安徽省建筑设计研究院、合肥市建筑设计院等规划设计

图 6-129　北京，恩济里小区，1990—1992，设计单位：北京市建筑设计研究院，建筑师：白德懋、叶谋兆等规划设计

图 6-130　上海，康乐小区，1990—1991，设计单位：上海市民用建筑设计院等规划设计

图6-131　常州，红梅西村，1990—1992，设计单位：常州市城市规划设计研究院，建筑师：张莘植、杨金鸿、陶茹萍、黄勇等规划设计

图6-132　苏州，桐芳巷，1996，设计单位：建设部城乡规划设计院

图6-133　苏州，桐芳巷

化了里弄空间领域，使其具有一定的社会凝聚力、安全感和亲切感。

④常州，红梅西村

该项目位于市区东北角，离市中心2km。占地14.86hm²，总建筑面积16.07万m²，可居住2277户。其规划与设计体现了江南水乡风貌和常州地方特色，小区主路为袋形，串联起五个里弄式或院落式组团，每个组团的住宅有一个主导色彩，入口设小品或过街楼，强调了领域感和识别性；小区的环境设计富有层次，以中心"乐"园为主，铺盖大片绿地与中心游泳池相映成趣，各个组团庭院或堆石成园，或引水为景，情趣盎然。住宅采用江南传统粉墙黛瓦坡屋顶，配以山墙构架符号和不同颜色的大色块，给小区增添了活力。

（3）试点的成就

①试点建设总结出了一整套建设经验和预期："造价不高水平高，标准不高质量高，面积不大功能全，占地不多环境美"，并以此推荐和引领此后全国的住宅建设。

②小区试点依靠科技进步，实现了小区布局合理化、设计标准化和多样化结合、施工组织管理科学化，力求达到社会效益、经济效益、环境效益的统一。

③在住宅单体设计中，对住宅功能及形式有了全方位的探索和提高。提出和贯彻了"三大、一小、一多"，即"起居厅大、厨房大、卫生间大，卧室小，储藏空间多"的设计思想；改善了厨房卫生间的平面布置与设备配置；住宅外貌也得到了很大的改观。

④在住宅小区的规划设计中，对延续城市文脉、保护生态环境、组织空间序列、设置安

全防卫、完善服务系统以及营造宜人景观等方面都作了合理处理。例如苏州桐芳巷，新住宅保持了亲切、清新的外部环境，更新了传统民居的形式。

3）从安居走向小康

（1）安居工程的实施

1994 年国务院提出了实施国家"安居工程"计划。这是为确保到 20 世纪末实现居住小康目标而采取的一项重大决策。

"安居工程"是一项由国务院住房制度改革领导小组组织协调和指导、国家计委制订投资计划、建设部具体负责实施、人民银行制订信贷计划、财政部和国家有关专业银行审查监督城市配套资金落实的重要住房建设工程。

"安居工程"从 1995 年开始实施，到 1996 年底，全国大部分省、市、自治区都启动了"安居工程"。计划五年内将共建成 1.5 亿 m^2，1995—1997 年 3 年共有近 245 个城市被批准实施，建筑面积近 5000 万 m^2。安居工程既不是高标准的豪华住宅，也不能是简易房，平均每套建筑面积为 $60m^2$ 左右，工程一次合格率达到 95% 以上，优良率达到 25% 以上。

（2）小康住宅的研究

自 1985 年国家科委明确提出"到 20 世纪末，人民的生活要达到小康水平"之后，国家组织了多次全国性住宅设计竞赛，并积极地进行小康住宅的定位和设计研究，其中包括建筑技术发展研究中心与日本国际协力事业团（JICA）合作的"城市小康住宅研究"。

自 1990 年 3 月起，历时 3 年，围绕"小康居住目标预测""小康住宅通用体系""小康住宅产品开发"等进行了研究，取得了 18 项重大的成果。

1994 年正式批准启动"2000 年小康型城乡住宅科技产业工程"，并将其列为优先实施的国家重大科技产业工程项目。该项目的总体目标是：建设 40~60 个总建筑面积约 1000 万 m^2 的小康住宅示范小区；1996 年 12 月，建设部组织各行各业专家编制了《2000 年小康型城乡住宅科技产业工程城市示范小区规划设计导则（修改稿）》，为跨世纪的住宅设计指出了方向。1994—1997 年，国家有关部门进行了七批小康住宅示范小区的设计审查工作。共有 70 多个小康住宅示范小区设计方案通过，一大批设计先进的小康住宅示范小区已进入实施阶段。

第7章

设计市场和建筑创作：
计划经济向市场转型，1990 年代

7.1　理论带动建设高潮

进入 1990 年代后，以邓小平南方谈话为契机，形成新的思想和理论，掀起了全国性的经济建设热潮。在建筑设计市场更加开放的舞台上，中国的建筑创作，进入一个大规模高速度发展的阶段。

7.1.1　南方谈话奠定建设理论

1988 年的经济震荡和 1989 年的政治事件，建筑活动的规模有些缩减。在反思 1989 年政治事件的原因时，许多看法不尽相同，例如，"市场取向的改革"是不是搞资本主义等等。1992 年 2 月 28 日，中共中央把邓小平的南方谈话以中共中央 1992 年 2 号文件的名义向全国传达。邓小平认为，经济上不去就会带来严重的政治后果，并提出"发展才是硬道理"的论断。对于姓"资"姓"社"的政治思想问题，邓小平更是做了坚定而明确的解释："不要以为，一说计划经济就是社会主义，一说市场经济就是资本主义，不是那么回事，两者都是手段，市场也可以为社会主义服务。"

由于明确回答了经常困扰和束缚人们思想的许多重要和敏感的问题，奠定了建设有中国特色社会主义市场经济的理论基础。1997 年

2 月 19 日，邓小平逝世，他留下的最宝贵的财富是"建设有特色社会主义理论和党的基本路线"。1997 年 9 月 12 日，中共十五大在北京开幕，中央委员会总书记江泽民报告的题目是《高举邓小平理论伟大旗帜，把建设有特色社会主义事业全面推向二十一世纪》。十五大依然坚持"社会主义初级阶段"的基本路线，并提出了社会主义基本路线的纲领，在政治、经济和文化等方面做出了部署，在经济方面的目标是：下个世纪第一个十年，国民经济生产总值比 2000 年翻一番，使人民的小康生活更加富裕，形成比较完善的社会主义市场经济体制；第二个十年，使国民经济更加发展，各项制度更加完善；到下个世纪中叶，基本实现现代化，建成富强民主文明的社会主义国家。

7.1.2　上海浦东开发掀起高潮

邓小平在 1991 年视察上海的时候说，"希望上海人民思想更解放一点，胆子更大一点，步子更快一点"。[①] 并指出，浦东开发是关系上海发展的问题，要抓紧浦东开发，不动摇。可以说，上海浦东的开发，是全国建设新高潮的先兆。

上海浦东新区，地处上海市东大门，是与上海市中心区仅一江之隔的一块三角形地区。

---

① 邓小平 . 视察上海时的讲话 [M]// 邓小平文选（第三卷）. 北京：人民出版社，1993：367.

面积522.75km²，人口约150万。政府于1990年4月18日向全世界宣布开发开放浦东，把它作为大陆改革开放的龙头，浦东成为最著名的经济技术开发区之一。

浦东新区农村地区土地面积438km²，占新区总面积的比重由开发开放初期的91%下降为1997年的83.7%；城市化面积85km²，所占比重则由9%上升为16.3%。到2000年，浦东新区的城市化面积达到100km²，并建成中国大陆一流的市政基础设施、最大的金融商务活动中心、高度开放的综合性自由贸易区、先进的出口加工基地、国家级的生物医药中心、现代化的城郊型农业和配套服务条件完备的高质量生活区。

为建设多功能、外向型、国际化、现代化新城区，浦东坚持高起点、高标准的规划，以塑造出符合未来现代化城市功能与环境需求的城区形态、人文景观和市政基础设施。仅陆家嘴金融中心区的规划方案就投入400万法郎，邀请了英国罗杰斯（Rogers）、法国贝罗（Perrault）、日本伊藤（Ito）、意大利福克萨斯（Fuksas）等五国设计大师参与设计，吸取了世界不同文化的精华。

浦东城市功能开发在编制规划、兴建重大市政基础设施的同时，首先启动了陆家嘴金融贸易区、金桥出口加工区、外高桥保税区和张江高科技园区等四个国家级重点开发区。它们按照不同的功能定位，在开发模式和产业导向上各有侧重。经过8年开发建设，重点开发区已经初具规模。与此同时，孙桥现代农业开发区、华夏文化旅游区、王桥工业区、六里现代生活园区等开发小区的建设也进展顺利。开发区域带动了相关产业和周边地区的经济发展。

浦东开发不仅仅是工业项目的开发，同时也是社会事业的开发。浦东开发的最终目的是实现社会全面进步。浦东开发开放8年多以来，成为上海发展都市旅游的新兴区域，旅游业成为新区新的经济增长点。浦东新区高速城市化进程中十分重视文化、教育、卫生事业和社区建设的同步发展。

上海东方明珠（电视塔）位于黄浦江畔陆家嘴，与外滩一江之隔，是浦西和浦东新老城区的交汇点，上海城市风景区的高潮。用地5hm²，建筑面积7万m²，集旅游、观光、娱乐、购物、餐饮、广播电视发射，以及空中旅馆、太空舱会所等多功能为一体的大型综合性公共建筑。下球直径50m，中心标高93m，4层，设科技游乐天地；上球直径45m，中心标高272.5m，9层，设全天候观光层、旋转茶室、歌舞厅和发射机房等；太空舱球体标高342m，直径16m，是游人可达观景的最高点，设观光层和太空舱会所。再上是118m的钢桅杆天线，加上消雷器总高468m，是当时亚洲第一、世界第三高塔。上下大球之间的5个小球是空中旅馆，利用结构大梁的空间布置20套高级客房，大多为豪华套房。塔座直径为60m、高度为15m，二层有共享空间的进出塔大厅，三层为2万余平方米的商场等，层高6m的两层箱形基础部分为车库、设备用房以及员工生活办公用房。大片坡地绿化连绵至浦东公园和黄浦江边。由花岗岩铺筑的广场、平台、环道、台阶、喷水池连同雕塑和灯饰绿化形成整个塔区的优美环境。建筑创造性地采用了带斜撑的多筒体巨型空间框架结构，不仅具有良好的抗风、抗震

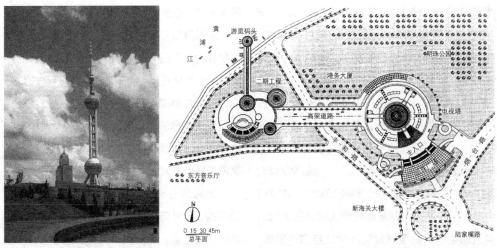

图 7-1　上海，东方明珠，1988—1995，设计单位：华东建筑设计研究院，建筑师：凌本立、项祖荃、张秀林等（左）
图 7-2　上海，东方明珠，总平面（右）

性能，并使建筑造型获得了鲜明的特点。新颖的造型、新技术新材料的应用，使"东方明珠"成为建筑和结构、艺术和技术的完美结合。

7.1.3　全国性的房地产大开发

19 和 20 世纪之交，我国房地产业就已见端倪，1930 年代在大城市有较大的发展，称为"不动产"。1949 年以后，在计划经济的条件下，房屋不是商品，实行土地无偿划拨、土地和房屋的财产和所有权概念，大大淡化甚至扭曲了。直到 1984 年 5 月，国务院正式提出：城市住宅建设，要进一步推行商品化试点，开展房地产经营业务。自此，房地产市场逐渐形成。1992 年邓小平"南方谈话"以后的房地产开发进入了高潮，规划和建筑设计开始在市场经济的模式下运作。

1980 年代，城镇住宅建设投资 2600 亿元，是前 31 年的 4.6 倍，投入使用的住宅面积是 1.8 倍。1991 年，房地产投资的增长速度为 117%，1992 年开发投资比上年增长143.5%；开发土地面积增长 175%，形成一个速度的奇迹。

房地产开发单位飞速增加，1991 年全国有房地产开发公司 3700 余家，1992 年为 1.2 万余家，1993 年上半年新增 6000 余家，年底全国房地产开发公司达 2.86 万家。[①] 不过，由于经济的过热发展，且带有"泡沫"性质，国家于 1993 年的下半年对国民经济实行了"宏观调控"政策，房地产业成为"宏观调控"的重点。这年的投资增长速度依然达到 124.9%。

1990 年代，我国的经济体制继续转型，在房地产开发体制的新旧交替过程中，许多管理的"真空地带"，出现了不良现象。例如，原来的城市土地无偿、无限期使用，导致了土地事实上的企事业单位或个人所有，有些单位

① 参见：王贵岭. 房地产市场概论 [M]. 上海：同济大学出版社，1999：167.

将自己所属的土地，或非法有偿转让，或作为
投资坐地分成；城市房地产投资者的长期单一
性，导致了事实上的无偿财政拨款，刺激了投
资的需求过大，滋长了不正之风。其结果是，
土地超计划使用、房地产商品开发结构不合理，
市场行为不规范。致使炒卖地皮严重、大量积
压房地产商品，个人中饱私囊。在房产商品的
开发中，受利益的驱使，许多地方高级宾馆、
写字楼和高级住宅比重过大，而供工薪阶层使
用的旅馆、公寓和普通住宅的比例过小，房产
商品普通居民无法问津，致使商品长期大量闲
置，自 1994 年以来，闲置房产的建筑面积长
期徘徊在 1 亿 m² 左右，沉淀的资金 6000 亿
元上下。[①] 房地产企业数量的增长持续过大，
导致在开发能力有限的情况下无序竞争。房地
产开发，还出现了一些追求形式的不良文化现
象，如久吹不衰的"欧陆风"，反映了一些开发
商崇洋媚外的不良心态，打着"罗马花园""西
部小镇"幌子的广告词，欺骗广大顾客。

地产与房产的这一开发周期，虽然取得了
一定的效果，也产生了不少的问题，为日后的
依法有序发展提供了经验教训。

7.1.4 注册建筑师制度的实施

1980 年代之前，在中国的职称系列里没
有建筑师这个职称，尽管 1949 年以来民间许
多人延续了建筑师这个职业称谓，改革开放初
期创刊的《建筑师》杂志，从刊名和内容都表
达了恢复这一职称的心声。

对外交往的频繁，设计市场的开放，建筑
学学生的交流，使得恢复建筑师职称的事提到
了官方的工作日程上。然而，这绝不是一个恢

复职称的简单问题，因为建筑师负担着涉及人
民生命财产的安全问题，工作中有贯彻执行方
针政策、法令法规的任务，按国际惯例，实行
建筑师注册制度必须从建筑学专业教育评估开
始。1990 年 6 月 5 日，全国高等学校建筑学
教育专业评估委员会成立，大会在天津大学召
开，评估委员会决定 1991 年进行试点评估，
1992 年正式受理评估申请。10 月，经国务院
学位委员会第九次会议原则批准，开展建立特
色的建筑学专业学位制度的研究工作。1991
年 11 月，成立了以齐康为组长，叶如棠、吴
良镛为顾问的建筑学专业学位制度的研究小
组，具体展开研究工作。同年进行建筑学专业
评估试点工作，清华大学、天津大学、东南大
学和同济大学 4 所高等学校通过了评估，授予
《全国高等学校建筑学专业评估合格证书》，资
格为 6 年，并进行中期检查。该 4 所院校的
五年制建筑学专业毕业生，自 1992 年开始授
予建筑学专业学位。1993 年，华南理工大学、
重庆建筑工程学院（后并入重庆大学）、哈尔滨
建筑工程学院（后并入哈尔滨工业大学）、西安
冶金建筑学院（今西安建筑科技大学）于年底
前通过了建筑学专业教学评估。至此，建校较
早的所谓八大院校建筑学专业都通过了评估。
1995 年，这 8 所学校分别于上半年和下半年
两批通过了建筑学硕士学位专业评估。以后，
每年都有若干学校申请评估，建筑学教育在评
估中得到了大力发展。

1994 年 2 月 23 日，全国建筑师管理委员
会成立，委员会负责承办建立注册建筑师制度
的各项事务。这年 10 月 10—13 日，在辽宁省
进行了一级建筑师注册考试试点，700 多人参

---

① 谢然浩. 8783 万平方米积压商品房如何消化 [N]. 文摘报，
1999-09-23.

加了考试，美国、英国和香港的观察团到现场视察。13日，美国全国建筑师注册管理委员会与中国方面就双方互相承认对方注册建筑师资格、互派人员考察等事宜达成会议纪要。11月1日，高等学校建筑学专业评估委员会和美国全国建筑学评估委员会签署了教育标准和教育评估标准方面合作意向书。1995年1月18日，建设部和人事部联合颁布了《一级注册建筑师考试大纲》；9月23日，中华人民共和国国务院令颁布了《中华人民共和国注册建筑师条例》；11月11～14日，全国第一次一级注册建筑师考试在各地31个考场举行，有9100人参加考试，来自美国、英国、日本、韩国、新加坡和香港的考试观摩团观摩了考试。1996年7月1日，建设部发布了《中华人民共和国注册建筑师条例实施细则》，并于1996年10月1日施行。至此，注册建筑师制度完全确立。

7.2　超越经典现代建筑

在中国，现代建筑的原则经历了20世纪上半叶的传播和发展，经历了1950年代至1970年代在特定社会背景下隔而不绝的缓慢发展进程。1980年代改革开放，在以"后现代建筑"思潮为代表修正经典现代建筑的运动中，中国对经典现代建筑原则进行了再认识。中国建筑创作，进入一个既符合现代建筑原则又有中国特色的创作阶段。

1990年代是一个社会背景极为特殊的历史时期：一方面，进入"信息社会"的发达国家正在对经典现代建筑原则作强烈的批判或修正；另一方面，作为发展中国家的中国，正需要崇尚适用、经济简约的现代建筑原则，以支持大规模建设。建筑师面临的是，以工业化为基础的现代建筑观念尚在完成，同时要对其中的一些观念进行批判，在工业社会和信息社会重叠任务的矛盾中，寻求着自己的方向。

中国被定义在"社会主义初级阶段"的发展中国家，但这并不是说，只能沿着发达国家走过的路重复一遍，而是有可能在发展的过程中，超越经典现代建筑，国际上修正现代建筑运动的种种思潮，恰恰可能是超越经典现代建筑的某种新动力。所谓对经典现代建筑的超越，是指在经典现代建筑的基础上，渗入许多新观念和意识，例如：建筑创作中的多元共存意识；生态环境意识、建筑文化意识、大众参与意识、人本主体意识等等。在下面的实例中，将部分涉及1980年代的作品，以较完整地反映未及提出的某些建筑类型面貌。

7.2.1　经典建筑类型的新表现

现代建筑有许多经典性类型，如体育建筑、交通建筑、科教建筑、博览建筑、高层建筑以及工业建筑等。功能性、科学性、经济性、真实性、空间化、理性化是经典现代建筑的设计原则，新时期的许多优秀建筑，在遵循现代建筑原则的基础上，深入当代生活，从一个或几个方面，突破了机械式和某些固定的模式，不论从原则上，还是从设计水准上，都有些新面貌。

1）体育建筑

体育建筑是全面体现现代建筑精神的一类建筑，有比较复杂的功能、多样的结构形式和丰富的造型。1990年代以来，体育建筑进入全面"升级"的新境界。比如，体育设施经常以综合场馆的形式出现，专用体育场馆的建设增多，体育建筑形象的主动创造意识十分强烈，等等。在经济性、科学性与真实性的原则下，更注重建筑本体价值的开发。

（1）北京，国家奥林匹克中心

以系统论的思想进行规划设计，追求建成环境的连续性和整体性。总体设计中充分考虑了建筑与环境的互补关系，场区中心布置了2.7hm² 的人工湖，反映周围景色的同时，改善了小气候；根据不同功能要求灵活布局绿化，使不同地段各具特色；雕塑、小品、铺地等使景观有机联系，成为一处经管完善的体育

公园。设计者的意图在于通过一系列的自然与人工环境因素，激发人们的参与意识，突破体育场馆设计的传统观念，使其成为一处充满体育精神的场所。

（2）广州，天河体育中心

该中心是为举办 1987 年第 6 届全国运动会而建。用地 54.54hm²，总建筑面积 12.47万 m²，包括 6 万座位的体育场、8000 座位的体育馆、3000 座位的游泳馆以及练习馆、风雨跑道、田径、足球练习场等训练设施。工程采用新技术、新结构，设备选型先进。建筑造型新颖，环境开阔优美，具有时代感和地方特色。

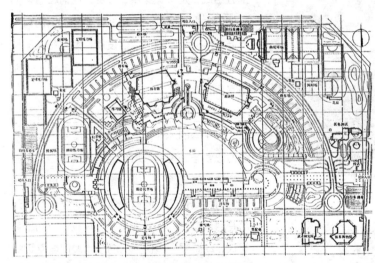

图 7-3　北京，国家奥林匹克中心，1984—1990，总平面图，设计单位：北京市建筑设计研究院，建筑师：马国馨等（图片提供：马国馨）

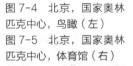

图 7-4　北京，国家奥林匹克中心，鸟瞰（左）

图 7-5　北京，国家奥林匹克中心，体育馆（右）

图7-6　广州，天河体育中心，1984—1987，鸟瞰，设计单位：广州市建筑设计院，建筑师：郭明卓、余兆宋、劳肇煊等（图片提供：郭明卓）

图7-7　广州，天河体育中心，体育场

图7-8　天津，体育中心体育馆，1992—1994，鸟瞰，设计单位：天津市建筑设计院，建筑师：王士淳、王宝田、刘景梁、张家臣等（图片提供：天津市建筑设计院）

体育场临水，结构外露，白色体量显得轻巧通透，水池、现代雕塑和喷泉加以衬托，有丰富的整体。体育馆采用多种艺术手法，使得巨大的体量通透轻快。比赛大厅合理安排观众座位和相关设备，屋顶结构外露，设备吊装在屋顶结构上，几乎不作任何装饰处理。游泳馆雕塑感强，白色的体量下部挖空，于山墙部位贯穿玻璃体形棚罩，加强了材料的对比。

（3）天津，体育中心体育馆

该建筑位于天津市区西南部南开区宾水道，占地面积12.3hm^2，总建筑面积5.4万m^2。有主馆、副馆、小练习馆、联结厅及体育宾馆5部分组成，是个集比赛、训练、住宿和康复为一体的大型综合性、多功能体育馆。馆内有高水准的照明、音响、通信设备、大型彩色屏幕和计算机管理系统，是当时设备最先进、功能最完善的体育馆。

（4）长春，冰上运动中心

该中心的冰球馆，屋盖为双层平行错位预应力悬索与轻型钢架组合结构，受力合理、技术先进、施工简便、用钢量少。屋盖承重索按两侧看台高低的不同倾斜悬垂，吸声带随其升落并封透交替，顶部采光紧密呼应，空间新颖明快，动感强。起伏不已的波状檐口与平坦的

图7-9　天津，体育中心体育馆

弧形屋面，顺利地解决了屋面排水，并比折板结构减小了可观的屋面展开面积，同时成为建筑内涵的象征。冰上运动中心的练习馆因投资限制，不做保温采暖，以简洁的格构式钢架，覆盖瓦垄钢板和玻璃采光板，围合出的空间经济实用、光线明亮、内景独特，外貌不俗。

（5）哈尔滨，黑龙江速滑馆

建筑面积 2.22 万 m²，观众席 2000 座，跨度 86.2m，长度 191.2m，冰道长 400m，为目前世界上仅有的 5 座速滑馆之一。速滑馆的用地较紧，圆柱和球体组合成的体量比平行六面体要小，渐升渐退无逼人之感。近看只有

1、2 层的高度，尺度宜人，远看则不失宏伟壮观。平展的休息厅玻璃幕墙，有利于淡化自身、扩展外部空间，给广场增添了几分宽松感。比赛大厅的功能设计考虑了可持续发展，为日后开发田径、足球等项目留有余地。比赛大厅空间巨大，看台少，场地多，采用拱形界面内聚力强，有助于克服空荡感。比赛大厅将屋盖结构、管道、设备等有组织地暴露在外，增加了界面的层次感，并以优美的网壳图案、轻巧的杆件、流畅的环形灯桥和粗犷的空调管道等展示技术美。流畅的建筑外形意在表征速滑运动的优美、潇洒、飘逸，创造质朴的美。

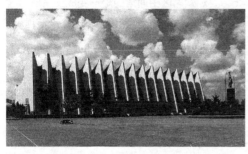

图 7-10　长春，冰上运动中心，冰球馆，1983—1986，设计单位：哈尔滨建筑大学建筑系，建筑师：梅季魁、郭恩章、刘志和、张伶伶等（图片提供：梅季魁）

图 7-11　长春，冰上运动中心，练习馆

图 7-12　哈尔滨，黑龙江速滑馆，1994—1995，设计单位：哈尔滨建筑大学研究所，建筑师：梅季魁、王奎仁、孙晓鹤（图片提供：梅季魁）

图 7-13　哈尔滨，黑龙江速滑馆，比赛大厅（图片提供：梅季魁）

图7-14　成都，四川省体育馆，1984—1989，设计单位：中国建筑西南设计院，建筑师：黄国英、黎佗芬、朱思荣等（图片提供：中国建筑西南设计院）

图7-15　大连体育馆，1985—1988，设计单位：中国建筑东北设计院，建筑师：苏兴时、丁国宝（图片提供：中国建筑东北设计院张绍良）

图7-16　上海体育场，1997，设计单位：上海建筑设计研究院

图7-17　上海体育场，1997

（6）成都，四川省体育馆

该建筑位于人民路与一环路交口的西南侧，坐落在高出室外自然地坪2.1m的台地上，用地面积4.32万 m^2，建筑面积1.89万 m^2，1万座位。平面近似矩形，布置简捷紧凑；比赛空间设计新颖，充分利用屋面结构所形成的空间。屋面是国内首创的单层预应力索网与拱的组合形式，建筑造型运用了结构所形成的室内空间和室外体量，有"腾飞"的寓意。

（7）大连体育馆

该建筑面积1.3万 m^2，6000座位。设有适合于比赛的场地，把比赛场地水平旋转45°，观众席区由通常的矩形变成三角形，这就减少了偏而远的座位。在外部体量的处理上，把观众席下部的4个三角形空间削去，安排了4个入口，体量的四角翘起，支撑点内移，使建筑呈现向上腾跃之势。建筑的形式源于功能，外部体量源于内部空间，内外组合自然流畅，建筑具有雕塑感和粗犷有力的北方建筑性格。

（8）上海体育场

该建筑坐落于徐汇区，可容纳8万人，作为第八届全运会开幕式主会场使用。建筑面积17万 m^2，占地面积约为3.6万 m^2，是上海目前最大的体育中心。平面为直径273m的圆形，立面以实体玻璃墙与周围镂空的构架结构形成对比，马鞍形白色透明的膜结构屋顶高低起伏，充满了体育建筑的活力。

2）交通建筑

交通建筑也曾是现代建筑发展过程中产生的新类型，随着现代交通工具火车和飞机的发展而日新月异。1980年代和1990年代，中国兴建了许多大型车站和机场，使得这类建筑

图 7-19　天津铁路新客站

的设计和施工水准有了本质的飞跃。除了规模的宏大和建筑的功能性日趋复杂之外，交通建筑在体量和造型的处理上也有突出进展。不但追求交通建筑本身的性格表现，而且着力追求特定地方性，成为表现力很强的建筑类型。

（1）天津铁路新客站

该建筑为原天津东站（即老龙头车站）旧址新建，站区占地 50hm²，建筑面积 5.1 万 m²，最高集结人数 1 万人，每日输送旅客 9 万人，

是京山、津浦两大铁路干线汇交点上联结 4 个铁路方向具有重要地位的现代化客运站。天津站的设计尊重城市现状环境，妥善解决原有铁路横穿市区、分隔城市带来的交通不便，而且在总体布局、站房设计中，突出旅客人流疏导和车流交通这两个功能性设计构思。由于地形受到铁路与海河的挟持，形成东窄西宽的不规则三角形地带，站房顺势形成"Y"字形平面，解决了建筑既要与铁路平行，又要与海河弯道平行的城市规划要求，形成主、副广场的格局，创造了进出站全面分向、分流的良好疏导环境。中央大厅集中了旅客进站的全部垂直交通，二层直通跨越铁道 12m 宽的中央通廊和候车室。筑以高耸的塔楼和挺拔的列柱，回应了天津近代建筑的文脉。中央大厅上空 600m² 的穹顶，绘有国内少见的穹顶画"精卫填海"，是建筑师和艺术家的一次成功合作。

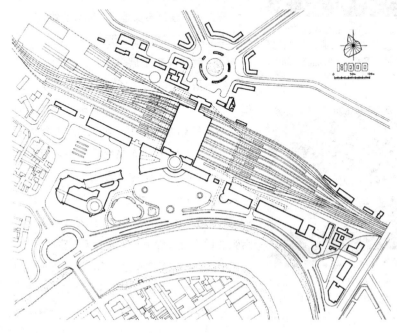

图 7-18　天津铁路新客站，1986—1988，平面，设计单位：天津市建筑设计院、铁道部第三设计院合作设计，建筑师：韩学超、曹建明、袁秀云、纪建廷等（图片提供：天津市建筑设计院）

图 7-20　沈阳北站综合楼，1987—1990，设计单位；中国建筑东北设计院，建筑师：徐方、吴章铫、郭旭辉（图片提供：中国建筑东北设计院张绍良）

图 7-21　杭州铁路新客站，1991—1999，设计单位：杭州市建筑设计院，与铁道部第四设计院、浙江省建筑设计院合作设计，建筑师：程泰宁、叶湘菡、刘辉，（图片引自：程泰宁提供 "中国建筑师丛书"《程泰宁》）

图 7-22　武汉，汉口新客站，1988—1991，设计单位：中南建筑设计院，建筑师：赵本刚、杨云祥、向欣然等（图片提供：杨云祥）

（2）沈阳铁路北站

该建筑位于沈阳市惠工广场，用地面积 12hm²，建筑面积 3.6 万 m²，最高集结人数 1 万人次 / 日，是当时国内第一座综合性大型铁路客运站，将候车、休息、购物、餐饮、娱乐等功能融为一体，将高层建筑引入站房，打破过去按水平方向布置站房的常规模式，形成水平与垂直相结合的立体站房，是铁路客运站房设计理论和实践的一次大胆的探索。建筑主体地上 16 层，地下 1 层，主楼为弧形曲面，中部开有高 7 层、宽 22m 的透空"门"，隐喻城市和建筑都是交通门户。

（3）杭州铁路新客站

该建筑位于旧站址，系拆除旧站重建，站房建筑面积 2.8 万 m²，最高集结人数 5200 人。作者把广场、站房作为一个有机的整体，采用地下、地面及高架 3 个层面来控制流线，把车流和人流分别组织在不同的层面上，并做到步行距离最短。建筑本身是一组庞大的建筑，但在造型上具有江南建筑的清秀。

（4）武汉，汉口新客站

建筑群包括车站综合大楼、行包房、站台、进站天桥、出站和行包、邮政 3 条地道等。站前广场 10 万 m²，地下商业城建筑面积达 5.5067 万 m²，车站综合大楼建筑面积 7.5 万 m²，中部的站房 2 万 m²，最高同时聚集人数为 5000 人。大厅和候车室采用钢网架和 GRC 轻型屋盖系统，候车室还采用 28.8m 后张法预应力楼面大梁，室内无柱空间开阔，使用灵活。建筑两个有力的圆柱限定出车站的大门，宽阔的水平檐口贯通整个立面，高耸的钟塔与水平的构图形成强烈的对比，使建筑具有开放、流畅的交通建筑性格。

（5）北京，西客站

该建筑位于北京市莲花池东路，总规划设计面积62hm²，总建筑面积37.7488万 m²。建筑设计突出了交通组织的重要性，在国内第一次把地铁站台大厅置于火车站中轴线下，可直接与火车站各站台进出口连通，创造了高架候车和地下广厅相结合的新站型，实现了现代化的立体交通组织，成为集铁路、地铁、公交、出租车、自行车、通信、邮政、商业服务、环卫为一体的大型、现代化、多功能、综合性交通枢纽站。西客站的设计体现许多科技因素，如巨型结构体系、阶梯形不规则网架、大跨度预应力重型钢结构等，达到了先进水平。

北京西客站引来许多争议，一是过多的人流集中和过长的交通路线以及流线上的"瓶颈"现象；二是正面空门架上的三重檐古亭，不但花费6千万巨资，而且成为以"夺回古都风貌"为口号到处加设亭子的顶级之作。

（6）广州，白云机场国际候机楼

建筑面积2.7082万 m²，容量为1100人次 / 高峰小时。建筑大厅采用 9m×9m 柱网，室内宽敞明朗，室外以白色的实体来衬托正面的玻璃幕墙，体现出简洁大方的交通建筑性格。

（7）烟台，莱山机场航站楼

该项目建筑面积 7170m²，500人次 / 高峰小时。作者从城市形象的体验中，获得了建筑形式的素材，直径为 4m 富于雕塑感的主筒

图 7-23　北京，西客站，1996，设计单位：北京市建筑设计研究院（图片提供：北京市建筑设计研究院）（左上）

图 7-24　广州，白云机场国际候机楼，1988—1990，设计单位：中南建筑设计院，建筑师：姚永瑞、郭和平、吕其璋等（图片提供：中南建筑设计院杨云祥）（左下）

图 7-25　烟台，莱山机场航站楼，1990—1992，设计单位：中房集团建筑设计事务所，建筑师：布正伟、于立方等（图片提供：布正伟）（右）

体，取意"狼烟墩台"，成为机场进路的对景；建筑材料的使用，如海草、石头和缆绳等，可以联想到所处的城市场所。用海上养殖场的浮球悬吊组合而成的大型壁饰"飘"，用不锈钢制作的端墙浮雕"翔"，都是表现特定环境与场所

图7-26　重庆，江北机场航站楼，1990，设计单位：中国民航设计院，建筑师：布正伟、杨海宇、黄海兰等（图片提供：布正伟）

图7-27　大连机场航站楼，1990—1993，设计单位：中国建筑东北设计院，建筑师：徐方、魏立志、韩松等（图片提供：张绍良）

图7-28　贵阳龙洞堡机场航站楼，1997，设计单位：贵州省建筑设计院，建筑师：罗德启、王政、傅祖荫等（图片引自：《中国百名一级注册建筑师作品选：第一卷》）

意义的辅助手段。

（8）重庆，江北机场航站楼

该项目总建筑面积1.58万m²，高峰小时旅客流量约为1800人次；地处"三大火炉"的重庆，设计中必须考虑减少夏季空调负荷和节能措施，这就决定了立面"避免直射阳光"的造型特点：敦实的墙面占据主要地位，两侧落地玻璃窗完全在悬挑的大雨棚之下。航站楼的屋顶向一侧倾斜突起，并开设北向天窗，其造型使人联想到"起飞"。室内室外都采用了弓形圆弧为母题，组成千变万化的图案，并有一定的寓意乃至适用性的标志功能。

（9）大连机场航站楼

该项目建筑面积2.1万m²，高峰人流1100人/小时。航站楼为扇形平面，采用国际通用模式，靠登机坪一侧设三架登机桥。航站楼建筑整个造型，均以自由曲线构成，在一个扇形弧面体的两侧，各耸立一座缓缓张开的弧形卷筒，成为建筑的垂直要素，整体流畅而有生气，给人以腾飞的联想。

（10）贵阳龙洞堡机场航站楼

该建筑位于东郊，建筑面积3.4923万m²。设计中力图体现现代航空功能的快速、连续、流通以及导向性等因素，创造出与此相适应的宽敞、通透的大空间。在满足使用功能的前提下，动员材料、质感以及具有地方特色的要素，力图创造一个安全、舒适、高雅的候机环境。

（11）宜昌，三峡机场航站楼

该建筑位于市区东南，距市区中心26km，地处丘陵地带，青山环绕，风景优美。航站楼占地9.6577万m²，总建筑面积1.6185万m²，候机楼1.38万m²，航管塔高40m。候机楼

平面设计为 54m×135m 简洁的矩形平面，9m×9m 规整柱网，中部设 36m×54m 两层高中央大厅，室内空间均使用轻质隔墙与 2.2m 高铝合金玻璃隔断分隔，可满足候机楼复杂的功能要求，并可随时改变平面布局，以适应变化的功能要求。航站楼建筑造型着眼于大体量，将候机楼与航管楼（含航管塔）并列，其间设过街楼，使三者成为一整体，天际轮廓线错落。设计构思提炼大型喷气机形象特征，曲线柔和，富有现代雕塑感。

（12）拉萨，贡嘎机场候机楼

地处西藏高原，海拔 3500 余 m，由于当地空气稀薄，缺氧、少雨，为简化机场设施，减少旅客的不适，其主要功能部分按一层前列式设计。建筑面积 9500m²，高峰小时旅客数为 600 人，国内和国际两部分考虑了部分合用的可能性。内部空间采用大小结合的方法，大厅局部的高大有助于内部空间的丰富，其无柱空间采用三角形平板网架体系。采用三角、梯形等造型语汇，以夸张、抽象的手法处理建筑整体形象，并取材于西藏传统公共建筑的基本特征，如"牛头窗"等，窗裙、门裙等细部的形象和色彩，都直接取自西藏传统建筑。使得

建筑既有西藏建筑的粗犷和力度，又有现代交通建筑特色。

3）科教建筑

中国新时期是在努力实现四化的口号中开始的，并长时期贯彻这一口号，科教建筑的大量出现，反映这一历史时期特点。许多建筑师在设计中，满足新的功能要求，并注入现代性、地方性以及文化内涵。

值得注意的是，科教建筑尤其是教学建筑，大多投资不足，建筑师却能深入生活，发挥创作精神，做出许多有益的探索。在建筑类型上，也有综合化的趋势，集教学、科研和生活服务等于一体，使得建筑类型有所丰富。

许多香港著名人士，关心祖国内地文化教育事业，并有大量的捐赠，如"船王"包玉刚等，其中以邵逸夫的捐赠规模最大、数量最多。

1973 年邵氏基金会成立，自 1986—1992 年间，资助内地 246 个项目，分布于 80 余所大专院校 160 所中小学，捐赠 6 亿 6 千余万元。与此同时，国家教委（教育部）也拨出数目不等的款项，响应这些捐资。建设的项目，以教学楼、图书馆等为主，设施标准也明显高于内地同时期的同类建筑。由于这些建筑的创作环

图 7-29　宜昌，三峡机场航站楼，1993—1996，设计单位：天津大学建筑设计研究院，建筑师：杨秉德等（图片提供：杨秉德）

图 7-30　拉萨，贡嘎机场候机楼，1994，设计单位：中国建筑西南设计院（图片提供：中南建筑设计院杨云祥）

图7-31　广州，华南理工大学逸夫科学馆，1992，设计单位：华南理工大学建筑设计研究院，建筑师：何镜堂、杨适伟、许迪等（图片提供：华南理工大学建筑设计研究院）

图7-32　上海，同济大学逸夫楼，1993，设计单位：同济大学建筑设计研究院，建筑师：吴庐生等（图片提供：吴庐生）

图7-33　天津大学科学图书馆，1988—1990，设计单位：天津大学建筑设计研究院，建筑师：王乃弓、曹治政、张文忠、郭泉等（图片提供：天津大学建筑设计研究院）

境相对宽松，因而出现一些较有新意的作品，在繁荣创作方面起到了良好的作用。

（1）广州，华南理工大学逸夫科学馆

建筑面积 7335m^2。主楼 5 层供教学科研实验用，副楼 2 层，为学术交流中心。建筑体量对称处理，竖向三段，中段为入口，两侧设现代金属雕塑，使建筑具有现代科技和现代艺术的韵味，并使中段成为建筑重点。内部庭院的设置改善了局部小气候，衬托了建筑，透空的建筑空间将庭院和外部环境打通，形成一个整体内外环境，体现了广东园林建筑的特点。

（2）上海，同济大学逸夫楼

建筑面积 6828m^2，用两个不大的中庭共同构成一个多变化、多用途、多层次的功能性艺术中心，充分显示了设计的灵活性和文教建筑的性格。建筑外墙用大片白色，与蓝色玻璃面形成对比，入口的圆柱状体量，突出了入口又形成了雨棚的部位；建筑的北面缺乏阳光，墙面开了竖向的凸出侧窗，活跃了墙面。室内设计没有采用高级材料，但制作精美意趣雅致；庭院设计与整体建筑一气呵成，绿化设在不同的标高上，结合地面铺装，形成丰富的外景层次。

（3）天津大学科学图书馆（逸夫楼）

该建筑位于天大校园主教学区，与原图书馆隔湖相望，以桥连通。占地 0.6hm^2，建筑面积 1.1 万 m^2。采用不对称布局，高大空廊斜向组织入口，立面造型简洁，形体穿插。室内设计以简洁流线组织学术活动、研究室和开架阅览 3 个功能分区。重点处理入口大门厅，局部跃层，大厅墙面点缀科学发展史抽象壁画，烘托学术气氛。

（4）重庆大学图书馆及学术中心（逸夫楼）

该建筑位于重庆大学校园中心的山梁上，建筑面积9000m²。基地原建有旧图书馆和行政办公楼，所余场地是一个不规则三角形隙地。建筑的平面略呈工字形，中部为主要入口及大厅，面向校园主要道路，并自然形成小广场。两翼为新图书馆及学术中心，分别与旧馆及行政办公楼相连通，新旧建筑之间有很好的功能关系。三座楼之间自然围成庭院，适于读者休息。建筑入口的处理简单而突出，虚的墙面之前加上了有相当体量的实框入口，开洞部分加强了对已经靠近了的读者的吸引。建筑的色彩凝重，使建筑形象在简洁之中不失应有的庄重感和学术气氛。

（5）武汉大学人文科学馆（逸夫楼）

该建筑位于1928年始建的武汉大学美丽校园内，该校的建筑由美国建筑师规划设计，以因山就势巧妙利用地形完成校园建筑而素有盛名。人文科学馆建筑面积1.067万m²，是原有规划轴线端点的中心建筑，由于具有这样的特殊地位，作者在满足功能的前提下，十分注意特定环境中与周围建筑及环境的对话。

（6）上海，同济大学建筑与城市规划学院教学办公楼

建筑面积7790m²，在建筑基地紧张、投资较少的条件下，除了满足教学办公的使用要求之外，还需完成师生的种种交流、观摩评图、聚会展出等。在教室之间的庭院内放图书馆和大阶梯教室，并利用图书馆的屋顶做台阶式的"钟庭"，成为有学术交流和文化品位的场所。建筑入口体块浑厚，与玻璃门口形成对比，给人以巨大的体量感。

图7-34　重庆大学图书馆及学术中心，1992，设计单位：清华大学建筑学院与机械部重庆设计院合作设计，建筑师：王辉、关肇邺、余吉辉（图片提供：关肇邺）

图7-35　武汉大学人文科学馆，1987—1990，设计单位：东南大学建筑设计研究院，建筑师：沈国尧、高崧、孙明伟等（图片引自：《中国百名一级注册建筑师作品选：第五卷》）

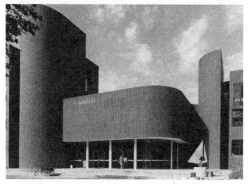

图7-36　上海，同济大学建筑与城市规划学院教学办公楼，1985—1987，设计单位：同济大学建筑与城市规划学院，建筑师：戴复东、黄仁等（图片提供：戴复东）

图 7-37　上海，同济大学建筑与城市规划学院教学办公楼

图 7-38　上海图书馆，1996，设计单位：上海建筑设计研究院，建筑师：张皆正、唐玉恩等（图片提供：上海建筑设计研究院，摄影：陈伯熔、毛家伟）

图 7-39　沈阳，机器人示范工程中心实验楼，1986—1989，设计单位：中国建筑东北设计院，建筑师：任焕章、黄良平等（图片提供：中国建筑东北设计院张绍良）

（7）上海图书馆

该建筑位于淮海中路高安路口，基地面积 3.1 万 m^2，建筑面积 8.4 万 m^2，地上 24 层，主楼高 107m。方案征集和设计工作前后历时 10 余年。在总体布局上，做到内外有别、人车分流、组织有序。新馆主要入口前设"知识广场"，西入口设"智慧广场"，一方面有效地组织交通，同时延伸文化内涵，促成图书馆的开放性。平面设计自下而上垂直功能分区，"动""静"区位合理划分。在建筑造型方面，由建筑内容有机生成体块，吸收外滩建筑的优秀手法，在整体与细部上体现。

（8）沈阳，机器人示范工程中心实验楼

该建筑占地面积 2964m^2，建筑面积 1.0712 万 m^2。机器人的发展是当代科学技术水平的标志，楼内设整机性能实验室，信息传播实验室，触觉、视觉、语言实验室，机构学室，控制系统室，以及计算中心、辅助用房和 150 座位学术报告厅等。方形平面的中心设 28m×14m、高 17m、4 层通高的屋顶采光中心四季厅，其环境中的绿地、水面和庭院构成宁静的空间。各类实验室、计算站沿四季厅周边布置。四角布置直径为 7.5m、高 21m 的圆形塔楼，塔楼顶端成 30° 削角，削角的斜面上刻画红、黄、蓝三原色，犹如机器人的信息流，可唤起人们有趣的联想。

（9）天津科技馆

建筑面积 1.737 万 m^2，是当时国内规模最大、功能最齐全的科技展览馆。建筑采用了大空间、灵活布局的手法，利用悬索结构体系，形成 54m×72m 的大空间，可使布展灵活。顶部建有国内第一个球形天象厅。室内按不同的展出或活动要求分区设计，形成造型各有特

图 7-40　天津科技馆，1993—1994，设计单位：天津市建筑设计院，建筑师：韩学迢、卢植光、张馥等
（图片提供：天津市建筑设计院）（左）
图 7-41　北京，科学院古脊椎动物与古人类研究所及标本馆，1988，设计单位：建设部北京建筑设计事务所，建筑师：王天锡等（图片提供：王天锡）（中）
图 7-42　北京，科学院古脊椎动物与古人类研究所及标本馆（右）

色的单元，有科技建筑的意趣。

（10）北京，科学院古脊椎动物与古人类研究所及标本馆

　　该建筑位于西直门外大街与三里河路相交的丁字路口东南角，地段重要，但用地紧张。主要功能分为标本陈列、研究办公和附属用房三部分。主体研究办公楼的布局向西北扭转一个适当角度，使得更能充分利用地段，解决了许多功能问题，并密切了建筑物与城市道路网、城市环境的关系。建筑设计力求使其与科研建筑的内涵相适应，在办公楼北面外墙下部有一段近50m长的弧形玻璃幕墙，与陈列馆相结合，大大加强了主体研究办公楼跨越整个陈列部分的感觉。陈列馆外墙以青石板饰面，其色泽层次与地质构造的层次相呼应，使建筑物自然化。庭院绿化耗资甚微，却使建筑处于园囿之中。

4）博览建筑

　　这里所说的博览建筑，结合了几大类公共建筑，如博物馆、展览馆之类。其创作的倾向，

同样代表了一种追求现代性的进步。其主要表现是，从各类建筑的现代原理和基本形象出发，结合课题作独特的构思，或注入某种特定含义，或就建筑的结构要素进行发展，或赋予某种文化内涵。应该特别指出的是，按照惯例，许多博物馆之类的建筑，大多要求走民族形式之路，但这个时期的一些作品，另走一条从现代建筑出发的路，其结果是现代的，也是中国的，而这种"中国的"，已经比较彻底地摆脱了长期流行的一些传统创作口号的桎梏。

　　（1）北京建材馆

　　写字楼与展览厅南北一字排开，展馆西侧设下沉式广场，展馆位于写字楼南面，中间设小广场以方便写字楼出入。展馆采用 155m 跨的弧线形落地拱，顶高 24m。落地拱由两排 27m 跨度的梁柱结构支撑，网壳下面做了 4 层退台式的向中轴缩小的展览平台，既符合人流底层多、上层少的特点，又充分利用了空间，扩大了展览面积。写字楼与展览馆之间用弧线

图 7-43 北京建材馆，1987—1992，设计单位：北京市建筑设计研究院，建筑师：柴裴义等（图片提供：北京市建筑设计研究院，摄影：杨超英）

图 7-44 乌鲁木齐，新疆国际博览中心新馆，1994—1995，设计单位：新疆建筑设计研究院，建筑师：孟昭礼、孙国城、蒋琰红等

图 7-45 广州，西汉南越王墓博物馆，1986—1993，设计单位：华南理工大学建筑设计研究院，建筑师：莫伯治、何镜堂、李绮霞、马威、胡伟坚

形连廊连成一个整体。在形体上形成垂直高耸与平缓舒展、直线与曲线、刚与柔、简与繁的对比，以给人强烈感染力。

（2）乌鲁木齐，新疆国际博览中心新馆

该博览中心是在原自治区展览馆后院扩建而成。建筑面积 1.3 万 m^2，为适应新的需要，新馆为开间 10m，跨度为 10m+15m+10m 的 2 层展厅，中部为 35m×50m 的无柱空间，以充分满足使用要求。屋顶为网架锥形天窗，成为全馆最明亮的共享空间。在新老馆之间，跨过原综合馆的上空，设计了一个 21m 见方的新闻发布会场，充分利用了屋顶空间。新馆以高侧窗采光，墙、窗相对集中。建筑的四角有圆柱形的屋顶升起，顶部高耸空灵的拱架，犹如信息时代的"触角"升向太空，既与相邻的会堂和谐对话，又赋予时代特色和地方特色。

（3）广州，西汉南越王墓博物馆

该建筑位于解放北路 867 号地段的象岗山上，地处城市交通繁忙地段。为保护被发掘出的南越王第二代王赵眜墓而兴建，该墓距今已有四千多年的历史，国家列为重点文物保护单位。结合陡坡和山冈地形，沿中轴线依山建筑，通过蹬道及回廊拾级而上，将入口、陈列馆、古墓馆、珍品馆 3 个不同的空间联接成一个有机的整体。古墓馆设计遵循"遗址与新构筑物之间，外观上有明显的区分"的原则，其围护结构采用覆斗形玻璃光棚罩。陈列馆建筑则在古墓以外的地段上，突出了主题，保护了墓室的完整性。珍品馆则建在墓室南北轴线的北端，作为全馆的高潮。

（4）北京，炎黄艺术馆

该建筑位于亚运村安亚路与惠忠路交叉

口，用地面积 1.5hm²，建筑面积 8900m²，大小展厅共 9 个，多功能厅 1 个，展厅与多功能厅东西对峙，中间为中央大厅。展出空间采用簇集组织原则，展室设在首层与二层。外形为覆斗形，展出功能要求使用顶光，因此上层展厅比下层展厅面积小。"斗"形赋予民族建筑神韵，但没有仿古或复古。

（5）上海博物馆

该建筑位于市中心人民广场，用地面积 2.2hm²，建筑面积 3.8 万 m²，地上 5 层。内部有六个功能分区：陈列馆、文物保管库藏、学术区、研究区、行政管理区、对外服务区。建筑为全方位造型，包括第五立面屋顶的景观以形成个性。建筑立意"天圆地方"，并吸取传统建筑之"上浮下坚"的造型特点，东西南北四个拱门各具象征意义。

5）高层建筑

高层建筑集现代建筑之各项技术进步为一体：先进的结构设计和计算技术，高强的建筑材料、较高的施工技术、复杂的建筑设备，以及雄厚的经济实力等等，是设计建造高层建筑的基本条件，难怪许多人认为，高层建筑是现代化的象征。

在刚刚进入 1980 年代的时候，全国高层建筑分布在有限的几个大城市之中，如深圳、广州、北京等地。1980 年代前期的代表作品有：北京的国际大厦、社会科学院大楼，上海的联谊大厦，深圳的国贸大厦，后者高达 160m，是当时全国最高的建筑物。1980 年代的后期到 1990 年代，高层建筑不但在个别大城市和特区有了进一步的发展，在一般大城市和中、小城市也有遍地开花之势。建筑的规模

图 7-46　广州，西汉南越王墓博物馆，墓室

图 7-47　北京，炎黄艺术馆，1988—1991，设计单位：北京市建筑设计研究院，建筑师：刘力、刘长江、赵志勇等（图片提供：北京市建筑设计研究院，摄影：杨超英）

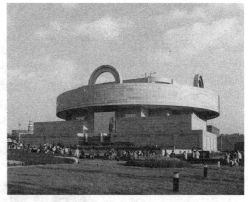

图 7-48　上海博物馆，1995，设计单位：上海建筑设计研究院，建筑师：邢同和、滕典等

和高度，都进一步向更高的水准逼近，如北京的国际贸易中心建筑群，总建筑面积 42 万 m²，商业办公楼高 155m；深圳发展中心大厦总建筑面积 7.5 万 m²，高达 185m；广东国际大厦，地面以上 63 层，高达 200.18m，总建筑面积 18 万余平方米；北京的京广大酒店，已高达 208m。高层建筑所达到的高度，往往是人们追求的指标之一。毋庸讳言，许多高层建筑是外国建筑师为主的"合作项目"，并非我国建筑师主创。其中的先进技术和设计思想乃至设计管理，值得中国建筑师学习和借鉴。

高层建筑的建设引起了比较大的争论，一方面认为，随着经济的发展，中国建设高层建筑已是必然的趋势，特别是在用地紧张的大城市；另一方面认为，高层建筑的造价高昂，与目前的国力很不相称，不宜过多建造，特别是在古老的历史文化名城和优美的风景胜地，例如杭州和桂林，曾经引起激烈的争论。

在一些中、小城市，也确有一些高层建筑盲目追求高度，对使用功能、结构合理、安全和经济因素有所忽视，经常出现标准层面积不足 500m² 的高层建筑。在很多情况下，业主

或城市主管部门，让高层建筑充当"标志性建筑""现代化的象征"等角色，致使这类本应体形简单、不宜过多装饰的建筑，人为地复杂起来，甚至有悖于基本科学原理。例如，本身最不需要艺术处理的设备顶层，但还装饰性架子、玻璃角锥、廊子等比比皆是，似乎又回到现代建筑运动之前的装饰运动。

（1）广州，广东国际大厦

用地面积 1.954 万 m²，建筑面积 15.7 万 m²，主楼 63 层，主楼高度 200.18m，是国内当时最高的钢筋混凝土结构建筑。工程集商贸、金融、旅馆等为一体，在内容多、规模大和功能复杂的情况下，较好地协调了各类矛盾。建筑的体量设计适当做了收分，体现出超高层建筑的挺拔刚劲。立面设计大处着手，不过多地细小刻画，符合高层建筑的设计原则。

（2）北京，中国国际贸易中心

该建筑位于建国门外大街，占地 12hm²，总建筑面积 42 万 m²。建筑群包括：沿街的一栋 38 层和一栋 6 层的办公楼，位置稍后的 21 层弧形中国大饭店（9.5 万 m²），两栋各 30 层的公寓，一座 8000m² 的展厅，1.3 万 m² 的

图 7-49　广州，广东国际大厦，1985—1991，设计单位：广东省建筑设计研究院，建筑师：李树林、叶荫樵、颜本昭（图片提供：广东省建筑设计研究院）（左）
图 7-50　北京，中国国际贸易中心，1989，设计单位：（美）索波尔·罗思公司等、北京钢铁设计研究总院合作设计（图片提供：《世界建筑》杂志贾东东）（右）

购物中心和可放 1200 辆车的车库。建筑构图主次分明，利用稍加变化的纯几何形体，在严谨中求得变化。建筑色彩凝重，具有经典现代建筑的庄重气氛。

（3）深圳，地王大厦

该建筑位于深南中路、宝安南路与解放中路三路交会的三角地带，是一座多功能现代化综合商厦。占地 1.8hm²，建筑面积 26.7 万 m²。大厦的体量分为 3 部分，主体为 68 层的写字楼，由 2 个柱体连接而成；副楼为酒店式商务住宅，33 层、高 120m 的板式体量，中间开出一个方洞，以丰富体量的构图；5 层高的购物裙房，将这两个体量连在一起，形成大厦完整构图。

（4）天津，今晚报大厦

该建筑位于南京路与南开三马路内环线交口，建筑面积 8.4 万 m²，地上 38 层，主体高 133.1m，停机坪高 137.6m，通信钢架高 168.6m。主楼为《今晚报》社，出租写字楼公寓和顶部俱乐部。建筑师手法简练、纯净，难得取得丰富效果且意趣高雅。设计中采用了先进的结构技术：主体为板柱钢筋混凝土核心筒体系，8.4m×8.4m 的柱网采用钢管混凝土柱。这是天津起步最早的高水准、高智能的现代化超高层综合性大厦。

（5）上海，上海商城

该建筑位于南京西路，是一组集展览、办公、旅馆、商场、剧场及餐厅为一体的综合性高层建筑。占地面积 1.8hm²，建筑面积 18.5 万 m²，34 层，高 113.7m。在这个设计中，建筑师波特曼并不用他在其他项目中惯用的手法，像入口处有一个庞大的开敞空间等。作者研究了大量的中国建筑，在设计中渗透了建筑的语言和特征。建筑严格控制造价，并不用十

图 7-51 深圳，地王大厦，1996，设计单位：（美）张国言设计事务所等与深圳建筑设计院等合作设计（图片提供：《世界建筑》杂志贾东东）（左）

图 7-52 天津，今晚报大厦，1997，设计单位：（美）吴湘建筑设计事务所与天津市美新建筑设计有限公司合作设计（图片提供：天津市美新建筑设计有限公司）（中）

图 7-53 上海，上海商城，1990，设计单位：（美）波特曼建筑设计事务所与华东建筑设计研究院合作设计（图片提供：《世界建筑》杂志贾东东）（右）

图7-54 上海，上海商城，室内

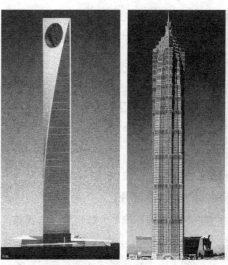

图7-55 上海，环球金融中心，1999，设计单位：
（美）KPF建筑设计事务所、（日）清水建设株式会社、
（日）森大厦株式会社一级建筑士事务所与华东建筑
设计研究院合作设计（图片提供：《世界建筑》杂志
贾东东）（左）
图7-56 上海，金茂大厦，1998，设计单位：（美）
SOM建筑设计公司与上海建筑设计研究院合作设计
（图片提供：《世界建筑》杂志贾东东）（右）

分豪华珍贵的材料，取得了效果。

（6）上海，环球金融中心

该建筑位于浦东陆家嘴金融区，从1994年开始设计，1998年开始建设，2003年重新开工，它的高度从460m提到后来的492m，由95层提到101层，地下3层。主体建筑平面是方形，其中的一组对角线自下而上逐渐收分，至最高处收成一线。上部开设圆洞（后改为矩形），建筑线条简洁精细。第100层的"观光天阁"离地484m。

（7）上海，金茂大厦

建筑高421m，88层，建筑面积28.9万 m^2，是集办公、旅馆、展览、餐饮及商场为一体的综合性大厦。设计者企图在高层建筑造型中，实现一个既传统又体现高科技成就的塔楼，以提炼中国"塔"的造型而被称道。塔形以柔和的阶梯状韵律和明快的节奏向上伸展。为了取得中国"塔"的相应轮廓，细部采用了过多的装饰构件，以支持造型。

为了适应广播、电视事业的发展，许多大城市还建设了电视塔，1980年代开始，有大量的电视塔建成，如武汉湖北广播电视塔

（221.2m）、天津电视塔（415.2m）、中央电视塔（405m）等，这些电视塔造型各异，丰富多彩。电视塔最新的发展，当属上海"东方明珠"高达450m，不但是当时电视塔的高度之冠，也是赋予电视塔以丰富功能的新型建筑。

6）工业建筑

国家对重工业和轻工业在国民经济中地位的调整，外资企业的引进以及新型工厂的建设，使得工业建筑的创作有了新的活力。改革开放以前，工业建筑一直沿用了适用于寒带的苏联工业建筑体系，即建筑师经常称之为"肥梁、胖柱、深基础"的大型屋面板体系。工业建筑设计领域对于改革开放新形势做了积极的

回应，1991年，成立了中国建筑学会建筑师学会工业建筑专业学术委员会，展开比较活跃的学术研究和讨论，到1997年，举行了四次工业建筑学术研讨会，并出版论文集。学术活动和设计实践，为工业建筑的新发展注入了新的活力。

（1）西昌，卫星发射中心

原来属于高度机密的军事工业建筑，改革开放以来，卫星发射中心，开始以经营商业发射的面貌在社会上露面。

图7-57　西昌，卫星发射中心，1971，活动工作塔，设计单位：国防科工委工程设计总院，建筑师：肖昌杰、宋长、吴书庆、宋淑云（图片提供：国防科工委工程设计总院）

位于距市区65km的深山幽谷之中，用地380hm²，总建筑面积50万m²，是中国三大航天发射场之一。建筑由发射区、技术区和指挥控制中心三部分组成，注重结合环境、美化环境并体现时代。发射区第二工位97.6m高的活动工作塔，是座能行走的钢结构高层工业建筑，采用防锈铝压型板外墙、复合岩棉板内墙及氯丁乳胶敷岩棉浮筑楼面等新材料、新技术，较好地满足了体轻、洁净、隔声等诸多特殊功能要求。塔体造型雄伟、挺拔，显示出航天建筑的特有气质。

图7-58　西昌，卫星发射中心，1971，卫星装配测试厂房入口

（2）平顶山锦纶帘子布厂

一期工程厂区建筑面积9.7531万m²，年产锦纶浸胶帘子布1.3万t。总体布局按三个区带划分空间，即行政生活区带、主体生产区带和附属生产区带，三个区带按生产功能有机地组合在一起。主要生产建筑由成片单层厂房、高层厂房和部分生产装置组成，群体空间层次丰富，整体性强。

（3）成都飞机公司611所科研小区

该建筑位于武侯祠区，在首先保证科研要求的前提下，注意建筑与环境的结合。设计突

图7-59　平顶山锦纶帘子布厂，1981—1987，厂区入口，设计单位：纺织工业部设计院（图片提供：纺织工业部设计院）

破一般工业建筑的手法，有些厂房采用了圆形和八角形等建筑平面，建筑组合比较灵活，形象简洁。在工业建筑中，对室外环境有较高的要求，如大片绿化改善了环境质量，并使整个小区和谐统一。

（4）上海，永新彩色显像管厂

该建筑位于上海西南郊朱梅路，占地面积12.9hm²，建筑面积8.443万m²，年产21英寸和25英寸彩色显像管200万只，是国家重点项目。考虑了人的工作环境与严格的工艺环境分开布置。在主厂房前并列有两栋办公楼，使内部办公和对外经营分开而有联系，办公与总装厂房有过街廊相连，便于管理和参观。总装厂房是一个高技术、多功能的现代化综合多层厂房，管线集中，用地节约，形成了完善的

工艺生产环境。将50m高的构筑物水塔作艺术加工，成为挺拔而富于现代感的双柱式水塔，丰富了建筑群的轮廓线，兼有巨型广告功能，又是工厂的标志。

（5）成都，全兴酒厂主楼

该建筑位于成都外西旅游热线上，工程包括年产白酒6000t的生产、管理等一系列配套建设项目，在布局完整、管理合理的前提下，重视环境的规划设计。以中轴贯穿全厂组织建筑、绿化、水景和小品，中区沿街建筑和后区的辅助性建筑既相互独立又彼此关联，将国外花园式工厂的概念引入设计之中。建筑造型从三星堆考古中追寻出蜀人和酒的关系，确立了"似樽非樽"的建筑单体和群体立意，使建筑呈现出"樽"的隐喻。

图7-60　成都飞机公司611所科研小区科研所，1986—1992，外景，设计单位：中国航空工业规划设计研究院，建筑师：李长珍、陆建超等（图片提供：中国建筑西南设计院）

图7-61　上海，永新彩色显像管厂，1987—1990，厂前绿地、办公楼及总装厂房，设计单位：中国电子工程设计院，建筑师：黄星元、周景溪等（图片提供：黄星元）（左）
图7-62　上海，永新彩色显像管厂，双柱水塔（右）

（6）大连，华录电子有限公司

该建筑位于大连市郊七贤岭地区，年产录像机机芯 400 万套与录像机配套，是国家重点大型项目之一。厂房坐落在铺满草坪的丘陵上，总图采用阶梯式布置，各台地建筑物之间用连廊和引桥联系成一个有机整体，使人流和物流交通顺畅，满足了电子工业生产工艺联系紧密和高洁净度的要求。办公楼根据地形，分段错层，使建筑物布置和场地坡度紧密结合在一起；办公楼的主入口做开洞处理，使厂前区与第二台地广场视线贯通，空间互相穿插延伸，大体量的主厂房与高低错落的办公楼和食堂的组合，使这一有明确轮廓线的建筑群与自然起伏的丘陵和大片集中的绿地，形成建筑体量和色彩的强烈对比。建筑的单体设计延伸了总图的构思，并引入了 CI 企业形象设计概念，使形象具有个性，如流畅的超尺度建筑、模拟录像机磁鼓的水塔等，力图表现企业的文化性。

（7）北京金属结构厂

该建筑位于通州区梨园，占地 27.36hm²，建筑面积 7.7 万 m²，生产各种大型高效炼油化工高压容器，食品、医药、航天等不锈钢容器、贮罐等产品。建筑布局严格按工艺要求，在严整中取得厂前区的变化。生活间和车间之间留有足够的绿化空间，有利于通风采光和环境美化。厂房体量高大，上下窗间留出较大的实体，有利于室内管线的整齐布置，在工业建筑艺术方面作了有益的尝试。

（8）北京，四机位机库

该建筑位于北京首都机场附近，占地面积 3.6 万 m²，总建筑面积 5.3848 万 m²，净跨 150m+150m，进深 95.4m，可同时并排

图 7-63　成都，全兴酒厂，1991，主楼，设计单位：中国建筑西南设计院，建筑师：黎佗芬等（图片提供：中国建筑西南设计院黎佗芬）

图 7-64　大连，华录电子有限公司，1992—1993，设计单位：机械工业部设计研究院，建筑师：黄星元、周景溪（图片提供：黄星元）

图 7-65　北京金属结构厂，1996 年建成，厂区，设计单位：机械工业部设计研究院，建筑师：严致和等（图片提供：机械工业部设计研究院费麟）

图 7-66　北京，四机位机库，1996 建成，设计单位：中国航空工业规划设计研究院（图片提供：中国航空工业规划设计研究院）

图 7-67　北京，四机位机库，内景

图 7-68　北京航空港配餐中心，外景，设计单位：机械工业部设计研究院，建筑师：孙宗列、李东梅等（图片提供：机械工业部设计研究院费麟）

容纳 4 架波音—SP 及 4 架窄体飞机。建筑师采用积木式的设计方法，选用现代化的建筑材料——夹胶安全玻璃、彩色压型钢板以及金属门窗，将这座体量庞大的建筑处理得十分轻盈。银灰色的墙面与它的服务对象——飞机的颜色一致，工业建筑形象为之一新。

（9）北京航空港配餐中心（BAIK）

该建筑位于首都国际机场候机楼南侧，占地面积 8125m²，一期总建筑面积 1.534 万 m²，日产量 54 到 1 万份餐食；航空配餐以供应航班餐食为主，其服务内容十分繁杂。航空配餐有特定的工艺要求、卫生要求和食品保鲜要求，生产加工特殊，在航空业的综合评价中，配餐服务是一项重要的指标。设计除了严格执行各项要求外，还探索了工业建筑设计的特殊性问题，如表现了航空工业建筑的性格问题。建筑造型简洁明快，深蓝色铝合金墙板，都是创造航空工业建筑的要素。

（10）北京经济技术开发区工业建筑

1990 年代起，在总结早期开发区的经验的基础上，北京亦庄经济技术开发区，有计划分期分批地建设 30km² 的综合开发区，近期先开发 15km²，起步区 3km²。通过拓商引资新建了许多无污染的工业建筑，形成较好的厂区环境，同时也带动了商业区、住宅区、能源供应区的建设。在短短的几年内，许多技术性和艺术性都比较高的工业建筑，如资生堂丽源化妆品有限公司、北京四通松下电工、北京航卫 GE 医疗系统有限公司、黎马敦（北京）包装有限公司、和露雪（中国）有限公司建立起来。开发区功能分区明确，环境优美，是新型工业建筑的示范。

图7-69　北京经济技术开发区，入口标志，建筑师：马麟：由3个西洋古典建筑爱奥尼克柱式，呈三角布置，柱头由3个半圆形拱券连接，形成一个独特的门式标志结构；地面配以茂密的绿化，成为开发区有多重含义的入口（图片提供：北京开发区管委会）（左）

图7-70　北京经济技术开发区，工业区和生活区之间的绿带（图片提供：北京开发区管委会）（右）

图7-71　北京，资生堂丽源化妆品有限公司，设计单位：北京市建筑设计研究院施工设计（图片提供：北京开发区管委会）（左）

图7-72　北京，北京四通松下电工，1994，设计单位：中国电子工程设计院，建筑师：俞存芳（图片提供：北京开发区管委会）（右）

7.2.2　建筑环境意识的新觉醒

当人们陶醉于胜利征服大自然的喜悦时，环境问题的恶化已经达到威胁人类生存的地步。1972年6月在斯德哥尔摩召开人类环境会议，发表了《人类环境宣言》；1977年的《马丘比丘宪章》指出：新的城市化概念追求的是建成环境的连续性；[①] 1981年国际建协十四届会议发表的《华沙宣言》将建筑学定义为"建筑学是创造人类生活环境的综合的艺术和科学"；[②] 1993年芝加哥国际建协大会和1996年联合国第二次人居大会则从人居方面研究了持续发展和环境问题。1990年代，西方建筑界的环境意识已经逐渐突破了狭义的建筑内外环境和广义的城市空间环境，走向应用环境科学和生态技术的层次。

---

① 转引自：马国馨. 环境设计与环境意识——北郊体育馆创作笔记之一 [J]. 建筑学报，1988（5）：8—12.

② 转引自：张明宇. 环境艺术的缘起及创作特征 [J]. 建筑师，1994，59：39.

改革开放以来，中国随着经济的高速发展，各种短期的开发行为已经构成了对生存环境的严重破坏，环境保护问题已经如实地摆在面前。虽然真正解决可持续发展问题的建筑尚待时日，但是，环境意识已经逐渐深入人心。建筑创作实践中也不乏尊重周围自然环境并注意与之相协调的优秀作品，虽然这些作品所反映出的环境意识，并没有上升到可持续发展和生态保护的层次，但从中可以明确地体会到朴素的、基于建筑本体要素的、适应自然的设计思想，在日后的创作实践中，逐步形成环境意识的觉醒，无疑正在发展成为积极主动的环境保护建筑理念。建筑创作中的环境意识的新觉醒主要体现在以下几个方面：

1）与自然环境相协调

这种意识觉醒虽然和地域性建筑有内在的联系，但出发点有所不同，在风景区或复杂地形的建筑设计中表现尤为突出。

（1）黄山云谷山庄

坐落在风景区东部云谷寺景区，总建筑面积约8000m²，设200床位。地貌复杂，曲溪叠潭交错，巨石古木杂陈。因此，设计中首先考虑保石、护林、疏溪、导泉，全方位处理所有环境要素，建筑布局傍水跨溪、分散合围，与环境交融在一处，绝不是大杀大砍。值得特别指出的是，建筑与自然的交融创造出中国水墨画的意境。

（2）厦门大学艺术教育学院

学院位于地势高达十几米的山坡上，正对着厦大海滨景点，景色宜人。两个系的大楼均坐北朝南，一前一后，左右错开布置，充分利用复杂地形，与山体相结合，均能面向大海。在第五层楼用二十多米长的展廊将两楼连成有机整体，并形成一个完美院落空间。美术系西侧楼梯设计成60°的斜面，与山势遥相呼应。学院的主要入口设在西南面，由6m宽的台阶拾级而上，直通展厅，展厅的外墙壁画，突出了入口处的艺术效果。学院底层地坪高出展厅4m，此处保留了原有的一块巨大山石，建筑与山石巧妙结合，更加体现了学院建筑环境的自然美。

图7-73 黄山云谷山庄，1987，入口，设计单位：清华大学建筑系，建筑师：汪国瑜、单德启、王志霞（图片提供：汪国瑜）

图7-74 厦门大学艺术教育学院，1986—1989，设计单位：福建省建筑设计院，建筑师：厦门分院高亚侠、陈敏华、蔡向牧等（图片提供：黄汉民）

（3）织金县，织金洞国家级风景名胜区接待厅

该建筑位于贵州西北著名国家级风景名胜区，建筑面积 1024m²，这是一组以彝族文化为代表的建筑。织金洞又称打鸡洞，在距洞不到一里远的地方，就是著名的彝族首领安邦彦的官邸旧址；在织金县城，有彝族女杰奢香夫人的行宫。为了使这一地域文化特征得以充分体现，在接待大厅正中立图腾柱，镌刻彝族先民对中华民族作出贡献的彝十月历法，还用彝文刻下了天上七十二宿的名字，立柱的中央就是彝族的守护神资格阿洛，映衬出贵州地区的文化特征。接待厅距宏伟的大溶洞咫尺之遥，作者使建筑处于大自然的配角地位，力求建筑与自然和谐共生。建筑依山就势，屋顶覆土植草，柱子以粗石贴面，除必要的对比用材外，完全就地取山石，建筑隐去一切人工痕迹，融于自然环境之中。

图 7-75　织金洞国家级风景名胜区接待厅，鸟瞰，1990—1992，设计单位：贵州省建筑设计院，建筑师：罗德启、赵晦鸣等（图片提供：罗德启）

图 7-76　深圳大学会演中心，1987—1988，设计单位：深圳大学建筑设计院，建筑师：梁鸿文、陈崇德等

2）对特定地点的自然和人文环境进行完善和发展，创造体现人文景观的场所，能使人感受到明确的归属感

（1）深圳大学会演中心

该建筑位于深圳大学校园内，建筑面积 4500m²，1650~2000 个座位，56m×64m 网架结构，供集会、演出、电影、展览及游乐等多种用途。建筑平面考虑地点与气候特点，顺应自然地势，满足演出、影视功能需要，形成自由灵活半开敞的布局。结合绿化和建筑小品，把室内外环境沟通一体，形成清新的环境体验。

（2）深圳，华侨城华夏艺术中心

该建筑位于深圳华侨城，在总体布局上，以三角形构图与周围建筑取得统一，空间通透，

图 7-77　深圳大学会演中心，室内

虚实结合，进退变化。正面有以网架形成的 60m 的敞开空间，作为内部交通集散和空间组织的枢纽，形成一种向大环境开放的主题空间，同时也体现了文化建筑的市民性和开放性。从

功能到造型，体现了传统和现代科技的紧密结合，加上装饰、雕塑和色彩的运用，力图创造出一个艺术殿堂。剧场观众厅按声学的要求处理顶棚和四壁。顶棚为折板式，以利于声波的反射。为使视线集中于舞台，靠近人体的墙面采用深色。

（3）杭州，联合国国际小水电中心

这是联合国定点设在中国的第一个独立机构，选址在幽美的西湖风景区内，建筑面积5500m²，是一个功能性很强的现代化办公建筑。建筑物的各部分：办公、会议、客房等，围绕圆形水庭布置，水庭既与外部环境空间连

通，水面又被引入建筑内部，建筑的室内外空间成为一个匀质的复合体，充分表达了"中国空间"的特征。建筑精心于形体构成，界面简洁，入口处正面为弧形，其中心线暗示了建筑与街道转角的关系。整体建筑形象有时代感，精致的细部处理又给人以典雅宜人的印象。

（4）上海，人民广场

这是在市区中心开辟的一片绿化广场，是繁忙大都会中提高生活质量的重要休息环境。在充分关照人流活动的基础上，以几何构图的手法组合大面积的绿地、雕塑、座凳，以及照应市政府大厦、博物馆等重要建筑。广场创造

图7-78　深圳，华侨城华夏艺术中心，1990，设计单位：建设部建筑设计院、华森建筑与工程顾问设计公司，建筑师：张孚佩、周平、曾筠（图片提供：建设部建筑设计院，摄影：张广源）

图7-79　杭州，联合国国际小水电中心，1996—1998，建筑师：程泰宁、宋亚峰、杜立明（图片提供：程泰宁）

图7-80　上海，人民广场

出国际化大都市的优美环境和氛围，成为市民文化的载体。

在一些住宅小区里，创造人文环境的机会更多，特别是在自然条件比较好的地区。例如已经举过的一些实例，创造以人为本的适宜居住环境，强调环境的领域感和可识别性，体现了江南水乡风貌。

3）绿色建筑的初探

环境意识的深层内涵之一，是利用包括低技术、适宜技术和高技术环境科学和生态技术在内的所有手段，为人类自身的持续与发展创造条件。中国一时还难以拥有西方发达国家的高技术设施和装备能力，但是有些方案性作品已经明显地体现出绿色生态建筑的观念，这种自觉的绿色生态观念，是实现成熟生态建筑的前奏。

（1）昆明，竹子制作的竹楼和竹桥

该建筑是昆明市建筑设计院为参加国际博览会，设计和建造的作品，利用对于竹子性能的熟悉，精心设计和施工，使得竹建筑表现出大自然所赐予的普通地方材料具有的技术能力和无穷的艺术魅力。

在城市总体规划方面，近年来也出现了宏观性、整体性的环境设计思想的探索。如著名科学家钱学森提出了"山水城市"的概念，吴良镛教授将其解释为："'山水城市'是提倡人工环境与自然环境相协调发展，其最终的目的在于'建立人工环境'（以'城市'为代表）与'自然环境'（以'山水'为代表）相融合的人类聚居环境。"① 这一注解把山水城市的概念从狭义的风景园林城市推广到具有普遍意义的人工环境与自然环境相融合的范畴。

图7-81　瑞士苏黎世竹楼，设计单位：昆明市建筑设计研究院（图片提供：昆明市建筑设计研究院）

图7-82　德国毕梯海姆竹桥，设计单位：昆明市建筑设计研究院（图片提供：昆明市建筑设计研究院）

7.2.3　建筑创作文化观的重建

1970年代以前，随着经济的波澜起伏，建筑创作文化观难被重视，直到"文革"的建筑政治，成为一种变了形的文化观。1980年代初，开始有一个重建文化观的普遍浪潮。国际上"寻根热"、国内"文化热"的大环境里，建筑界重建建筑文化的高潮大约出现在1986年。1986年11月，权威的《建筑学报》以"本刊特约评论员"的名义，以《重新认识建筑的文化价值》为题，在祝贺1986年优秀建筑设计评选的同时，呼吁造就为后世珍惜永存的建筑文化瑰宝。国际建协确定1989年7月1日为"世界建筑节"，主题为"建筑与文化"。

---

① 鲍世行，顾孟潮．杰出科学家钱学森论城市学与山水城市（第二版）[M]．北京：中国建筑工业出版社，1996.

我国民间于同年 11 月召开了中国第一次"建筑与文化学术讨论会"，1992 年 8 月又在长沙召开了第二次，提出"建筑文化学"为创新学科。此后每两年一度的全国性建筑与文化学术讨论会一直保持持续开展，相继在泉州、长沙、昆明、成都、庐山和杭州召开了第三到第八次"讨论会"，推动和形成了当代以"建筑与文化"研究为实质的一股建筑新文化运动的热潮①。

1980 年代中期以来，追求文化品位的建筑创作趋势也日趋复杂。比较有意义的有三种情况：

1）正统新续

在正统传统文化的基础上，摆脱过去的"传统形式""民族形式"，注重传统建筑内涵的发掘与发扬，有时也出现过去的"传统形式"，但这已经不是唯一的或最重要的。应该说，这是对以梁思成为代表的传统建筑思想的发展，注入了现代概念，深挖了内在的因素。例如，戴念慈设计的阙里宾舍、关肇邺设计的清华图书馆、张锦秋为代表的西安唐风建筑等，其现代建筑的本质已经不必置疑。

（1）曲阜，孔子研究院

设计从对曲阜城市的研究开始，在新总体规划的基础上，发展了"十字花瓣"模式，提出建立"新儒学文化区"。以城市环境设计的概念为引导，建筑设计与地景设计三位一体。总体布局以九宫格为基础，参照风水学的理念，在山水围合的中央突出建筑的主体。把主体建筑置于高台之上，隐喻高台纳士。辟雍广场由主体建筑、报告厅、东门、长廊及牌坊围合，是体现"礼""正""序"思想的最重要的外部空间。在设计中，把功能放在第一位，以现代

人所能理解的技巧与手法，体现孔子的哲学思想，隐喻中国文化内涵。设计做到室内外统一、整体与细部统一。建筑师与著名雕塑家钱绍武的合作，更提高了建筑艺术水准。

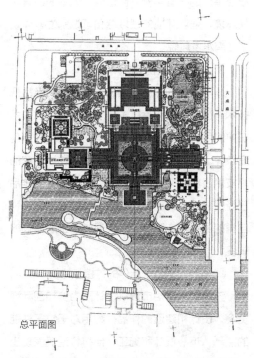

总平面图

图 7-83　曲阜，孔子研究院，1996—1999，总平面，设计单位：清华大学建筑学院，建筑师：吴良镛领导的创作集体（图片提供：吴良镛）

图 7-84　曲阜，孔子研究院，主体建筑

---

① 吴庆洲，徐千里，等. 以建筑文化的春天——"中国建筑新文化运动"回眸 [J]. 华中建筑，2006，24（11）：1-7.

（2）重庆大学工商管理学院大楼

该建筑位于校园内，周围有中国古典建筑环境。建筑面积约 1 万 m²，高层建筑部分采取一组盝顶的四坡攒尖顶，屋顶造型简练，比例优美，主次有序。建筑下部采取中国牌坊式的构图，部件简化适度，显示出作者处理古典建筑的功力。

（3）曲阜师范大学图书馆

该建筑位于校园的中心地段，有小游园及溪流。将建筑入口放在二层，前面以学术报告厅、音像室等做成平台及踏步，自然引导读者从两侧道路进入入口。在正门前 3 层高的玻璃窗前，设置了石牌坊，其造型来自曲阜颜庙前的"陋巷"坊，坊上正面题"就道"（追求真理），背面题"弘道"（弘扬真理），均摘自《论语》，比较充分地表达了在孔子故乡的师范学校所应具有的文化内涵。馆前新辟与溪流相通的水池，并以象征尊长爱幼、循循善诱为主题的太湖石为构图中心。通过平台、牌坊、水池、湖石等

的处理，形成建筑与游园间的自然过渡，并增加了思想内涵。

（4）天津大学建筑系馆

该建筑位于校园中轴线的末端，基地呈三角形，正面有宽阔的水面，水面长达 400m。建筑面积 6800m²。建筑师结合特定的地形条件，采取对称布局，内设方形庭院，具有虚实对比的稳重建筑体量成为漫长轴线的底景。在建筑的两侧分别布置了斗栱和爱奥尼克柱头，以丰富建筑外轮廓，加上墙壁上的铭文以及门厅里"昭陵六骏"现场石膏复制品的布置，一并点出了建筑的文化属性。

在重建建筑的文化观方面，不能不提到许多具有文化品位的室内设计。这些设计继续并深化建筑设计的主题，以独特的构思、丰富的内涵，或简朴或华丽气氛的营造，以及材料与施工的精当搭配等，使建筑得到完整的表现。这些与一味模仿所谓"欧陆风"，追求豪华的"室内装修"，形成鲜明对比。

图 7-85　重庆大学工商管理学院大楼，1998，设计单位：重庆市建筑设计院，建筑师：陈荣华（图片提供：陈荣华）（左上）

图 7-86　曲阜师范大学图书馆，1992，设计单位：清华大学建筑学院，建筑师：关肇邺等（右）

图 7-87　天津大学建筑系馆，1987—1990，设计单位：天津大学建筑系，建筑师：彭一刚等（图片提供：彭一刚）（左下）

图 7-88 北京，全国政协办公楼，1993—1995，设计单位：建设部建筑设计院，建筑师：梁应添等（图片提供：建设部建筑设计院，摄影：张广源）

图 7-89 北京，全国政协办公楼，大堂，1993—1995，设计单位：建设部建筑设计院，建筑师：黄德龄等（图片提供：黄德龄）

（5）北京，全国政协办公楼室内设计

大厅的正面素净淡雅，用深色的拱券突出了国徽和大门，顶部方形的图案脱胎于传统的藻井，特别是藻井中央的图案和柱身红色图案的处理，令人想到传统的雕漆工艺，在简练的背景下极富装饰效果，达到了现代条件与传统装饰的高度结合。会场的处理极为单纯，唯有顶棚图案和装饰照明华美壮丽，创造了既庄重严肃，又欢快明朗的气氛。建筑的室内设计，有效地探索了在现代建筑空间和材料的前提下，传统装饰革新的问题。

（6）北京，清华大学建筑学院

建筑学院的教学、科研和办公基地，是校园内有特色的建筑之一。教学建筑的性格单纯、朴实，室内设计有效地延伸了建筑空间的设计。南北墙面的处理采用了电影"蒙太奇"的手法，将两侧墙面各开了一个通高的凹槽，凹槽中放置了能代表中西古典建筑艺术的标志：白色汉白玉古典柱式，一为古希腊雅典卫城山门的"爱奥尼克"柱式，一为中国宋代木结构柱式片断。二者在黑色的壁龛衬托之下，起到了画龙点睛的作用，点出了浓厚的学术文化气息和高度的艺术品位。

图 7-90 北京，清华大学建筑学院，1992—1995，设计单位：清华大学建筑设计研究院，建筑师：胡绍学等

图 7-91 北京，清华大学建筑学院，门厅中的中国柱式

（7）北京，人民大会堂澳门厅

该建筑位于人民大会堂北部，包括会议厅与四季厅两个部分。建筑面积 $500m^2$，是一个大型会议大厅。此厅在改造之前的原址是一个"四通八达"的电梯厅和一间普通办公室，其中包含 4 个移动的通风竖井和一条贯穿于中的伸缩缝，空间零落，入口分散。建筑师首先理顺了布局和空间的秩序，采用建筑轴线对称及主、副轴线交替的手法，调整人流路线，形成几个既分又合、起伏变化的空间序列，将原有办公室的窗改成门，利用了相邻的屋顶平台改成四季厅，既扩展了大厅的使用面积，又丰富了室内外的借景。室内采用澳门的地方风格，即西方古典建筑形式的变形，以现代建筑因素形成一个既明快典雅又具现代气息的光环境。会议厅采用了大面积同类色调的材料，重点部位的装饰又选用色彩和质地具有强烈对比的材料，使其在光、色、质、形几个方面都得到了对比。

图 7-92　北京，人民大会堂澳门厅，大厅，1994—1995，设计单位：清华大学建筑学院，建筑师：王炜钰（图片提供：王炜钰）

图 7-93　烟台，美食文化城，1990—1995，设计单位：中房集团建筑设计事务所，建筑师：布正伟等（图片提供：布正伟）

2）通俗初现

与正统的传统文化形成强烈对比的是，建筑中通俗文化的出现，我们不能不怀着极大的兴趣来关注这种倾向，因为这是过去十分少见。1960 年代以来，西方的 POP 文化广为流传，美术、音乐和建筑中层出不穷。这类建筑，曾以后现代建筑的部分特征立足于世。中国的建筑文化缺少这类因素，故一般不登大雅之堂。问题在于，"雅""俗"之间难以掌握某种"度"，否则会流于"粗俗"甚至"油滑"。

（1）烟台，美食文化城

建筑师布正伟提出"高俗"与"亚雅"的概念，让"通俗"带上"高雅"的气息，谓"高俗"，防止"通俗"走向"庸俗"，[①]试图将通俗文化引入建筑的大雅之堂。他在烟台美食文化城的设计中，力图创造尺度亲切、购物舒适并富有浓郁通俗文化意趣的商业空间与休闲场所。美食文化城坐落在市中心商业区主要繁华地段海港路西侧，与火车站、港口客运站和长途汽车站相邻，是过往人员的主要集散地。建筑适应商业、娱乐和特有的文化、艺术氛围的需要，既活泼多变又不放任自流，有通俗性又有广告性，但格外注意摆脱司空见惯的庸俗性。建筑的环境小品设计比较精到，室内外环境一气呵成。

① 布正伟. 高俗与亚雅——自在生成的两种文化走向 [J].
　建筑学报，1994（9）：26-27.

（2）深圳大学乡巴艺廊

似乎是利用一些废品构件来制作建筑，有西方"装配艺术"（Assemblage Art）和"废品雕塑"（Junke Sculpture）的意味。建筑的

图7-94　深圳大学乡巴艺廊

图7-95　广州，岭南画派纪念馆，1988—1992，入口，设计单位：华南理工大学建筑设计研究院，建筑师：莫伯治、何镜堂、马威、胡伟坚（图片提供：华南理工大学建筑设计研究院）

图7-96　南京，梅园新村周恩来纪念馆，1988，设计单位：东南大学建筑研究所与南京市建筑设计院合作设计，建筑师：齐康、许以立、曹斌等，（图片提供：东南大学建筑研究所）

立面有面孔的造型，给路人以幽默感；建筑构件的装置自由而随机，有现代艺术"机遇"的手法。室内设计有同样的格调。这类建筑规模不可能很大，从某种程度上说，介于雕塑和建筑之间。

3）广阔地带

介于正统文化与通俗文化之间的建筑，这是一个广大的地带，由作者根据不同的主题赋予某种特定的含义，有时近于地域文化，有时近于民族文化，有时沿袭城市文脉，往往难以确切分类，但共同的特征是关注建筑的文化内涵。

（1）广州，岭南画派纪念馆

该建筑位于广州美术学院内，建筑面积4000m²。设计运用岭南建筑传统布局的特点和现代展览建筑流动空间的处理手法，结合一系列新艺术运动建筑风格的语言，把现代陈列功能与岭南文化糅合在一起。纪念馆门厅用金属制作植物形态的装饰，是欧洲新艺术运动装饰风格的主要特征，流畅的线条使得大厅增添了生气。回廊上的天窗和顶棚的处理运用了现代建筑的手法，使得空间得到现代气息。

（2）南京，梅园新村周恩来纪念馆

建筑面积2200m²，设计着重运用建筑造型语言，再现当年国共南京谈判时的特定历史文脉，并寻求纪念馆本身功能和艺术的完美结合。整个建筑朴素清纯，寓意深刻，成为缅怀往事的庄严场所。

（3）淮安，周恩来纪念馆

纪念馆的规划设计注重环境处理，将纪念馆与其所在水面、半岛和城市的整体关系进行了统一研究，创造水天一色的效果，并运用象征性的建筑语言，对该馆的意义进行了深层次

探索。近景作为景框加强了远景的深远意境，倾斜的基座和台阶，使建筑稳固如大地生长，角部开敞，使视线通达，创造坦荡、开放的气氛。屋顶自主体建筑上浮起，显得轻快而舒展。材质和肌理单纯，以促成建筑的纯洁性。

（4）贵阳，贵州省老干部活动中心

该建筑位于贵阳市城北近郊，占地面积70.3 亩，建筑面积 1.3280 万 m²。该中心既可以供中老年开展各类康乐活动，又可以接待宾客、举办中小型展览、召开中小型会议，还可以为市民提供休息和娱乐场所。根据建筑场地地形起伏、高差近 8m 的具体条件，建筑的总布局分 3 个台阶、依山就势布置建筑，用回廊连接，构成错落有致、伸展自如的庭院建筑群。内湖的湖心有水榭和钓鱼台，台旁有人工瀑布，湖岸堆土成丘，叠石成山，配以花木、竹林、草地，使院内具有清流石壁、堂前清波的诗情画意和山区庭院的独特风格。主体建筑的屋顶将传统的"大屋顶"抽象变异为平缓的幕结构屋面，使之与周围民居建筑风格协调，并采取贵州山区民居中的吊脚楼、悬梁、吊柱、歇山、重檐等建筑细部，使之具有浓郁的地方建筑文化气息。

（5）武汉，楚文化游览区

该建筑位于武汉东湖风景区磨山，由楚天台、楚市和楚城等三部分组成，总建筑面积5240m²。其中楚市包括牌坊、旅游购物街、茶楼酒肆、游艺广场等，再现楚市井文化。建筑顺山势起伏错落布置，并可远眺主景建筑楚天阁。楚市在建筑造型上吸取湖北民居木构轻墙、鄂西北吊脚楼、旧式街坊骑楼以及汉代以前直屋檐等做法，青瓦直檐、黑柱黄墙。楚天

图 7-97　淮安，周恩来纪念馆，1989—1990，设计单位：东南大学建筑研究所，建筑师：齐康、张宏等（图片提供：东南大学建筑研究所）

图 7-98　贵阳，贵州省老干部活动中心，1988，设计单位：贵州省建筑设计院，建筑师：王炳俊、马双媛、张淑英（图片提供：贵州省建筑设计院罗德启）

图 7-99　武汉，楚文化游览区，楚城，1989—1992，设计单位：中南建筑设计院，建筑师：郭和平、袁培煌等（图片提供：中南建筑设计院杨云祥）

图7-100　武汉，楚文化游览区，楚天阁

图7-101　威海，甲午海战馆，1994—1996，设计单位：天津大学建筑设计研究院，建筑师：彭一刚、张华等（图片提供：彭一刚）

台布置在磨山上，与原有的东湖风景区隔湖相望。以楚天阁为主景，后面有传说中的火神祝融塑像等配套建筑。

7.2.4　基于本体的象征与隐喻

象征与隐喻是建筑创作中带有感性倾向的手法之一，古今中外建筑作品中均有所见。但在倡导"理性"和"功能"的经典现代建筑中，少见实例。1970年代以前的中国建筑创作，运用象征与隐喻的手法比较简单，大多停留在图案装饰层次，比较典型的是以向日葵、红五星、火把图案表现相关的内容。"文革"之中，强行给建筑注入政治内容，设计中隐喻和象征手法，不适当地演变成了政治口号的牵强附会和数字的游戏。

1980年代以来，已经有一批基于建筑本体的象征与隐喻建筑，超越了单纯处理物质性问题的局限，表现出较高的审美价值。这是之前所少见的，应当是中国建筑创作中的一项可喜的进步。

（1）威海，甲午海战馆

该建筑位于威海市刘公岛的南缘，当年北洋水师的指挥机关海军公所的所在地，附近的海域正是甲午海战的战场，建筑面积6000m²。甲午海战虽然由于清廷的腐败而蒙受屈辱，但参战官兵浴血奋战，表现出高度爱国主义精神。在方案设计中，除满足使用功能外，还用象征主义的手法，使建筑形象犹如相互穿插、撞击的船体，并使之悬浮于海滩上，形成悲壮气氛。为纪念以丁汝昌、邓世昌等人为代表的英雄人物，还在海战馆的入口即建筑物最突出的部位设置一尊高33m的巨大雕像，昂然屹立于"船首"，手持望远镜怒目凝视海上敌情，随风扬起的斗篷预示一场恶战风暴即将来临。身下为敦实基座，镌刻着"甲午海战纪念馆"字样。

（2）沈阳，"九一八"事变陈列馆

"九一八"事变陈列馆又名"残迹碑"，取形于一部台历，展示1931年9月18日黑色星期五这个国耻日。建筑为台历的130倍，正面后倾，底面三分之一埋于地下，犹如一座城门的废墟。墙上弹痕累累，刻画了侵略者的凶残以及给中华民族造成的历史悲剧。这座碑馆采用了雕塑手法，高度抽象出一个"残"字，似警钟长鸣，永世不忘"九一八"国耻日。

（3）自贡，彩灯博物馆

该建筑位于自贡市彩灯公园西南隅斜坡地段，临近公园入口，用地面积 2.2 万 m²，建筑面积 6375m²。建筑完全顺应地形，保留全部树木，并在建成后加以调整。主体建筑设外廊、亭阁等小建筑，与外部环境有所过渡，使之达到园中建馆、馆中有园、园馆融合的效果。考虑到灯会活动的民间性和群众性，采用含义清楚的灯群主题，立面灯形角窗的使用，既反映灯馆特色，也符合经济合理的原则。灯馆形象繁简适宜，使民俗文化和时代精神有机结合。

（4）东莞游泳馆

该建筑位于东莞体育中心内，总建筑面积约 2 万 m²，观众席 1900 座位，游泳馆平面设计呈正方形，比赛池 50m×25m，可满足国内外大型游泳比赛要求，具有国际标准的多功能室内游泳馆。游泳馆的立面造型结合各部自然体形，前部首层裙房高高地托起整个比赛大厅，并用单坡斜向网架收其后部附属部分，与比赛大厅一气呵成。从远处看犹如一头翻江倒海的巨鲸，贴切游泳馆建筑"水"的主题。建筑入口的处理，利用建筑结构构件自然形成装饰效果。顶部的厚重檐口作竖向肌理，使人联想起昂首巨鲸的上下两唇。

（5）绍兴震元堂及震元大楼

震元堂创于 1752 年（清乾隆十七年），是已有 244 年历史的中药店。原店建筑主体已毁，基地仅 620m²，位于绍兴市中心繁华地带胜利路及解放路路口的西北角上。设计构思从"震元"二字入手。平面为圆形，"圆""元"同音；地上 3 层，逐层外挑，内有一小中庭，剖面空间借"三"爻（震卦），寓意为"震"。中庭顶

图 7-102　沈阳，"九一八"事变陈列馆，1991，设计单位：中国建筑东北设计院，建筑师：赵永丰，鲁迅美术学院雕塑系贺中令合作设计（图片提供：中国建筑东北设计院张绍良）

图 7-103　自贡，彩灯博物馆，1988—1993，设计单位：东南大学建筑系，建筑师：吴明伟、万邦伟、朱人豪（图片提供：吴明伟）

图 7-104　东莞游泳馆，1993，设计单位：广州市设计院，建筑师：余兆宋、李小莉等（图片提供：广州市设计院郭明卓）

部为玻璃穹窿——震元明珠，整体形似药罐。主入口两侧各有汉画像石风石刻"中药发展历史"和"老震元堂历史"。店堂中央地面运用了"圆方六十四卦"卦相图案，体现传统医学中的"医、药、易"一体的精神。震元大楼将震元堂拥入怀抱，地上 12 层，自顶部逐层叠落，整体轮廓有"马头墙"韵味。叠落的屋顶外沿端部设花池置绿化，寓意生命昂然于空中。

（6）北京，中国人民银行总行、金融中心

该建筑位于西长安街西端，占地 0.975hm²，总建筑面积 3.986 万 m²，是中国中央银行的办公大楼。主楼呈半圆弧形，与圆柱体的中央楼组合成"元宝""聚宝盆"的造型，使之成为寄意于中国传统文化意识的符号，借以隐喻中国金融实业的兴旺发达，表现国家银行稳定、安全的性格。

（7）郑州，河南博物院

该建筑总体布局，取"九鼎中原"之势，主馆设在九宫的中心，并做对称布置，具有中国建筑文化中的象征意义。建筑师深入研究中原地区潜在的文化特质，汲取其古朴、淳厚的文化内涵，结合现代审美特征给予适当的表现，创造出与天地浑然一体的现代建筑。

（8）天津，南开大学东方艺术系馆

该建筑由两个相对旋转上升的体形组成，给人以画卷的隐喻，暗示其中的使用功能。在平面上，有类似于"阴阳鱼"的图案，有中国或东方文化的含义。建筑在这里被当作雕塑处理。由于平面均为曲线构成，加之建筑规模不大，形成许多不规则室内空间。

（9）东营，市政广场及建筑群

东营是 1960 年代开始建设的新型石油城，建设方给建筑师的任务是，要在一片空旷而周围无建筑界定的大片场地上，在建筑规模十分有限的前提下，营建一个既是市政建筑所需的高效、方便的建筑群，又是一个可供市民休闲和调节心态的美丽环境。建筑师根据实际情况，将已经建成的市府办公楼设置在对称主轴上，

图 7-105 绍兴震元堂及震元大楼，1993—1995，设计单位：同济大学建筑与城市规划学院，建筑师：戴复东（图片提供：戴复东）

图 7-106 北京，中国人民银行总行、金融中心，1986—1990，设计单位：建设部建筑设计院，建筑师：周儒、王永臣、陈孝堃、朱锦珠（图片提供：建设部建筑设计院，摄影：张广源）

图 7-107 郑州，河南博物院，1992—1997，入口，设计单位：东南大学建筑研究所，建筑师：齐康等（图片提供：东南大学建筑研究所）

两边分别布置市检察院和市法院。由于两院建筑面积要控制在 5500m² 以下，以及地下水位和半地下辅助面积的使用，将建筑坐落在大平台上，四角敦实的建筑中部，各自突起标志塔楼。这样，建筑物无形中具有一个"山"字的形象和感受，如果与建筑的内容联系起来，则有"执法如山"的联想。

（10）桂林，观光酒店

该建筑是一个普通的现代建筑，在立面窗户划分处理上，利用平面化的手法，组成了三角形排列和水平排列两种图案，以象征桂林这个优美的山水城市。这是一种极为经济的手法，但不是一个到处都适用的手法。

建筑师齐康设计了一系列的纪念性建筑，这些建筑除了有较强烈的地域特色之外，常常是以象征、隐喻的手法表达建筑的纪念意义。不同课题各有构思，使得建筑有遐想余地。实例如，江苏海安的苏中七战七捷纪念碑、宁波的镇海口海防历史纪念馆等。

7.3　建筑理论家贡献之管窥

相对于轰轰烈烈的建筑设计活动和人数众多的建筑师而言，建筑理论成果和理论家显得冷清得多。改革开放以来，政治上的拨乱反正，形成了发表个人见解的宽松环境和条件。老一辈建筑家，如一贯坚持发展现代建筑立场的童寯，在沉寂多年之后的暮年，连续发表多年研究成果，尤其是对西方现代建筑的体认方面。此间，他还出版了多种专著，影响深远。中华人民共和国成立前后毕业的建筑师正值中年，他们有着锐利的眼光和丰厚的学术积累，在开

图 7-108　天津，南开大学东方艺术系馆，1991，设计单位：北京市建筑设计研究院

图 7-109　东营，市政广场及建筑群，1999，设计单位：中房集团建筑设计事务所，建筑师：布正伟（图片提供：布正伟）

图 7-110　桂林观光酒店，设计单位：桂林市建筑设计院、香港周伟淦建筑师事务所合作设计

放的新时期建筑论坛上，发挥着领军作用。文革前些年毕业的青年建筑师，恰逢盛世、年富力强，积极探索新生事物，成为理论阵线上的生力军，如尹培桐在改革开放之初曾油印翻译《外部空间设计》（[日]芦原义信著）。新时期老中青三代建筑理论工作者的工作十分艰辛，且不可替代，具有重要的历史意义。更多的人物和成果有待研究，这里只能举出个别人物及其主要理论活动（按照出生年份列出），以管窥基本面貌。

（1）周卜颐（1914—2003）

1940年获中央大学建筑学学士，1948年获美国伊利诺伊大学美术学院建筑科学硕士，1949年获美国哥伦比亚大学建筑科学硕士，1950—1986年在清华大学建筑系任教，1982—1984年创建华中工学院（今华中科技大学）建筑系并任首届系主任，1983年创立《新建筑》杂志。

周卜颐是一位始终站在建筑理论前沿的理论家和教育家。早在1956年，他就热心推介经典现代建筑及其创始人，如格罗皮乌斯、勒·柯布西耶、赖特和沙里宁等人的建筑思想和代表作品，在建筑理论"一边倒"向苏联的时期，不但需要理论学养，更要具备很大的学术勇气。同时，他对于当时兴起的复古主义思潮，展开激烈批判。1957年不幸被打成"右派分子"，1958—1978年这20年间销声匿迹。改革开放以后，迎来学术自由的政治气候，更是活力焕发，他依然站在介绍和研究外来建筑理论的前沿，对现代建筑的再认识、对热点新建筑介绍，对R.文丘里（Robert Venturi）的著作《建筑的复杂性和矛盾性》的介绍，对后现代建筑理论和解构建筑等理论，作出了重要贡献。

作为教育家，他对学院派建筑教育有着深刻的认识和研究，并把法国的学院派与来自苏联的学院派联系起来，结合中国现状加以批判。他与陶德坚创办的《新建筑》，成为宣传新建筑思想的理论阵地，并发现和培养了像布正伟、张伶伶、张在元等一批新人。

（2）汪坦（1916—2001）

1941年毕业于南京中央大学建筑系；1941—1948年，在兴业建筑师事务所任建筑师，主持设计了南京张群住宅、馥记大楼等工程；1948年2月—1949年3月赴美，师从建筑大师赖特进修；1949年12月—1957年12月任大连工学院（今大连理工大学）任教，1958年1月到清华大学建筑系任教。

汪坦有传统文化和西方文化的根底，多年来一面从事建筑教育，一面潜心研究中西建筑历史与理论问题，在现代西方建筑理论、建筑设计方法论、历史学、现代建筑美学等诸多领域深有所得。在改革开放后的学术气氛下，他热心中外建筑文化的交流，主持了清华大学《世界建筑》杂志的创办，这是中国第一份专题评介世界建筑的刊物，在全国具有广泛的影响。他十分专注外国建筑理论的发展，主持了中国建筑工业出版社出版的《建筑理论译文丛书》翻译工作，这套13本的丛书，不但选取了经典现代建筑的理论著作，同时还包括了当时比较新潮的话题，如建筑符号、建筑体验、后现代建筑等等，是新时期引入外来建筑理论的一件盛事。

1985年8月，汪坦在北京发起并主持了"中国近代建筑史研究座谈会"并向全国发出

《关于立即开展对中国近代建筑保护工作的呼吁书》。1986年10月他主持召开"中国近代建筑史研究讨论会"。十余年间，汪坦主持并召开了6次"中国近代建筑史研究讨论会"，出版了多部论文集。汪坦不但是建筑教育家、现代建筑理论家，对中外建筑文化交流作出贡献，他更是新时期中国近代建筑历史研究的开拓者。

（3）戴念慈（1920—1991）

1942年重庆中央大学建筑系毕业并留任助教；1944—1949年在重庆、上海的兴业、信诚等建筑师事务所任建筑师；1950—1952年在北京中直修建办事处工程处任设计室主任，1952年与其他11个单位合并为"中央直属设计公司"，此即经过多次变迁后的建设部设计院前身。他从基层做起，直到后来的总建筑师，1982—1986年任城乡建设环境保护部副部长，曾于1983—1991年连任两届中国建筑学会理事长。

戴念慈在长期的建筑创作实践中，紧紧伴随着理论的思考，逐步形成"以优秀传统为出发点，进行革新"的创作思想，北京饭店西楼、斯里兰卡班达拉奈克国际会议大厦、山东曲阜阙里宾舍、锦州辽沈战役纪念馆等成为有力的实证。他本人也就成为有自己理论支持的学者型建筑师。

戴念慈从建筑师到政府高官，在不同条件下为繁荣建筑创作、发展建筑理论、推动建筑教育，多方面作出了突出贡献。令人称道的是，他是唯一一位在办公室内放置图板亲自画图的官员。

（4）吴良镛（1922—）

1944年重庆中央大学建筑系毕业，1945年10月应梁思成先生之邀赴清华大学协助筹办建筑系。1948—1950年赴美国匡溪艺术学院建筑与城市设计系，师从伊利尔·沙里宁，获硕士学位。1950年底自美返国后在清华大学建筑系任教，为清华大学建筑系的发展作出贡献。他长期坚持在教学第一线，提出了关于中国建筑与城市规划教育的系统设想与建议，为探讨建立具有中国特色的建筑与城市规划教育体系作出了重要贡献。

吴良镛根据社会的进步和发展，认为建筑学已不再囿于个体建筑设计的范围，与建筑学相关的其他学科以及相关影响因素都在不断扩展，形成一个相互联系而错综复杂的大系统，建筑学所包含的内容不断扩展，大大超过了旧建筑学的领域。因此，他提出"广义建筑学"的概念，对建筑学研究范畴的发展和变化作出独到的见解，从更大的范围内和更高的层次上提供一个理论框架，以进一步认识建筑学科的重要性、科学性和错综复杂性。

吴良镛在领导制定的1999年国际建协20届建筑师大会《北京宣言》及其相关文件中，发展了广义建筑学的思想，达到他建筑理论研究的又一个高峰。

（5）罗小未（1925—2020）

1948年毕业于上海圣约翰大学建筑系，1951年在此任教，1952年院系调整至同济大学任教至今。

罗小未从事外国建筑历史及其理论研究与教育50余年，特别是在现代与当代西方建筑历史、理论与思潮上有高深的造诣与广泛的影响。在西方建筑特别是西方现代建筑受到压抑甚至排斥的环境里，坚守这块学术阵地，为建筑学教育培养具有国际视野的建筑人才作出突出贡献。

改革开放以后，为外国建筑史学科重新得到重视，西方现代建筑也走出了禁区，罗小未的教学和研究工作进入一个活跃的新阶段。她早在开放初期，就主持编纂了四所高等院校参加的《外国现代建筑史》教材，这是中国建筑教育的第一部外国现代建筑历史的教科书，填补了已久的空白。她主编的《外国建筑史图说》，也具有广泛的影响。她也是较早出国交流的学者，并针对当时的热点问题调查研究，热心宣传自己的研究成果，受到建筑界的热烈欢迎。1990年代，罗小未对上海建筑的特色进行了研究，并发掘上海建筑文化与中国传统文化的关系，她出版了《上海建筑指南》《上海弄堂》《中国乡土建筑概要》《中国建筑的空间概念》等著作。同时，她还积极参与和指导一些重要的工程设计，给上海这个快速发展的现代化都市带来积极的影响和借鉴。

（6）陈志华（1929—）

1947年入清华大学社会学系，1949年转学营建系，1952年毕业于建筑系并留校任教，主要从事外国古代建筑史及其理论的研究和教学活动。作为历史学家，他1960年出版的著作《外国建筑史（19世纪末叶之前）》，几经修订作为教材沿用至今；作为建筑评论家，他的著述涵盖面广，观点鲜明、锐利，在我国广有影响。

改革开放初期，他提出的建筑理论系统，借用系统论阐述建筑的基本理论，有一定开创性。《建筑师》杂志创刊后，他在专栏《北窗杂记》中，提倡建筑的现代化本质就是建筑的民主化和科学化。当时提现代化的人很多，但上升到民主和科学层面，只有具有社会学眼光的建筑家才能提出并一贯坚持。他主张"要创造时代风格必须跟最新的科学技术结合起来，跟最先进的生产力结合起来"。他旗帜鲜明地反对带有封建迷信色彩非科学的"风水"说，大力呼吁文物建筑保护，坚决反对制造"假古董"。他十分关心平民百姓的居住状况，认为建筑的民主化首先就是要转变关于建筑的基本观念和整个价值系统，把老百姓的利益放到第一位。陈志华从1989年开始乡土建筑的研究，他认为乡土建筑是中华民族传统文化的重要组成部分。《二十四史》不能代表传统文化的全部，那是帝王文化；乡土文化才是大多数人的文化"，他和其他教师和学生一起，利用假期进行古村落建筑保护的调研和测绘工作，并且取得了丰厚的成果。发表了多种论文，被誉为中国乡土第一人。

（7）吴焕加（1929—）

1947年，考入清华大学航空工程系，次年转入建筑系，1953年毕业留校任教。先从事城市规划和建筑历史与理论的教学与研究，以外国现代建筑史的教学和研究成果著称。

吴焕加十分注重西方现代建筑的动态，早在"文革"以前，视西方现代建筑为资本主义国家"腐朽、没落"的建筑时，他曾经写过《西方的十座新建筑》《巴西建筑行脚》等文章，介绍资本主义国家的新建筑，而且是发表在党报《人民日报》上。改革开放之后，他摆脱了学术桎梏，活跃在考察、研究外国新建筑及其理论的领域中，先后曾在意大利、美国、加拿大、法国、德国考察、进修和讲学，这些经历都使作者能够身临其境、真切体会，有大量著述问世。

吴焕加以多年的积累，写出了《20世纪西

方建筑史》一书，虽然当时已有西方现代建筑历史的译本出现，但本书却是出自中国学者的亲眼观察和独立思考，切实解决了中国读者所思索的问题。还出版有关西方现代建筑等方面的著作。他也敏感地关注国内外建筑理论的前沿问题，在后现代建筑、解构建筑以及形形色色的流派的介绍分析方面，有独立的见解，给人以深刻的启迪。

（8）刘先觉（1931—2019）

1953 年毕业于南京工学院建筑系，1956 年在清华大学建筑系硕士研究生毕业，师从梁思成。长期从事建筑历史与理论的教学与科研工作，是我国最早研究中国近代建筑史的学者之一。

早在 1950 年代初就已在梁思成先生的指导下，以《中国近百年的建筑》为题完成了其硕士论文。经过几十年的补充与整理，于 2004 年出版了专著《中国近现代建筑艺术》，是当前宏观研究中国近现代建筑艺术的主要著作之一。1981—1982 年在美国耶鲁大学任访问学者期间，认识到建筑理论是完全不同于建筑设计原理的一门学科，它涵盖了建筑哲学思想与建筑设计方法论两大范畴，于 1999 年出版《现代建筑理论》专著，并被教育部推荐为全国首批研究生教学用书，在国内具有广泛影响。刘先觉是中外建筑历史和理论研究方面的多面手，他对中国古典园林的研究，现代建筑设计方法论研究，生态建筑学的理论与实践研究，对江苏、南京、澳门、新加坡等地的历史建筑研究，取得广泛的成果。刘先觉还是系统翻译介绍外国现代建筑历史和理论文献的学者之一，对中外建筑文化交流作出了积极贡献。

（9）张钦楠（1931—）

1947 年赴美留学，1951 年毕业于美国麻省理工学院土木工程系，同年回国。1952—1988 年分别在上海华东工业建筑设计院、西北建筑设计院以及政府部门等从事建筑设计与管理工作。其中 1985—1988 年任城乡建设环境保护部设计局局长。此后并在中国建筑学会任秘书长、副理事长，有许多国家的建筑学术荣誉头衔。

具有美国留学背景，从基层设计单位做起，并成为建筑设计的主管官员，这在当时并不多见。他的学养，使他在繁琐的行政事务中，能够洞察基本建筑理论对建筑设计的广泛而巨大的影响，他真切地体察到，基本建筑理论对繁荣建筑创作思想、方法、方针政策等的巨大作用。他还亲自翻译和引进了大量的建筑文献，如《现代建筑—— 一部批判的历史》，在建筑界具有广泛的影响。

他的理论著作内容充实、思路开阔，一扫官样文章的八股气。早在改革开放初期，针对建筑经济问题，他提出三个效益说，其中包括经济效益、社会效益和环境效益。在后来的专著《建筑设计方法学》中，又补充了资源效益。突破了过去追求建设过程一次性节约的单纯经济观点。1999 年北京国际建协 UIA 大会前后，为组织编撰 10 卷大型丛书《20 世纪世界建筑精品集锦》付出了巨大努力，这是一项世界性的组织 20 世纪建筑作品征集、遴选和撰写建筑评论等复杂而细致的涉外工作。他还组织研究建筑师的"职业主义"问题，在大会上作了《全球化时代的职业精神》的分题报告。大会结束之后，他和建筑学会的另一位副理事长张祖刚，不失时机地共同组织了关于"有中国特色的建筑理论框架"的研究，得到了许多院校建筑理论工作者的响应。张钦楠提出中国最主要的特色是贫资源和高文明，是我们在研究中国特色的建筑理论中所必须探讨的基本核心。在环境日益恶化、资源渐趋贫乏的今天，这样的传统尤其值得认真研究和科学继承。

张钦楠的理论研究工作，具有国际视野，又落脚中国大地；有基本建筑理论基准，也有前沿理论的观察，他的著作和译著具有广泛影响。

（10）彭一刚（1932—）

1953年毕业于天津大学土木建筑系建筑学专业，并留校任教，从事建筑教育、建筑创作和理论研究至今。

彭一刚的理论研究主要有三个方面，第一是建筑基本理论研究，包括早年的建筑构图和建筑表现，经多年的积累，在"文革"刚刚结束之际就出版了《建筑绘画及表现图》和《建筑空间组合论》两部著作。《建筑空间组合论》相关课题的研究与时俱进，陆续的研究成果收入该书的三次再版中。第二是古典园林的研究，这也是早在"文革"之前就开始的课题，专著《中国古典园林分析》是这些研究的阶段成果，把园林研究从直觉境界推向科学的范畴。可贵的是，彭一刚积极进行现代园林的创作，他在山东、福建所做的现代园林，都是传统园林创新的范例，在国内很有影响。第三是对传统聚落的研究，和传统园林的研究一样，是彭一刚扎实传统建筑功力的又一个来源。传统聚落的研究，除了研究传统建筑中大自然与建筑群体和个体之间的关系外，同时，还汲取了当地民俗、

民风等对建筑创作的关系，《传统村镇聚落景观分析》一书先后在大陆和台湾出版后，受到广泛的欢迎。

这些理论研究一直紧密伴随着他的建筑创作，其基本目标是，从传统出发的中国现代建筑创新。改革开放以来的创作活动，印证在这一目标上的努力，从他的创作轨迹看，其作品越来越新，而不失中国元素。

（11）侯幼彬（1932—）

1954年清华大学建筑系毕业，哈尔滨工业大学建筑系任教，长期从事建筑历史及其理论的教学研究。

侯幼彬作为建筑历史学家，当年作为青年学者参加了我国所有重要中国建筑历史研究和教材编写工作，如1958年，曾参加梁思成、刘敦桢共同主持的中国建筑历史研究课题组，与几位青年学者一起，参与写"三史"的工作。1978年加入潘谷西先生主编的《中国建筑史》教材编写组，分工编写"近代中国建筑"部分（《中国建筑史》一版、二版、三版、四版、五版，分别于1982、1986、1993、2001、2004年出版）。在历次教材编写和相关专题研究中，对中国近代建筑做了一些脉络梳理和宏观阐释的工作。从第四版开始，搭构了以"现代转型"为主线的中国近代建筑的写史框架。

在长期从事的中国建筑史教学中，致力于探索和建立史论结合的教学体系，尽力摆脱建筑史教学停留于"描述性"史学的状态，结合史料、史实，展开深层的规律、机制、思想、手法分析，努力拓展建筑史学的"阐释性"内涵。因此，他从1960年代开始，同时对于涉及基本建筑理论的课题进行研究，涉及建筑矛盾、

建筑本体、建筑符号、建筑美形态、建筑模糊性、建筑软传统、建筑风格论、建筑创作论等层面。对若干重要理论问题，发表了相关论文，做了有哲理的探讨。其中所涉及当时的"禁区"建筑美学问题，成为日后卓有成就的方向。

侯幼彬针对建筑创作实践中缺乏创造性、独创性，存在统一化、简单化、模式化的现象，较早地把系统论观点应用到建筑创作领域，他认为，建筑是一个高度复杂、多值、多变量的非线性系统。因此，我们应当突破非此即彼、一种选择的"线性模式"而代之以非线性的"系统综合模式"，倡导开放的、豁达的、兼容的系统建筑观。这在倡导"繁荣建筑创作"的时期，有十分积极的理论意义。

1990年代开始，侯幼彬专注于"中国建筑美学"分支学科的探索，搭构中国建筑美学的基本理论框架，有系列的基本论点，有一定深度的展开。如对中国建筑的形态构成、组合规律、设计意匠、设计手法，以及对中国建筑所体现的文化精神、文化心理、审美意识、审美机制等等，从多维的视角作了概括性的梳理、阐释。《中国建筑美学》这本跨学科建筑理论专著的出版，对重新认识中国建筑的美学内涵，具有新时代的重要意义。经"教育部研究生工作办公室"审定，该书列为"研究生教学用书"。

（12）曾昭奋（1935—2020）

1960年毕业于华南工学院建筑学系，在清华大学建筑系任教，1986—1995年任《世界建筑》杂志主编。

建筑评论一向是建筑论坛很不活跃的领域，尤其是对建筑指名道姓的评论意见，更是凤毛麟角。1980年代，曾昭奋就积极开展当代中国建筑评论，他的立场鲜明，反对复古主义，敢于直面权威人士的作品，如他批评贝聿铭的香山饭店占据美丽的风景区，破坏了环境，而且造价昂贵；批评戴念慈的阙里宾舍"……当我们的双脚落到地面上来，回到我们正向四化进军的伟大现实中来时，我们感受到的却是：空间的窒息、时间的倒流、文化的僵化和老化"。他认为重檐十字脊瓦顶大厅是"是对手工业的少、慢、差、费的歌颂，是对一种僵化的传统形式的狂热崇拜"。1989年出版了他的建筑评论集《创作与形式》，在中国的建筑论坛上是少见的。

改革开放以前的建筑论坛很少为建筑师立传，曾昭奋主编了《当代中国建筑师》系列丛书，为中国建筑师树碑立传；《十大师印象记》（1999）记载了中华人民共和国成立50年以来，活跃在建筑理论和建筑创作领域的十位建筑师；《沟边志杂（八）——第20届世界建筑师大会中国青年建筑师展》（1995）一文，较早的介绍了活跃在建筑实践与理论舞台的8位青年建筑师。曾昭奋主编了《莫伯治作品集》《周卜颐建筑文集》等，是改革开放后大力推介建筑师特别是中青年建筑师的重要作者。

（13）顾孟潮（1939—）

1962年毕业于天津大学建筑系，曾分配至新疆从事建筑设计工作，改革开放后调回北京，后在建筑学会工作。

顾孟潮是一位对新事物敏感的理论家，由于在建筑学会工作，使他有开阔的视野、广泛的涉猎。信息技术是改革开放之后的前沿性课题，早在1986年，他就提出"信息游泳术"问题，即"信息对策学"。1993年又就信息的分类、属性与层次，建构了"信息塔"，这是一个广泛适用于包括建筑理论和设计、研究、认知、操作的模型。

顾孟潮长期关注建筑的基本理论，持续关注比较沉寂的建筑评论以及当代建筑动向和历史。他以锐利的笔锋，写出许多观点鲜明的评论文章。他也是位热心建筑社会活动的组织者，他曾组织"中国建筑文化沙龙"，为建筑理论的研讨和密切文化界的关系作出贡献。1996年11月6日《人民日报》发表了钱学敏的文章《钱学森论科学思维与艺术思维》一文，披露了钱学森增补完成的现代科学技术体系的整体构想图，把建筑科学列为第十一个大科学部门，顾孟潮和其他学者及时沟通了钱学森理论和建筑界之间的关系，将钱学森有关建筑哲学和建筑科学的思想引入建筑领域，为建筑理论的研究提供了新的方法和视野。他的系列研究论文《建筑哲学概论》（三篇），在许多大学的相关课程中得以传播。顾孟潮对钱学森提出的"山水城市"理念，作了广泛的研究，出版了《杰出科学家钱学森论山水城市与建筑科学》等专著，作出独特的贡献。

（14）布正伟（1939—）

1962年毕业于天津大学建筑系，同年考入硕士研究生，导师徐中，1965年毕业，一直在建筑设计第一线从事建筑创作。

布正伟是一位学者型的建筑师，早在读书期间，就在《人民日报》上发表过文章，介绍建筑彩画艺术。在"文革"的动荡中，他继续研究徐中提出的课题《在建筑设计中正确对待与运用结构》，写成《现代建筑的结构构思与设计技巧》一书，于1986年出版。

布正伟一边建筑创作实践，一边建筑理论研究，自1980年代起，逐步形成了自己的一套建筑创作理论"自在生成论"，《新建筑》杂志的早期曾聘任他为特约主编。1990年代大力关注外来的"语言学"的消化，同时，也开始了自己的"建筑语言学"研究，发表了多种阶段性成果。布正伟对于建筑环境和现代艺术问题，有着潜心的研究，并在自己的创作实践中身体力行，亲自制作雕塑或装置，取得良好效果。除了发表一些有关环境问题的论文之外，还积极参加和推动相关的社会活动。

（15）郑时龄（1941—）

1965年毕业于同济大学建筑系，1981年获同济大学建筑设计及理论硕士学位（师从黄家骅和庄秉权）并留校任教，1994年获建筑历史与理论博士学位（师从罗小未）。期间，曾在意大利和美国等国高等院校做访问学者和讲座教授等。郑时龄的教学范围广泛，包括建筑设计和城市设计理论与实践、建筑历史及其理论、美术历史等。他的研究工作同样宽广，以建筑的基本理论为平台，课题涉及建筑美学、建筑评价论、城市与建筑发展史、上海近代和当代建筑史论等。

郑时龄在1990年代初就翻译出版了西方现代建筑的名著，如《建筑学的理论和历史》《建筑的未来》等，还出版了介绍外国建筑师的《黑川纪章》，为中外现代建筑文化交流作出积极贡献。对上海城市规划和建筑的研究，是他的重要课题之一，发表了系列论文，如《上海城市空间环境的当代发展》《当代上海住宅的发展特点及新模式探索》等，出版了学术专著

《上海城市的更新与改造》《上海近代建筑风格》得到同行的好评。

郑时龄是我国建筑批评学的开拓者。1996年，他出版了另一学术专著《建筑理性论——建筑的价值体系与符号体系》，他运用建筑的本体论，引入中西人文主义思想，建立了"建筑的价值体系和符号体系"这一具有前沿性与开拓性的理论框架，成为他的建筑批评学基础之一。稍后出版的《建筑批评学》，是一部完整的建筑理论著作，对于缺少建筑批评实践的中国建筑论坛而言，需要尤为迫切。该书是高校建筑学学科专业指导委员会规划推荐教材，也是上海普通高校"九五"重点教材。

在短短的篇幅中，介绍建筑理论工作者及其成就，不论对于人物的数量还是对成就的内容，必然都是挂一漏万，这是无可奈何的事情。期望有比较全面的研究著作，不泯灭建筑理论工作者的辛勤和贡献。

7.4　作品的外出和外来

7.4.1　从援外到开拓国外市场

中国建筑走向国外，自援外建筑开始，1970年代是一个高潮，已经形成了适应援外工作需要的配套组织体制，建立了从工程勘察、设计、施工到交工全过程的管理体制，培养储备了一大批有援外工作经验的各种专业人员。

1980年代以来，适应国际形势的变化，对外经济贸易部对于经援工作体制作了改革，试行项目投资包干办法。1982年，在北京召开了全国首次对外承包工程、劳务合作工作会议，胡耀邦提出援外工作"守约、保质、薄利、

重义"的指导思想。1983年，开始全面推行承包责任制，加大了援外项目实施单位的经济责任，从根本上克服了过去经援工作的预、决算制，避免了只算政治账，不算经济账的弊端。对外经援也在从计划经济向市场经济转型中，显露出一些新面貌。

1）国际市场的开拓

1980年代后期，建设部所属的中建总公司、中房总公司和建设系统其他公司和事业单位，依据国际市场形势，确定多方位开拓市场的方针，即在巩固和进一步发展两伊战争后的中东、北非市场的同时，积极开拓经济活跃、投资兴旺的东南亚和港澳地区市场；发展市场广阔、经济稳定增长的北美市场，以中苏关系正常化为契机，大力开展工程承包和劳务合作。形成了"发展亚太、巩固中东，开拓独联体市场"的发展战略。全方位的开放格局，为建筑设计走向国际市场奠定了基础。

1980年国家城市建设总局在香港创建首家设计机构"华森建筑与工程顾问有限公司"，其后在阿拉伯也门共和国与外商公司合资经营了"也中建筑工程有限公司"，1986年在香港及东京注册成立了"华艺设计顾问有限公司"。这些机构的成立，结束了在国际建筑设计市场竞争中长期缺席的局面。

为推进开展国际工程设计咨询业务，1992年，由建设部建筑设计院、航空规划设计院等36个设计院和10多家国际合作公司联合成立了"国际工程咨询协会"。协会积极开展活动，同世界50多个国家和地区的同行建立了合作关系，并加入了国际咨询工程师联合会（FIDIC）。

2）援外建筑新局面

自从"援外"的概念被"市场"概念替代之后，唤醒了建筑师在国际设计市场的竞争意识，不但在东南亚和非洲地区建立了良好的信誉，而且能在国际市场的招标中，同发达国家一争高低。1986 年由航空技术公司设计的阿联酋保龄球和游泳馆，在有英、法、西德等 8 个国家的公司参与竞争的情况下夺标，它是中国第一个通过国际投标而进入国际市场的网架工程。在印尼雅加达电视塔的设计竞赛中，华东建筑设计院在 12 个参赛方案中一举中标。有意思的是，中国建筑也向对中国建筑影响多年的原苏联市场进军。

援外建筑成为中青年建筑师展现才华的用武之地，他们释放了被长期压抑的个性，孕育出一批优秀的建筑设计方案，开创了援外建筑设计的新局面。

（1）突尼斯，突尼斯青年之家

利用场地平面形态特点组织建筑空间，整组建筑以圆形为母题，圆券、圆拱、球顶反复出现、不断变化。白色调主体建筑主入口饰以富有韵味的琉璃瓦、灰红色圆柱。用"类型学"原理，把阿拉伯建筑最典型的部件归纳、提炼、升华、抽象，淡化处理后用于新建筑上，并赋予新的意义与功能，产生新的形象。紧紧把握住整体的构思和细部雕琢一气呵成，环境设计、建筑设计、室内设计三者结合一体。利用东西10m 高差的地形，解决机动车停放问题。

（2）加纳，阿克拉，加纳国家剧院

该建筑位于加纳首都阿克拉市中心主干线的交叉口上，位置十分显要。占地面积1.55hm²，建筑面积 1.2 万 m²。建筑包括：1500 座位的剧院、展览厅、排演厅和一个可容纳 300 人的露天剧院。作者把创作程序归纳为："理性和意象的符合过程 = 创造"，黑非洲舞蹈、雕塑和壁画等，艺术的粗犷神采和原始而炽热的情感强烈地震撼着作者。结合三角形地形和功能要求，将 3 个方形单元旋转、弯曲、切割、升腾，塑造了一个奔放、有力而不失精致和浪漫的体量，当时国内作品中十分罕见。剧院休息厅四壁处理简单，唯有墙上的艺术品和中庭的金属构成，形成具有现代感的意趣。观众厅内部空间为无阻挡视线设计，3 层楼座最远视距仅为 24m，应邀测试的菲利浦公司专家对音质十分满意。

图 7-111　突尼斯青年之家，1990，设计单位：北京建筑设计研究院，建筑师：刘力、王永建、邵韦平

图 7-112　阿克拉，加纳国家剧院，1985—1992，设计单位：杭州市建筑设计院，建筑师：程泰宁、叶湘菡（图片提供：程泰宁）

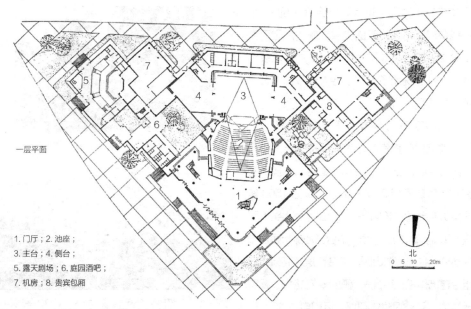

一层平面

1. 门厅；2. 池座；
3. 主台；4. 侧台；
5. 露天剧场；6. 庭园酒吧；
7. 机房；8. 贵宾包厢

北
0 5 10 20m

图 7-113 阿克拉，加纳国家剧院，首层平面

（3）马里，巴马科，马里会议大厦

该建筑位于马里的巴马科，马里最主要的河流尼日尔河的一侧，占地面积 6.592hm²，建筑面积 1.182 万 m²，建筑由 1000 人、200人、100 人的会议厅，接待厅，300 人的宴会厅等组成。马里会议大厦外景为了以优美的尼日尔河景色为借景，在会议厅、接待厅之间以连廊形成半围合的空间，使建筑与环境更能互相渗透。在屋顶、拱廊以及广场装饰性构架的设计中，尝试传达某种当地伊斯兰建筑的韵味。如花的拱饰组成的雕塑，挺拔而富于装饰；喷泉的竖向水柱加强了向上的动势。

（4）埃及，开罗国际会议中心

建筑面积 5.8415 万 m²，是个符合国际标准的现代化会议中心。总体上注重环境效果，建筑的主要轴线与原有的埃及无名英雄纪念碑关系和谐，布局充分利用地面的高差。两座圆

图 7-114 阿克拉，加纳国家剧院，入口

图 7-115 巴马科，马里会议大厦，1989—1995，设计单位：杭州市建筑设计院，建筑师：程泰宁、叶湘菡、徐东平等（图片提供：程泰宁）

形主体建筑（国际会议厅和宴会厅）的外侧，配以线条粗犷的埃及双曲尖拱柱廊，庄重而富于纪念性；室内设计融入埃及伊斯兰建筑装饰艺术。埃及总统授予工程主持人魏敦山"国家一级军事勋章"。

（5）喀麦隆，雅温得，喀麦隆文化宫

该建筑位于首都雅温得北部恩孔卡纳小丘上，比市中心高出100余m，是西北风景区的制高点。建筑面积3.079万m²，包括1500座位的多功能会堂、400座位的会议厅，山头上要求设500辆汽车的停车场。结合当地热带建筑和山地建筑的特点，依山顺坡借台错层，高架孔廊等组合建筑体量，用各式遮阳板、花格墙、漏窗和明亮的色彩处理建筑细部。运用自由的手法，在比较复杂的地形上布置比较复杂的功能。

（6）缅甸，仰光，缅甸国家剧院

该建筑位于首都仰光，建筑面积1.0335万m²，1500座位。建筑体量的处理十分简洁，台阶和外廊形成建筑的"托盘"，门厅的连续大片玻璃又将主要体量浮起，主体量是一个十分简单的实体，在空灵的下部承托下，显得稳重自若。

（7）塞拉利昂，弗里顿，塞拉利昂政府办公楼

该建筑位于弗里顿市的显要部位，由主楼和东、西配楼组成，建筑面积1.8036万m²，10层，建筑对称布置，有明显的中轴线。主要入口前设一广场，中央有喷水池，并有构成塞拉利昂国旗的绿、白、蓝三色灯光分别照射三组水柱，与建筑相配合创造了政府办公中心的气魄。建筑采用瓦楞铝板通风屋面，同时解决了屋面的排水和隔热问题。由钢筋混凝土遮阳板

图7-116　巴马科，马里会议大厦，楼梯间

图7-117　开罗国际会议中心，1983—1986，设计单位：上海市民用建筑设计院，建筑师：魏敦山、滕典、严庆征等（图片提供：上海市民用建筑设计院）

图7-118　雅温得，喀麦隆文化宫，1981，设计单位：中国建筑西北设计院，建筑师：杨家闻等（图片提供：中国建筑西北设计院）

图7-119　仰光，缅甸国家剧院，1990，设计单位：广西建委综合设计院，建筑师：陈璜、蒋炎、蒋伯宁等（图片提供：陈璜）

图 7-120 弗里顿，塞拉利昂政府办公楼，部级办公楼和国际会议厅，1983，设计单位：建设部建筑设计院，建筑师：罗仁熊、王天锡、王传霖、周庆琳（图片提供：王天锡）

图 7-121 科伦坡，斯里兰卡高级法院大楼，1985—1989，设计单位：安徽省建筑设计院，建筑师：俞祖珍、程培林、蒋士龙

形成的立面基调，通透而轻巧，具有湿热带地区建筑风格。政府国际会议厅位于大楼南侧，有空廊与大楼相连，并形成一个安静的内院。建筑的外墙采用了大片的水泥花格，材质和风格与政府大楼相协调。警察总局办公楼的建筑处理亦采用遮阳板，形成一组十分完整的建筑群。

（8）斯里兰卡，科伦坡，斯里兰卡高级法院大楼

该项目建筑面积 2.6 万 m²，由上诉和最高法院楼（主楼）、司法部办公楼（配楼）及辅助用房三部分组成。因其为国家最高司法部门所在

地，斯里兰卡要求以其独特的建筑形象来弘扬民族精神，体现法制的主宰作用。上诉和最高法院楼是整组建筑群的主体，最高法院的屋顶，借鉴了斯国 13 世纪"康堤王朝"的"康堤式"屋顶形式：平面八角形，立面曲线锥形，犹如佛徒双手合十。屋顶覆盖下的八角形法院大堂高 18m，双层弧形天棚，内部装修以斯里兰卡民族图饰为主。阳光从顶部环形天窗射入，渲染出法律主宰一切的庄严、权威气氛。配楼屋面设计成四边形曲面尖锥顶，与主楼屋顶相呼应。公众入口两侧安设作为民族象征的铜质雄狮。整组建筑具有强烈的标识性、鲜明的斯里兰卡文化色彩。

（9）瓦努阿图，维拉港，瓦努阿图会议大厦

瓦努阿图为南太平洋中一岛国，风景优美，气候宜人。议会大厦规模 5580m²，包括多功能厅、议会厅、图书馆、办公室、餐厅等。建筑师从历史遗迹、民间艺术、地方民居中获得设计灵感。位于主体建筑中轴线上的多功能厅，平面由一螺旋线决定，目的是使人联想到作为瓦努阿图国家象征的野猪牙图案。在外观

图 7-122 瓦努阿图会议大厦，1991，建筑师：王天锡（图片引自：《中国百名一级注册建筑师作品选：第五卷》）

图 7-123 伊斯兰堡，巴基斯坦体育综合设施之体育馆，1985，设计单位：华森建筑与工程设计顾问公司，建筑师：梁应添、熊承新、吴持敏等（图片提供：建设部建筑设计院，摄影：张广源）

图 7-124 布里奇敦，巴巴多斯体育馆，1987—1992，设计单位：东南大学建筑设计研究院，建筑师：高民权（图片引自：《全国优秀建筑设计选：下卷》）

图 7-125 科托努体育中心之体育馆，1980 年代，设计单位：华东建筑设计研究院，建筑师：项祖荃、贺松茂、秦志欣等

处理上采用当地传统民居形式，仿木构架双坡屋顶，覆红色瓦状轻钢屋面。重点部位——入口门廊和多功能厅的屋顶采用民间常用的一种树叶屋顶，颇具热带风情。

（10）巴基斯坦，伊斯兰堡，巴基斯坦综合体育设施之体育馆

巴基斯坦综合体育设施用地 60hm²，总建筑面积 7.126 万 m²，体育馆 1 万座位，体育场 5 万座位，练习馆 500 座位。体育馆由 4 支点的网架覆盖，采用 4 根柱子支承的 94.4m×94.4m 的空间网架新结构，柱子跨距只有 62.44m，形成巨大而灵活的空间。厅内座位布置避开了 4 根柱子所占区域，保证了各区的最佳视觉质量。屋盖施工采用整体顶升新工艺，为确保安全可靠，对施工方法进行了周密细致的研究。体育馆的通风设计，将过去惯用的由内墙顶端四周向中心送风的空调装置，改为悬挂中央的中心环送风方式，解决了观众席长期存在的脑后风的弊病。

（11）巴巴多斯，布里奇敦，巴巴多斯体育馆

该建筑位于巴巴多斯首都布里奇敦，是加勒比地区一流的现代化体育馆，建筑面积 9941m²，3988 个座位。平面为 66m×66m 的正方形，大型平台有 6 个入口与比赛大厅相连，成为适宜当地气候条件的休息场所。

（12）贝宁，科托努体育中心之体育馆

体育中心包括体育场、体育馆、游泳馆等项目。体育馆 1.4 万 m²，5000 座位。设计结合了当地的气候特点，采用自然通风的开敞式看台，既节约了造价，又具有当地的建筑风格。

（13）肯尼亚，内罗毕，肯尼亚国家综合体育设施体育中心

该建筑位于肯尼亚首都内罗毕市东郊 7km 处的卡萨尼亚地区，坐落在一片开阔的坡地上，主要竞赛区由 6 万座位的灯光体育场、5000

座位的体育馆、2000 座位的游泳场和 200 床位的运动员宿舍等，组成统一协调的建筑群，周围分散布置了足球、田径、篮球、排球、手球、曲棍球等各种训练场地及相应的停车场，并同毗邻的体育村、能源交通中心、通讯医疗和后勤服务机构紧密相连，形成规模庞大、设施齐全、环境优美的大型体育活动中心。

（14）肯尼亚，内罗毕，肯尼亚国家体育综合设施之体育场

体育场建筑面积 5.659 万 m²，6 万座位。平面呈椭圆形，设 3 层看台，周边式挑棚，观众席遮盖率 60% 以上，具有良好的视觉质量和比赛条件。建筑造型和结构构件相结合，运用三角形看台板、挡风墙板、框架斜大梁和斜柱组合整体造型。同时，利用看台的分区和结构温度区段的设置，将庞大的体育场划分成由 24 个花瓣组成的图案。内部空间的处理采用了开敞式的休息厅、连廊和嵌入式的庭院布置，使建筑通透，具有热带建筑特色。

（15）肯尼亚，内罗毕，肯尼亚国家体育综合设施之体育馆

体育馆建筑面积 1.225 万 m²，4870 座位。

图 7-126　内罗毕，肯尼亚国家综合体育设施体育中心，1979—1989，鸟瞰，设计单位：中国建筑西南设计院，建筑师：周方中、吴德富、万福春（图片提供：中国建筑西南设计院）

图 7-127　内罗毕，肯尼亚国家体育综合设施之体育场，1987，设计单位：中国建筑西南设计院，建筑师：黎伦芬、吴德富、石红佑等（图片提供：中国建筑西南设计院）

图 7-128　内罗毕，肯尼亚国家体育综合设施之体育馆，1989，设计单位：中国建筑西南设计院，建筑师：周方中、吴德富、万福春、李子义

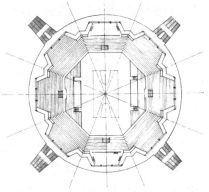

图 7-129　内罗毕，肯尼亚国家体育综合设施之体育馆，平面

体育馆为八角形，周边有宽敞的圆形平台，观众厅由赛场和周围的 8 个花瓣形观众席空间组成。采用花瓣形体量使屋盖的跨度自 76m 减少到 66m。

（16）毛里求斯普列桑斯机场

航站楼结合地形，采用大部分旅客在同层处理流线的空间布局，各种流线互不干扰。造型力求体现当地建筑风格，且体现航站楼的性格。

7.4.2 外来作品经验超越形式

在中国土地上的海外建筑师作品，特别是高水准建筑师的作品，在改革开放近 20 年间对于中国建筑有强烈的影响和促进作用。从某种程度说，比外国建筑理论引进的作用意义更为重大。

与建筑创作的大环境一样，海外建筑师在中国的活动也可以分为前、后两个 10 年。1980 年代，以旅馆建筑为龙头，合作设计了许多高级的旅馆项目；1990 年代，项目的类型逐步扩大到办公楼、商业、医院、公寓和居住建筑等。

如此类型广泛的建筑样板，包含了许多值得建筑师认真学习和思考的经验。

第一是海外事务所的严格设计管理和高效率，特别是设计的市场意识，与国内以不变应万变的设计管理体制形成对照。

第二是先进的设计观念和方法，很少有人标榜风格流派的追逐。适用、高效和经济效益，始终是建筑师考虑问题的重点，同时追求建筑师个人的独特精神。

第三是比较雄厚的技术实力和丰富的设计经验，首先突出地表现在建筑超高层的突破，如上海 460m 高的环球金融中心（美国 KPF 事务所）、420.5m 的金茂大厦（美国 SOM 事

图 7-130 毛里求斯普列桑斯机场，1981，设计单位：云南省建筑设计院，建筑师：饶维纯、包养正（图片引自：《中国百名一级注册建筑师作品选：第二卷》）

务所）；其次表现在各类超大型复杂公共建筑之中，例如超大型机场、功能复杂的大剧院等。

第四是努力对当地的建筑文化内涵作悉心探求，使得设计尽量与当地的历史文脉结合，力图使建筑融合到当地的环境中去。

总之，值得认真学习的海外建筑设计经验，多数在建筑形式之外，例如管理、技术、设备和全新的设计理念等，而不是表面建筑形式的雕琢。

当然，海外的建筑师事务进入中国建筑设计市场，主要是商业目的，而不是来支援中国建筑创作的。所以，单位和个人也是鱼龙混杂，我们应该清醒对待。

（1）深圳，发展中心

该建筑位于市中心区，占地 0.76hm²，建筑面积 7.6 万 m²，由五星级酒店、高级写字楼和各种商场组成具有国际水准的现代化综合性大厦。标准平面为圆形，将高层的核心部分移至与圆形相切的位置，使得有条件形成大的空间；立面的台阶形处理，增强了现代社会的动势。

（2）天津，水晶宫饭店

该建筑坐落在友谊路与宾水道相汇的十字路口，占地约 2hm²，建筑面积约 2.9 万 m²。拥有 363 间、348 套客房、697 张床位。建筑为 7 层板柱剪力墙结构。结合基地多水的环

图7-131 深圳，发展中心，1992，设计单位：香港迪奥设计顾问公司与华森建筑与工程设计顾问公司合作设计（左）

图7-132 天津，水晶宫饭店，1988，设计单位：（美）吴湘建筑设计事务所、天津市建筑设计院，建筑师：吴湘、祝狄英、张佩生（右上）

图7-133 天津，水晶宫饭店，临水的背面（右下）

图7-134 北京，中日青年交流中心，1990，设计单位：（日）黑川纪章建筑事务所与北京市建筑设计研究院合作设计（图片提供：《世界建筑》杂志贾东东）（左上）

图7-135 上海，新世纪商厦，1995，设计单位：（日）清水建设株式会社与上海建筑设计研究院合作设计（图片提供：上海建筑设计研究院，摄影：陈伯熔、毛家伟）（左下）

图7-136 上海，新世纪商厦，入口（右）

境，水晶宫饭店光亮简洁，两翼舒展，线条流畅。并不用整片玻璃幕墙，而是玻璃和涂料虚实相间，用料简朴、手法干净。饭店后部是一大片水域，远景岸树葱郁、近处银光闪烁，反射玻璃与水平如镜的湖面相互辉映，赋予建筑强烈的"水晶"意匠。

（3）北京，中日青年交流中心

该建筑位于北京三环亮马河畔，占地5.5hm²，建筑面积6.8万m²。该中心由21世纪饭店、世纪大剧院、游泳馆及友好之桥四部分组成。各部体量富于象征性，加以园林的手法，不但构成了美好的环境，同时形成了比较容易体会的文化内涵。

（4）上海，新世纪商厦（第一八佰伴）

该建筑位于浦东南路张扬路口，总建筑面积14.4万m²，由一栋11层的百货商店和一栋22层的办公楼组成，高99m。门廊围合了一个多变的空间，是城市和建筑的过渡部分。连续的拱廊和顶部的结构形成竖直和水平两个渐进的韵律，建筑细部处理和结构相结合。

（5）上海大剧院

该建筑位于上海人民广场，占地面积4.69hm²，建筑面积6.2万m²。大剧院设2000座位，能满足国际一流歌剧、舞剧和交响乐的演出。弧形屋面上是露天音乐厅，有雨可加玻璃顶。建筑采用晶莹、透明的材料，并考虑到灯光效果。

（6）敦煌石窟文物保护研究陈列中心

为保护敦煌莫高窟千佛洞及其文物，日本提供资金建设项目，旨在为研究人员提供部分研究设施。为了不破坏场地的历史及空间环境条件，选择了高5~6m的平缓沙丘作建设用地，

图 7-137　上海大剧院，1997，设计单位：（法）夏氏建筑设计事务所与华东建筑设计研究院合作（图片提供：《世界建筑》杂志贾东东）

图 7-138　敦煌石窟文物保护研究陈列中心，1994，设计单位：（日）日建设计与西北市政工程设计院合作（图片提供：《世界建筑》杂志贾东东）

并把 2 层高的陈列中心的一部分埋入沙漠之中，既可使建筑物与地形融为一体，又可使之与严酷的气候隔绝；把屋面做成石棉板和混凝土的双层屋面，可以利用早晚的固定风向促使顶棚内换气；陈列厅内布置流水式补助性冷气设备，冬天采用炕式地板采暖；外墙的大型砖块采用沙漠上的沙子作坯料，在当地烧砖，并作花锤处理，使建筑有如沙漠中生长。

7.4.3　对引进建筑理论的观察

中国建筑师与西方建筑理论大约隔绝了 30 年，1980 年代建筑界开启了一个建筑理论与建筑历史重建的过程。大量前辈学者、青年学子以及热心的编辑家、出版家，为持续地引进外来建筑理论活动作出了积极的贡献。

1）对外来理论的正面观察

（1）拨乱反正后促进确立建筑创作多元化和包容性的局面

改革开放之初，"千篇一律"是建筑创作乃至整个文艺创作的沉重现实。这时引入的外来建筑理论和作品，如所谓后现代建筑、高技派或 POP 等，尽管其中有些当时看来是离中国国情尚远的东西，毕竟展示出了"多样化"可以"多"到何种程度的样板。同时，引入活动也使得建筑界的包容性越来越大。

（2）逐渐认识到经典现代建筑在环境和感性等方面的缺失

当中国建筑界对经典现代建筑"补课"的时候，国际上建筑理论正在清算现代建筑的种种"罪状"，这是个很大的反差。这种环境反差，表面看是一种混乱，但正是从正负两个方面认识经典现代建筑的好机会。人们终于认识到，环境和可持续发展问题，是现代建筑发展过程中被严重忽略的根本性问题。

（3）拓展了对建筑理论的哲学思考以适应建筑日益复杂化

在当今社会对建筑的要求越来越复杂多变的条件下，把哲学家新的思想方法引入建筑创作，不但可以丰富建筑理论，无疑还会大大深化建筑作品的内涵。如语言分析的方法将会拓宽建筑构思和艺术手法；"解构"哲学对文学创作和文学批评的"解体批评"，[1] 是具有现代精

---

① 在文艺界 deconstruction 翻译成"解体批评"或"消解"，更贴近该词的内涵。

神的思想和方法，但把它当成建筑的风格流派
是不恰当的。

（4）计算机辅助设计大大促进建筑设计和
表现手段现代化

1990年代以来，计算机辅助建筑设计在
建设大潮中迅速在全国设计单位普及。起初着
重绘图，各大设计单位纷纷"扔掉图板"。进而
是对建筑设计活灵活现的表现，一直达到当今
的部分"智能化"设计方法。它有多方面意义，
至今还难以全面评估，例如对建筑教育的影响。

2）对外来理论的负面响应

这次对国际建筑理论的引入，完全是建筑
界的自觉、自主。因而，中国建筑师对此做出
的响应，也是真实而客观的。像任何事物的两
面性一样，这次引进也表现出不能忽略的负面
响应。

（1）建筑理论晦涩和异化

哲学和建筑学之间的学科界限，加之学
界缺乏扎实研究，使得哲学理论和建筑理论
之间总是"两张皮"。涉及哲学的论述，常常
是"晦涩难懂""高深莫测"。这样，建筑理
论就发生了"异化"，即所谓建筑理论的非建
筑化，中国建筑理论的非中国化，进而导致建
筑理论的非社会责任化现象。许多建筑理论
的介绍和研究脱离国情现实，脱离建筑实践，
脱离人民生活。

（2）理论片段与建筑片段

进入1990年代以后的建筑设计市场，夹
杂着泡沫的建筑设计任务层出不穷，设计任务
始终难以按正常周期应对。由于新兴的业主和
一方的长官们，对建筑设计提出特殊的甚至是
远离实际的"先进"要求，建筑设计市场不需

要建筑理论，只要建筑"样本"提供的"建筑
片段"和可供当作说辞的"理论片段"，以表示
"与国际接轨"。

7.5　迎接21世纪的花束

作为"世纪末"的1999年，建筑活动有
许多好兆头：中国西部昆明市的世界园艺博览
会，正在向世界报春，预示着这里"西部大开发"
的世界含义；中华世纪坛作为一个象征，人们
站在这里总结中华民族的历史并展望未来。

但是，1999年最令人瞩目的是首都国际
机场新航站楼的落成和国家大剧院方案的征集，
如果我们再把这两个最大的交通建筑和文化建
筑联系起来，会具有一种十分令人鼓舞的象征
意义：为迎接更加开放的新世纪做建筑准备。

这两座建筑：国际机场新候机楼——可能
是20世纪规模最大、建筑功能极复杂、建筑
技术先进的交通建筑；国家大剧院方案——在
争议中定案的、与周围传统建筑毫无关系的、
宏大圆浑的建筑，用它来小结1999年乃至近
20年的建筑观念、建筑艺术和建筑技术，将是
恰当的实例。它们是继改革开放之初贝聿铭的
香山饭店之后，国际建筑大师对中国建筑观念
的又一次冲击，在中国改革开放20年并即将
进入新世纪的日子，不能不是未来中国建筑的
有历史意义的开端。

7.5.1　首都航站楼总结新意识

首都机场航站楼的三次建设历史，包含着
中国建筑设计进步的历程，充分显示出设计规
模、能力和水平的发展。

首都航站的三代候机楼比较　　　　　　　　　　表 7-1

建设年代	建筑名称	建筑面积（万 m²）	年吞吐量（万人次）	高峰人次人次/时	停机坪位	停车位	造价（万元）
1958	首都民用机场航站大楼	1.1				400	198
1970	首都国际机场航站楼	5.8	30	1500	20		
1999	首都国际机场新航站楼	32.6	3500	12200	36	5171	92000

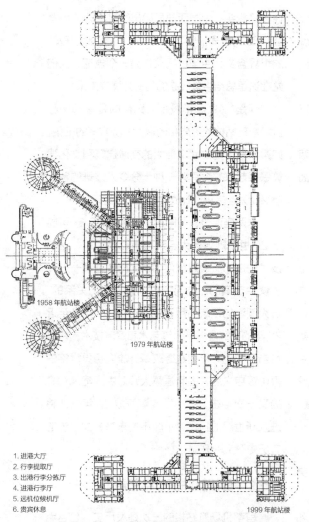

1958 年航站楼

1979 年航站楼

1. 进港大厅
2. 行李提取厅
3. 出港行李分拣厅
4. 进港行李厅
5. 远机位候机厅
6. 贵宾休息

1999 年航站楼

三代航站楼首层平面（同比例）

图 7-139　三代首都机场航站楼同一比例首层平面的比较（图片引自：《建筑学报》, 1999（12）: 26）

新航站楼的设计，除了流程部分为加拿大 B+H 建筑设计事务所进行调整设计外，其余各专业均为北京市建筑设计研究院设计，因而在一定程度上具有设计能力的代表性。首都国际机场航站楼可以说有三代，他们的主要指标列在表 7-1 中。三代候机楼在规模上的变化可以说是惊人的。

除了从规模上感受航站楼的设计难度之外，还应看到建筑所体现的中国建筑的主管者、使用者和设计者，改革开放 20 年来建筑观念的进步。

（1）着力于建筑技术的创新

综观近 20 年的成果，形式上的创新远远重于技术方面的创新。机场航站楼有复杂的技术要求，客观上提供了技术创新的机遇，建筑师再也不能仅仅关注立面上的创新，而是精心处理智能设备系统、安全设备、资讯设备系统等新型技术所带来的种种建筑问题。

（2）对体现北京特色的宽容

如此大规模、现代化的机场航站楼，利用现代的建筑材料和结构方式，取得简洁明快的具有"时代性"的艺术效果，也是顺理成章。实际上，航站楼给人这样一个信息：北京最大的建筑竟然没有

图 7-140　首都民用机场航站大楼，1958，设计单位：建工部北京工业建筑设计院，建筑师：许介三

图 7-141　首都国际机场航站楼，1979，设计单位：北京市建筑设计院，建筑师：刘国昭、倪国元、孙培尧等

图 7-142　首都国际机场新航站楼，1999，鸟瞰，设计单位：北京市建筑设计研究院，建筑师：马国馨、马利

图 7-143　首都国际机场新航站楼，1999，东侧候机厅，设计单位：北京市建筑设计研究院，建筑师：马国馨、马利

图 7-144　首都国际机场新航站楼，1999，二层入口

通常一定要具备的传统和地方特色，体现了建筑创作多元思潮的并存。

（3）以人为本设计观的确立

以人为本的设计观念，不但在住宅，也在公共建筑中得以宣扬，从一些设施的数量看出这种关怀：内设电梯 51 台、自动扶梯 63 部、自动步道 26 条、公共厕所 38 处、公用电话近 400 个，广播系统有 276 个功效、5805 个音箱等。同时还有为残障人士提供专门的交通和服务设施。人本意识，将在未来的建筑创作中越来越突出。

（4）可持续发展意识的融入

航站楼采用合理的能源，提高设备的节能效率，控制超大厅堂的空间体积，控制外墙的玻璃面积，注重保温隔热等。同时还采用某些可以再生和循环使用的大量金属内外墙板、吊顶和柱面，以便按建筑材料的寿命结束时，可以翻新使用或安全处理。这座建筑虽然算不上完美的可持续发展的建筑，但在这样一个巨大的公共建筑中，努力贯彻这一原则，已具有一定的模范作用。

7.5.2　国家大剧院预示新观念

国家大剧院的建设，从 1958 年起，几经上下，历时 40 年。由于工程性质和位置的特殊性，以及工程本身的复杂性，决定了它是一件极具难度和挑战的工作。

国家大剧院基地位于北京长安街南侧、天安门广场的人民大会堂西侧，东西 224~244m，南北 166m，用地范围 7.61hm²，建筑用地面积 3.89hm²，其余为城市绿化。沿西长安街的建筑高度控制在 30m，局部可适当提高，但不得超过 45m。国家大剧院由歌剧院、音乐厅、戏剧场、小剧场等四个不同类型的剧场组成，并有相应的配套设施，总建筑面积 12 万 m²，投资约 20 亿元人民币。

国家大剧院的方案评选工作，前后历时一年零四个月，参赛方案 69 个，国内（包括香港）32 个，国外 37 个，经过两轮竞赛和三轮修改，在激烈的观念交锋中，确定了法国巴黎机场公司建筑师安德鲁的方案。

这是一个十分独特而有个性的方案，完全冲破了人们的预料和想象，特别是作为国家意

志的选择。它的实施将对中国下个世纪的建筑创作和思想，发生重要的影响。

方案设想，人民大会堂以西、历史博物馆以东，作为城市绿化公园，一直延续至前门，实现对天安门广场的绿化包围，大大地改善广场周围的小气候；建筑体形大体上为扁椭圆形，形象不很强烈，以轴线关系与周围的建筑协调；钛金属板的巨大体量放置于水中，观众经过透明的水下长廊进入剧院，头顶水波，具有神奇的感受。体量上开启优美曲线的天窗，与金属屋面合成一个具有张力的整体。

国家大剧院的方案评选以及定案，都在建筑界掀起了一个活跃的议论高潮，许多建筑师、学者发表评论，无论是支持还是质疑，均以开放的姿态畅谈自己的意见。热情地对国内外同行的众多方案发表议论，同时也对大剧院牵涉到的许多方面进行自由评论，有尖锐的意见。普通民众也参加了热烈的讨论，盛况空前。

国家大剧院和首都国际机场航站楼一样，首先是在建筑技术、建筑材料以及建筑声学系统方面的新技术应用的突破和创新。其次，象

图 7-145　北京，国家大剧院，1999—2007，鸟瞰，设计单位：（法）巴黎机场公司与清华大学建筑设计研究院合作设计，建筑师：安德鲁（图片引自：《中国国家大剧院建筑设计国际竞赛方案集》）

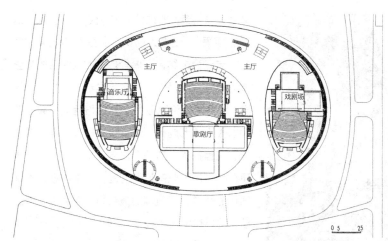

图 7-146　北京，国家大剧院，首层平面

图 7-147　北京，国家大剧院，北大厅

征国家精神文明建设的新成就的大剧院，在充满古代传统建筑以及中华人民共和国成立之后新传统建筑的特殊环境里出现，预示着中国主流建筑观念在新世纪的变革。中国建筑师有许多理由容纳这个实施方案，不论从交流、欣赏甚至从"反面教材"的角度。

7.5.3　国际建协大会的新方向

1999 年 6 月 23—26 日，国际建协（UIA）第 20 届世界建筑师大会在北京人民大会堂隆重开幕，来自世界各地的 6000 多位建筑师和学生参加了大会，这是世界建筑师的盛会，更是中国建筑师的盛大节日。

国际建协成立于 1949 年，是代表 100 多个会员国和 100 余万建筑师的全球唯一的国际性建筑师组织。自成立以来，即关注社会的重大课题，以为人类营造美好的生活环境为己任，在三年一度召开的世界建筑师大会上，都提出一个深刻的主题，成为建筑师和国际社会所关注的热点，第 20 届大会的主题是"21 世纪的建筑学"。

申办在中国召开建筑师大会是几代建筑师的愿望。自 1985 年起至 1993 年，历经 8 年申办成功，自那时起，建筑学会和相关的政府部门即积极地展开了筹备工作。政府给予本次大会以大力支持，经国务院批准，成立了 16 个部委组委会。全国政协主席李瑞环担任名誉主席，建设部部长俞正声任主席，建设部副部长、建筑学会理事长叶如棠为执行主席。

在北京人民大会堂国际建协（UIA）第 20 届世界建筑师大会开幕式上，大会名誉主席李瑞环发表了演讲。他指出，20 世纪是人类取得巨大进步的世纪，也是人类社会蒙受巨大灾难的世纪。他呼吁："一切有责任有良知的人们，都应该行动起来，献身于认识自然、保护自然的崇高事业。"

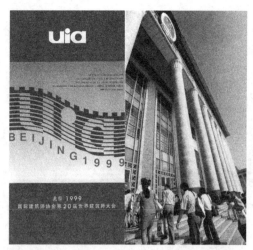

图 7-148　北京，国际建协（UIA）第 20 届世界建筑师大会会标与会场人大会堂入口

图 7-149　北京，国际建协（UIA）第 20 届世界建筑师大会在人大会堂隆重开幕

（1）主旨报告

中国建筑学会副理事长、大会科学委员会主席吴良镛作了以《世纪之交展望建筑学的未来》为题的主旨报告。他在谈了 20 世纪建筑在建设上和理论上的辉煌成就之后，说到建设发展存在着缺憾。报告努力寻找下一个世纪的"识路地图"，认为改弦易辙的开始是"环境意识的觉醒"，在规划和设计中走可持续发展之路；"地区意识的觉醒"，可以吸收融合国际性

文化，以创造新的地域文化或民族文化；"方法论的领悟"，使得人们认识到建筑的发展需要分析与综合相结合，倡导广义的、综合的和整体的思维，使得传统的建筑学走向广义的建筑学。[①] 美国哥伦比亚大学教授肯尼斯·弗兰普顿以《千年七题：一个不适时的宣言》为题也作了主旨报告。这两个报告都是谈论当今世界建筑和城市面临的迫切问题，也都吸取了国际同行的智慧，吴良镛的报告更具普遍性，弗兰普顿更具有个人色彩。

（2）北京宪章

国际建协第 20 次大会在北京所通过的《北京宪章》是一个伟大的、划时代的文献，也是中国建筑师的骄傲。《北京宪章》共分 4 章，①"认识时代"；②"面临挑战"；③"从传统的建筑学走向广义建筑学"；④"基本结论"。《北京宪章》总结了 20 世纪国际社会的发展和破坏以及此间建筑学的进展，论述了当今世界面临的种种挑战，21 世纪建筑学的发展方向。

（3）分题报告

按照大会的主题，在主旨报告之下，设立了 6 个分题报告，分别由中外的建筑师、学者在会上报告（表 7-2）。

这些报告，从不同的国际角度和不同的侧面，阐述了 20 世纪建筑的发展和 21 世纪建筑学的展望。

中国建筑界提出的主旨报告和分题报告，是改革开放以来最重大的建筑理论工程，也是中国建筑理论水准的全面展示。主旨报告和分题报告的拟订过程及其发表，不但澄清了一个阶段建筑界在建筑理论方面的混乱，同时也为未来建筑理论的发展指明了正确的方向。

---

① 吴良镛. 世纪之交展望建筑学的未来——国际建协第 20 届世界建筑师大会主旨报告 [R]. 北京：第 20 届世界建筑师大会，1999.

国际建协（UIA）第20届世界建筑师大会分题报告及报告人　　　　表7-2

分题报告	报告人	外国报告人
建筑与环境	朱文一（清华大学）	Nicolas Grimshaw（UK）
建筑与城市	吴志强（同济大学）	Nils Carlson（Sweden）
建筑与技术	夏义民（重庆建筑大学）	Thomas Herzog（Germany ）
建筑与文化	曾坚（天津大学）	Bruno Stagno（Costa Rica ）
建筑学与职业精神	张钦楠（建筑学会）	James Scheeler（USA）
建筑教育与青年建筑师	仲德崑（东南大学）	Alexander Kudryavtsev（Russaia ）

大会期间，进行了丰富多彩的学术活动，如出版了10卷巨著《20世纪世界建筑精品集》，其中收揽了由10个地理区域的知名建筑师和评论家投票选出的本地区代表性作品，共计1000项。会议之前举办了建筑系专业学生的设计竞赛《21世纪的城市住区》，送交方案446个，大会为20个中奖方案颁奖。期间举办了中外各种相关建筑展览12项。

（4）新的方向

国际建协（UIA）第20届世界建筑师大会召开之际，正值中国改革开放20年，恰逢两个世纪的交替，这是一个最引人总结过去、展望未来的时刻。

大会把世界建筑师接到北京，也把中国建筑师展示给世界，面对面的交流，使得中国和世界之间彼此看得更加真切。中国建筑师把自己所处的历史时期及其使命，放置在国际大背景中思考、总结和展望，具有更加深刻的意义。对于中国的青年学子而言，这更是一次难忘的经历，在他们逐渐成熟的过程中，一定会汲取这次大会的动力。

在即将进入新世纪的1999年，中国建筑界在建筑创作的技术层面、艺术层面以及思想层面发生了具有象征意义乃至历史意义的事

图7-150　吴良镛在国际建协（UIA）第20届世界建筑师大会上做《主题报告》

图7-151　国际建协主席莎拉女士、叶如棠理事长、吴良镛副理事长为《国际建协第二十次大会主题展》剪彩

件，现代交通建筑首都机场航站楼的落成，现代文化建筑国家大剧院的定案以及在北京召开的世界建筑师大会，为中、外建筑师在21世纪的交流和工作方向，展开了广阔的前景。

第8章

全球化背景下的建筑应对：
新世纪再启国际视野，2000—2010

2001年11月10日，世界贸易组织第四届部长级会议在卡塔尔首都多哈举行，以全体协商一致的方式，审议并通过了中国加入世贸组织的决定，一个月后的12月11日，中国正式加入世界贸易组织（WTO），成为该组织第143个成员。

入世后，中国经济与世界经济逐渐融合，对国际资本产生极大的吸引力。经济的高速增长和更加开放的政策，使得中国的对外贸易量也在逐年稳步上升，据海关总署发布的统计资料，2008年中国外贸达25616.3亿美元，比上年增长17.8%。其中出口14285.5亿美元，增长17.2%；进口11330.8亿美元，增长18.5%。贸易顺差2954.7亿美元，比上年增长12.5%，净增加328.3亿美元。[①]

同时，我国的社会主义市场经济也面临全球化的挑战，生产力需要大幅提高，对外开放需要进一步拓宽、加深，而且要按照国际贸易规则办事。尽管还有许多不适应之处，必须全面开放、深化改革，来解决面临的问题，中国的改革开放进入了攻坚新阶段。

此前，建筑领域的改革已在逐步进行，自1983年3月城乡建设环境保护部在济南召开全国建筑工作会议以来，我国的建筑设计体制，就逐渐开始了市场化的进程。当年7月，勘察设计单位开始，将国家按人头拨给事业费，改为向建设单位收费。1984年6月设计单位由事业管理改为企业化经营。1986年，国家开始对勘察设计单位施行资质管理后，集体和个体所有制设计单位，在严格资质管理的条件下，陆续建立。例如，开设个人事务所要有知名建筑师主持，以确保此类小型事务所的设计质量和信誉。最早推出的个人事务所有陈世民、左肖思、王孝雄等。同时，大量建筑设计有限责任公司、股份有限公司完成改制，中外合资或独资的设计企业也一并出现，形成国营、集体、个人、合资、外资等多种设计企业并存的局面。

建筑设计市场如何应对入世之后的局面，成为面临的新问题：中国这个世界上最庞大的设计市场，有更多的外国设计单位进入，而中国设计单位走出国门的机会，却远远不及外来的事务所。资质不错的中国设计单位，常常作为合作单位，配合外来建筑师的工作。

我国的建筑设计自身，也面临特有的挑战：第一，在号称"世界最大工地"的中国，数量如此众多的建筑作品，缺乏世界公认的优秀建筑。如何把建筑设计数量上的优势，转化为设计质量上的优势；第二，在全球化的条件下，如何使我们的建筑创作拥有独特的品质，自立于世界建筑之林；第三，随着设计商业化

---

① 数字来源为新华网2009年1月13日公布海关总署2008年我国对外贸易进出口情况统计。

的日盛，如何规避不良文化沉渣的泛起；第四，如何使得现有的设计制度体系，如法律、法规，改善创作环境并与世界接轨。

8.1 打开新视野寻求新答案

8.1.1 设计单位完成市场化

在一个开放和激烈竞争的建筑设计市场上，建筑设计的品牌效应和诚信效应，成为设计企业竞争的核心。大型国营设计院依然是设计市场的主力，外来建筑师选择合作单位，大体也找这类单位。大设计院有人才、技术、管理资源以及声誉的优势。但是，设计院日益扩大的规模，例如国营设计单位人数一般都数百、近千人，有的达到数千人，所带来的经营、分配以及发挥人才优势等方面的困惑，成为设计管理和建筑创作进一步发展的重要阻力，主流设计院的"工作室"体制应运而生。

这类工作室，形式多种多样，有专业性的（建筑学专业或建筑类型专业），也有综合性的（各种专业齐备），它们也像个人建筑事务所一样，以一位或数位比较有影响的建筑师为核心，大体上是自愿组成的团队，仍然以设计院的名义，进行较为独立的团队经营活动。在经济上，打破设计院"大锅饭"的分配制度，在业务上，发挥建筑师的个人积极性。更吸引人的是，一些有意实现自己创作梦想的建筑师，可以在较为宽松的创作条件下，自由地创作出一些有个性的建筑作品来。甚至，许多已经成为设计院"领导"的建筑师也乐意参与其中。

在高等院校，许多有资质的教师也积极参与到市场化之中。他们或作为个人，或也采用建立工作室的方式，不但出设计方案，同时也与设计部门合作把项目建成。此类活动，提高了教师理论与创作相结合的水平，对学生也有良好的示范作用。

设计单位的市场化改革，进一步深化了竞争机制，竞争促进了建筑的创新。可以说，进入新世纪之后，经过 20 余年积累的中国建筑，展开了全新的面貌。

8.1.2 资深建筑师的新作

中华人民共和国成立后培养出来的建筑师，是中国建筑创作的主力军。进入新世纪后，这辈建筑师多数已步入老年，但仍有许多人活跃在创作第一线，为建筑创作作出自己的贡献。

这里举出部分老一辈资深建筑师及其创作活动，代表了这一代建筑师对建筑事业的执着。虽然他们有些特殊性，例如都有很高的名望，如具有院士、大师的头衔，创作条件也相对优越，但他们在创作中所遇到的问题乃至困惑，与广大建筑师是一样或相似的，应该说，在很大程度上，是其他一些中国资深建筑师的代表，因为这一时期的资深建筑师，在创作条件上也有很大程度的改进。

（1）关肇邺

1929 年生于北京，1952 年毕业于清华大学，长期于清华大学任教，同时积极参与建筑创作活动，他的代表性作品，在以前的章节里已经有所介绍。进入新世纪后，依然活跃在创作第一线，且硕果累累。

他在 2011 年出版《关肇邺选集》的前言里，用大部分篇幅谈了当代社会面临的新问题，并深刻地引申到建筑领域。他谈到"消费文化"

已弥漫成风，"许多建筑宏大奢华远超彼邦"；他提出，技术是服务于使用空间之要求，而不是为了自我表现。我们提倡"科学发展观"，可不是"技术发展观"。科学才是进步的、全面的观念。而技术，可能提供正面的还是负面的影响，包括物质的节约和浪费以及对人们意识的滋养和侵蚀，这要看我们（包括业主和建筑师）如何去处理它了。

他还从起源上阐述了东、西文化之差异，比较了东方农耕文化与西方游牧文化的差异及其互动，指出了以中国为代表的东方文明应发扬光大之处。关于"理性主义和非理性主义"的讨论，他指出了一些建筑乱象的根源，建筑的方向还是应当遵循"适用、经济、美观"的原则。他对于大发展中出现的各种问题，给出了独立的见解。

①西安，欧亚学院图书馆

该建筑位于欧亚学院主校门内一大片绿地的中心，用地面积 7.65 万 m^2，建筑面积 1.53 万 m^2。就位置而言，建筑明显应成为这一景区的主角，但从体量考虑，建筑却难以胜任。建筑师采取不规则的几何形式，在倾斜的屋面上大面积植草，与四周草坪融为一体，成为景观的一部分，而不是突出体量高大。建筑的内部组合，在中部设采光中庭，各层阅览空间均围绕中庭布置，交通方便的同时，可获得充足的自然光线。

②石家庄，河北博物馆

该建筑位于市文化中心区域，与河北省图书馆、科技大厦形成文化建筑群。新建博物馆位于博物馆旧馆（1970 年代建成的河北省展览馆）南侧。旧馆建筑面积 2.01 万 m^2，外面采

用柱廊、浮雕装饰等手法，室内设计保留向日葵、红五星等具有典型的文革时代特征的细部和灯具。新建部分建筑面积 3.31 万 m^2，新、旧馆之间以采光中庭和下沉庭院相联系，在"和而不同"的原则指导下，表达对旧馆建筑的尊重。新馆与相邻的河北省图书馆相呼应，造型明朗、简洁；室内设计不事奢华，反映出河北作为"燕赵之地"的文物大省其民风朴实和文化自信。

（2）齐康

1931 年生于南京，1952 年毕业于南京大学工学院建筑系，这年，遇上全国高校院系调

图 8-1 西安，亚欧学院图书馆，2002—2006，设计单位：清华大学建筑学院、清华大学建筑设计研究院，建筑师：关肇邺、张晋芳、解霖等（图片引自：关肇邺著《关肇邺选集》，2011：128-129）

图 8-2 石家庄，河北博物馆，2006—2012，设计单位：清华大学建筑设计研究院、河北建筑设计研究院有限责任公司，建筑师：关肇邺、刘玉龙、郭卫兵、韩梦真、楚连义（图片提供：河北省建筑设计研究院有限责任公司）

整，留在调整后的南京工学院任教。长期从事教学、科研和建筑创作，特别是改革开放以来，在南京、福建等地创作了许多纪念性建筑和带有地域特色的作品，受到广泛好评，在前面的章节中已有所介绍。

进入新世纪，创作精力旺盛，依然活跃在第一线。他在作品集《创意设计》一书中说道：我们学习了国内外的优秀作品，懂得尊重历史的传承、外来文化的引入，最后达到创新和创意。他还说，我们十分重视进程、地区、层次、活动、对位、超前的哲学思辨，使设计作品上升为一种情感，并使之成为以人为本、持续发展的一种智慧结晶。

①拉萨，西藏和平解放纪念碑

该项目位于布达拉宫南广场南端，广场规划总用地面积 3.6 万 m^2。碑体的造型从珠穆朗玛峰的形象获得灵感，借用其高耸入云的气势，与天地同在的永恒性，用建筑化和抽象化的语汇来表达。纪念碑底部基座高 3m，采用草坡形式，让碑身有从大地生长出来的感觉。自纪念碑入口进入，向上的空间层层收缩，顶部设有天窗，创造纪念性的空间气氛。

②福州，福建省博物馆

博物馆位于西湖公园内，是个集历史博物馆、自然博物馆、闽台交流中心、积萃园艺术馆和考古研究所等为一体的综合性博物馆，建筑用地 5.9 万 m^2，建筑面积 3.5 万 m^2。

建筑三面环水，在规划中，强调城市尺度与环境尺度相结合，既融入环境，又创造环境，期望建成西湖公园内的一座博物馆花园。自主入口的台阶起，空间序列明确，经序言厅、中央大厅形成高潮，展厅围绕大厅布置。建筑采用抽象的福建民居飞檐，且大量并置，形成层层相叠的丰富形象。设计中，在许多部位还探索了地方建筑曲线的现代化处理。

（3）彭一刚

1932 年生于合肥，1953 年毕业于天津大学，长期于天津大学任教，进行建筑设计教学、理论研究并参与建筑创作。对古典园林和聚落的研究，引出了他从传统出发追求"现代"的基本建筑思想，这体现在一系列的景园建筑和其他建筑的创作中。他有特色的作品，也已在

图 8-3　拉萨，西藏和平解放纪念碑，2001—2002，建筑师：齐康，合作单位：东南大学建筑设计研究院（图片引自：齐康著《创意设计》，2010：94）

图 8-4　福州，福建省博物馆，1997—2002，建筑师：齐康、林卫宁、杨志疆、邓浩，合作单位：福建省建筑设计研究院（图片引自：齐康著《创意设计》，2010：95）

前面的章节中有所介绍。

进入新世纪，设计了一些大型工业园、校园和纪念建筑，在传统和现代之间构建的设计思路更加开阔，在地域建筑中努力追求现代化，建筑语言也更加丰富，以适应新的建筑类型。

①郑州高新技术孵化器一、二期工程

所谓"孵化器"，功能接近写字楼，租给科研单位使用，不同的是，要求定期提供展出科研成果和举办相应宣传科研成果的条件。

一期工程平面口字形，取四合院布局，以求功能紧凑；为避免与一般写字楼形式雷同，门厅独立于其他部分呈卵形。正立面中部取凹曲线，留出空洞把卵形门厅嵌入其中，并采用其他相应手法，与之配合，形成有自身特点的面貌。二期工程平面呈U字形，使多数房间南北向，并使立面富于变化。裙房置于主体之前，并有与一期互相联系的连廊，使两期可以共用某些功能。立面处理采取与一期近似的手法，借墙面的虚实、凹凸变化和良好的比例、尺度并取得韵律感。

②南安革命烈士纪念碑

该项目位于福建南安市南山公园南门附近，用地起伏较大，启发了整体的构思：建筑布置应为不对称格局，纪念碑宜用群碑而并非孤立的单碑做纪念建筑。主碑为竖向，下部由三个立方体叠摞在一起，立方体间略作扭转，分别象征第一次国内革命战争、抗日战争和解放战争，各立方体有头像和年份加以标识。主碑的主体上部逐渐收分，并在略下部饰以国徽，以显纯净、挺拔、庄重。后面的横碑呈曲线，中部镌刻碑文，端部饰以巨大的烈士头像，下部镌刻烈士姓名。

（4）程泰宁

1935年生于南京，1956年毕业于南京工学院建筑系。一段长期的曲折经历后，于1981年调入杭州市建筑设计院，长期从事建筑创作。他的部分代表作品，前些章节已经介绍。

进入新世纪，继续保持旺盛的创作精力，尤其在东南大学（即南京工学院）成立理论研究所之后，对当前建筑创作的理论问题有广泛

图8-5　郑州高新技术孵化器一、二期工程，设计单位：天津大学建筑设计研究院，建筑师：彭一刚、杨永祥、张益勋（图片提供：彭一刚）（左上）

图8-6　南安革命烈士纪念碑，主碑，设计单位：天津大学设计研究院；建筑师：彭一刚等（右）

图8-7　南安革命烈士纪念碑，群碑（左下）

的研究，提升了创作的理论高度。提出三个"立足"即"立足此时，立足此地，立足自己"，作为创作的立场和态度；提出三个"合一"即"天人合一，理象合一，情境合一"，作为对建筑观、建筑创作中的认识论、方法论和审美观当中比较系统的思想。他创作的种种建筑，带有江南建筑的清秀感。

①杭州，浙江美术馆

该建筑位于西子湖畔，环境得天独厚，建筑面积3.155万 m^2。建筑依山形展开，轮廓起伏有致，并向湖面层层跌落，期望取得与自然共生的和谐状态。粉墙黛瓦的色彩构成，坡顶的穿插，提示江南建筑的意趣。钢、玻璃、石材，强调了材质的对比，以黑色的屋顶构件勾勒轮廓，蕴含传统水墨和书法的审美韵味。

②成都，四川建川博物馆·不屈战俘馆

该建筑位于成都市大邑县安仁镇，战俘馆属于建川博物馆聚落的单体建筑之一，在馆区的东南角，四周为保留鱼塘现状。建筑师借鉴自然山石经过扭曲、断裂而发生的形态，来表达对战俘这一特殊人群的理解。馆内空间往返曲折，与简朴粗犷的混凝土墙面、顶棚，特别是与由点窗、高侧窗、小天井采光所形成的室内光环境相结合，营造了一种沉重、压抑的氛围。

（5）张锦秋

1936年生于成都，1960年毕业于清华大学，1966年获该校硕士学位，长期在中国建筑西北建筑设计研究院从事建筑创作，通过对历史文化名城大唐都城长安（西安）的研究，设计出了当代的仿唐建筑，前些章节已有所介绍。

进入新世纪前后，创作类型更为拓展。"和谐建筑"的创作思想，在实践中形成。她说，"和谐建筑"的理念包括两个层次。第一个层次是"和而不同"，第二个层次是"唱和相应"。她认为：在国际化的浪潮中，一方面勇于吸取来自国际的先进科技手段、现代化的功能需求和全新的审美意识，一方面善于继承发扬本民族优秀的建筑传统，突显本土文化特色，努力通过现代与传统结合、外来文化与地域文化相结合的途径，创造出具有中国文化、地域特色和时代风貌的和谐建筑。

图8-8　杭州，浙江美术馆，2004—2007，设计单位：中联·程泰宁建筑设计研究院，建筑师：程泰宁、钱伯霖、王大鹏、胡洋、郑茂恩、郭莉、吴健、陈渊韬（图片提供：程泰宁）

图8-9　成都，四川建川博物馆·不屈战俘馆，2004—2005，设计单位：中联·程泰宁建筑设计研究院，建筑师：程泰宁、郑茂恩、胡洋（图片提供：程泰宁）

①延安革命纪念馆

该建筑在旧馆基地上重建，用地面积 15.87 万 m²，建筑面积 2.9853 万 m²。以彩虹桥为导向，广场、纪念馆和园区融为一体，有完整的纪念空间序列。建筑立面的开窗比较节制，营造出基本建筑体量的厚实感。正立面中部实墙、拱廊的处理，以及首层的连续矮拱连廊，有西部地区黄土高原建筑的地域特征，并可联想到当年革命者居住的窑洞建筑。立面两端的建筑处理，吸取了延安革命历史建筑的细部。该建筑有强烈的纪念性，却不失亲切感，是作者在地域建筑方面的新尝试。

②西安，世界园艺博览会天人长安塔

该项目建筑面积 1.306 万 m²，是世界园艺博览会全园有制高作用的高层建筑。鉴于园博会的性质和规划里外国建筑师作品性格，作者不采用所谓"唐代建筑风格"，更多地运用现代手法和建筑材料，塑造具有现代感和地域性的塔楼。该塔取形于木塔寺方形高塔，运用钢框筒结构，外墙为玻璃幕墙，墙外装饰以亚

图 8-10　延安革命纪念馆，2004—2009，建筑师：张锦秋、王军、张煜旻、徐嵘（图片引自：张锦秋著《延安革命纪念馆》，2011：48-49）

图 8-11　西安，世界园艺博览会之天人长安塔，2009—2011，制高全园的塔楼，建筑师：张锦秋、徐嵘、万宁（图片引自：张锦秋著《天人古今》，2013：46-47）（左）
图 8-12　西安，世界园艺博览会之天人长安塔（图片引自：张锦秋著《天人古今》，2013：66）（右）

光不锈钢列柱支撑的似斗栱出挑轮廓的檐部结构。塔内设观光电梯和现代服务设施，并以此完成该塔通透的观光功能。

（6）何镜堂

1938年生于东莞，1961年毕业于华南工学院建筑系，1965年获该校硕士学位并留校任教至1967年。经过湖北和北京的设计经历后，于1983年调入华南工学院建筑设计研究院。改革开放以来在建筑创作上有突出的表现，其代表性作品在前面的章节里有所介绍。

进入新世纪后，他把自己的建筑创作观念总结为：两观——整体观，可持续发展观；三性——地域性，文化性，时代性；以及它们之间的辩证关系。据此创作了大量的优秀作品。

①杭州，浙江大学紫金港校区东教学组团

该项目建筑面积17万 m²。该设计遵循"现代化、园林化、网络化、生态化"的设计原则，用分别位于学校主要道路两侧的组团，围起教学空间。近水的建筑，做不同形式的亲水处理，使建筑与地形地貌完好结合。一条中间主交通轴，联系起所有的功能区，设计中尤其重视交往空间的处理，各部位走廊均有局部拓宽，以

利于室外活动，内外空间与大自然相通。结合"园"的概念，进行空间划分和渗透，通过架空，联系起建筑物周边的园。

②南京，侵华日军南京大屠杀遇难同胞纪念馆扩建

该项目位于原有纪念馆的东、西两侧，用地面积 7.4 万 m²，建筑面积 2.254 万 m²。内容包括扩建纪念馆（作为参观序列的铺垫）、万人坑遗址改造（序列的高潮）以及和平公园（序列的尾声）三部分。设计突出遗址主题，尊重原有建筑，塑造整体气氛。总体以战争、杀戮、和平三个概念做整体组合。新馆避免对老馆形成压迫感，采用"体量消隐"的手法，主体部分埋在地下，向东侧逐渐升高，屋顶作为倾斜的纪念广场。园区西侧的馆藏交流区也采用化整为零的手法，新老建筑手法统一。和平公园用巨大的长条形水池将人们的视线引向水池终点的和平女神塑像。

（7）王小东

1939年生于兰州，1957—1963年就读于西安建筑工程学院（今西安建筑科技大学，曾名西安冶金学院和西安冶金建筑工程学院）建筑系，选择去新疆乌鲁木齐建工局设计院工

图8-13　杭州，浙江大学紫金港校区东教学组团，2001—2002，设计单位：华南理工大学建筑设计研究院，建筑师：何镜堂、汤朝晖、刘建平、徐喆、郑少鹏、梁志超、马明华（图片引自：《何镜堂：建筑创作》，2010：159）

图8-14　南京，侵华日军南京大屠杀遇难同胞纪念馆扩建，2005—2007；设计单位：华南理工学院建筑设计研究院，建筑师：何镜堂、倪阳、刘宇波、林毅、姜帆、何小欣、麦子睿、吴中平、包莹（图片引自：《何镜堂：建筑创作》，2010：91）

作，从基层劳动做起，陆续做出许多带有新疆地域特点的作品，在内地有广泛的影响，前面的章节里已有所介绍。

2000年成立工作室以来，摆脱了行政事务专心致力于新疆建筑文化的理论研究和创作实践。在创作实践中，他以自己的方式，对我国经济高速发展期间，一部分官员、业主和建筑师所表现出来较差的文化素质，以及在创作中造成的困惑，作出一个建筑师的回应。

①乌鲁木齐，新疆维吾尔自治区博物馆

该项目位于阿尔泰路，建筑面积1.7299万m^2，为1958年所建新疆农业展览馆，1960年代改为博物馆。原建筑为砖混结构，因缺乏现代设备，决定原址拆除重建。

新疆多民族、多宗教、多文化和多时空的特征，只能用"西域文明"来诠释而不是某单个民族。多个半圆拱及圆屋顶的建筑主立面构图，表现出混沌的、非宗教的、非某一民族的以及非特定时空的泛西域的建筑语言。外墙以灰白花岗石为主调，凸起方形石块，方格子天窗，既是一种模糊的建筑语言，又有西域空间构成的元素。入口广场墙面的龛式空间，安置了由整块白色汉白玉精心雕刻的6根柱头，包括：古希腊的爱奥尼克、古罗马的科林斯，以及古印度、古波斯、维吾尔建筑中的柱式，还有代表中国古建筑的斗拱，象征多文化的交流。

该作品的创作过程中，经历了地点改变两次，投资和规模改变两次等变故，自1996年至2000年做了六七次方案，从设计到竣工时达十年。

②乌鲁木齐，新疆国际大巴扎综合体

该作品位于二道桥一带的商业区，总建筑面积9万m^2，规划要求是乌鲁木齐"民族风情一条街"，设计定位是"创造新疆民族建筑的精品，使其成为乌鲁木齐标志性建筑群"。

建筑群包括：一号商业楼、二号商业楼、两层半的露天巴扎、连廊、拆迁返还的清真寺等。此外，还有一座高达70余米的观景塔，以及可容上千人的广场演艺场地。建筑师的研究表明，伊斯兰建筑与现代建筑相似，也是功能主导建筑空间，且有多变的几何体量、强烈的光影、砌砖工艺的肌理等，这应当是统一该大巴扎建筑群的主导原则。

面对丰富的文化遗产，作者紧紧以"新疆"为中心做取舍、简化，用伊斯兰空间构成的独特手法，如拱、圆顶、廊以及集合体的转换，

图8-15 乌鲁木齐，新疆维吾尔自治区博物馆，1996—2005，设计单位：新疆建筑设计研究院，建筑师：王小东，郑扬，杨少芸（图片引自：王小东编《西部建筑行脚》，2007：79）

图8-16 乌鲁木齐，新疆国际大巴扎综合体，2002—2003，设计单位：新疆建筑设计研究院，建筑师：王小东、钟波、杨少芸、王宁、任学斌（图片引自：王小东编《西部建筑行脚》，2007：64）

取得类似早期伊斯兰建筑的风格，并含有现代建筑的简约。作为"国际大巴扎"，设计中适当流露古希腊、罗马、西亚以及中原文化的影响，如观光塔参照了古埃及、古罗马和巴比伦的柱式。外墙采用土红色耐火砖，砌工精美，色彩鲜明。

8.1.3　广大建筑师的探新

改革之后的国营大型设计院，之所以能在建筑创作方面焕发出活力，除了以工作室为代表的机构改革竞争机制之外，同时还应归结于设计技术的更新和设计思想开拓。

曾几何时，设计院曾提出"放下图板"的理想，代之以计算机辅助设计。如今计算机辅助设计技术的发展，如参数设计及 BIM 等，已经可以代替许多复杂和繁重的智能活动，做出过去不可想象的建筑。外来建筑设计企业的引入，在"合作设计"环境里，中国建筑师也借鉴国外事务所的运营管理经验、建筑师的思想方法和设计技术，为 2000 年代以来的建筑创作注入了动力。

这里选出部分建筑类型，观察建筑创作的进步。

1）体育建筑

体育建筑曾经是中国建筑创作中比较活跃的建筑类型，早在 1950 年代，曾经被所谓"民族形式"所累，因披着厚重的外衣，而难以表现体育建筑应有的力感和动感。1960 至 1970 年代，由于各种群体活动，包括政治活动的需要，令人瞩目地兴建了许多大型体育场馆，尤其是以援外的名义在国外设计的场馆，引起了国际的瞩目。这一时期的体育建筑，已经逐步

图 8-17　乌鲁木齐，新疆国际大巴扎综合体，观景塔细部（图片引自：王小东编《西部建筑行脚》，2007：71）

焕发出体育建筑的风貌，特别是相应的场馆技术设备也得到了很大发展，体育建筑成为中国建筑创作的亮点。

进入新世纪以来，场馆功能更加复杂，设施要求更加专业，设计思想更加开放，尤其是支持技术更加完善，也就带来了体育建筑形象的百花齐放，依然是个成就较高的建筑类型。

（1）鄂尔多斯，东胜体育场

用地面积 4.93 万 m^2，建筑面积 10.0451 万 m^2，高 129m，3.5 万座位，是东胜体育中心的主体建筑。建筑为碗状体量，符合容纳观众并观看竞赛的功能形态。高达 129m 的弓形钢拱似乎"提起"体育场屋盖形成感觉中的主体结构。屋盖可开合，是目前国内容纳人数最多的开合屋盖体育场。

（2）北京，国家体育馆

该建筑用地面积 6.87 万 m^2，建筑面积 8.1 万 m^2。由体育馆主体建筑和一个与之紧密

图 8-18　鄂尔多斯，东胜体育场，2007—2010，设计单位：中国建筑设计研究院，建筑师：崔愷、李燕云、范重、周玲、赵梓藤、罗洋、王斌等（图片引自：《中国建筑设计研究院作品选 2010—2011》，2012）

图 8-19　鄂尔多斯，东胜体育场，光亮的赛场（图片引自：《中国建筑设计研究院作品选 2010—2011》，2012）

图 8-20　北京，国家体育馆，2007，设计单位：北京市建筑设计研究院，北京城建设计总院，建筑师：王兵、康晓力、陈晓民（图片引自：《北京市建筑设计研究院作品集 1949—2009》，2009：29）

图 8-21　广州市花都东风体育馆，2008—2011，鸟瞰，设计单位：广东省建筑设计研究院，建筑师：郭胜、陈雄、陈超敏、陈应书、邓弼敏、黄蕴（图片引自：《建筑学报》，2011（9）：88）

相邻的热身馆以及相应的室外环境组成，赛时可容纳观众约 1.8 万人。由于比赛场馆和热身场馆对空间高度的要求不同，建筑以中国"折扇"为设计灵感，采取由南向北的波浪式造型，以衔接国家游泳中心和会议中心，起到承前启后作用。

（3）广州市花都东风体育馆

该项目用地面积 7.2573 万 m²，总建筑面积 3.7516 万 m²，6000 座位。位于花都区飞鹅岭康体公园北侧，由体育馆和训练馆组成，建成后将成为该公园的一部分。体量采用金属椭圆球形的圆滑形式，用自由圆滑的曲线划出玻璃的入口区，并在体量上不规则地开天窗和侧窗，求得形体完整而富于变化。椭球壳体金属屋面系统，整合虹吸雨水系统、防雷系统等功能性需求，玻璃幕墙与金属幕墙设计相结合，墙面与屋顶浑然一体。从满足功能（防水、保温、声学、消防排烟、采光等）及美观效果方面出发，壳体的不同层次构造都经过精心设计，分别用蜂窝铝板（外装饰）、铝镁合金板（防水板）、玻璃纤维棉（保温吸声）、穿孔铝板吊顶（内装饰）等。

（4）北京，国家网球馆

该建筑位于奥林匹克公园，用地面积 1.69 万 m²，建筑面积 5.199 万 m²，1.5 万座位，硬件设施完全满足网球大满贯赛事的要求，开启式的屋顶。建筑没有因袭奥运场馆外观标新立异的风气，倒圆台的体量回归了容纳观众的基本的也是经济的模式，由 16 组 V 形钢筋混凝土组合柱支撑起圆形钢筋混凝土结构，V 形柱成全了标准化单元设计及其经济性，也表现了体育建筑所追求的力量之美。

图 8-22　北京，国家网球馆，2009—2010，设计单位：中国建筑设计研究院、一合建筑设计研究中心，建筑师：徐磊、丁利群、高庆磊、刘恒、安澎（图片引自:《中国建筑设计研究院作品选 2010—2011》，2012: 12）

图 8-23　北京，国家网球馆，可开启屋顶（图片引自:《中国建筑设计研究院作品选 2010—2011》，2012: 15）

2）教育建筑

教育建筑，也是改革开放以来发展比较显著的类型。特别是港人邵逸夫等企业家的资助以及教育机构的配套，兴建了许多教育建筑，一段时间里引领校园建筑作品的新面貌。进入新世纪，教育建筑依然有新的增长点，例如，类型的拓宽、项目的完善，和造型的新颖、设备的完善，都有明显的进步。

最令人瞩目的是，进入新世纪前后的大学学生扩招和大学合并热潮，带动了各地新建"大学城"的浪潮，这方面的社会起因、大学合并的后果以及建设"大学城"的效果，是一部主要讨论建筑功能、技术和艺术的建筑史所无力涉及的。这里在分散的章节里，仅仅触及少数单体建筑。

（1）北京，中央美术学院迁建工程

该项目位于北京城东北望京小区的南湖公园东侧，用地面积 13.3218 万 m²，建筑面积 7.6773 万 m²，包括中央美院和附中两部分，在地段东北有 80m 宽的绿地将两者分开。新校园的设计，自始至终贯穿着建筑、规划、园林三位一体的整体设计思想，力图形成多进院落连通、建筑形态朴拙、空间层次丰富、景观环境幽雅、交流氛围浓郁、整体协调素雅的校园环境。美院以方形、圆形、斗型和三角形等纯几何形为母题，通过体块的叠合、穿插、反转、嵌入，形成雕塑感很强的群体形态。

（2）北京市天主教神哲学院

该建筑位于海淀区后八家村，用地面积 1 万 m²，建筑面积 6600m²。学校对修道生实行封闭式教育，用 4 个不同形状和大小的院落，明确互不干扰的功能分区，既分割又联系。教堂将十字架的形式融于屋顶，把宗教标记与采光有机结合。头顶的十字形采光，让人感受到

图 8-24　北京，中央美术学院迁建工程，1994—2001，设计单位：清华大学建筑设计研究院，建筑师：吴良镛、栗德祥、朱文一、庄惟敏等（图片引自:《新时代　新经典：中国建筑学会建筑创作大奖获奖作品集》，2012: 523）

图 8-25 北京市天主教神哲学院，2001，设计单位：
清华大学建筑学院、清华大学建筑设计研究院，建筑
师：沈三陵、袁镔（图片引自：《新时代 新经典：
中国建筑学会建筑创作大奖获奖作品集》，2012：
281）

图 8-26 天津市第二南开中学，2000，设计单位：
天津市建筑设计研究院，建筑师：刘祖玲、邢金利、
胡云凌（图片引自：《新时代 新经典：中国建筑学
会建筑创作大奖获奖作品集》，2012：239）

图 8-27 丽江，云南大学旅游文化学院，2002，
设计单位：云南省设计院，建筑师：张军、石海红、
周南（图片引自：《新时代 新经典：中国建筑学会
建筑创作大奖获奖作品集》，2012：569）

宗教的神圣。教堂与钟塔是宗教建筑的标志，
也是建筑构图中心。钟塔形式简洁，上部的一
个简化了的穿斗架屋顶，放在钟顶轮廓线的开
口——钟的所在处：它是从江西婺源一座古代
彩虹桥上的屋顶细部脱化而来，既为敲钟人遮
蔽风雨，又活跃了钟塔。

（3）天津市第二南开中学

该建筑用地面积 4.4786 万 m^2，总建筑面
积 4.1980 万 m^2，是天津市用地最小的示范高
中。在尽量减少占地面积的同时，校园采用院
落式整体布局，建筑功能分区为教学区、综合
办公区、体育馆、大礼堂、劳动技能区、生活
服务区、室外运动区等。分区院落形成多个室
外活动与交往空间，为学生创建多样性活动场
所。建筑造型和细部处理，吸收了天津建筑的
地域砖工等特征。

（4）丽江，云南大学旅游文化学院

该建筑位于古城区玉泉路。学院用地周围
环境优美、自然植被茂盛。校园规划充分利用
固有地景特点，采用自由式布局，道路系统自
然流畅，建筑规划布局符合被动式节能的南北
朝向等。设计研究了当地传统文化、建造技术、
建筑材料以及资源情况，试图以现代语汇来诠
释当地乡土建筑：装饰简约化，屋顶曲线拉直，
山墙的装饰简化为涂料色块，其灵感来源为传
统的农家晾谷架。设计中采用对生态系统负面
影响最小的手段，包括采用具有丽江特点的水
景观溪流系统；园艺植物采用本地土生植物；
造景材料多选用场地上丰富的卵石材料等。

（5）长沙，湖南大学法学院建筑学院建筑群

法学院建筑面积 1.0785 万 m^2，建筑系馆
建筑面积 5000m^2。

法学院的平面，采用一个四合院和一个三合院为主体的环绕式，一条直跑楼梯跨过两个庭院，为交流提供了方便，也感知了不同庭院的空间。建筑造型企图运用不同向度的体块穿插、搭接，隐喻法律的逻辑与约束。

建筑系馆更强调空间的流动性，以每层的大空间为中心，灵活布置内庭和各种交流场所。建筑造型通过对立方体的切割和复合处理，来强化建筑系馆的几何形象特征，并成为建筑群体末端的重点。两个建筑相邻的界面，形成虚与实的咬合关系。建筑整体立面和前广场铺地选用湘江砂石，运用水刷石工艺，表达了对本地材料的运用。

（6）北京，清华大学附小新校舍

该项目用地面积 1.499 万 m^2，建筑面积 1.212 万 m^2。低、中、高年级分属不同类型的教室楼，阶段分明，环境新颖；外部空间布局与建筑设计并重，建筑与外廊组合，构成丰富多样的大小院落，现状大树被有机组织在院内；各异的建筑组群造型，配合丰富外部空间。建筑以清水灰色砌块墙为主，不同细部构件又配以各种鲜艳的色彩。

（7）井冈山，中国井冈山干部学院

该项目位于井冈山茨坪，用地面积 17.8667 万 m^2，建筑面积 2.4897 万 m^2。茨坪海拔 826m，是一座美丽的山城，建筑不追求独立的个性，而是与环境的融合。基地为峡谷式山地，建筑依山就势，沿纵深自由布局。总体布局以外部空间串联建筑体量，用广场、院落、连廊、溪水将各栋建筑联系起来，体量空间组合舒展自由，并对基地内原有的自然生态资源进行了最大限度的保留。

图 8-28 长沙，湖南大学法学院建筑学院建筑群，2004，设计单位：湖南大学建筑设计研究院，建筑师：魏春雨、宋明星、李煦（图片引自：《新时代 新经典：中国建筑学会建筑创作大奖获奖作品集》，2012：478）

图 8-29 北京，清华大学附小新校舍，2002，设计单位：清华大学建筑学院、北京清华安地建筑设计顾问有限责任公司、中元工程设计有限公司，建筑师：王丽方、马学聪、童英姿、刘伯英、唐斌（图片引自：《建筑学报》，2006（9）：41）

图 8-30 井冈山，中国井冈山干部学院，2005，设计单位：浙江大学建筑设计研究院，建筑师：董丹申、胡慧峰、劳燕青（图片引自：《建筑学报》，2007（2）：63）

（8）天津美术学院美术馆

该项目用地面积9360m²，建筑面积2.8915万m²。美术馆是一座包括展览馆、图书馆、报告厅、文化超市、创作工作室及教学用房等六种功能复合型文化建筑。建筑主体由四个多层体块和一幢高层塔楼组成，由台阶、斜墙、玻璃天篷、空中步廊、玻璃光庭等建筑部件，将这些体块联结在一起。美术馆主入口大台阶，迎向城市干道，体现了建筑的开放性。主体建筑以体量纯净的雕塑感，与高层通透的玻璃幕墙形成强烈对比，发扬了经典现代建筑的审美意趣。

（9）杭州，中国美术学院

该项目用地面积4.3519万m²，建筑面积6.2112万m²。由于基地面积小，进深也很狭小，建筑设计强调"通、透、空"，体现出江南建筑的意境。建筑师将周边用地用足，而中间又留出足够的空间，把校园建成共享庭院。以开放、架空、复合构成的建筑群为主体，以网络化的空间组织交通，将核心建筑与周边各部分建筑联系起来。建筑设计以水墨为基调，以青砖、白色花岗岩、玻璃为主要元素，将传统文化意蕴和现代建筑相结合。

3）科研建筑

科研建筑是这一时期的全新增长领域，它们不仅反映出该类型建筑的新面貌，更表现出我国在科学研究领域的新成就。科研建筑与一般公共建筑不同，它有严格的研究工艺要求，很少有业主或建筑师作时尚形式的文章，必须严格按照功能要求展开设计进程。正因为如此，一些特定的科学或技术要求，注定会使建筑产生全新的建筑形式，而令人耳目一新。科研建筑的创作，既可以使建筑设计回归理性思考，又可以为形式的生成注入新的活力。

（1）上海光源工程（上海同步辐射装置）

该项目位于浦东张江高科技园区，总用地面积20万m²（一期用地面积5.3393万m²）；主体建筑用地3.55万m²，主体建筑面积3.9万m²，该工程是国家重大科学工程——第三代同步辐光源装置，是个环形建筑，由电子直线加速器隧道、增强器隧道、周长432m的储存环隧道以及实验大厅和外围实验辅助用房、辅助设备用房组成。对工艺、用地、消防等均有特殊技术要求，大大超出了现有的标准、规范，不但国内无先例可循，有些技术在国际上也无先例。

图8-31　天津美术学院美术馆，2006，设计单位：天津大学AA建筑创研工作室，建筑师：张颀等（图片提供：张颀）（左）

图8-32　杭州，中国美术学院，2003，设计单位：北京市建筑设计研究院，建筑师：李承德、杜松、马洪文（图片引自：《建筑学报》，2004（1）：48）（右）

主体建筑的外形设计，由八组螺旋上升的拱壳面共同组成，每组壳间采用弧形玻璃条带连接，将立面和屋顶融合在一起，流畅的曲面与同步辐射光契合，吻合光束线衍射的轨迹，并形成了总平面的构图框架。

（2）北京，国电新能源技术研究院

该项目位于昌平区，用地面积 14.19 万 m^2，建筑面积 24.31 万 m^2。研发单元建筑群组成一个矩形景观庭院，营造安静内向的室外环境。研发单元之内院一侧，为数据处理区，同层外侧为实验开放区。八个单元通过企业自己生产

的太阳能光伏电池板，将整个建筑屋顶统一起来，既达到提供可持续清洁能源的目的，又形成完整的建筑形象。作为新能源的研发试点工程，园区采用全方位的生态节能技术，其中，光伏发电是业主有特色的技术领域。

（3）深圳国际技术创新研究院研发大楼

该建筑位于高新区科技园内，又称哈工大创新研究院，是由深圳市人民政府和哈尔滨工业大学发起；并联合俄罗斯、乌克兰等八所国外著名院校合作创办。研究院以高新技术研发及其成果转化、专门人才培养、国际技术合作、

图 8-33　上海，上海光源工程，2003—2007，设计单位：上海建筑设计研究院，建筑师：钱平、汪泠红、潘嘉凝（图片引自：《新时代　新经典：中国建筑学会建筑创作大奖获奖作品集》2007（2）：119）

图 8-34　上海，上海光源工程，室内

图 8-35　北京，国电新能源技术研究院，2009—2013，设计单位：北京建筑设计研究院、3A2 STUDIO，建筑师：叶依谦、刘卫纲、薛军、段伟、霍建军、从振（图片引自：《3A2 设计所作品集：3A2 STUDIO 2005—2015》，2015：30-31）

图 8-36　北京，国电新能源技术研究院，内院（图片引自：《3A2 设计所作品集：3A2 STUDIO 2005—2015》，2015：34-35）

高科技企业孵化、信息交流和咨询服务为主要职能，成为具有全球竞争力的技术创新、科技成果产业化、创业企业孵化及高新技术人才培养基地。研究院由A、B、C、D、E五个单体工程组成，研发功能齐全，并有现代化办公及教学设施。园林式的室外风景、现代的内部设施，为实现其主要功能创造了良好的条件。

（4）北京，中国科学院图书馆（中国国家科学图书馆）

该建筑用地面积 1.8 万 m²，建筑面积 4.1 万 m²，是国家级科技文献情报机构。建筑以合院的概念组合，把围起的矩形几何体量从一角挖空，配合以台阶、柱廊作为入口，其前庭的开放性处理，形成建筑的公共性尺度；通透的梁柱体系和内院，给建筑以充分的采光和通风；屋顶檐口等整体造型以及围绕内院展开的空间序列，隐喻了中国传统建筑精神。

4）办公建筑

办公建筑是最传统的建筑类型之一，长期占据一定建设数量，但过去的办公建筑似乎技术含量不很高。这一时期比较突出的新建办公楼，一是规模较大，二是在一些专业性办公建筑中，有较高的技术含量和科学管理水平。与此同时，建筑设计为了解决一些功能等方面的问题，也采取了一些建筑技术、建筑材料以及建筑设计的新手法，取得较好的效果，这些都使得此类建筑有了新的看点。

（1）北京，公安部办公楼

该建筑位于天安门广场东侧，与天安门城楼、人民大会堂相映，建筑面积 12.5127 万 m²，檐高 34.8m。办公楼所处地理位置特殊，使用功能多、智能化程度高、科技含量高，是一栋国家反恐、防暴、缉私、禁毒指挥中心和公安部行政办公大楼。

办公楼地下 2 层，地上 8 层，框架—剪力墙结构。其外观设计为了能够更好与天安门周围建筑相协调，外立面造型取自"盛世之鼎"的创意，突出"三门四柱"的理念，幕墙造型复杂多变；造型柱外挑 1.2m，外侧采用整块"U"形石材，挺拔顺直，犹如一根根石柱屹立长安街畔；门头浮雕警徽采用整块石材，庄重威严，正门采用高 9.2m 的大型铜门，庄严

图 8-37　深圳国际技术创新研究院研发大楼，2002，设计单位：中建国际（深圳）设计顾问有限公司，建筑师：单增亮、沈立众、王俊东（图片引自：《新时代　新经典：中国建筑学会建筑创作大奖获奖作品集》，2015：544）

图 8-38　北京，中国科学院图书馆（中国国家科学图书馆），1999—2001，设计单位：中国科学院建筑设计研究院，建筑师：崔彤（图片引自：《建筑学报》，2006（9）：44）

肃穆，精美绝伦。种植屋面绿化层次丰富，并设有直升机停机坪，可起降 8t 直升机，应付各种突发紧急事件。

（2）北京，德胜科技大厦（德胜尚城）

该建筑位于德胜门的西北角，基地原址本是北京的四合院、胡同，用地面积 2.2047 万 m²，建筑面积 7.2055 万 m²。基地位置与德胜门箭楼比邻，整个建筑群落由一条指向德胜门城楼的斜街串联起来，斜街两旁是由建筑围合而成的 7 个庭院，含有北京四合院，胡同向内围合空间的意趣，以街坊的形式形成完整的城市街区。建筑群简洁的形式，采用与城楼一样的灰色，与之相映。设计中采用了大量的在拆迁中收集的砖墙、梁枋、屋瓦等原始构件作为点缀，保持了北京建筑文化的记忆。

（3）北京，国家电力调度中心

该建筑用地面积 9011m²，建筑面积 7.3667 万 m²，借用中国传统建筑的构筑力学概念，利用四大"芯筒"集中布置垂直交通、疏散系统和机电设备间（并预留充足的垂直管井）。将建筑按使用功能分解为四个相对独立的"区域建筑"，并使其围合布置形成一个"内向"的四合院式的中庭格局。在建筑物沿长安街一侧留出一个巨大的"门洞"，采用高精度的不锈钢拉索玻璃墙体系，以期将户外的城市广场空间纳入其中，并利用传统民居"开合式天井"的概念，将屋盖顶部设计为可开启式天幕，以营造良好的室内生态环境。

（4）石家庄，河北建设服务中心

该建筑是河北省住房和城乡建设厅办公楼，用地面积 1.08 万 m²，建筑面积 2.22 万 m²。建筑围绕着中部大厅两侧的两个庭院组织功能

图 8-39　北京，公安部办公楼，2006，设计单位：中广电广播电影电视设计研究院，建筑师：王暲、康玉清、蒋培铭（图片引自：《新时代　新经典：中国建筑学会建筑创作大奖获奖作品集》，2015：123）

图 8-40　北京，德胜科技大厦（德胜尚城），2005，设计单位：中国建筑设计研究院，建筑师：崔愷、逄国伟、刘爱华、谢悦、周宇、李慧琴等（图片引自：《建筑学报》，2006（9）：60）

图 8-41　北京，国家电力调度中心，2001，设计单位：华东建筑设计研究院有限公司，建筑师：徐维平、陈焱、方超（图片引自：《新时代　新经典：中国建筑学会建筑创作大奖获奖作品集》，2015：277）

和空间，使得办公建筑亲切宜人。建筑外装材料以"粗材细作"为指导原则，加以严格的施工要求，以求普通材料获得精细效果，体现了地方简约朴实的设计思想。单纯的建筑体量和具有河北特征的艺术文化符号的运用，表现出较强的地域建筑特质。值得推崇的是，结合建筑设计进行了"四新四节一环保"技术在建筑中的综合应用研究和实践，取得了节能效果。

（5）杭州，浙江电力生产调度大楼

该项目总建筑面积8.4724万m²，建筑层数14层，地下室3层，建筑总高度65.4m。

主要功能为自用型办公楼，有部分调度工艺机房。建筑师运用丰富多变的手法，使得内外空间相互渗透，塑造了一座有特色的建筑形体，同时丰富了不同方向的城市景观。

（6）昆明五华广场（五华区政府办公楼）

广场东西两地分别设置了市政、市民广场，绿化、造园，为周边市民提供了休闲的园林环境。五华区政府办公楼，底层架空5.1m高，形成对外开放空间，市民可以从市政广场穿越。主楼的裙楼为5层钢构翘顶形式，和24层主楼的楔形顶部形成对比。

图8-42 石家庄，河北建设服务中心，2007—2008，设计单位：河北省建筑设计研究院有限责任公司，建筑师：李拱辰、郭卫兵、李君奇（图片提供：河北建筑设计研究院有限责任公司）

图8-43 石家庄，河北建设服务中心，"废品艺术"座椅和茶几，作者：晏钧（左）
图8-44 杭州，浙江电力生产调度大楼，2006，设计单位：浙江大学建筑设计研究院，建筑师：董丹申、陈建、黎冰（图片引自：《新时代 新经典：中国建筑学会建筑创作大奖获奖作品集》，2015：439）（中）
图8-45 昆明五华广场，2005，设计单位：北京市建筑设计研究院、云南省设计院，建筑师：肖楠、王戈、程建华、陈金鹏、李昆（图片引自：《新时代 新经典：中国建筑学会建筑创作大奖获奖作品集》，2015：489）（右）

（7）银川，宁夏回族自治区党委办公新区

该项目用地面积 53.8 万 m²，建筑面积 5.36 万 m²，包括中心办公区、党委办公区、后勤服务区、文体活动区和常委公寓区等五大部分。其中中心办公区采用中国围合式的院落手法，力求主从有序、层次分明；常委楼则采用西式的中心放射式处理方式；而其他区域则采取自由非对称式布局。建筑群体的屋顶处理平坡结合，隐于环境之中。

（8）北京，中国化工集团总部

该项目建筑面积 4 万 m²，位于中关村西区的一号地，占据地片的西北角。基地隔四环和北大相对，远处就是北京最著名的风景之一西山。项目的规模、高度和退线都有严格的规定。建筑师尽量贴近红线外围布置建筑，里面留出 30m 见方的院子。建筑有 50m 高，分成上下两部分，底下作大堂和展示接待的厅，上部作室外的平台，以调整与院落的尺度，也给

高区办公人员一个活动的空间。这个平台朝向西北角开了口，刚好可以看见西山。建筑的体形从外面看几乎是 54m 见方的盒子，在建筑的西北朝向北大和西山的方向，在盒子上开了一个自上而下的大口，全面满足了地形、体量、景观等要求。

（9）北京，联想研发基地

该项目用地面积 5.4665 万 m²，建筑面积 9.6 万 m²。建筑顺应用地轮廓连续围合。南北两组建筑为研发用房，各由几个相邻标准化模块单体组成，分别以弧线和折线对应庭院；东西为点式单体对景布局，以流水贯通。东西南北各建筑以弧廊在第三层连接。在建筑中大量使用清水混凝土。庭院内部是轻松布局的草坡、流水、石桥、瀑布等园林景观。

5）宗教建筑

宗教建筑是我国建设较少的建筑类型，已经建成的宗教建筑，伊斯兰建筑居多，也没有

图 8-46　银川，宁夏回族自治区党委办公新区，2007，设计单位：中国建筑西北设计研究院、宁夏回族自治区建筑设计研究院，建筑师：赵元超、尹冰、徐少凡、徐嵘、马岚（图片引自：《新时代　新经典：中国建筑学会建筑创作大奖获奖作品集》，2015：365）（左）

图 8-47　北京，中国化工集团总部，2001—2003，设计单位：中国建筑设计研究院—合建筑设计研究中心，建筑师：徐磊、刘小枚（图片提供：一合建筑设计研究中心）（中）

图 8-48　北京：联想研发基地，2004，设计单位：北京市建筑设计研究院，建筑师：谢强、吴剑利、闫淑信（图片引自：《建筑学报》，2005（5）：39）（右）

图 8-49　宁波，象山丹城基督教堂，2005，设计单位：浙江大学建筑设计研究院，建筑师：董丹申、杨易栋、莫洲瑾（图片引自：《新时代　新经典：中国建筑学会建筑创作大奖获奖作品集》，2015：331）

图 8-50　天津，盘龙谷教堂，2009—2010，设计单位：中国建筑设计研究院一合建筑设计研究中心，建筑师：徐磊、李涵、孟海港（图片提供：一合建筑设计研究中心）

图 8-51　宝鸡，陕西法门寺工程，2002，设计单位：中国建筑西北设计研究院，建筑师：张锦秋、王天星、姜恩凯（图片引自：《新时代　新经典：中国建筑学会建筑创作大奖获奖作品集》，2015：477）

形成单独的介绍章节。随着进一步的改革开放，各种宗教陆续有了新的建设，有些建筑设计还获得了大奖，在图说中可以看到。新的宗教建筑，涉及的种类已经比较广泛，在保障基本宗教活动需求的前提下，建筑形式多样，而且具有现代趋势，是值得观察的着眼点。

（1）宁波，象山丹城基督教堂

该项目建筑面积 6700m²，可容纳 1900 人。传统教堂作为神权象征，表现一种超能的空间形态，而强调人性解放的新教，其建筑空间更加自由与亲和，象山丹城基督教堂属于后者。建筑采用双塔和十字架造型，对传统形式进行抽象，同时塔楼后移隐喻"诺亚方舟"。另外建筑采用当地传统青砖和石材与周边城市建筑协调。主堂设计参考现代剧院的空间模式。

（2）天津，盘龙谷教堂

该建筑位于蓟县盘龙谷的大型山景居住社区，坐落在西班牙商业街区的最高点，教堂主体靠近广场中心，钟塔靠近山崖，两者通过平台连接。内部空间以两个礼拜堂为主体。主堂面向山崖，巨大的阶梯形成祷告台。长条式的横窗滤出后面起伏的山峦。副堂位于主堂之上。一个三角形的天窗露出苍穹。通过大胆的形体切削，塑造了雕塑感的建筑体量，斜屋面、白墙、大台阶与传统西班牙建筑形成呼应。

（3）宝鸡，陕西法门寺工程

该建筑位于西安市以西 100km 的扶风镇境内，占地面积 7.375 万 m²，总建筑面积 1.6 万 m²。该工程按照大型皇家寺院规格，规划中、东、西三院的横列式传统格局，中院为主院，沿中轴线布置寺院主体建筑，保持前殿后塔的早期唐代皇家寺院形式。法门寺合十舍利塔高

148m，中间镂空部分是一座传统形式的唐塔。整个工程青灰瓦、红梁柱、灰白墙，不施彩画，古朴庄重，欲体现盛唐建筑风貌。

（4）无锡，灵山胜境

该项目位于中国著名佛教文化圣地，是集湖光山色、园林广场、佛教文化、历史知识于一体的大型文化景观建筑群。

景区以灵山大佛之"大"、九龙灌浴之"奇"以及灵山梵宫之"特"构成了胜境的三大景观。其中灵山梵宫是灵山胜境三期工程的核心建筑。它以华藏塔风格为主，糅合了中国佛教石窟艺术及传统佛教建筑元素，集世界佛教建筑之塔、殿、堂、厅、廊于一体。梵宫作为一个综合性的功能建筑，能满足国际佛教文化会议要求。

6）纪念建筑

纪念建筑是我国建设中长期不衰的建筑类型，多以革命领袖、革命烈士、革命根据地和事件、文化名人为纪念对象。纪念建筑设计，有了较大的发展，在构思上更加开放，在对资深建筑师作品的介绍中，已经涉及许多重要的纪念建筑，这里再举出一些获得大奖的。

（1）广安，邓小平故居纪念馆

该建筑位于四川广安邓小平故居保护区，用地面积 53.36 万 m^2，建筑面积 4000m^2，建筑由序厅、展厅、影视厅及后勤办公用房组成。建筑采用单层，与周边优越的自然环境和谐共生。建筑师从历史文化、地域特色和周边环境出发，以川东民居风格与现代艺术相结合的手法，赋予陈列馆特有的历史底蕴。作为全国唯一的一座全面展示小平同志生平事迹的陈列建筑，同时符合了建筑的功能需求与精神内涵。

图 8-52　无锡，灵山胜境，2008，设计单位：华东建筑设计研究院有限公司，建筑师：田文之、黄秋平、钱健（图片引自：《新时代　新经典：中国建筑学会建筑创作大奖获奖作品集》，2015：551）

图 8-53　广安，邓小平故居纪念馆，2002—2004，设计单位：上海建筑设计研究院有限公司（图片提供：上海建筑设计研究院有限公司潘嘉凝）

图8-54 韶山，毛泽东遗物馆，2008，设计单位：广州市设计院，建筑师：郭明卓、郑启皓、黎家骥（图片引自：《新时代 新经典：中国建筑学会建筑创作大奖获奖作品集》，2015：405）

图8-55 徐州，李可染艺术馆，2007，设计单位：清华大学建筑设计研究院、徐州市城乡建筑设计院、北京主题工作室（图片引自：《新时代 新经典：中国建筑学会建筑创作大奖获奖作品集》，2015：402）

图8-56 南郑，川陕革命根据地纪念馆，2007，设计单位：中国建筑西北设计研究院，建筑师：秦峰、张冬、李强、马牧（图片引自：《新时代 新经典：中国建筑学会建筑创作大奖获奖作品集》，2015：481）

（2）韶山，毛泽东遗物馆

遗物馆用地在三面被山包围的山坳中，采用体量和尺度较小的1、2层建筑，组成院落式布局，体量较大的文物库布置在后面，紧贴山体。建筑布局完全融合于韶山自然环境之中。建筑采用坡顶、马头墙和青砖墙作为建筑造型的主要特征，表现出对当地文脉的传承。同时又选用现代技术及材料：钢结构、金属瓦、玻璃、不锈钢等，以实现对传统建筑元素的现代演绎。

（3）徐州，李可染艺术馆，

该建筑用地面积4232m²，建筑面积2583m²。该馆紧邻李可染旧居，处在喧闹的城市中心地带。建筑设计试图表达这位中国画大师的艺术追求，将其绘画的意境传达到建筑中。建筑的主题针对一位中国传统艺术的巨匠，而使用者需要的是现代化专业水准的美术馆，建筑设计兼顾了这两方面的需求，延续旧居中展现的传统建筑因素，以求得精神的传承。

（4）南郑，川陕革命根据地纪念馆

该项目用地面积1.5万m²，建筑面积4310m²。纪念馆采用当地石材砌筑墙面，浑厚朴实，屋面采用较成熟的种植屋面技术，使得建筑与山坡融为一体，同时具有很好的节能效果。建筑设计以"红星"为主题，红星纪念庭院为建筑核心。

7）博物馆建筑

博物馆建筑一向是建筑师发挥建筑艺术才能的建筑门类，在以往的建设中已显出这一特征。进入新世纪的博物馆建筑建设，依然是个大门类，不但分布广泛，而且种类繁多，有些博物馆的规模之大，尤其引人注目。博物馆的功能继续开拓，增加了储藏之外的研究与合作等种种功能，而且继续在表现地域文化特色方面下功夫。由于博物馆概念的开拓，许多博物馆利用原来的旧建筑，以彰显自身的特色。

过去，有相当数量的博物馆门可罗雀，自大量新馆的建设以来，尤其是与国外一样门票免费之后，吸引了大量的参观者，这无疑是对博物馆建筑的发展具有促进作用。

（1）拉萨，西藏博物馆

该建筑位于拉萨罗布林卡（夏宫）东门外，总用地面积 5.2 万 m²，主馆用地面积 2 万 m²，建筑面积 1.5 万 m²，为庆祝中华人民共和国成立 50 周年和西藏民主改革 40 周年而兴建，是援建项目之一。博物馆整体分三大部分：主馆区、民俗村以及办公等附属设施，一期工程为主馆。

在规划的范围之内，圈定了高大树木，以尽量保护。在投资不算宽裕的情况下，建筑力求经济、适用。平面集中布置，一可节约交通面积，缩短参观路线；二可适应冬季寒冷气候，减少外墙面积；三可减少收藏环节，以利于安全运转。面临大体量，建筑处理注意上繁下简、重点装饰，像佛教喇嘛塔的亚字形须弥座那样，适当增加曲尺形的变化，如仿藏式民居枣红色饰带，与墙体选用当地毛面花岗岩石材，营造阳光下曲折变化效果。鉴于唐代和清代有汉族大屋顶的建筑，故采用与藏式建筑结合的金黄色屋顶，整体建筑在阳光下有良好的效果。考虑到当地气候干燥、空气质量较好，除了文物库恒温恒湿空调外，其余房间均为冬季电热采暖。而在夏季，因开窗小，墙体保温好，无需中央空调，实践证明，是节约能源的好办法。

（2）武汉，湖北省博物馆扩建

该项目用地面积 8.13 万 m²，总建筑面积为 3.6582 万 m²。扩建工程由已建成的编钟馆和新建的楚文化馆、综合陈列楼以及室外连廊等辅助设施组成，形成"一主两翼"的总体布局，高度体现了楚国建筑的中轴对称、"一台一殿""多台成组""多组成群"的高台建筑布局格式。建筑突出了楚文化高台建筑、多层宽屋檐、大坡式屋顶等楚式建筑特点，以其营造出浓郁楚文化氛围。

图 8-57　拉萨，西藏博物馆，1994—1999，设计单位：中国建筑西南设计研究院，建筑师：赵擎夏、刘军、聂毅等（图片引自：www.sohu.com/a/）

图 8-58　武汉，湖北省博物馆扩建，2007，设计单位：中南建筑设计院，建筑师：向欣然、郭和平、李四祥（图片引自：《新时代　新经典：中国建筑学会建筑创作大奖获奖作品集》，2015：235）

（3）武汉，中国武钢博物馆

该项目用地面积 9520m², 建筑面积 13480m²。这是一个企业博物馆，馆舍本身就是一个巨大的展品，其形态特征和深灰色的金属外饰面相结合，产生了工业制成品的特征。

图 8-59 武汉，中国武钢博物馆，2008，设计单位：清华大学建筑设计研究院、北京三和创新建筑师事务所，建筑师：胡绍学、肖礼斌、谢坚、胡真（图片引自：《新时代 新经典：中国建筑学会建筑创作大奖获奖作品集》，2015：362）

图 8-60 天津蓟县国家地质博物馆，2006—2008，设计单位：天津大学建筑设计研究院，建筑师：张华（图片提供：张华）

图 8-61 泉州，中国闽台缘博物馆，2008，设计单位：福建省建筑设计研究院，建筑师：黄汉民、黄乐颖、江枫（图片引自：《新时代 新经典：中国建筑学会建筑创作大奖获奖作品集》，2015：519）

内部展示空间自由流动，没有闭合的空间也没有单一走向的通道，增加了观众的选择可能。

（4）天津蓟县国家地质博物馆

该项目用地面积 8000m², 建筑面积 5600m², 位于天津蓟县国家地质公园，该园 342km², 是我国唯一记录有上元古界地球演化地质历史的国家地质公园。建筑以大地景观艺术为出发点，以独特的自然语言阐述博物馆的生态肌理和历史内涵，即以数亿年演化成的奇石形象塑造建筑体量。其处理体量的单纯建筑手法，使得建筑有了现代感。

（5）泉州，中国闽台缘博物馆

该项目占地 10.28 万 m², 建筑面积 2.3308 万 m², 是展示祖国大陆尤其是福建与台湾历史关系的国家级对台专题博物馆。配套的景观广场面积达 1.9 万多平方米，主体建筑高度为 43m, 分 4 层。一楼为国际学术报告厅，并设临时展厅、库房、办公区、游客休闲处和设备用房等。二楼为综合主题馆，面积 3466m², 根据闽台关系的"五缘"即地缘相近、血缘相亲、法缘相循、商缘相连、文缘相承，分七部分设计布展。三楼为"乡土闽台"专题馆，展厅面积 2889m², 设立戏曲、民俗、建筑、工贸等专题内容。四楼为信息数字及研究中心。

（6）邯郸，磁州窑博物馆

磁州窑是我国古代著名民窑之一，博物馆位于河北省邯郸市磁县，建筑面积 5062m², 结合博物馆建设了较大的市民广场。通过对磁州窑的生产工艺、器型特点、材质及当地民俗的认真调研，从中提炼可以用于建筑创作的符号语言，从而使博物馆具有了较典型的本土特征和磁州窑产品的装饰化意趣。

图 8-62　邯郸，磁州窑博物馆，2004—2006，设计单位：河北建筑设计研究院有限责任公司，建筑师：郭卫兵、李拱辰、郜文辉、张阔（图片提供：河北建筑设计研究院有限责任公司）

图 8-63　邯郸，磁州窑之遗存

图 8-64　丽水，缙云博物馆暨李震坚艺术馆，2002，设计单位：浙江大学建筑设计研究院，建筑师：沈济黄、叶长青（图片引自：《新时代　新经典：中国建筑学会建筑创作大奖获奖作品集》，2015：536）

（7）丽水，缙云博物馆暨李震坚艺术馆

该项目用地面积 5375m²，建筑面积 3780m²。缙云盛产石材，拥有相当多朴实无华的石构建筑。建筑设计选择了 0.825m 为模数进行推衍，以达到建筑整体纯化，平面组织借鉴了民居三"线"——中轴线、穿堂线和备弄线作为依据，引用了地方建筑设计的特点。

（8）可可托海地质博物馆暨游客服务中心

该项目地处新疆阿勒泰富蕴县境内的可可托海国家地质公园，公园面积 619km²，建筑面积 5000m²，是我国第一个以典型矿床和矿山遗址为主体景观的地质公园。尊重自然是设计的首要原则，充分利用自然地形、地貌，采用覆土、功能分散布置等手法,造成"大地褶皱"的建筑形态，将建筑与大地融合在一起。看似建筑形态弱化，实际是借助原有场所的力量，扩大了建筑的影响。采用梁柱结构系统，结合曲面跌落的屋面，竖向表达地表高差。平面的曲线构成满足展览流畅的观展空间需要，同时积极与所在场地的自然边界产生关联，以生成融入大地中的建筑。

图8-65 可可托海地质博物馆暨游客服务中心，2009—2012，设计单位：中国建筑设计研究院一合建筑设计研究中心、新疆建筑设计研究院，建筑师：柴培根、田海鸥、杨文斌（图片提供：一合建筑设计研究中心）

图8-66 安阳殷墟博物馆，2005—2006，设计单位：中国建筑设计研究院，建筑师：崔愷、张男、康凯、喻弢（图片提供：中国建筑设计研究院）

图8-67 南通博物苑，2005，设计单位：北京市建筑设计研究院何玉如工作室（图片引自：《新时代 新经典：中国建筑学会建筑创作大奖获奖作品集》，2015：411）

（9）安阳殷墟博物馆

该项目用地面积6500m²，建筑面积3525m²。殷墟是中国历史上有文献可考的最早的古代都城遗址，为减少对遗址区的干扰，尽量淡化和隐藏建筑体量，将主体沉于地下，地表用植被覆盖，最大限度地维持了殷墟遗址原有面貌。

考虑到全面展现殷墟的各种考古成就和珍稀文物的文化价值，利用中心下沉庭院和长长的回转坡道等不同空间，并在细节上强化对遗址和文物的展示。前区展厅和后区藏品库各自独立又有方便的内部衔接。展厅布局以线性空间引导观众的流线，由地面下沉到入口庭院，再由出口上升到地面，展线一气呵成，流畅紧凑。

水刷豆石是最基本的外部材料，用于有限的外墙和下沉坡道的侧墙。这种圆角的豆石取自当地，演绎了博物馆古朴而内敛的性格。在追逐建筑豪华、气派的建筑市场上，这样一个没有立面的建筑，既十分少见也难以通过。

（10）南通博物苑

该项目建筑面积6000m²。原南通博物院为1988年国务院公布的第三批全国重点文物保护单位，是一个"园馆一体"的城市园林式综合性博物馆。新建博物馆分为展陈空间、库存空间和办公空间三个部分，是在整个苑区进行总体规划设计的基础上增建的一座现代化新馆，以展示苑藏文物、地方人文资源和研究成果、举行多种会议，进行科普教育以及文物的库藏等。新馆规划设计最大限度地保留原文物建筑以及原有的绿化体系，并加以整理，体现始建者的初衷；通过新馆，将原有建筑组合成完整的建筑群体，形成新旧建筑协调的空间关系。

图 8-68　徐州水下兵马俑博物馆/汉文化艺术馆，2006，设计单位：清华大学建筑设计研究院、徐州市第二建筑设计院，建筑师：祁斌（图片引自：《建筑学报》，2006（7）：封面）

图 8-69　桓仁，辽宁五女山山城高句丽遗址博物馆，2008，设计单位：中国建筑设计研究院崔愷工作室（今本土设计研究中心），建筑师：崔愷、张男、李斌、赵晓钢、郑萌（图片引自：《建筑学报》，2009（5）：38）

图 8-70　禄丰，中国禄丰侏罗纪世界遗址馆，2005，设计单位：浙江大学建筑设计研究院，建筑师：董丹申、杨易栋、彭怡芬、王玉平（图片引自：《新时代　新经典：中国建筑学会建筑创作大奖获奖作品集》，2015：335）

（11）徐州水下兵马俑博物馆/汉文化艺术馆

园区用地面积 45 万 m²，建筑面积 3850m²。建筑设计从用地所处的汉文化与山水交融的自然环境出发，博物馆将汉代大屋顶进行抽象概括和夸张，形成两个架在水面上的正方形屋顶，试图用简朴的形象使人联想"大象无形"的审美意趣；艺术馆采用组织传统院落空间的方法，分亲水交流区和内部陈列展示区。两者的内敛和开放，形成对比并相得益彰。

（12）桓仁，辽宁五女山山城高句丽遗址博物馆

该项目用地面积 15 万 m²，建筑面积 3369m²。把握保护遗址、消隐建筑的立场，将建筑依附在五女山山体上，掩映在树木水塘后。博物馆成为未来景区的大门，游客从底层进入博物馆，从二层出口去乘景区内专车上山，于是建筑的空间和展线的布置按照"之"字形的登山路经设计，形成自然的转接，又突出山地建筑特色。

（13）禄丰，中国禄丰侏罗纪世界遗址馆

该馆在发掘现场上建造，本身也成为公园的一件展品。设计采用了抽象的建筑语言，通过体量的倾斜、扭转、切削等建筑手法，试图传达远古恐龙时代的神秘气息和自然的力量。建筑如同地貌景观，人们在"山谷、丘陵、缓坡、空穴"之中体验连续界面带来的建筑空间感受。恐龙谷为自然起伏的丘陵地貌，建筑因势就形，剖面设计充分利用地形高差，把基地山体的一部分融入环境之中。建筑整体造型从结构合理性出发，设置了一系列巨型结构柱，既丰富了空间层次又实现了结构经济性与形态

标识性。在这些中空的混凝土斜柱顶部，还设置通风百叶，实现了四季都不需要机械排风而能达到通风换气的标准，最大限度地达到节能运行的目的。

8）旅馆建筑

旅馆建筑曾经是改革开放以来的"先锋"建筑，较早引入我国，人们在这类建筑中看到全新的设计思想，先进旅馆设备和独特的经营方式。为迎接日益增长的外来旅客，我国各地也有组织地建造了大量的旅馆。进入新世纪，旅馆建筑更显特色，尤其是与当地自然或人文环境相结合的地域特色，成为明显的趋向。

（1）贵阳，贵州花溪迎宾馆

该项目建筑面积 3.2241 万 m^2。在基地特定的自然环境里，依山就势，分散布局；并且着意增绿、理水，营造"花"与"溪"的景观意境。在建筑上，借鉴黔中地区民居元素，处理空间的地域特征；建筑平面设计结合地形采取锯齿形的错层布置的方法，并争取地下使用

空间。单体建筑或利用地形高差以悬挑、架空等设计手法，或采取不同的室内标高，突出地方特征，成为一组乡土化的现代建筑。

（2）阿坝藏羌自治州九寨沟国际大酒店

该项目地处川西高原，海拔 1800m，基地环境优美，用地面积 1.2 万 m^2，总建筑面积 6.28 万 m^2，是九寨沟风景区第一家国际五星级宾馆。建筑依山造势，傍水取形，由宾馆东楼、西楼、艺术剧院、生肖艺术广场、标志塔四部分组成，各自独立又彼此呼应，用蓝绿色、白色，适度点缀金色形成和谐彩色组合，与九寨沟的自然环境相适应。宾馆具有鲜明的藏族山寨式建筑景观，又具有鲜明的时代感。

（3）承德行宫酒店

该项目用地面积 3 万 m^2（150m×200m），建筑面积 2.65 万 m^2。基地位置自然景观资源极为丰富，交通便利。考虑到基地位于承德著名景区内，为最大限度保护当地的自然风貌和景观资源，建筑总体限定为 1~2 层，以院落空间的形式布局。基地北侧为酒店公共服务区，

图 8-71　贵阳,贵州花溪迎宾馆,2005,设计单位:贵州省建筑设计研究院, 建筑师: 罗德启、周宏文、阮志伟（图片引自:《新时代　新经典: 中国建筑学会建筑创作大奖获奖作品集》, 2015: 555）

图 8-72　阿坝藏羌自治州九寨沟国际大酒店,2002,设计单位:北京清华安地建筑设计顾问有限责任公司、清华大学建筑学院、中科院建筑设计研究院, 建筑师: 王毅、邓雪娴、华夫荣、陈林（图片引自:《建筑学报》, 2004（6）: 49）

采用中国传统"九宫格"轴对称的空间布局，彰显宾馆的礼仪性和尊贵感。基地南侧为酒店客房休息区，采用园林式院落空间布局，强调了寄情山水的情趣，希望建筑与周边的山水环境融合一体。

（4）南宁，广西荔园山庄

该山庄是高标准的接待建筑，由2幢A型接待楼、20幢B型接待楼与1幢会议中心组成。规划设计结合建用地实际条件，接待楼围绕中心带状人工湖分布，散点布局，避免了大量的土方工程，同时也保护了原始地形和现状植被，使该山庄形成初具传统山水意境的园林式空间环境。在建筑单体设计中，探求现代地域性建筑创作的新思路，如采用具有"岭南意蕴"的干阑建筑形态，玻璃幕墙、白色墙面与粗糙石材，相互组合、穿插，建筑有轻巧的遮阳架与大出檐的四坡顶，以及由简化民族图案得来的方格窗套，力求以现代建筑语汇，传达着地域建筑的艺术内涵。

（5）三亚喜来登酒店

该项目用地面积 10.6108 万 m²，建筑面积 7.8868 万 m²，是以度假休闲为主，兼具承接大型会议功能，具有 500 间客房的五星级酒店。酒店的主入口及大堂均设在建筑二层，使游客步入酒店的第一时间就能望到海面。建筑由东西两翼向中间逐级退台，同时，建筑从北向南也采取了同样的手法，以减少对海滩和沙坝的压迫感。建筑采用 U 形对称布局，与周围环境保持比较大的接触面，使酒店的海景客房占到总数的 75%。

（6）北京，钓鱼台国宾馆芳菲苑

该建筑位于钓鱼台的心脏位置，南临大草坪，

图 8-73　承德行宫酒店，2009—2012，设计单位：中国建筑设计研究院一合建筑设计研究院中心，建筑师：柴培根、王效鹏、杨凌、周凯（图片提供：一合建筑设计研究院中心）

图 8-74　南宁，广西荔园山庄，2004，设计单位：广西建筑综合设计研究院，建筑师：雷翔、蒋伯宁、徐欢澜（图片引自：《新时代　新经典：中国建筑学会建筑创作大奖获奖作品集》，2015：529）

图 8-75　三亚喜来登酒店，2003，设计单位：北京市建筑设计研究院，建筑师：金卫钧、张耕、孙勃（图片引自：《建筑学报》，2003（2）：46）

图 8-76　北京，钓鱼台国宾馆芳菲苑，2002，设计单位：同济大学建筑设计研究院，建筑师：曾群、孙晔、丁洁民（图片引自:《新时代　新经典：中国建筑学会建筑创作大奖获奖作品集》，2015：231）

图 8-77　拉萨，青藏铁路拉萨站站房，2006，设计单位：中国建筑设计研究院、中铁第一勘察设计院集团有限公司，建筑师：崔愷、单立欣、顾建英、守义、骆友增（图片引自:《新时代　新经典：中国建筑学会建筑创作大奖获奖作品集》，2015：273）

图 8-78　海口火车站，2003，设计单位：中国中元兴华工程公司，建筑师：王长刚、曹亮功、张新平（图片引自:《新时代　新经典：中国建筑学会建筑创作大奖获奖作品集》，2015：223）

北傍中心湖面，此一坪一湖为钓鱼台内最为开阔处。特色：①复杂而特殊的功能，清晰的流线和严格的功能设计；②谨慎而大胆的形式，从唐代建筑中获得灵感；③超常水平的技术品质。

9）交通建筑

交通建筑是近十年来突飞猛进的建筑类型，高难度青藏铁路的开通，铁路里程的迅速增长，铁路站房在初次通车的城镇兴建，多处带有新地域的特色车站兴建起来。国际和国内航线的大力开拓，又促成了北京 T3 航站楼这样的超大型建筑竣工。交通建筑注定在造型上较为理性，但在交通管理等技术含量方面，已经今非昔比了。

（1）拉萨，青藏铁路拉萨站站房

该项目用地面积 11.1646 万 m^2，建筑面积 2.3697 万 m^2。位于拉萨市西南端，拉萨河南岸的柳吾新区，距拉萨市中心约 2km，与布达拉宫遥相呼应，著名的哲蚌寺就在它北面正对的山坡上，隔水相望。站区地形平坦开阔，整体建筑采用水平向舒展的形态。倾斜的墙体，厚重的砌筑，竖向的窄窗，木梁格构，白色、红色和金色的运用，乃是鲜明的西藏民族建筑语汇，但在体量处理上，又始终保持和强调它的现代性。

（2）海南，海口火车站

该项目建筑面积 2.4845 万 m^2。坐落在海口市西部海滨，是我国第一座火车渡海联运铁路站，站房一次性设计，分两期实施。一期为线平式主站房，二期为高架候车室及独立行包房。海口站采用中国传统庭院空间组合方式，一个"中"字的平面布局创造了两条进站通廊和一条出站通廊，构成两个露天庭院。海口站屋顶的组合依空间序列，主次分明，前后层次由攒尖、悬山、屋面构架、折坡组成了均衡有序的整体。富有特性的折坡屋面来源于东南亚的民居形象。

（3）武汉，武昌火车站

建筑面积 4.6085 万 m²。车站的形象设计从楚城和楚台入手，结合现代铁路站房的空间特点，将站房与高架平台设计成叠台形，用超常尺度表现主要入口，同时运用连续的竖向墙面和开窗的交替，反复体现交通建筑的韵律感，并隐喻楚文化编钟造型。入口雨棚吸收汉阙的意象，表达建筑的人文和地域特征。

图 8-79　武汉，武昌火车站，2007，设计单位：中铁第四勘查设计院集团有限公司，建筑师：盛晖、马小红、姚涵（图片引自：《新时代　新经典：中国建筑学会建筑创作大奖获奖作品集》，2015：496）

图 8-80　郑州新郑国际机场航站楼改扩建，2007，设计单位：中国建筑东北设计研究院，建筑师：任炳文、刘战、杨海荣（图片引自：《新时代　新经典：中国建筑学会建筑创作大奖获奖作品集》，2015：566）

（4）郑州新郑国际机场航站楼改扩建

该项目建筑面积 10.907 万 m²。扩建部分的平面沿用矩形主楼，前列式平行指廊布置，新旧楼在功能上完全分开，在结合部位设计了一个宽 24m，进深 48m 的中庭，在此设计了坡道、电梯、扶梯等水平及竖向交通载体，并种植了高大的绿化，设置了小品，使新旧两部分自然过渡，形成了一个层次丰富的趣味空间。建筑外观设计以钢构件、玻璃、花岗石为主要建筑材料，整个建筑被金属屋面覆盖，屋面呈不规则波浪形曲线，其下由成组的 V 形钢管柱撑、钢檩条等构件组成，形成强烈的韵律感，成为整个建筑造型的主旋律。屋面上的条形采光窗和水滴形天窗，使建筑充分利用自然光采光，既节约能源，也使空间更为开阔和富于动感。

10）文化建筑及其他

改革开放以来，被称为"中心"的建筑多了起来，但并不是一种新建筑门类的兴起，就其具体内容而言，本可以归类到相应的门类中去。但此类建筑包含了一些展示与群众活动，有时也难以确切分类。这里举出一些标以"文化艺术中心"的建筑，它们往往内容多样，包含一些地域性（含民族性）的内容，有些特色，还列了传媒和会议建筑实例。

（1）西昌，凉山民族文化艺术中心

该项目位于凉山民族文化公园内"火把广场"的东侧，用地面积 13.8317 万 m²，建筑面积 2.5389 万 m²。文化中心由大剧场、影院、多功能厅、民俗展厅、商业街组成，建筑平面为三分之一圆环形，1~2 层。建筑屋顶和外立面随室外广场观众席坡度走向呈斜坡状，自然景观覆盖其上，整个建筑融合于自然隆起的山体之中，建筑成为火把广场的看台，使建筑和公园成为有机整体。

天文天象成为设计的重要线索，艺术中心的月牙形平面围绕圆形火把广场逐渐展开，是对传统天文崇拜的现代诠释。建筑装饰提取民族服饰、器物中的典型纹样，精心抽象重组，以表现其民族特征。宜人的气候和热情的民风决定了建筑的开放性，打破建筑边界，使内外生活渗透融合。商业娱乐布局，采用开放的内街形式，与半开放的戏剧展览空间联系紧密。

根据当地气候的地理特点，加强建筑的遮阳、隔热和通风，适度使用玻璃幕墙，尽可能不设地下室，采用当地的材料与技术，空间充分开放，以实现建筑的低成本维护，商业空间有利于平衡文化中心等公益设施的运营成本。

（2）金昌，甘肃省金昌市文化中心，

该项目建筑面积 1.8 万 m²，该设计探讨建筑对气候适宜性以及对地域性表达的艺术潜力。金昌的镍矿储存量居世界第三，堪称中国的"镍都"。金昌当地是典型的中国北方气候，干燥寒冷、日照充足。当地的山形天际线平缓，有着强烈的垂直肌理。同时受到了当地的气候和地貌特点的影响，最主要的特点是在建筑西南侧沿主立面有一条通长的通道，并且被理性地分解为西向实墙和南向玻璃交错的曲尺形，这个立面形象既是对当地丘陵地貌特色的一种表达，同时也能很好地满足吸纳冬季日照，保持室内温度的要求。

（3）广州，广东科学中心

该项目用地面积 45 万 m²，建筑面积 13.75 万 m²。建筑以中庭为中心，以展区为单位，呈放射状向心式布局，从而达到公共交通路线最短的目的。四个展区和一个科技电影区，组成五个散开的多面体，有从空中俯视宛如木棉花的意图。各个展区均完整而独立，具有良好的视野与采光。

图 8-81　西昌，凉山民族文化艺术中心，2005—2007，设计单位：中国建筑设计研究院，建筑师：崔愷、张男、何咏梅、Eric、李斌（图片引自：《新时代　新经典：中国建筑学会建筑创作大奖获奖作品集》，2015：197）

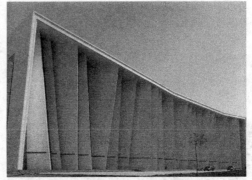

图 8-82　金昌，甘肃省金昌市文化中心，2007，设计单位：清华大学建筑学院，建筑师：张利、王灏、张铭歧、郭剑寒（图片引自：《新时代　新经典：中国建筑学会建筑创作大奖获奖作品集》，2015：475）

（4）苏丹喀土穆，援苏丹共和国国际会议厅

该项目用地面积 5600m²，建筑面积 8773m²，为大型国际会议提供会场，包括大小会议厅、展示、接待等综合服务空间。

苏丹首都喀土穆城位于非洲的沙漠干热地区，素有"世界火炉"之称。针对其气候环境、工程预算和当地经济条件，运用了生态设计的原理和方法：①建筑以实体为主，最大限度地减少开窗面积，提高围护结构的保温隔热性能；②利用出挑深远的屋檐和遮阳格栅，有效地避免了太阳对屋顶和外墙面的直射，以降低建筑热负荷；③采用了多重绿化。设计中强调现代感与当地传统文化的紧密结合，细部从伊斯兰的建筑传统中吸取营养。

（5）重庆，国泰艺术中心

该建筑位于市中心解放碑附近地区，建筑面积 3.617 万 m²。作为重庆十大文化公益设施之一，在高楼林立的城市环境里，重建抗战时期的国泰剧院。艺术中心以其功能、高差、形式、色彩与周围同质化的建筑环境形成对比，舒缓了城市空间的压迫感，其外部空间形成市民的文化活动平台。

（6）北京，凤凰国际传媒中心

该项目用地面积 1.8832 万 m²，建筑面积 7.5368 万 m²（地下 3.3738 万 m²，地上 4.163 万 m²）。由两个独立的建筑功能体量：办公楼和演播楼组成。体量被一个叫做"莫比乌斯环"生成的流线型外壳所笼罩。两个

图 8-83　广州，广东科学中心，2006，设计单位：中南建筑设计院，建筑师：袁培煌、李钫、张行彪（图片引自：《新时代　新经典：中国建筑学会建筑创作大奖获奖作品集》，2015：220）

图 8-84　苏丹喀土穆，援苏丹共和国国际会议厅，2004，设计单位：上海建筑设计研究院有限公司，建筑师：袁建平、陈玻、潘智（图片引自：《新时代　新经典：中国建筑学会建筑创作大奖获奖作品集》，2015：169）

图 8-85　重庆，国泰艺术中心，2005—2013，鸟瞰；建筑师：崔愷、景泉、秦莹、张小雷等（图片引自：《设计与研究》，32：11；摄影：张广源）

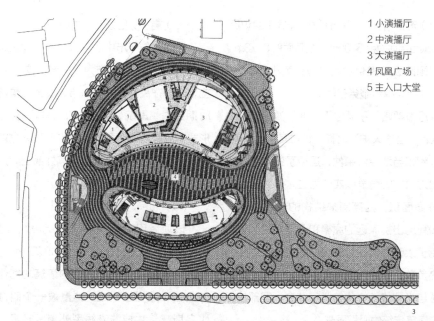

1 小演播厅
2 中演播厅
3 大演播厅
4 凤凰广场
5 主入口大堂

图 8-86　北京，凤凰国际传媒中心，2007—2011，总平面示意，设计单位：北京市建筑设计研究院方案创作工作室，建筑师：邵韦平（图片引自:《时代建筑》，2012（5）：91）

图 8-87　北京，凤凰国际传媒中心，总体外观（图片引自:《时代建筑》，2012（5）：90）（左）
图 8-88　北京，凤凰国际传媒中心，东中庭（图片引自:《时代建筑》，2012（5）：92）（右）

体量之间的环中空间为"凤凰广场"。这个得自"莫比乌斯环"的复杂非线性体量，引入数字技术深化设计，构成了一种富有特定表现力的交叉状曲面网壳结构。钢结构外壳将办公楼和演播楼融合在一起，创造出丰富的空间，并实现了建筑全生命周期的绿色节能。外壳引入了三维建筑信息模型以及参数化编程控制技术，解决了大量异形构件的设计文件输出问题。工程中的某些系统采用了数字加工技术与数字设计技术的对接，极大地提高了设计产品的精度和对复杂异形构件生产的控制。

8.1.4　旧建筑、街区的新生和保护

旧建筑是一种财富，它在日久经历衰败的过程中，依然存留着一定的价值，尤其是一些旧建筑承载着一定历史意义，有的本身就是文物古迹。尤其是如今进入低碳、绿色时代，环境保护与可持续发展的观念，更让人们很少轻言拆除。

在我国，旧建筑的改造方面有良好的传统，1949年至今，旧建筑改建及旧城街区改造从来就没有停止过。例如1950年代位于济南市中心的一个发电厂，就曾经成功地改造成工业展览馆。同时，许多旧建筑和旧街区的改造，与历史文化建筑的保护有密切的关系。

2000年以来，旧城改造更是我国城市建设的一个重要方向，与过去十分不同的是，旧建筑改建及旧城街区改造，面临着如何在尊重历史的前提下，做到有机更新，发现它们的价值，使之成为可以满足现代生活需要的场所。例如城市中的旧工业建筑，曾是城市工业文明发展的见证，随着现代化的进程以及城市的扩张，旧工业逐渐被淘汰，遗留下来的旧厂房，有时成为城市发展的阻碍。所以，这一时期旧建筑改造的一些重要项目，就涉及旧工业厂房。

一些旧民用建筑也是一样，甚至它们所承载的历史记忆更为广泛。例如中华人民共和国成立不久的一些著名的公共建筑，像天安门广场及其周围的建筑，已经在全国人民或城市人民的心目中，形成了深刻的城市记忆。对于这些建筑的"改造"，更应谨慎行事。

对于旧建筑功能的重新定义和改造，省去了拆毁重建的种种耗费，有利于环保，同时也满足了人们的怀旧心理，旧建筑通过改造，可以"再生"，更应该承载着城市的"记忆"，继续在历史中扮演它新的角色。

2000年以来的建筑活动表明，广大建筑师也乐于承担此类改造项目。他们根据所接触到的具体课题，采取相应的不同方法，取得了丰富的成果。

（1）北京，国家博物馆

该项目是对1959年北京十大建筑之一的中国历史博物馆和中国革命博物馆的改造加建。2004年初，举行了包括福斯特、KPF、OMA，以及赫尔佐格和德梅隆建筑事务所等在内的10家国际著名事务所参加的设计竞赛，由德国gmp事务所和中国建筑科学研究院联合设计的方案在第二轮中胜出，获得设计委托。

用地面积7万m^2，总建筑面积19.2万m^2。建筑的核心问题，依然是如何让这座地位重要、位置敏感的建筑外观既有文化传承又有时代精神。建筑基本上保持了西、南、北三个立面，将原来用庭院支持的较空建筑体量填实，并保留了入口门廊及两侧的庭院。新建部分的立面处理，吸取了原建筑的基本格局，简化装饰构件，并在檐口部位有所创新。

（2）北京，天桥剧场翻建

天桥剧场始建于1953年，是中华人民共和国成立后的第一家大型剧院。剧场翻建后，成为专业化、高水准的歌剧和芭蕾舞剧场。剧场自东向西，分为文化广场、前厅和休息厅、观众厅以及舞台化妆间和演员公寓4个部分。剧场部分3层，共1200多个软椅座席；一层和二层各有贵宾休息室一套，包厢配有包厢休息室；三层为多功能厅。高质量的建筑声学、

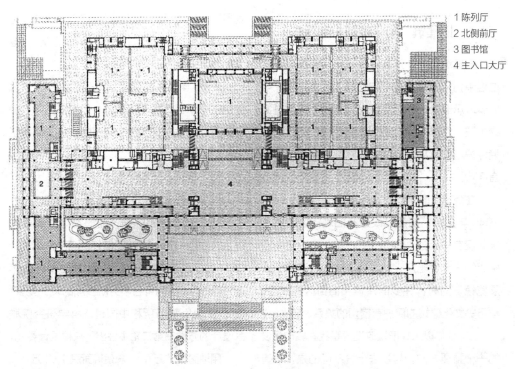

1 陈列厅
2 北侧前厅
3 图书馆
4 主入口大厅

图 8-89　北京，国家博物馆，2004—2010，平面，设计单位：gmp- 冯·格康、玛格及合伙人建筑师事务所、中国建筑科学研究院，建筑师：曼哈德·冯·格康、马立冬、王双、王晓荣、杜燕红等（图片引自：《建筑学报》，2011（7）：20）

图 8-90　北京，国家博物馆，鸟瞰（图片引自：《建筑学报》，2011（7）：11）

图 8-91　北京，天桥剧场翻建，2001，设计单位：清华大学建筑学院、清华大学建筑设计研究院，建筑师：李道增、庄惟敏、黄宏喜（图片引自：《新时代　新经典：中国建筑学会建筑创作大奖获奖作品集》，2015：487）

灯光、电声设计，足以满足任何大型歌舞、戏剧和交响乐的演出要求。建筑造型庄重典雅，内部装潢华丽，并设有保安监控和楼宇自控系统。

（3）上海，1933 老场坊保护性修缮

该项目是始建于 1933 年的远东地区最大现代化屠宰场（"19 叁 Ⅲ"），曾经被标作"19 叁 Ⅲ"老场坊，原是上海工部局宰牲场的旧址，场区内有近 2.5 万 m^2 的老场房，由英国设计师巴尔弗斯设计，为当年亚洲最大的肉食品加工场。1970—2002 年间，大楼被改建为制药厂，2002 年药厂停工建筑闲置。该项目要把一个废弃的工业遗产盘活，并改造成为时尚中心。

1 号楼为原工部局宰牲场，2 号楼为宰牲场的化制间。改造修缮设计中，力求保留完整的建筑外立面和内部的主要空间特质，并赋予新的功能。项目整体包括 1—5 号楼，用地面积 1.26 万 m^2，总建筑面积 3.2 万 m^2。

主体建筑由四面高低不一的钢筋混凝土结构围合成方楼，正中是一座 24 边形的近似圆形建筑，方、圆建筑之间通过 26 座廊桥连接，各层上下交错，貌若迷宫。改造中保持了这一格局：四面的四方形建筑，围起中间圆柱体大楼。主体建筑最上方设直径 6m 的大型顶棚，光线由此渗透进整个楼房。顶棚下方是一个占地 981m^2 的中心圆大剧院。剧院采用了磨光玻璃作舞台，剧院配套设施还有 3.5t 的工业电梯，足以承载一部汽车从底楼直达大剧院。主楼内部的迷宫，隐藏了洞穴式车间、老式城堡过道、独特的桥廊和坡道。阳光从大剧院顶棚照射下来，半阴半亮，造成内部空间神秘而幽深之感。

改造修缮过程，方法如同制作雕塑，将后加的部分清除，然后用水泥统一内部的材料，并增设楼梯和电梯来满足现代功能和安全的需要。保留神秘而丰富的廊桥空间的同时，通过金属和玻璃而加入时代的元素。

当年"远东第一屠宰场"，全部钢筋水泥结构，主楼有一种坡道，又称牛道，其地面是非常粗糙的专门防滑设计，而且实行人畜分离。在新的设计里，这些通道得到了最大限度的保留，当年的牛道也成了到访者的一种路径。宰场的外墙也经过专业技术清洗，以恢复原设计的质感和色彩。如今，外立面的花格窗洞、门

图 8-92　上海，1933 老场坊保护性修缮，2007，设计单位：中国中元国际工程公司，建筑师：赵崇新、陈海鹏、朱中原（图片引自：《建筑学报》，2008，（12）：72）

图 8-93　上海，1933 老场坊保护性修缮，原状（图片引自：www.lvyou.baidu.com）

图 8-94　石家庄，河北建筑设计研究院办公楼2014 年改建完成面貌，2013—2014，设计单位：河北建筑设计研究院有限责任公司，建筑师：郭卫兵、李拱辰、楚连义（图片提供：河北建筑设计研究院有限责任公司）

图 8-95　石家庄，河北建筑设计研究院原办公楼1973 年面貌，设计单位：河北省建筑设计研究院有限责任公司，建筑师：李拱辰（图片提供：河北建筑设计研究院有限责任公司）

图 8-96　石家庄，河北建筑设计研究院办公楼1994 第一次改建后面貌，设计单位：河北省建筑设计研究院有限责任公司，建筑师：李拱辰、崔道汝（图片提供：河北建筑设计研究院有限责任公司）

窗和门前灯也根据 1933 年图纸上的设计进行修复。

（4）石家庄，河北建筑设计研究院办公楼改建

该项目是在旧建筑基础上的第二次改建，第一次是在完全保留四层砖混旧建筑的基础上，建立一套与其相脱离的结构支撑体系，在垂直方向上的扩建。本次扩建是将四层砖混旧建筑拆除，改建部分与首次扩建部分在结构上形成统一整体，改建部分建筑面积为 3763m²。本次改建完善了办公、会议、展示等功能，建筑形式在传承旧建筑历史特征的同时适度展现时代感。

（5）上海，同济大学文远楼保护性改建

该项目建筑面积 5050m²。文远楼建于1953 年，建筑师为黄毓麟、哈雄文，在前面的章节里已有所介绍。此次改造与先进国家节能技术专家合作，成立了一个非常全面的技术梯队，运用了当代最新的建筑节能技术，完成了一套综合节能建筑技术系统，为我国保护建筑的节能更新改造建立了一个典范。其中应用的生态节能技术措施包括：地源热泵、内保温系统、节能窗及 LOW-E 玻璃、太阳能发电、雨水收集、LED 节能灯具、屋顶花园、内遮阳系统、智能化控制、冷辐射吊顶与多元通风，使这座中国早期现代建筑焕发出当代的技术魅力。

（6）西安，贾平凹文学艺术馆

该项目用地面积 4800m²，建筑面积2000m²。该馆为西安建筑科技大学校园中建于 1970 年代的印刷厂进行改造。建筑保留原印刷厂老建筑清水砖墙、外刷深色涂料的基底，选择玻璃、钢架和混凝土三种原建筑所没有的

图 8-97　上海，同济大学文远楼保护性改建，2007，设计单位：同济大学建筑设计研究院，建筑师：钱锋、魏崴、曲翠松（图片引自：《时代建筑》，2008（2）：56）

图 8-98　西安，贾平凹文学艺术馆，2006，设计单位：西安建筑科技大学建筑设计研究院，建筑师：刘克成、肖莉、王青、张向军（图片引自：《新时代　新经典：中国建筑学会建筑创作大奖获奖作品集》，2015：341）

图 8-99　石家庄，河北省图书馆改扩建，2006—2011，设计单位：天津大学建筑学院 AA 创研工作室、河北建筑设计研究院有限责任公司，建筑师：张颀、郭卫兵、刘健（图片提供：河北建筑设计研究院有限责任公司）

材料作为新因素介入，以其光影变化统一到老建筑的形式之中。钢架分主框架、次框架和装饰性框架 3 层，以不同角度和密度，形成新老元素的和谐对话。钢筋混凝土墙采用俯首可得的建筑废料——竹条作为模板浇注，形成粗糙而又富于肌理的表面，与清水砖墙相和谐，造成一种与陕西农村普遍使用的"干打垒"墙体类似的效果。

（7）石家庄，河北省图书馆改扩建

该项目位于市文化中心区域，占地面积 3.35 万 m²，建筑面积 4.3 万 m²。原河北省图书馆建于 1980 年代初期，本次改扩建保留了高层书库、部分多层阅览室，新建部分与保留部分共同满足了现代图书馆功能需求，7 个主要的功能分区，适应读者成分的多样性，不仅保留了建筑的历史信息，也体现了时代特征。

图书馆本着尊重历史的原则，老建筑以保护为主，采用局部粉刷、外挂玻璃、百叶等处理方法，使其与新建筑呼应统一。新建筑用四个相对厚重的实体围合一个玻璃中庭，形成了体量感极强的建筑主体。

（8）呼和浩特，内蒙古工业大学建筑馆

该建筑为校园旧工业建筑的改造项目，占地面积 5200m²，建筑面积 5900m²。其位于该校的中心地段，原为校机械厂铸造车间，由薄腹梁大型屋面板和红砖构成的典型单层工业厂房。建筑师利用厂房大空间的开放性，处理建筑馆教学功能所需要的开放空间，保留并加强原有材料的肌理和色彩。建筑利用原有天窗、烟囱、地道等设施采光，组织室内气流以通风降温，利用废旧材料与适宜技术等，把节约概念提升到生态策略。

图 8-100　呼和浩特，内蒙古工业大学建筑馆，1968—1970，改造前原貌（图片引自：《新建筑》，2001（5）：54）

图 8-101　呼和浩特，内蒙古工业大学建筑馆，2008—2009，中庭楼梯及周围空间，建筑师：张鹏举（图片引自：《新建筑》，2001（5）：54）（左）
图 8-102　上海，华山医院门急诊楼，2001—2004，设计单位：上海建筑设计研究院（图片提供：上海建筑设计研究院潘嘉凝）（右）

（9）上海，华山医院门急诊楼

该项目紧邻由红砖砌筑带有西洋古典建筑意味的原华山医院，但新建筑具有明确的现代功能和现代形式，与原建筑形成历史的对照，一扫近年惯用的所谓"协调"和"欧陆风"。急诊区在底层设专用绿色抢救通道，屋顶设急救直升机停机坪，建立现代急救全方位立体化的服务要求体系；一至八层门诊区采用单元模块

化设计，医患流线简短、分离，各单元模块由中心交通和中庭联系，就诊空间安静、舒适、私密；九至十二层管理办公区，设独立的出入口及垂直交通系统，管理集中。各部分共同形成了高效、怡人的医疗环境。

（10）天津，利顺德大饭店保护性修建

利顺德大饭店始建于 1863 年，坐落于和平区台儿庄路，东临海河，西侧为解放北园（原维多利亚花园），中国近代历史上众多重要历史事件均发生于此。饭店原建筑是国家重点文物保护单位，其建筑形态、施工技术和建筑材料均为天津早期租界建筑的典型代表。在利顺德大饭店建成至今的 100 多年时间里，原址建筑几经战争和自然灾害的损毁以及岁月侵蚀，及至保护修缮之前，1886 年原址建筑所包含的历史信息几乎丧失殆尽。

该保护性修建的建筑面积 2.34 万 m^2，依据原址建筑最具历史价值和艺术价值的原貌，在保持原形制、原结构、原材料、原工艺的基础上，对建筑历史信息严重缺失的部分进行修复，对保存较好的部分予以保留。同时延续区域的历史文脉，利用原址建筑的立面元素，对扩建的建筑立面重构，使新老建筑的立面风格相互呼应。并对新老建筑之间的中庭进行改造，以融合历史气息和时尚元素的休闲空间。该修建实现了以原尺度、原材料、原工艺对原址建筑进行最大限度的还原，并以新材料、新理念、新技术进行恰当合理的修缮。在防火安全设计上，运用性能化防火技术解决原址建筑保护与现行防火规范的矛盾。

（11）上海当代艺术博物馆

该建筑位于黄浦区花园港路。博物馆的前

图8-103　天津，利顺德大饭店，2008—2011，修建后的原址部分，设计单位：天津大学AA建筑创研工作室，天津大学建筑设计研究院，建筑师：张颀等（图片提供：张颀）（左）

图8-104　天津，利顺德大饭店，修建后的扩建部分（右）

图8-105　上海当代艺术博物馆，2010—2012，发电厂及改造的两个阶段，设计单位：同济大学建筑设计研究院，建筑师：章明、张姿、丁阔、丁纯、孙嘉龙、王志刚、张昊（图片引自：《时代建筑》，2013（1）：124）

图8-106　上海当代艺术博物馆，改造后的展厅及展出（图片引自：《时代建筑》，2013（1）：125）

身是南市发电厂（1897—1985），见证了早期上海工业化和改革开放后发电工业撤离市区的发展过程。为参与2010年的上海世博会，把这座废弃的具有典型工业特征的电厂厂房改造为"城市未来馆"，将那个高达156m的烟囱改造为具有象征意义的"城市体温计"。2012年，上海市政府决定把城市未来馆改建成上海当代艺术博物馆，2012年开始展出，成为大陆第一家公立当代艺术博物馆。

发电厂台阶形的低、中、高三跨体量，有机地与博物馆功能相适应，高跨改造为四个楼层的主要常规展厅，中跨为设备、仓储和后勤办公区，低跨改作入口大厅、开放展厅和临展功能。建筑师"有限干预"的原则，最大限度地保留和体现了厂房的原有秩序和工业遗产的特征。

（12）上海印钞厂老回字形印钞工房易地迁建

该项目位于上海市普陀区，迁建的新建筑靠近旧建筑，是一个集印钞生产、参观展示、办公等多功能于一体的现代化工业工程，是国家印钞行业对外开放展示的窗口企业。规划建设用地面积约2.98万 m^2，总建筑面积4.67万 m^2。

设计考虑到生产和参观的两个功能互不影响，其柱网设置能满足不断更新的机器设备，在强调舒适性操作和流线紧凑、高效的同时，实现了工业建筑的人性化和发展的可持续性。新老建筑以过街楼相连，外墙面与内部空间均强调新老建筑的协调和一贯性。

（13）成都宽窄巷子历史文化保护区

该项目用地面积6.6万 m^2，建筑面积

图 8-107　上海，印钞厂厂房，设计：上海建筑设计研究院（图片提供：上海建筑设计研究院潘嘉凝）（左）
图 8-108　成都宽窄巷子历史文化保护区，2008，设计单位：清华大学建筑学院、北京清华安地建筑设计
顾问有限责任公司，建筑师：刘伯英、黄靖、弓箭（图片引自：《新时代　新经典：中国建筑学会建筑创作大
奖获奖作品集》，2015：285）（右）

6.1785 万 m²。宽窄巷子是老成都"千年少城"城市格局和百年原真建筑格局的最后遗存，也是北方胡同文化和建筑风格在南方的"孤本"。规划设计在严格保护的原则基础上进行详细的测绘、调研。改造后的宽窄巷子由 45 个清末民初不同风格的四合院落组成，院落以 1 层为主，局部 2 层。以休闲、餐饮、娱乐等现代功能赋予传统建筑新的生命力。

（14）天津，历史风貌建筑保护

天津是国家级历史文化名城，尤其在中国近代史中，留下了丰富而重要的历史风貌建筑遗产。天津市历史文化建筑保护最重要的举措是：人大立法，政府设立管理机构"天津市历史风貌建筑办公室"严格执法，同时建立专业修建队伍以保证历史风貌建筑维护和修建的质量。

2005 年 9 月 1 日，《天津市历史风貌建筑保护条例》出台，这是我国最早的地方人大法定文件。经天津市历史风貌建筑保护专家咨询

委员会审查，天津市政府于 2005—2013 年分 6 批确认了历史风貌建筑 877 幢、126 万 m²。其中，特殊保护级别 69 幢，重点保护级别 205 幢，一般保护级别 603 幢，分布在全市 15 个区县。在 877 幢历史风貌建筑中，有全国重点文物保护单位 22 处（82 幢），天津市文物保护单位 142 处（162 幢），区县文物保护单位 31 处（32 幢），不可移动文物点 348 处（413 幢）。

在专家咨询委员会的指导下，管理机构历史风貌建筑办公室认真总结天津历史风貌建筑的特点。例如，建筑年代相对集中，60% 建在 1900—1937 年；各类建筑相对集中，呈现群区性，如居住建筑主要集中在老城厢与五大道一带、金融建筑在解放北路一条街等；天津近代建筑的设计思想、方法和技术与西方社会同步；天津独特的地理环境和水土，形成了独特的建筑材料和建造技术，体现了鲜明的地域性；以及人文资源丰厚等等。在建筑保护和修

建的过程中，严格按照条例的指示，遏制违反条例的不当"开发"，努力按照以上原则复原风貌建筑的特色，并尽可能保持建筑遗存应有的原貌。

①天津，静园（鞍山西道70号）

建于1921年，独立式住宅，2层，局部3层，砖混结构。建筑功能齐全，并设有图书馆。整体建筑有西班牙建筑艺术的特征，如较平的筒瓦坡顶、大片实墙、开洞较小等。

图8-109　天津，静园（图片引自：《天津历史风貌建筑图志》，2013：252）

静园原名乾园，为陆宗舆的官邸，1929年溥仪迁此后改为静园。后来作办公用，2005年复原整修时已是住有45户的居民杂院。整修时，尽量保留原有装修和门窗，并对筒瓦进行复制，实行"修旧如故，安全适用"的原则。

②天津，杨柳青镇石家大院

始建于1875年，为典型四合院建筑群。院落以"箭道"为中轴，分为东西两部分，有10个独立的院落，房屋200余间，并设有我国北方较大的戏楼。建筑室内外装饰考究，砖、木、石雕工艺精美，并借助了西方的装饰。大院一直受到精心的保护，严格执行《保护条例》，作为博物馆运营良好。

图8-110　天津，杨柳青镇石家大院（图片引自：《天津历史风貌建筑图志》，2013：356）

③天津，睦南道24—26号（颜惠庆住宅）

该项目是天津"五大道"里的特殊保护级别的建筑。所谓五大道是和平区五条道路纵向贯通的一条狭长的街区，原属英租界的高级住宅区。

该住宅建于1920年代，3层砖混结构，有地下室。立面设有古典比例的拱廊檐口等。建筑采用了地方性的过火的琉缸砖，墙面带有特殊的肌理，是西洋古典建筑与天津地方材料、技术和风情相结合的范例。

图8-111　天津，睦南道24—26号（颜惠庆住宅）（图片引自：《天津历史风貌建筑图志》，2013：89）

④天津，民主道38号（汤玉麟旧宅）

该项目位于原意国租界，独立式住宅，建于1922年。平顶2层砖混结构。建筑严谨对称，中部有古典建筑的基座、墙身、檐部竖向三段式划分的意图，拱券、挑檐开窗比例适当，有装饰性的细部，施工精美。

在属于原意国租界的民族路、自由道等道路上，许多意式住宅和公共建筑、广场，得到了修复，目前已形成具有意国风貌的建筑群。

⑤天津，民族路80号（张鸣岐旧宅）

该建筑为2层砖混独立住宅。体量构图比较丰富，突起而轻巧的凉亭为构图中心，连拱和柱子吸收尖拱的装饰。檐口、栏杆等细部，有古典建筑的意趣。

⑥天津，重庆道55号（庆王府）

该建筑为2层砖混结构，外廊式独立式住宅。室内设共享大厅，房间围绕大厅。外观较为简单，室内装饰豪华，传统格局吸收西洋细部。有宽敞的庭院、良好的绿化环境。

⑦天津，浙江路2号（安里甘教堂）

该建筑为砖混结构，由英租界工部局兴建，是做工精致的小教堂。外墙为清水青砖，设有八角平面的塔楼。山墙檐部的齿饰、门窗开洞周围以及扶壁等处，均为精心设计和精心实施

图8-112 天津，民主道38号（汤玉麟旧宅）（图片引自：《天津历史风貌建筑图志》，2013：297）

图8-113 天津，民族路80号（张鸣岐旧宅），1910（图片引自：《天津历史风貌建筑图志》，2013：310）

图8-114 天津，重庆道55号（庆王府），1922

图8-115 天津，浙江路2号（安里甘教堂），1903

的青砖砖工。室内空间较为丰富，墩柱支撑尖拱划分空间，柱廊、线脚和细部装饰等，均为本色的统一材料，精细施工隐于朴实材料之中。

（15）北京，798 艺术区

798 艺术区得名于它的前身北京华北无线电联合器材厂 798 厂，由前民主德国援助建设，厂房具包豪斯影响下的现代建筑风格，外形简洁，实用而富有美感。工厂被迁出后，部分厂房空置，但因其工业建筑独特的空间品质，从1995 年雕塑家隋建国租赁厂房作为雕塑车间开始，吸引了众多艺术家前来，开始是用于居住与工作，后来因为人数的壮大开始展示作品，至 2003 年逐渐形成了艺术区。

艺术家及建筑师在对 798 内旧厂房的改造过程中，大部分保留了建筑原有的结构，尽量只做修缮和改建，不进行拆除和新建。保持了单体建筑以及整个 798 内建筑群外观的一致性与和谐性。在内部空间的处理上，根据不同的功能需求进行重组。在一些建筑内，完全保留了墙体、屋顶的原貌，如涂刷在墙体上具有时代特征的标语，其本身就是一件艺术品，旧厂房变成了艺术的宜居场所。

与 798 工厂比邻的同属一个时期的 751工厂，与 798 的自发形成、自行改造不同，具有发展及建设的规划性，从风格上基本与 798保持一致。751 工厂的改造引起了更多建筑师的关注和参与，艺术和建筑的结合，同时彰显了建筑的实验性特征。

与此相类似的旧工业区改造，在上海、重庆、昆明等地，都有艺术家或者建筑师自发改建。

图 8-116 北京，798 艺术区，2003，厂房改展区的外观（图片引自：《华中建筑》，2009（3）：208）

图 8-117 北京，798 艺术区，厂房做室内展厅（图片引自：《华中建筑》，2009（3）：208）

（16）上海，新天地改造

上海新天地广场是保留了上海老式石库门弄堂的商业空间，位于上海市中心区淮海中路的南面，兴业路把整个广场分为南里与北里两个部分，处于中国共产党第一次代表大会会址所在上海市思南路历史风貌保护区中。①

新天地北里不到 2hm² 的地块上，原先建有十五个纵横交错的里弄，密布着约 3 万 m²

① 历史风貌保护区：区内存在着已被登记为必须予以保护的国家级或市级历史文物或具有文化特征的建筑。在建筑周围划定一个风貌保护范围以保护其环境风貌，并对保护区内的建筑提出三个保护层次：核心保护、协调性保护与再开发性保护。

的危房旧屋。其中最早的建于 1911 年，最迟的建于 1933 年，它们中有的能直达马路的弄堂口，有的则要借道，从其他里弄才能进出。新天地项目的改造概念在于：保留石库门建筑原有的贴近人情与中西合璧的人文与文化特色，改变原先的居住功能，赋予它新的商业经营价值，把百年的石库门旧城区改造成一片新天地。

广场的南北主弄是广场中最有主导作用的部分，两旁墙壁是石库门有特色的青砖与红砖相间的清水砖墙。具有明显西洋风格的原明德里弄堂口和原敦和里的一连九个朝东的石库门，最具吸引力，也最能勾起人们的怀旧情绪。

图 8-118　上海，新天地改造，1999—2007，弄堂内景 1，设计单位：同济大学建筑设计研究院等

图 8-119　上海，新天地改造，弄堂内景 2

罕见的东西向石库门房屋被保留下来，作为南北主弄的重要题材。由于主弄是从原来的房屋掏空出来的，有宽有窄，为露天餐座或茶座提供了场所。在主弄的中段，通道被拓宽成一个小广场，集中了几个餐厅，专卖店、艺术展廊如，琉璃工场、逸飞之家等的出入口。原来里弄排屋之间的小巷全部被保留下来了，成为南北主弄的支弄。主弄地面铺砌的主要是花岗石，而支弄地面则全部铺以旧房子拆下来的青砖。主弄在接近兴业路时，是一段覆盖了玻璃拱顶的廊。廊的两侧是商店与进入石库门展览馆的入口。廊的南北两端有两个拱门，一方面说明了北里区域的即将结束，同时预告了南里的开始。[①]

（17）北京胡同的消失和保护

过去几十年来，北京中心城区的面貌发生了很大的变化，老北京城规划之初，由无数四合院围合形成的、以胡同为单位的网格轮廓渐渐被改变。近年来，人们逐渐意识到胡同是北京文化风貌的一个重要的代表，以胡同、四合院为基本元素的老城区格局，在旧城改造中得以重视。采取"修缮、改善、疏散"相结合的方法，改造危险房屋。对文物保区内重要街巷、重点四合院落、重点景区周边进行修缮、整治，保护了历史遗存，同时也改善了居民居住条件。

对于胡同改造，另一种模式是开发成文化旅游景点。如与菊儿胡同纵向交叉的南锣鼓巷。南锣鼓巷南北向长 700 多米，巷内东西分布有包括菊儿胡同在内的八条胡同。在规划上相互交叉连接被称为蜈蚣坊，较完整的体现着元大都里坊的历史遗存。

① 文字参考：罗小未. 上海新天地广场——旧城改造的一种模式 [J]. 时代建筑，2001（4）.

图 8-120　北京，南锣鼓巷一游客到访中心，2015，设计单位：清华大学简盟工作室，建筑师：张利、张铭琦、窦光璐、白雪、段宇楠（图片引自：www.ikuku.cn/project/）

图 8-121　北京，官书院胡同 18 号，2010，设计单位：刘宇扬建筑事务所，建筑师：刘宇扬、赵刚、徐千禾、梁幸（图片引自：http://www.alya.cn）

图 8-122　北京，沙滩南巷蔡国强四合院，2007，改造前院景，设计单位：朱锫建筑工作室，建筑师：朱锫

①北京，南锣鼓巷

该项目于 2005 年，得到了全面的翻修，在改造中保持原有胡同和四合院相结合的格局，对房屋采取拆除、翻修、立面装饰、保持原样等四种思路。改造后，大部分临街房屋从民居变成了咖啡馆、餐馆、食品铺、商店等，南锣鼓巷内部建筑空间，逐渐由居住转变为商业空间，此举为老城区文化途径的可持续再生提供了一条新的思路。

②北京，官书院胡同

该项目是位于北京北二环边上的一条小胡同。它的距离不长，但曲径通幽。虽位于北京最重要的两个历史文化建筑雍和宫与国子监之间。设计主要从两方面入手，一方面，在原四合院的建筑框架中，填充出一系列金属展示窗及木质展示柜，既对陶瓷展示主题做出回应，同时也形成传统与现代两种风格的反差与结合；另一方面，在四合院当中营造出一种江南意境的园林景象。

③北京，沙滩南巷蔡国强四合院改造

改造后的四合院打开了原来的双庭院结构，变为南向的建筑空间。翻新了院内已经残破的地砖、墙面和袒露的结构，但在材料、结构和技术上，与传统保持一致。扩大的南院中，是新增加的建筑体，这个建筑运用了玻璃和钢等现代材料，通过材料的反射性，让建筑本身变得无形，同时和与之对立的传统建筑进行融合。体态轻盈的新建筑体与沉重的旧建筑体形成了对比，又在形式、尺度和功能上互补。改造后的四合院，没有在外观上对周围环境产生影响，院落内相对于原四合院的固定结构和传统功能，带来了新的

图 8-123　北京，沙滩南巷蔡国强四合院，改造内景一角

"现代"功能，是一个具有弹性的多功能空间，又是一个艺术家工作室。

8.2　从实验建筑到平常建筑

进入 2000 年代之际，1977 年中国恢复高考之后毕业的建筑师，大约已有了 10 余年执业经验，这批青年建筑师，逐渐步入中国建筑创作舞台的中心，表现出一代新人的探新诉求。

新一代建筑师，受过完整而良好的建筑教育，比他们的师辈幸运的是，他们有充分条件取得国外的留学或执业背景，即便是完全在国内完成建筑教育的学子，也有充分条件获得国际建筑资讯，并参与相关的交流活动。成立了个人工作室或事务所的建筑师，不论在体制内外，都有了较大的自主权，在创作求新、释放个人潜能和市场生存的环境里，已可以充分发挥自己的才能。

当他们的作品以崭新的面貌出现在公众面前时，媒体上频频使用诸如"实验建筑""前卫""先锋"等词语，来描写这批青年建筑师早期探新的建筑作品，用词虽然不同，用意却大体一致，都是指那些敢为天下先，有明显"创新"

精神，正在被行业或社会普遍关注或认可的建筑作品及建筑师。

8.2.1　关于先锋性和实验性

"先锋""前卫"这两个词，是法文 avant-garde 的两种不同译法，原意是指"先头部队""前面的哨兵（卫兵）"，是从艺术领域延伸到建筑领域来的。从历史上看，有新创举的"先锋"艺术家及其作品，如果能与社会进步的方向相吻合，就会获得艺术生命力，成为这个时期的新兴艺术，并最终取得应有的历史地位。如西方艺术史中的印象主义、方块主义（Cubism，又译立体主义）艺术作品和艺术家，就有过这样的经历。

在建筑领域，现代建筑的先驱们，如勒·柯布西耶、W. 格罗皮乌斯、密斯·范凡德·罗、F.L. 赖特等大师，也曾经是这样的先锋。这些建筑家，之所以完成了从先锋到先驱这样一个功德圆满的全过程，是因为他们的建筑艺术顺应了社会进步的潮流，他们在新的社会条件下，呕心沥血，创造新时代进步的新建筑艺术。

"实验性"一词，则更多地用于科学技术领域，指的是为了检验某种科学理论或假说，而进行的某种操作或活动。把"实验性"一词借到艺术领域，是看中了"为探新而进行试验"的这层含义。

这样，所谓实验性建筑的探新实验，起码应当包括两重含义：建筑艺术的和建筑科学的。而在当前，大众媒体的语境里，它的含义基本上是建筑艺术的，更向艺术领域的"先锋"靠拢，而较少在意科学技术含量。

事实上，我们在谈论"实验建筑"的时候，

很难把建筑艺术上的先锋性和建筑科学上的实
验性割裂开来，这是由建筑的本质同时含有这
两种不可分割的属性所决定的。媒体关注"实
验性"或"先锋性"建筑，是因为它们具有新
闻价值；业内关注它们，是因为对建筑领域的
新创造感兴趣，并对建筑推动社会进步和改善
民生有所期待。

　　"实验建筑"之所以引起媒体或公众的广
泛兴趣，是因为首先出场的一些作品，带有西
方现代艺术的概念，作品并不在意解决多少建
筑问题，甚至与建筑设计要解决的问题（如功
能等）无关。这类作品出现在建筑师之手，对
广大受众来说，比较陌生或者新鲜。

　　改革开放以后，中外建筑和中外美术的交
流，各有各的渠道，有些具有西方留学背景的
建筑师或教师，重建了建筑与美术乃同属"大
美术"的关系。他们在国内外出示的一些作品，
与国内建筑设计的固有概念很不相同，早期许
多被叫作"实验建筑"的作品，从本质上说，
是以建筑元素为话题的现代艺术——艺术装置
或艺术行为，这类艺术装置或行为是艺术，但
不是老百姓可以住进去过日子的建筑艺术。

　　分清可以入住的建筑艺术和以建筑为话题
的某种"装置艺术"的区别，对于认识建筑的
"实验性"很重要。前者是科学技术层面上的
艺术，追求的是建筑的"进步"，即从无到有，
从低级到高级的进步，在建筑技术上、功能上
或艺术上的进步；后者是现代艺术层面上的艺
术，追求的是"创新"，也是从无到有，是具有
艺术家自身个性的绝无仅有的创新。

　　现实的情况是，许多建筑师集两种艺术作
品的创作于一身，除了"纯艺术"或"纯建筑

图 8-124　明式家具，艾未未，以明式家具为原型
的家具作品（图片引自：《建筑实验——人·伦理·空
间》展）

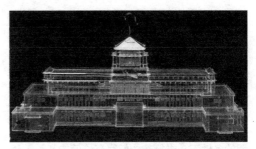

图 8-125　鸟笼，卢昊，以建筑为话题的艺术作品（图
片引自：《建筑实验——人·伦理·空间》展）

艺术"作品之外，他们更致力现实建筑作品的
创作，甚至还经常出现介于这两种建筑艺术之
间的作品类型。因此，"实验建筑"现象，就变
得既复杂又有趣。

　　不过，许多实验建筑师落地生根后，他们
的事务所或工作室，所接的建筑任务，同样是
当今中国社会所需的项目，所面对或所考虑的
问题，与中国广大的平常建筑师并没有什么不
同。这样，他们实际上融入了平常建筑师之中。

　　同时我们也会清楚地看到，经受了体制改革
之后，广大国营体制建筑师的追求，与所说的实
验建筑师，并没有什么两样，而且，他们在数量上，
依然是中国建筑设计领域的主力。所以，当我们

在谈论实验建筑师及其作品时，不应该忽略这群更广大的建筑师以及他们的建筑实验成就。

如此说来，实验建筑就恢复了自身的本意：为建筑艺术和建筑科学等方面的探新、进步而付出努力。

8.2.2　聚焦新一代建筑师及其作品

新一代建筑师在 20 世纪末就陆续登上建筑创作舞台的中心，10 余年来，由于思想开放、创作环境和条件、工具的改善，他们的作品，展现出新面貌、新方向这一点，在本节之前所举的实例里，他们中的许多人，已经提前出场了。

由于这批建筑师人数较多，作品丰富，这里再列举的建筑师及其作品，只是常见于媒体和出版物上的部分建筑师，更多的建筑师在不同的条件下，进行着他们很有价值的实验，我们将在其他的章节还会提到他们。

（1）张永和

1956 年出生于北京，1977 年考入南京工学院建筑系，1984 获美国加利福尼亚大学伯克利分校建筑系硕士学位，1989 年成为美国注册建筑师，1993 年在美注册了非常建筑工作室，1996 年回国，2000 年创立北京大学建筑学研究中心，2005 年他应邀出任美国麻省理工学院（MIT）建筑系主任，成为首位执掌美国建筑研究重镇的华裔学者（任期 5 年）。

张永和在美所受的启蒙教育与现代艺术相关，在早期的设计实践中，表现出一些艺术概念的思维，并在多种设计竞赛中获奖，如1984—1988 年的窥视剧场，1988 年概念性物体设计"蒲公英"桌景——"从桌子到桌景"

等。北京的席殊书屋，在临街建筑的交通过道上布置书屋空间，并运用自行车轮制作活动书架，以灵活分隔空间，是返回建筑概念的早期实践。

非常建筑工作室设计越来越多的国内平常建筑项目，使得作品更多地考虑平常建筑师所遇到的课题，例如旧建筑的改造、新项目的创新、对于地域性或传统文化的思考。由于张永和的国际视野，作为教师不脱离建筑基本理论的研究，作为建筑师对基本意图的不断实践，他的作品有可识别的特质。张永和越来越多地关注城市以及城市环境，如他试图用竹子来改善生态环境的设想等，其评说不一。

①北京，长城脚下的公社之土宅（"二分宅"）

长城脚下的公社原名建筑师的走廊，位于京北山区水关长城附近，占地 8km²，是由开发商选定的亚洲 12 位中青年建筑师设计的 12件建筑作品组成。

土宅是 12 件建筑作品之一。建筑是由两个较长的矩形体量呈 V 形布置，开口一端面对山景，体量内侧设大片玻璃开向之间的院子，欲作为住宅的"中庭"，又具有传统"合

图 8-126　北京长城脚下的公社之土宅，2002，建筑师：张永和（图片引自:《世界建筑》，2017（10）: 45）

院"的意思。外墙采用北方民居用过的"夯土墙"，屋顶结构中运用了"胶合木"构件，那也是 1950 年代常用的构件。作者对此等材料的使用，以期取得朴素的形象并体现环保概念。

②北京，远洋艺术中心

该建筑为东环路东侧基地原有的 2 层工业厂房的改建。建筑师保留原有厂房，首层用于售楼处及样板间，二层为展览、演出等艺术活动空间。维持原有工业建筑的空间和结构，新做的玻璃表面，有利于表露原有大跨钢筋混凝土结构。原厂房须被切掉三跨，被切的剖面转化为建筑的立面，记录并保留了原建筑的痕迹。

图 8-127　北京，远洋艺术中心，2001，设计单位：非常建筑工作室，建筑师：张永和（图片引自：《青年建筑师·中国·33》，2001：16）

③北京大学核磁共振实验室

该建筑是由建于 1917 年的燕京大学锅炉房改造而成。原锅炉房有三跨，中部为拱形大空间。纵向划分成 3 个空间，中部拱形空间为办公和辅助部分，两侧为实验。在这个办公和辅助部分的中部，设两片剪力墙分别向两侧挑出钢结构，形成大空间中的独立 3 层建筑而不影响原有基础，剪力墙之间设垂直交通设施。外墙的双层玻璃间，设 20mm 间隙形成气流，满足更高的物理实验条件要求。

图 8-128　北京大学核磁共振实验室，2001，设计单位：非常建筑工作室，建筑师：张永和（图片引自：www.ikuku.cn/project/）

④吉首大学综合科研教学楼及黄永玉博物馆

该项目位于湖南省吉首市，建筑面积 2.5727 万 m^2（综合科研教学楼 2.2033 万 m^2，博物馆 3688m^2）。校园建在山地上，教学楼与博物馆在校园中心的人工湖南侧，形成类似裙房与高层两部分。两部分设置了多个小型坡屋顶，裙房部分设置在顶部，高层部分设置在外墙，即把窗外凸成三角形，窗的斜顶为小坡顶，以尝试取得山村聚落肌理。

图 8-129　吉首大学综合科研教学楼及黄永玉博物馆，2003—2004，设计单位：非常建筑工作室、北京意社建筑设计咨询有限公司合作，建筑师：张永和等（图片引自：《城市环境设计》，2009（12）：84）

（2）马清运

1965 年生于西安，1988 年毕业于清华大学建筑系，获奖学金于 1989—1991 年在美国费城宾夕法尼亚大学美术研究生院获硕士学位。1991—1995 先后在费城 Ballinger

及纽约 KPF 任设计师、高级设计师，成为这两个建筑事务所的主要设计力量。1995 年在纽约成立摩尔马达事务所，2000 年在上海和北京成立马达思班事务所。2006 年 6 月，马清运获得美国南加州大学的聘书，出任该校建筑规划学院院长，这是继张永和之后，又一位获得美国大学建筑学专业领导职位的中国建筑师。

在北京、上海、宁波参与的一系列城市和建筑活动，探讨了其中的国际性、商业化、市民化以及建筑外表等问题；在陕西蓝田的两件小作品，则成为探讨西部故土地域性建筑的形态、材料、施工与文化传统的代表作；同时也介入农村建筑和商业活动，改善生态环境。上海、江浙地区的城市建筑，则探讨了传统材料与现代材料并用中的问题，以及大型屋顶花园等。建筑师积极参加各种国际策展、巡展，不断观念更新扩大影响。

①蓝田，井宇

该项目位于陕西蓝田县玉川镇，是玉川酒坊的附属客房，建筑面积 192.8m²。建筑以关中乡间民居为蓝本，厢房屋顶采用当地为集雨水而斜向内院的"半边盖"单坡顶，厅房小开间，庭院窄长，两进院落。外墙为内侧红砖、外侧灰砖，形成一种灰、红两色的"编织效果"。材料和工匠都来自当地，建筑与环境自然融合。

②浙江大学宁波理工学院

该项目体现了高速城市化条件下的高密度应对，使之成为一种具有都市密度的大学。首先把密度高的元素带到彼此靠近的位置，引发元素间新的变化，这种最大程度的接近，将产生最大程度的灵活性，提高资源和时间上的有效性。这种密度对应了周边的关系，不去打断永远不断产生的都市肌理。而是去联系，去多样化它周围的城市。这是一种与传统校园规划对立的想法，将建筑散落到绿地中，尽可能加强建筑群的联系。

（3）都市实践（Urbanus Design Worldwide Ltd.）

1999 年在美国注册的建筑师事务所，主要成员：

刘晓都（1961 年生），1984 年毕业于清华大学建筑系，留校。1992 年获美国迈阿密大学建筑学硕士学位，关注低收入住宅问题。

图 8-130　蓝田，井宇，2004—2006，设计单位：马达思班建筑事务所，建筑师：马清运、孙大海、王山（图片引自：www.ikuku.on/project/）

图 8-131　浙江大学宁波理工学院，2013，设计单位：马达思班建筑事务所，建筑师：马清运

之后在亚特兰大的一家事务所担任设计负责人，1997 年回国，留在深圳。

孟岩（1964 年生），1991 年获清华大学建筑学硕士学位，1995 年获美国迈阿密大学建筑学硕士学位。先后在 KPF 等事务所担任设计负责人，并受该所影响关注城市问题。

王辉（1967 年生），1993 年获清华大学建筑学硕士学位，1996 年获美国迈阿密大学建筑学硕士学位，并先后在多家事务所担任设计负责人。

他们毕业于同一个学校，都有在国外学习并从事设计工作实践的经历，立足深圳这个当时改革开放前沿的城市发展。该事务所的设计主旨是关注中国城市化高速发展的城市问题，思考城市文化、景观以及艺术等问题的，以及从广阔的城市视角和特定的城市体验中，去解读建筑的内涵，这是作品的灵感源泉。

①深圳公共艺术广场（Public Art Plaza）

都市实践致力于研究城市公共空间对城市文化发展影响的重要尝试和探索。建筑师希望促成：艺术家的艺术活动可以在城市场景的展示；建筑不再是对广场的界定，而成了广场空间的延续；调节广场周边城市空间支离破碎的状态。

设计对城市中心的平坦地表的重塑，结合功能采用隆起、折叠、凹陷、断裂等手段，创造新的人工地貌；屋顶与地面，墙面连成一体，纯粹的建筑与纯粹的广场都消失了。16 棵树从半地下车库屋顶孔洞穿出，为车库提供日光和灯光。广场鼓励非传统的雕塑陈列方式，艺术家针对不同的广场人工地貌设计根植于特定场所的环境雕塑，而广场本身也成了一件大型城市雕塑，表达了希望将艺术融入城市生活的理想。

②广东，海南，土楼公社

建筑面积 1.3711 万 m^2。基于对福建传统土楼以及对中国城市化进程中社会动态的调查，建筑师认为土楼的集合住宅可以当作低收入群体的住宅，同时又是吸收多户聚居的传统土楼形式用于当代建设的尝试。

环形和方形体量之中，都包括了小型公寓住宅、底层商店和社区服务设施。所有房屋租金较低，不向有车人士出租，以增加社区的同质性。建筑整体外包混凝土，有良好的采光和通风，其建筑形式与拔地而起的高楼大厦形成对比。

（4）维思平公司（WSP）

该公司是从事风景建筑创作的单位，主要成员：吴钢、张瑛等。

图 8-132 深圳公共艺术广场，设计单位：都市实践（图片引自：《时代建筑》，2007（4）：112）（左）

图 8-133 广东，海南，土楼公社，2006—2008，设计单位：都市实践建筑师事务所，建筑师：刘晓都，孟岩（图片引自：《世界建筑》，2011（5）：84）（右）

吴钢（1966 年生于合肥），1988 年毕业于同济大学风景设计专业，1992 年获德国卡尔斯鲁厄大学建筑设计硕士，同年成为该校博士生，主攻城市设计。此后，在欧洲多个事务所参与设计实践和设计竞赛，1995—1997 年在德国成立 WSP 公司，1998 年在北京成立 WSP 建筑师事务所。

①北京，中信国安会议中心庭院式客房

该建筑位于北京市平谷区，北临西峪水库，南靠大华山，建筑面积 8172m²。设计始终关注建筑与自然景观的有机融合，12 幢庭院式客房以低调、内敛的姿态，点状分布于一条由东南向西北方向跌落的谷地里。每幢客房的位置和方向依据山地的坡度和道路的走向进行排布，建筑间形成自然高差，不仅丰富了建筑的空间层次，也优化了各建筑的采光、通风和视域条件。每幢客房的建筑形态和空间语言由中国传统院落演绎而来，建筑围绕内庭院呈 U 形布局，以关照客房的私密属性。

②杭州，支付宝总部大楼

该建筑位于杭州天目山路快速干道北侧，建筑面积 9.9189 万 m²。项目沿街设置 L 形板式高层办公、公寓和底层商业，同时围合出北向相对安静的内庭。建筑每一块外层玻璃幕墙都采用了开缝式构造，左右两个玻璃单元之间留有 110mm 的竖直空缝，空气可穿过空缝，进入内外层立面之间的空腔，再通过内层可开启窗进入室内空间，形成自然气流循环。内庭引入中国传统景观元素，不仅有效地解决了地下室通风采光的问题，同时也丰富了室内外空间。建筑模数从内部空间延伸到立面造型再到内庭景观，形成项目的整体基调。

（5）张雷

1964 年生于江苏南通，1985 年毕业于南京工学院（东南大学）建筑系，1988 年获该校硕士学位并留校任教。1993 年获瑞士苏黎世高工（ETH-ZURICH）建筑系硕士学位。1991—1999 年曾在苏黎世高工、香港中文大学任教，2000—2006 年在南京大学建筑研究所任职并主持张雷建筑工作室，2009 年成立张雷联合建筑事务所。

高校教师出身的业余建筑师张雷，逐渐转

图 8-134　北京，中信国安会议中心庭院式客房，2005—2008，设计单位：维思平公司，建筑师：吴钢、张瑛、陈凌等（图片提供：维思平公司）

图 8-135　杭州，支付宝总部大楼，2005—2013，设计单位：维思平公司，建筑师：吴钢、陈凌、张瑛等（图片提供：维思平公司）

向职业建筑师。早期建筑设计，明确以基本建筑理论的理性和简约为本，用简单的几何形体来解决复杂的建筑功能问题，并在其中探讨抽象几何形体之美。在参与了南昌救灾重建的活动、接近百姓的生活后，他开始关注地域本土的思考，如院落的运用和材料的处理。对建筑哲学、形式简朴和当地本土的思考，使他的作品具有一定社会意义和思想深度。

①南京，金陵神学院大教堂

该建筑位于江宁校区，建筑面积 5000m²，是神学院新校区的主体建筑，由大礼拜堂、小礼拜堂、辅助部分以及后院四部分组成。复杂建筑体量由简单的十字形体块演化而来，经过对墙面和屋顶的几何操作，将天光引入教堂不同部位，借以诠释"神就是光"的教义。建筑外表面为清水混凝土，以表现形体的纯净。

②南京，中国国际建筑艺术实践展 4 号住宅

项目整体坐落在南京浦口老山森林公园附近的佛手湖畔，包括 4 个公共建筑项目和 20 个小住宅，邀请国内外 24 位建筑师参加设计。每栋住宅在 500m² 之内，设置不少于 5 个带有卫生间的卧室和其他生活空间。

4 号住宅是其中之一，在充满山林景观的缓坡地上，建筑师把 500m² 的建筑分为 4 层竖直布置在基地上，最大限度地保持了山林和坡地。屋顶平台和水池则是对外完全开放的客厅，与各层较为私密的开窗处理形成对比。这个方块主义的住宅体量与"梦幻式的"有机形状开窗，形成强烈对比。

（6）齐欣

1959 年生于北京，1983 年毕业于清华大学，同年赴法国留学，研究城市设计和建筑设

图 8-136　南京，金陵神学院大教堂，2006，设计单位：张雷联合建筑事务所，建筑师：张雷、戚威、孟凡浩、闵天怡（图片引自：《城市空间设计》，2014（5）：106）

图 8-137　南京，金陵神学院大教堂，礼拜堂室内（图片引自：《城市空间设计》，2014（5）：107）

图 8-138　南京，中国国际建筑艺术实践展 4 号住宅，2008—2011，外观，建筑师：张雷、Jeffrey Cheng、王旺、Zhang Yi（图片引自：《世界建筑》，2011（4）：38）

计。1986 年起先后在若干法国建筑师事务所工作，1994—1997 年在香港及伦敦福斯特事务所工作，1997—1999 年在清华大学客座任教，1998—2001 年在北京京澳凯芬斯设计有限公司任总设计师，2001 年起任维思平建筑

设计咨询有限公司总设计师，2002 年成立齐欣建筑设计咨询有限公司。

齐欣在法国和英国学习和工作，他的基本建筑思想却是建筑专业质朴的思想和方法。在福斯特亚洲事务所的经历，加强了他用技术手段解决实际问题的能力，在实践中形成系统的专业技术思想。例如好的建筑形式要表达地方建造技术，好的技术要结合当地气候，好的技术要考虑当地文化等。在早期的作品中有所体现。

①北京，国家会计学院

该项目用地面积 200 亩（约 13.34 万 m²），建筑面积 7 万 m²。在不规则的用地上，建筑布置成椭圆状，以统领整个总图。主楼的平面是一个单纯的椭圆形，它的两个尽端分设了四个阶梯教室，中部为一个 4 层高的共享大厅，大厅被 6 个教学单元环绕。除了建筑外观体现简洁的技术感外，面对北京地区的气候条件，建筑师希望通过技术手段避免气候的不利因素，如对幕墙玻璃的选用。教学主楼的后方为一组学员公寓围合成的马蹄形绿地。每幢学生公寓均围绕内院组织，并由南侧的 3 层楼高逐渐过渡到北端的 6 层，以争取最大面积的日照。每个内院还拥有自己的色彩，形成鲜明的个性。

②绵阳博物馆

该馆收藏的文物有 30% 为汉代出土文物，且在地段的西侧立有两尊被列为国家一级保护文物的汉阙。建筑师试图以现代的建筑材料和语言，展示中国传统建筑形式。传统建筑布局中，东西轴线使汉阙成为空间序列中的开场白，南北轴线又将北边的一片绿化停车场和南边一幢现状保留建筑与新建筑连成一体。一个由柱廊组成的虚的正"L"形与一个由建筑组成的实的反"L"形围合出一个方院。中国建筑中的三段式，也恰与此建筑所需求的遮阳飞檐、展览空间及文物修复车间和库房相吻合。现代材料的使用，让建筑更加晶莹剔透，更富有现代感。

图 8-139　北京，国家会计学院，1998—2000，鸟瞰模型图，设计单位：德国维思平建筑设计咨询有限公司，建筑师：齐欣（图片引自：www.ikuku.cn/project/）（左）

图 8-140　绵阳博物馆，设计单位：中建西南设计研究院有限公司，建筑师：齐欣（图片引自：《建筑学报》，2013（6）：83）（右）

（7）王昀

1962 年出生于哈尔滨，1985 年毕业于北京建筑工程学院建筑系，1955 年获日本东京大学硕士学位，1999 年获该校博士学位，2002 年成立北京方体空间工作室，2010 年于北京大学建筑学研究中心任职。

自 1993 年开始，获多次日本《新建筑》国际设计竞赛奖项，并多次参加国际建筑艺术展览。通过小型建筑的研究，发掘建筑的体量、空间的几何结构及其基本的抽象美感。

①北京，庐师山庄 A+B 住宅

该项目位于石景山区八大处庐师山庄别墅群，A 宅建筑面积 838.97m²，B 宅建筑面积 767.18m²。由两个矩形几何体量拼连而成，外墙全白无装饰，空间组织注重场景中的几何抽象美。室内外的家具、陈设由建筑师完成。

（8）马岩松

1975 年生于北京，1999 年毕业于北京建筑工程学院建筑系，2002 年获耶鲁大学建筑学硕士学位，并多次获国内外重要奖项。此间曾实习或工作于哈迪德和埃森曼等先锋建筑师的事务所。2002 年在美国注册了 MAD（意为 MA+DESIGN），2004 年回国创立了北京 MAD 建筑事务所，同年任教于中央美术学院。

美国开放的建筑教育、先锋建筑师的影响以及合伙人组合，使 MAD 建筑事务所关注设计创新、独特的创作，并涉及相关综合现代艺术门类。建筑的体量空间，多表现为有机形态与雕塑感，成为许多作品的特征。

①鄂尔多斯博物馆

该馆位于康巴什新区。用地面积 2.776 万 ㎡，建筑面积 4.1227 万 ㎡，地下 1 层、地上 4 层，

图 8-141　北京，庐师山庄 A+B 住宅，2003—2005，建筑师：王昀（图片引自：支文军，徐洁主编《2004—2008 中国当代建筑》，2008：296）

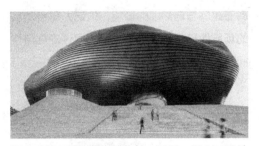

图 8-142　鄂尔多斯博物馆，2006—2011，设计单位：MDA 建筑事务所，建筑师：马岩松，（图片引自：《时代建筑》，2012（2）：16）

局部 8 层。建筑是由古铜色的金属条带，缠绕成的不规则厚重体量，是一个难以追寻文脉的纯雕塑形式的建筑。位于室内中央的公共空间，把不同的展览空间联系起来，加上天窗的采光等，满足了博物馆功能要求。

②北京，胡同泡泡

该项目位于北京老城区的北兵马司胡同 32 号的小院里，小院建筑面积为 130m²，泡泡本身建筑面积为 5m²，是一个加建的卫生间和通向屋顶平台的楼梯，完善了原空间因缺乏基础设施造成的环境问题。"泡泡"由外边光滑的金属曲面所组成，具有炫目的外观和轻盈的结构，以怪异、醒目的外观吸引人们，关注胡同的保护和环境问题。

（9）朱锫

1962 年生于北京，1985 年毕业于北京建筑工程学院建筑系，1988 年获清华大学硕士学位，1995 年获美国伯克利大学硕士学位。先后曾在多家事务所任职，并任 RTKL 事务所中国区的负责人。2001 年回国去深圳，并参与都市实践的工作，2005 年创建朱锫建筑设计事务所。

受库哈斯建筑具社会性和城市性以及柯利亚建筑与自然性的影响，朱锫力图将建筑的场所性和自然性结合在一起探讨建筑创作问题。

①北京，2008 奥运会信息中心（数字北京）

该建筑是奥运会信息的储存地，也是城市的一个中心储存场所，建筑面积 9.8 万 m^2。矩形体量按功能切分 4 条，以集成电路板或芯片的放大，成为建筑的造型元素，反映出建筑师对于信息时代建筑形式的思考。4 个信息块通过首层的网络桥联结起来，作者运用印刷线路、芯片、数字流星雨、网络桥、数字地毯等概念，有选择地把空间织到一个连续的网络中，使之成为一个浑然一体的建筑的"信息系统"。

②北京，模糊酒店

该项目建筑面积 1.0176 万 m^2 基于华京大厦改造。华京大厦是 1980 年代初期拆掉四合院建起的一座办公楼，位于明皇城保护区内，距东华门仅数百米之遥。建筑师以"垂直的院落系统"，用化整为零的院落系统，取代一个内部为中庭的传统酒店的布置方式。当人们走出客房，就置身于其中的院落里，可俯视周边四合院及屋顶的海洋，还可远眺故宫。

半透明材料制成的格栅，将建筑重新包裹起来，呈现出现代建筑的简约面貌；夜间内部灯光发出光亮，犹如中国的传统灯笼。

（10）刘家琨

1956 年生于成都，1982 年毕业于重庆建筑工程学院（今重庆大学建筑与城规学院）建筑系，分配至成都市建筑设计研究院。1984—

图 8-143　北京，胡同泡泡，2008—2009，设计单位：MAD 建筑事务所，建筑师：马岩松、党群、戴璞、于魁等（图片引自：http://www.i-mad.com/）（左）
图 8-144　北京，2008 奥运会信息中心，2004—2005，设计单位：朱锫建筑设计事务所；建筑师：朱锫、吴桐、王辉、刘闻天、李淳、林琳、田琪（图片引自：支文军，徐洁主编《2004—2008 中国当代建筑》，2008：102）（中）
图 8-145　北京，模糊酒店，2005—2005；建筑师：朱锫、吴桐、李淳、张蓬蓬、周黎军、王敏（图片引自：支文军，徐洁主编《2004—2008 中国当代建筑》，2008：85）（右）

1985 年曾赴西藏从事设计，1987—1989 年被聘至四川省文学院从事文学创作。1990—1992 年赴新疆从事设计，1997 年辞职，与北京三磊建筑设计有限公司合作，并于 1999 年成立成都家琨建筑设计事务所。

经典现代建筑对刘家琨的建筑思想有重要影响，这种影响被归结为"前进到起源"，就是从混沌和迷茫中冷静地返回现代建筑的起点。刘家琨对叙事性小说的偏好，使他的建筑作品也表现出叙事性的特点，如"游走路径"。

1994—1999 年，刘家琨先后完成了艺术家工作室系列，像罗中立工作室等，把建筑师个人的空间经验和表现（如内省天井、民居式的非常规空间、田园或城市风景），按照预设结构随观者的"游走路径"徐徐展开，常常以坡道的空间形式出现，楼梯间趋于消失。

刘家琨对社会资源经济性的思考，不但在于结构体系、材料、工艺等技术资源的现代性和本土性方面，特别是在城市背景下对当前社会问题和社会现实的思考具有积极意义，如用低造价和低技术手段营造高度的艺术品质建筑，如对"烂尾楼"的处理等，汶川地震重建中利用废墟建筑材料的"再生砖"。

①成都文化艺术学校

该项目一期 1.044 万 m²，二期 3300m²。基地东面是杜甫草堂，西面为交通干线，是一块狭小三角形用地。要求新校舍必须包括学生宿舍、办公室、排练厅等所有功能，建筑师只能沿街集中布置建筑，尽可能留出东侧的绿地。一期工程主体包括了主要功能；主体北侧为杂技和舞蹈厅。各层局部设置了阳台、走廊，并在主立面上打开一些洞口，让这些路线暴露出来，少男少女表演方面的人才的日常走动，本身就是一种社会风景和表演，洞口无疑增加了建筑的戏剧性。

②成都，鹿野苑石刻艺术博物馆

该建筑位于成都市新民镇，用地面积 6670m²，建筑面积 1390m²。建筑设置在河滩与树林相间的平地上，树林自然分隔了博物馆主体、前区和停车场，露天展区兼预留用地、后勤附属用房基地等。林间小路沿途逐渐架起，以保持荒地的自然状态，一条坡道由慈竹林中升起，引向二层的入口，在坡道的下面是自然状态的莲池。这样形成从二层进入再下到一层

图 8-146　成都文化艺术学校，1998—2002，建筑师：刘家琨（左）
图 8-147　成都，鹿野苑石刻艺术博物馆，2002，设计单位：成都家琨建筑设计事务所，建筑师：刘家琨、赵瑞祥、汪伦等（图片引自：《新时代　新经典：中国建筑学会建筑创作大奖作品集》，2015：148）（右）

参观的流线，以造成进入地宫的感受，造型可以形成"冷峻巨石的"感受。

（11）崔愷

1957年生于北京，1977—1982年春季就读于天津大学建筑系，1984年获天津大学建筑学硕士学位。1986开始，一直在最重要的建设部设计机构：建设部设计研究院，深圳、香港的华森建筑与工程设计顾问有限公司，"部院"改名后的中国建筑设计研究院有限公司从事建筑创作至今。

下乡插队的经历，天津大学严格的建筑基本功和创造力训练，使他养成脚踏实地、严谨扎实的作风，在校时就获得1982年第二届全国大学生建筑设计竞赛一等奖。从北京部院到深圳再到香港的工作经历，使他在建筑处理方面更加灵活，西安的阿房宫宾馆（凯悦酒店）和深圳蛇口明华中心等作品，反映出这一进展。

从香港回到北京后（1989），遇到北京丰泽园饭店这样的课题，他采取了北方地域性处理方法，使建筑与周围传统街区融合为一体，并传达了老字号饭店的文化内涵。北京外语教学与研究出版社项目，同时以中西建筑语汇的并存来转译中西文化的交流。此后崔愷接触新的设计很多，外语研究与出版社印刷厂改建和现代城SOHO住宅的设计，却是他对现代化进程中城市文脉的保护和延续、旧建筑改造和有机更新的努力。他摆脱个人风格，认真考虑每个项目的"本土"条件，对建筑真实性开始新的实验。

建筑师应当善于和同事合作，善于和业主沟通，这也是崔愷取得显著成就的优点之一。

①秦安，大地湾遗址博物馆

该馆位于甘肃省秦安县，用地面积1.5782万m²，建筑面积3155m²，大地湾遗址是位于渭河上游的新石器时代遗址，具有延续3000多年的文化期。建筑形体得自当地的土坎沟壑，表现为横向发展的土墙，其走势和高度都与近旁的遗址土坎相呼应。观众进入博物馆需要沿着下沉的夹道前行到达植被茂密的古河道。面向遗址的展览空间，外墙尽量开大窗，使观众可近距离看到红烧土文化层。室内外均以夯土墙和嵌卵石水泥地面为材料，形式简洁、统一。

②北京，中间建筑·艺术家工坊

该建筑群位于西郊海淀区，属于西山传统文化风景区，用地面积1.288万m²，建筑面积2.4225万m²，是服务于个人和小型创意机构的艺术聚集区。建筑师要在108m×108m，限高15m的基地上，安排75套艺术家工作室。容纳艺术创作和生活的这些建筑单体相互毗邻，外侧形成街道，内侧围成大院。底层是对外开放的"艺术圈子"，二层屋面上是属于艺

图8-148 秦安，大地湾遗址博物馆，2002—2007，设计单位：中国建筑设计研究院，建筑师：崔愷、张男（图片引自：《中国建筑设计研究院作品选2010—2011》，2012）

术家的内街"生活圈子"。艺术家工作间在底层，高 5.4m 生活空间浮在上面。建筑群的西北角，提升了艺术展示厅，让出一个内外空间界限模糊的空间，这里的建筑群的出入口，也是艺术家与大众相互交流的场所。

（12）王澍

1963 年生于乌鲁木齐，1985 毕业于南京工学院建筑系，1988 年获该校建筑研究所硕士学位。1988—1995 年在浙江美术学院（现中国美术学院）工作，1997 年在杭州创办业余工作室，2000 年在同济大学获博士学位后，在中国美术学院设计学部任教，创立并主持建筑艺术专业，是我国第一位获普利兹克建筑奖（2012）的建筑师。

王澍在杭州中国美院的教学工作，展开了对艺术理论的广泛涉猎，杭州这个具有自然美景和人文历史的城市，促成他做文人建筑师的意愿，他在《造园记》中明确表露，他对中国文人生活的向往。

王澍建立的"业余的建筑"理论框架的首要目标，在他对业余的建筑的长达 26 段的定义和描述中可以看到，"否定"是他描述"业余的建筑"主要思想方法。其实，业余的建筑就是反主流的建筑，不按老套路而自由探索的建筑，从而更接近自发的建筑秩序。

他认为，尽力避免"放弃自我"或"完全自我"两种极端，在物质的客观和使用者的主观之间，寻找一种平衡，才能保证建筑师创作的自由。同时他认识到，建筑真实的现场建造过程，不但会给建筑师以欣悦，也是建筑师的设计过程，现场感可以发挥工匠的自由创造力。这样，王澍不但具备了对现成建筑创作秩序的批判态度，

图 8-149　北京，中间建筑·艺术家工坊，2007—2009，中国建筑设计研究院，建筑师：崔愷、时红、喻弢、关飞、邓烨（图片引自:《中国建筑设计研究院作品选 2010—2011》, 2012）

也拥有了脚踏实地实现建筑作品的精神。

建筑师经过一些小型建筑项目或装置的实践，取得了建造和传统建筑材料方面自己的认识和经验，并在日益增多的项目中得到深化；在执教建筑学的过程中，注重观察生活，并用普通材料指导制作艺术品。

通过多种参展活动提炼建筑思想，特别是 2006 年威尼斯双年展用拆除的瓦片制作的"瓦园"，升华了对传统材料的可持续使用的认识，以及继承传统遗产的独特观念。这些经验运用在他的代表性作品之中。

①苏州大学文正学院图书馆

该建筑位于江苏省苏州市吴中区越溪，用地面积约 6000m²，建筑面积 9600m²。基地北面为长满竹林的山，南面为一座由废砖场变成的湖泊。按照造园传统，尽量使建筑荫蔽，把图书馆将近一半处理成半地下，从北面看，3 层的建筑只有 2 层。一条通道按夏季主导风

向从上面的教学区庭院冲下来，从山走到水。四个小盒子散落在道路两边，入水的"诗歌与哲学"阅览室，像是园林中水上的亭子。

②杭州，中国美术学院象山校区

该项目位于转塘镇象山，建筑面积一期 7 万 m²（2001—2004），二期 7.8 万 m²（2004—2007）。校区没有选择进入政府组建的大学园区，而是选择了有水环绕的一座叫"象"的小山。

象山北侧是校园的一期工程，是由十座建筑与两座廊桥组成的建筑群。校园建筑定位为一种"大合院"的聚落，一座玻璃塔被放在精心选择的位置，形成"面山而营"的"塔院式"格局。合院中，建筑和自然各占另一半，建筑群敏感地随山体扭转变化，并兼顾整体性。平坦场地被改造为典型的中国江南丘陵地貌，建筑被压低，水平的瓦作密檐，再次强化了建筑群的水平趋势。

在建设过程中，针对中国正在发生的大规模拆毁现象，搜集了近 700 万片旧砖、瓦、石用于校园建造，这些可能被作为垃圾抛弃的东西在这里被循环利用，并有效控制了造价，这体现了一种与当前中国建筑不同的营造观。山边原有的溪流、土坝、鱼塘均被原状保留，只做简单修整，清淤产生的泥土，用于建筑边的人工覆土，溪塘边的芦苇被复种，越来越多的周边居民进来散步游览。在转塘这座已经完全瓦解的大城市近郊小城镇中，新校园的重建接续了地方建造传统。

校园二期在象山南侧，由十座大型建筑与两座小型建筑组成，建筑全布置在基地的外边界，与山体的延伸方向相同，建筑与山体之间留出了大片空地，保留了原有的农田、河流和鱼塘。和一期一样，道路和建筑以外的土地被重新租给被征地的农民，学校不收地租。一条200m 长的水渠，连接河流横贯校区，既是农田水源，又是校园景观。

建筑是普通的钢筋混凝土框架结构和局部钢结构加砖砌填充。使用大量的回收砖瓦和手工作业，使建筑得以在短期完成。

（13）孟建民

1958 年生，1982 年毕业于南京工学院（今东南大学）建筑系，1985 年获该校硕士

图 8-150　苏州大学文正学院图书馆，1999—2000，建筑师：王澍、童明、陆文宇等（图片引自：王澍《设计的开始》，2002：174）

图 8-151　杭州，中国美术学院象山校区一期工程，2001—2004，设计单位：业余建筑工作室，建筑师：王澍、陆文宇（图片引自：《建筑学报》，2008（9）：54）

学位，1990 年获该校博士学位。1992 年创办东南大学建筑设计研究院深圳分院开始他真正的建筑创作生涯。

学习期间对城市的研究，使他在面临具体建筑项目时有更广阔的视野，同时，他也能关注组成城市的极小单元，如从人体工程学的角度，研究确保人体活动空间舒适度的空间为 4~9m²/人，为开辟低收入和青年住宅，提供了依据。有意思的是这与 1950 年代初的中国住宅标准（4m²/人）和苏联的最低卫生标准（9m²/人）暗合。

虽然建筑师的建筑形式引人注目，但对建筑功能的专注却是第一位的，其中，不是"形式追随功能"，而是形式由功能生成。所追求的建筑"宏大性"（或纪念性），是由建筑体量几何性的简洁而达成。在流行"主义""风格"的气氛中，坚持作品"原创"的精神。

①深圳基督教堂

该建筑位于海林社区东南侧山丘南坡，东西高差约 12m，建筑面积 7514m²。教堂背靠青山，与自然交融。建筑以弧形墙面逐渐升起，加之钟塔的延续，形成向天空的意象，符合传统教堂的精神。

②昆明，云天化集团总部办公楼

该建筑位于昆明滇池旁，用地面积 13.3334 万 m²，建筑面积 5.0366 万 m²。以水划分建筑的功能区：办公科研区、宾馆接待区和生活居住区。办公区周围超过 8000m² 的水面，成为有个性的外部空间和建筑入口，水面上碗形会议厅，在满足圆桌会议功能的同时，与办公楼在体量的构图上形成趣味性的对比。

（14）刘谞

1959 年生于兰州，1982 年毕业于西安冶金建筑学院（今西安建筑科技大学）建筑系，他积极要求赴新疆工作，并在那里开始了他的建筑创作生涯。不久刘谞荣获自治区颁发的"建设新疆、开发新疆优秀大学毕业生"称号，突出的作品有新疆工会大厦和被指为"另类"的兵团商贸中心。

图 8-152　深圳基督教堂，1998—2001，设计单位：东南大学建筑设计研究院深圳分院，建筑师：孟建民、杨艳、邱旭伟等（图片引自：《城市环境设计》2010（5）：179）

图 8-153　昆明，云天化集团总部办公楼，2001—2003，设计单位：东南大学建筑设计研究院深圳分院，建筑师：孟建民、陈晖、石磊、黄厚伯等（图片引自：《中国建筑六十年 1949—2009：作品卷》，2009：174）

1988 年，他本着作为时代的建筑师，应当全方位地了解建筑工程建设的全过程的思想"下海"从商。这年正是我国"物价闯关"、建筑师生存空间也受到压缩的不利环境，思考了建筑师的应有作为。1992 年，回到新疆，开始新一轮的建筑创作，以尊重历史、环境，崇尚自然为基本宗旨，探求特殊的地域文化建筑意趣。早期作品吐鲁番宾馆新楼以及 1993 年完成的海口财盛大厦。前者有意脱离"民族形式"尖拱模式，向"地域性"建筑转化，后者则是重新以建筑师身份与建筑商成功合作的作品。

除了建筑师与建筑商的身份之外，刘谞还曾任职喀什市人民政府副市长，并于 1999 年被表彰为"优秀科技副市长"。这使他可以宏观把握一个城市的发展，如"喀什市历史文化名城保护总体规划"等。

①喀什，普泽县胡杨林宾馆

该建筑位于新疆喀什地区普泽县国家级 3A 级胡杨森林公园，建筑面积 4636m²。作

建筑师被古丝绸之路驿站的故事所打动，强调建筑的土生土长的本土特性。农家小院为干打垒的土墙体，墙面装饰追求胡杨树身材的肌理。

②乌鲁木齐，新疆美克国际家具股份有限公司研发总部

该项目建造地点在原有塔形建筑前，为使企业发展的延续及空间的渗透加之停车回转之要求，首层至四层为局部架空。一至二十二层层高均为 3.35m。在建筑中间设直径为 21m、高为 90m 的共享空间，其目的在于满足人流，每层交通枢纽、通风、采光等设计要求。标准层东西两侧层层递增与递减以争取较好的朝向，且与内筒（共享空间）形成生态的自然通风体系。

（15）周恺

1962 年生，1985 年毕业于天津大学建筑系，1988 年获该校硕士学位，留校任教后于 1990—1992 至西德鲁尔大学建筑工程系进修。1992—1995 年于天津高校建筑设计院任职，1996 至今任华汇工程建筑设计有限公司总建筑师。

图 8-154　喀什，普泽县胡杨林宾馆，2008—2009，院落，设计单位：新疆建筑设计研究院设计院，建筑师：刘谞（图片引自：刘谞编著《玉点》，2011）（左）
图 8-155　乌鲁木齐，新疆美克国际家具股份有限公司研发总部，1999，设计单位：新疆建筑设计研究院，建筑师：刘谞（图片引自：《建筑创作》，2005（7）：106）（右）

周恺在校学习期间，经常以独特的设计构思和表现获得好评，并在同学中有广泛影响。在彭一刚先生的严格要求下，基本功和创造力都有突出的表现，而且对设计达到痴迷的程度，坚定要做一个建起优秀建筑作品的建筑师。赴德国的进修，使他打开国际视野，在体验现代建筑之简约朴实的同时，更对现代建筑的精致有深刻的体验，并贯彻到创作之中。

周恺建筑作品门类宽广，从较小的馆舍到高达 100~300m 的商业金融建筑，都在围绕建筑本质的前提下创造，对空间、体量乃至目前已经较少关注的比例尺度有缜密的考虑。他的许多作品，既有理性的严谨，又有感性的趣味。

① 天津市耀华中学改建

该项目建筑面积 2.4624 万 m²。新馆坐落在旧馆的东北侧，由教学主楼和宿舍楼组成，与坐落在三角形地段上的旧馆、图书馆、新建的体育馆、运动场构成一个完整的校区。新馆的正入口与旧馆北门遥遥相对，新旧校门之间的一条转折的轴线把两组建筑群串联起来。新馆的主立面是一片高柱廊，串联起四栋数学楼，二层是通廊，三到五层是办公区，一道 160m 长的半透空的柱廊划定了校园的领域。新馆的色彩与旧馆的深褐色一致。后退的弧形墙面给城市街区留出一片绿地，消除由于体量高大带来的压迫感，也给主入口留出回旋的广场。

② 东莞松山湖科技园区图书馆

该项目用地面积 1.3 万 m²，建筑面积 1.5 万 m²。坐落在东莞市松山湖北岸的一片丘陵上，基地周围自然植被丰富，为保留南侧古树，建筑北移布置，同时，建筑结合山势减少对自然生态的破坏。

图 8-156　天津市耀华中学改建，2003，设计单位：天津华汇工程建筑设计有限公司，建筑师：周恺、张伟、章宁（图片引自：《新时代　新经典：中国建筑学会建筑创作大奖获奖作品集》，2015：172）

图 8-157　东莞松山湖科技园区图书馆，2003，设计单位：天津华汇工程建筑设计有限公司，建筑师：周恺、王鹿鸣、章宁（图片引自：《新时代　新经典：中国建筑学会建筑创作大奖获奖作品集》，2015：376）

地上 3 层主体建筑以曲尺形顺应三角形的缓坡用地。主要内容是阅览与培训空间，而办公、书库及设备用房等则利用坡地放在地下部分，结合庭院与采光天井形成丰富的空间。图书馆的出入口，设置在曲尺形体转折处的开放空间，可选择进入图书馆，也可穿越图书馆进入田野，接通了建筑南北间的景观通道，也强化了其相邻建筑的关联。

（16）汤桦

1959 年生于成都，1982 年毕业于重庆建筑工程学院（今重庆大学建筑与城市规划学院）建筑系，于 1986 年获该校硕士学位并留校任教。1991—1992 年曾在香港华艺设计顾问（深圳）有限公司任建筑师，1992—1999 年曾主持深圳华渝建筑设计公司，2003 年设立汤桦建筑设计事务所。

他在简述个人观点和作品的小册子《营造乌托邦》的开篇文字中说，中国建筑界在经历了长期的关闭之后于一个极短的时间接受了西方建筑学的学术性成果，其过程难免是匆忙的并产生误读。特别是国家在经济全面开放的条件下，整个民族承受着巨大的物质冲击，而大众文化则是这种冲击的意识形态的式样……媚俗。

他认为在建筑转型过程中回避了许多实质性问题，像民族气质、风范，以及基本道德标准。在没有健全的设计机制，去实现一种合理的专业状态的情况下，会导致：业主就是"上帝"。他说："但是，我们在自己的位置上所拥有的关于职业的尊严从来没有失去对彼岸的憧憬。未来世纪的理想的空间以凝聚于其中的人类的劳绩和智慧作其标志，这就向建筑师提出了高水准的职业要求和挑战"。[1]

①重庆，四川美术学院虎溪校区图书馆

四川美术学院的许多优秀毕业生，已经成为当代重要的艺术家，他们的生活和成长经历，深受中国本土地域的培育。新校区的规划充分尊重自然和现状，建筑依山就势，保留现存的农业痕迹。图书馆以简洁的农业景观的体量立于山地田野之中，与分散体量形成对比的同时，

图 8-158　重庆，四川美术学院虎溪校区图书馆，2006—2008，东向入口，建筑师：汤桦，设计单位：深圳汤桦建筑设计事务所有限公司方案、重庆市设计院施工设计（图片引自：《建筑学报》，2011（6）：53）

象征图书馆的精神意义。

②沈阳建筑工程学院（今沈阳建筑大学）新校区

该项目建筑面积 31 万 m^2，是各地高校兴建新校区较早的实例之一，其规划引起注意。用地东西向展开，依次为实验中心、教学楼群、中央景园和学生生活区。由北到南则为校前广场和绿化空间、教学区和学生生活区联系部位以及运动区和防护林带。教学和实验区呈方格网布置，并调转 45° 大体取得南北朝向。在教学区与生活区之间有一条长 750m 的架空长廊联系其间，除了联系功能之外，还有展示的条件。

（17）大舍建筑设计事务所

该工作室由柳亦春、陈屹峰、庄慎（2009年离开）于 2000 年在上海成立。

柳亦春，1969 年出生于山东，居南京，1991 年毕业于同济大学，1997 年获同济大学硕士学位，分配至同济大学建筑设计研究院工作，2000 年与同学加同事的陈屹峰、庄慎

---

① 参见：汤桦. 营造乌托邦 [M]. 北京：中国建工业出版社，2002：13-15。

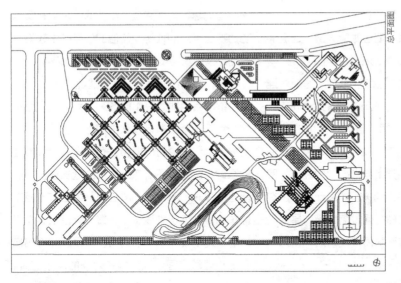

图 8-159 沈阳建筑工程学院（今沈阳建筑大学）新校区规划示意，2000—2002，设计单位：中国建筑东北设计研究院有限公司、深圳中深建筑设计有限公司、沈阳建筑大学建筑设计研究院，建筑师：汤桦、陈正伦、陈志新、严云波、马福生（图片引自：建筑界丛书：汤桦，《营造乌托邦》，2002：28）

成立大舍建筑设计事务所（DASFUS），德文"与房子有关的"之意。

陈屹峰，1972 年生，江苏昆山人，1998年获同济大学硕士学位，并进入同济大学建筑设计研究院。

庄慎，1971 年生，江苏吴江人，1997 年获同济大学硕士学位，并进入同济大学建筑设计研究院。

在国内大型设计院的工作，培养了三位关注生活、关注建筑本质的设计思想，建筑语言简洁，以及体量组合较为理性的手法，并在实践中结合建筑的地域和生态条件进行创作。

①上海，青浦区私营企业协会办公与接待中心

该项目建筑面积 6745m²。一个长宽 60m×60m，通高 3 层的玻璃围墙，把这座建筑围起，玻璃围墙面距建筑 4m，底部离地 0.5m，在划定了建筑的范围的同时，形成一种可自然调节的小气候，并减弱了来自高速公路的噪声。

图 8-160 沈阳建筑工程学院（今沈阳建筑大学）（图片引自：《建筑学报》，2005（11）：28）

图 8-161 上海，青浦区私营企业协会办公与接待中心，2004—2005，设计单位：大舍建筑设计事务所（图片引自："当代建筑师系列"《大舍》，2013：101）

②上海龙美术馆西岸馆

该建筑位于上海徐汇区龙腾大道，建筑面积 3.3007 万 m²。美术馆主体采用独特的"伞拱"悬挑结构，"伞拱"在不同方向的相对连接形成多指向、多样化和开放性的空间形态。大尺度出挑的拱形空间，与现场保留的建于 1950 年代、约长 110m、宽 10m、高 8m 的煤料斗卸载桥形成视觉上与形态上的呼应，取得一种时间与空间的连续关系。展厅内部没有过多的照明设施，自然光通过落地窗、屋顶的百叶窗，再经过混凝土材质漫反射后，使内部空间获得柔和的光线。

（18）李兴钢

1969 年生于河北乐亭，1991 年毕业于天津大学建筑系，同年进入建设部设计院（今中国建筑设计研究院有限公司）工作至今，2010 年获天津大学博士学位，2003 年主持院内成立的李兴钢建筑设计工作室。

李兴钢在校学习期间，十分努力学习、善于学习，很快在学生中崭露头角，引起师生关注。毕业时，放弃留校和保送研究生的机会，一心走向建筑创作岗位。创新的追求、扎实的功力加上谦虚的性格，使他的作品产生较为广泛的影响，获得多种奖项并取得个人荣誉。

①内蒙古正蓝旗，元上都遗址工作站

该项目用地面积 1.6653 万 m²，建筑面积 410m²。选址于景区现状入口处，将题有"元上都遗址"的原有门楣和刻有元上都遗址地图的石碑，设置于正对遗址轴线的延长线上，而新建的建筑、原有的"忽必烈"雕塑和电瓶车停车场等则偏于轴线东侧布置，以留出面向遗址的景观视线通廊。一组白色坡顶的圆形和椭圆形小建筑，围合成对内和对外的两个庭院，分别供工作人员和游客使用。这些小建筑功能各异、大小不一，圆形和椭圆形的建筑形体朝向庭院的部分，在几何体上连续地切削，形成像建筑被剖开后展开的折线形内界面，采用清水混凝土做法（后覆上一层薄薄的白色涂料）；建筑形体朝向外侧的连续弧形界面，则罩以白色半透明的 PTFE 膜材，引发蒙古包的联想，带来草原上临时建筑的感觉，最大限度降低对遗址环境的干扰。膜与外墙之间空隙里隐藏的

图 8-162　上海，龙美术馆（西岸馆），2011—2014，设计单位：大舍建筑设计事务所，建筑师：柳亦春、陈屹峰、王龙海等（图片引自：www.deshaus.com）

图 8-163　内蒙古正蓝旗，元上都遗址工作站，2010—2012，设计单位：中国建筑设计研究院，建筑师：李兴钢、邱涧冰、易灵洁、孙鹏、张玉婷、赵小雨（图片提供：中国建筑设计研究院）

图 8-164 安徽，绩溪博物馆，2009—2013，鸟瞰，设计单位：中国建筑设计研究院，建筑师：李兴钢、张音玄、张哲、邢迪、张一婷、易灵洁、钟曼琳等（图片提供：中国建筑设计研究院）（左）

图 8-165 安徽，绩溪博物馆，2009—2013，主庭院夜景（图片提供：中国建筑设计研究院）（右）

灯管在夜晚发出白色微光，建筑似乎随时可以迁走，暗合草原的游牧特质，同时表达了对遗址的尊重。

②安徽，绩溪博物馆

该建筑位于绩溪县旧城北部，基址曾为县衙，后建为县政府大院。是一座中小型地方历史文化综合博物馆，建筑用地面积 9500m²，建筑面积 1.0003 万 m²。建筑设计基于对绩溪的地形环境、名称由来的考察和对徽派建筑与聚落的调查研究。建筑覆盖在一个连续的屋面之下，起伏的屋面轮廓和肌理，仿绩溪周边山形水系。为尽可能保留用地内的现状树木（特别是用地西北部一株 700 年树龄的古槐），建筑的整体布局中设置了多个庭院、天井和街巷，既营造宜人的室内外环境，也再释徽派建筑空间。规律性组合布置的三角屋架单元，其坡度源自当地建筑，并适应连续起伏的屋面形态；在适当采用当地传统建筑技术的同时，以灵活的方式使用石、瓦等当地常见的建筑材料，并尝试使之呈现出当代感。

8.3 对外来建筑师作品的观察

北京香山饭店、建国饭店等建筑，曾是改革开放后我国引进的第一批外国建筑设计，至1990 年代末，北京已有数十个外来项目，在上海，也达到百余项。由于有国内建筑设计单位的合作，这些作品也被算作中国的建筑成就，在许多评奖活动中，它们位列其中。例如，北京、上海地方的优秀建筑评选、建国 60 周年建筑学会评出的建筑大奖等，外国建筑师的作品占有显著的比例。

新世纪之前的外来建筑，曾经从几个方面对国内建筑有正面的启发，如严格设计管理、工作高效以及市场意识；能够在专注基本功能的前提下，提出一些较新的设计理念和方法，追求作品的个人独特魅力；雄厚的技术实力和丰富的设计经验；对当地建筑文化内涵作自己的探求等等。总之，可以说能在复杂功能、建筑技术和建筑艺术的创造等层面，带来新气象。同时，也应该指出，外来建筑师在中国主要目标是获得商业利益，观察外来建筑时，不可忽略这一目标。例如，为了它们的商业利益，有人会制造一些动听的广告语言，乃至似是而非的理由，争取设计权，一些设计会因而导致工程造价大大增加。相关的争论，屡见不鲜。

进入新世纪，外来建筑师在中国的活动更趋活跃，在一些大型公共建筑竞标活动中"屡战屡胜"，得到许多地方上的重大项目。这些外国建筑师，有的确实是世界一流建筑师，提供了颇具创造性的作品。这些作品依然在独特品格、艺术创造以及技术层面发挥着优势，并有明显的深化。

这些深化表现在：a 建筑类型进一步拓宽，几乎涉及各种主要建筑类型；b 对单体建筑外观处理的所谓"表皮"策略，以新的肌理整体包装成新形象；c 各种新材料的新使用方式，求得出其不意的效果；d 计算机辅助设计手段的新发展，如参数设计等，可以生成难以想象的复杂多变的形体；e 看不同对象提出新的设计理念。随着作品的陆续建成，丰富了城市的面貌，并忠实地记录了全球化背景下当下中外建筑文化的交流实况。

但是，不少的作品的所谓"理念"，缺少与建筑本质相关的理由，有的建筑在审美方面与中国的审美意趣相距很远，为"创新"而付出的物质和经济方面的沉重代价，更是令人难以承受。这些现象已经引起了观者和学界的广泛关注，各种议论颇多，具有代表性的意见是，2008 年 6 月 26 日在中国科学院学部首届学术年会暨中国科学院第十四次院士大会学术报告会上，两院院士吴良镛发言。他指出，中国的一些城市已成了外国建筑大师或准大师"标新立异"的"试验场"。部分建筑师放弃建筑的一些基本准则，漠视中国文化，无视历史文脉的继承和发展，放弃对中国历史文化内涵的探索，使中国建筑失去了人文精神。也有建筑师认为中国的经济实力还没有达到随意拿出巨资让洋设计师搞试验的程度；而且，新理念作品以结构的新颖奇特为特征，对技术实施和建筑材料提出了难度极大的新要求，从而可能造成安全隐患；西方建筑师的那些创新作品，也会模糊中国建筑文化的走向，甚至会把中国建筑文化引向殖民文化的歧途。

不过，也有批评家认为，建筑的民族主义代表——"大屋顶"20 年来早已证明是失败之举，国际大师的设计将带动中国建筑水平的飞跃，排斥国外大师是一种狭隘的民族主义情绪。[1]

这里举出一些外来建筑师的著名实例，包括一些获奖作品的概况，期望有利于人们进行正面观察。

8.3.1 两个众所周知的重大实例

北京 CCTV 新办公楼、国家大剧院是两个重大的外来建筑设计实例，加上后面我们将要提到的 2008 奥林匹克体育场"鸟巢"等，是第一批自始至终就引起舆论高度关注和质疑的建筑物，它们的设计和建造过程，是改革开放以来既典型又有趣的争论活动之一。

（1）北京，CCTV 新办公大楼

该项目位于三环路中央商务区内，是中国最大的主流媒体选择外国建筑事务所设计的建筑，用地面积 19.7 万 m^2，建筑面积 47 万 m^2。大楼需要满足中国最大媒体机构的综合需求，能容纳一万名员工。建筑的两座 L 形钢结构塔楼，各自向内倾斜 6°，在 163m 以上的地方，由 L 形的两个悬臂结构悬空连为一体，复杂的功能，使这座建筑成为一个小型城市。楼内交通是两条贯穿整个大厦的环形流线，一条供职员使用，另外一条对公众开放。

设计者认为，这种悬空结构，减少了建筑本身的占地面积，从而在基地上为公共绿地和公共活动提供了更多的预留空间。恰恰是这个

---

① 吴珊 . 中国拒绝洋建筑实验场 [N]. 青年参考，2004–08–12.

图 8-166　北京，CCTV 新办公大楼，2008 年，建筑师：荷兰大都会建筑事务所（OMA）雷姆·库哈斯（Rem Koolhass）、Ole Scheeren, Dongmei Yao（图片引自：www.ikuku.cn/project/）

结构，成为人们争论的核心。如此规模的悬挑违背建筑科学一般原理，要有很深、很重的地下部分，加以平衡。而且，为了维持这种所谓"创新"，又逼迫结构专业做不合理的"创新"，对此要花费巨资加以支持。从审美角度说，这个结构的建筑形式也有悖于人们对建筑感受的和谐、均衡常理，多数人难以接受。

库哈斯的大都会建筑事务所认为："两个塔楼有着各自的特征：一个是播放空间，另一个是服务、研究和教育空间。它们在上部汇合，构成了顶楼的管理层。一个新的标志形成了……并非常见的翱翔于天际间的二维塔楼，[1] 而是真正的三维体验，一个面向所有人的具有象征意义的华盖，一个显示了中国在新的阶段的信心和标志……"[2] 该事务所的一名日籍建筑师写道："超高层大厦是最忠实遵循经济原理的类型之一。……我深切地感到，包括库哈斯

在内，只能依靠某种具有直感的想象力来对抗其原理，孕育新的东西。只有在中国，才能公正地评价其真正的创造性，并加以积极捕捉。库哈斯曾说过'这一建筑也许是中国人无法想象的，但是，确实只有中国人才能建造。'"[3] 这些为向客户推销一座用"直感想象力""创造"出来的"对抗"科学"原理"的建筑所说的一番话，实在意味无穷。

（2）北京，国家大剧院

该建筑位于天安门广场人民大会堂西侧的地段，用地面积 11.89 万 m^2，建筑面积 16.5 万 m^2，是我国最高等级的剧院。在第七章里，已经介绍过兴建的历史轨迹以及投标和评选结果的过程，法国设计师保罗·安德鲁的设计成为实施方案，同时也成为争论的焦点。

2007 年，国家大剧院建成，覆盖着银色钛合金表皮的巨大半椭球体，"漂浮"在水面之上。观者通过水下廊道，深入球体，阳光和水的流动造成的光影，是内外空间的过渡。大剧院内部，主要分为三大演出场：中心位置为歌剧院，两侧为音乐厅和戏剧场。三个主要空间，呈现出不同的"气质"，歌剧厅典雅温暖，音乐厅宁静淡雅，戏剧厅古典热烈。剧场之间立体环廊，连接起三个剧场，起迅速分散人流的作用。

大剧院建设过程中有许多争论的话题，尤其是与天安门广场周围建筑的关系问题。在官方的"城市设计要求"中提出："1. 应在建筑的体量、形式、色彩等方面与天安门广场的建筑群及东侧的人民大会堂相协调。2. 在建筑处

---

① 这里的二维，实际上已是三维。这种随意性质的说法，是商业宣传的需要——邹注.

② 大都会建筑事务所 OMA.OMA 为中国电视巨擘 CCTV 设计新总部大楼 [J]. 时代建筑，2003，70（2）：32.

③ 重松象平. 想象的国度——想象与热望的结合 [J]. 时代建筑，2003，70（2）：35~36.

图 8-167　北京，国家大剧院，2007，建筑师：保罗·安德鲁，设计单位：法国巴黎机场公司、清华大学建筑设计研究院（图片引自：《新时代 新经典：中国建筑学会建筑创作大奖获奖作品集》，2015：65）

图 8-168　北京，国家大剧院，室内

理方面需突出自身的特色和文化氛围，使其成为首都北京跨世纪的标志建筑。3. 建筑风格应体现时代精神和民族传统。"

保罗·安德鲁最终提出一个和谁也没有关系的方案，他的解释是："这是一种尊重相邻建筑而非模仿它们的路子""要与传统决裂"。他说，"我认为保护一种文化的唯一办法，就是要把它置于危险境地。"[①] 保罗·安德鲁以攻为守的策略胜利了，全部征集方案中大约 43% 体现民族传统的方案失败了，另一多半体现"时代精神"的方案也失败了。

大剧院于 2007 年建成，外观的震撼，内部的辉煌以及演出的高品位，赢得了观者的好评。安德鲁的建筑置身于传统建筑群之内，被要求与周围协调，他却喊出了"要与传统决裂"并得到认可，又是一件值得思考的文化现象。

以下分类型介绍一些外来建筑作品，

8.3.2　体育建筑

（1）深圳湾体育中心

该建筑位于南山区，除了满足群众日常活动要求外，还将作为深圳 2011 年第 26 届世界大学生运动会的主要体育场馆。用地面积 30.74 万 m^2，总建筑面积 32.6 万 m^2，体育场 2 万座位，体育馆 1.3 万座位，游泳馆 675 座位。

根据亚热带地域强烈日晒和暴雨侵袭等气候条件，以及优美的自然环境，结合场馆的使用方便，建筑师制作了一种"柔和的"开放型空间表皮，一种开放的网格状钢结构立体骨架壳体，将体育场、体育馆和游泳馆笼罩在一起，形成一气呵成的三维外壳，壳体上结合对光效的要求开孔，图案具有现代美感。

入口平台设象征性的"大树广场"，置身于此可以体会到控制之下的"第二自然"的气氛。该建筑的外观，很容易使人联想到北京奥运会体育场的那个"鸟巢"外壳。

① 参见：魏大中．"要与传统决裂"——保罗·安德鲁和他的国家大剧院方案 [N]．光明日报，2000-03-02．

（2）广州体育馆

该建筑是为中国第九届运动会建设的一座现代化综合性多功能体育设施，用地约24万 m²，设有体育馆、体育公园、运动员村等。体育馆用地面积约8万 m²，建筑面积4.6万 m²，设有主场馆、练习馆、大众活动中心、商业设施等，它是一个以体育比赛为主，兼顾文艺表演、会议展览的多功能综合性体育建筑。主场馆建筑用山丘形的屋顶，同时三大场馆首尾相接，以一条弧线排列，由大到小、由高到低，以呼应白云山峦的起伏走势。设计利用地形差，采用下沉式看台，以降低建筑高度，屋顶贴近地面，建筑更好地融入环境当中。索桁结构屋盖，半透明屋面光板使室内光线柔和、充足，减少了人工照明。场馆入口设在环绕三大场馆的通长外廊中，入席及疏散便利。支撑外廊的圆形钢柱，淡化了内外空间界面，使内外空间融为一体。

图 8-169　深圳湾体育中心，2008—2011，鸟瞰，设计单位：佐藤综合计画＋北京市建筑设计研究院设计联合体，建筑师：（日方）大野胜、Hokoiwa Takashi、进藤宪治、谢少明、石原诚，（中方）王兵、康晓力、付毅智（图片引自：《建筑学报》，2011（9）：71）

图 8-170　深圳湾体育中心，2008—2011，"大树广场"（图片引自：《建筑学报》，2011（9）：73；摄影杨超英）

图 8-171　广州体育馆，2001，设计单位：法国巴黎机场公司（ADP）、广州设计院（图片引自：《新时代　新经典：中国建筑学会建筑创作大奖获奖作品集》，2015：245）

（3）上海国际赛车场

该项目总规划面积 5.3km²，赛车场区占地面积约 2.5km²，总建筑面积约 16.5 万 m²。赛车场由赛车场区、商业博览区、文化娱乐区和发展预留区等板块组成。目前已建成的上海国际赛车场，主体部分主要由 F1 赛道、连接车道、直线竞速赛道和卡丁车赛道及练习场、主副看台、车队生活区、维修站、缓冲区及配套设施等几个部分组成。

规划设计重视环境保护、交通组织以及比赛运动员和观众的安全问题，并专设五个直升机停机坪，以便公务机停靠和救护所用。力求用高科技建筑来表达时代精神，以流畅的曲线和曲面造型，象征赛车飞驶。赛车场是目前世界上弯最急、坡最陡、赛道起伏落差最大的赛车场。总共可容纳 20 万人同时观看比赛，赛场的绿化面积占 40％以上，是个天然的大公园。

（4）天津奥林匹克中心体育场

用地面积 44.5 万 m²，建筑面积 15.8 万 m²，高度 53m。在用地的四个方向上，均设有出入口，与城市交通对接。体育场宽大的人行坡道，将客流迅速引导到二层平台，与一层的机动车流线分离。观众席的人流疏散，通过 24 部钢楼梯到二层环形大厅，再由四部大台阶和坡道疏散到室外广场。体育场南北长 380m，东西长 270m。建筑体量模拟水滴形状。建筑采用一个巨大的三维空间曲面屋顶，面积大约有 7 万多 m²，从上到下不但覆盖住看台，而且一直跌落到二层环形大厅的下方。屋面被分成三部分，从上到下依次为阳光板、金属屋面和曲面玻璃幕墙。6 万人的看台为上下双层看台，中间夹着包厢与贵宾层，配备贵宾专用出入口和楼电梯。场地内还布置大面积的水面和绿化，形成优美开敞的景观环境。

（5）沈阳奥林匹克体育中心体育场

该项目用地面积 25.3746 万 m²，总建筑面积 10.4 万 m²，座席 6 万。有外形飞扬的屋面，形成识别特征。屋面表面材料为复合金属屋面和安全玻璃、阳光板的组合，有效地调节光、热、风的影响，以创造理想的竞技环境。屋面结构选型为大直径钢管组成的单层

图 8-172　上海国际赛车场，2004，设计单位：上海建筑设计研究院有限公司、德国 Tilke 建筑设计公司，建筑师：Hermann Tilke、Vlrich Merres、袁建平、段世峰、陈文荣（图片引自：《建筑学报》，2005（5）：44）

图 8-173　天津奥林匹克中心体育场，2007，设计单位：日本株式会社 AXS 佐藤综合计画、天津市建筑设计研究院，建筑师：大野胜、刘景樑、进藤宪治、王士淳、宋彻（图片引自：《新时代　新经典：中国建筑学会建筑创作大奖获奖作品集》，2015：267）

空间构格体系，南北整体跨度全长 360m 的钢结构桁架主拱，是国内钢结构第一跨度。内部结构构件全部裸露，钢结构的力学特征得到充分的展现。体育场采用了预制混凝土看台板的技术，最大的跨度达到 13m，整体吊装、一次成型。

8.3.3　办公建筑

（1）华盛顿，中国驻美大使馆新馆办公楼

该项目建筑面积 3.9679 万 m^2。该馆的设计，致力从建筑尺度和选材上，与相邻建筑融为一体，外墙采用色泽淡雅、质地细腻的法国石灰石，与华盛顿地区众多的石灰石传统联邦建筑十分协调。办公楼中部和东西两翼建筑间的庭院，采用中西结合的造园手法，营造了与周边环境相匹配的园林景观。

（2）北京，中国石油大厦

该项目用地面积 2.25 万 m^2，建筑面积 20 万 m^2，地处北京市东直门立交桥西北角，为化解南北 347m 狭长用地的不利条件，最终选定四个 L 形的协调单元衍生建筑集群，采用分散布局最大限度满足建筑主体的南北朝向，以确保建筑主体的自然采光和通风，解决了 300m 街墙的设计问题，提供了东西两条街道的景观联系。

（3）SOHO

SOHO 即 Small office（and）Home Office，原指小型办公和居家办公，是成立于 1995 年的"SOHO 中国"开发的建筑项目。这个公司主要在北京和上海市中心地带，开发持有商业地产。

①北京 SOHO 现代城

该项目是该公司开发的第一个项目（2001），

图 8-174　沈阳奥林匹克体育中心体育场，2007，设计单位：日本株式会社佐藤综合计画，上海建筑设计研究院有限公司，建筑师：大野胜、赵晨、杨凯、进藤宪治、孙旭羽中（图片引自：《新时代　新经典：中国建筑学会建筑创作大奖获奖作品集》，2015：527）

图 8-175　华盛顿，中国驻美大使馆新馆办公楼，2008，设计单位：贝氏建筑事务所、中国中元国际工程公司，建筑师：贝聿铭、贝建中、孙宪列、冯晓辉、黄明颖（图片引自：《新时代　新经典：中国建筑学会建筑创作大奖获奖作品集》，2015：89）

图 8-176　北京，中国石油大厦，2008，设计单位：英国 TFP、北京市建筑设计研究院，建筑师：朱小地、王勇、王蔚、刘宇光、吴晨（图片引自：《新时代　新经典：中国建筑学会建筑创作大奖获奖作品集》，2015：117）

位于建国门附近，建筑面积 48 万 m²，首次推出"小型办公"的设计概念，为业主提供出灵活多变的空间。

②北京，建外 SOHO

该项目建筑面积 70 万 m²，日本建筑师山本理显设计，是一个新型的高密度社区，包含 19 栋建筑，旨在提倡一种新生代的居住与生活模式。平面将 27m×27m 的正方体模块，作为建筑的构图模式，立面亦采用白色方格，偶尔加入色彩予以区分楼座，处理简洁。

③北京，银河 SOHO

该项目建筑面积 33 万 m²，建筑师扎哈·哈迪德设计。该建筑是集商业办公于一身的大型综合体，以时尚的建筑外观引人注目。

SOHO 中国公司所开发的 SOHO 的概念，以现代城为开端，又以长城下的公社获得名声。那是由 12 位亚洲当代建筑师设计的 12 栋独立住宅组成，2002 年一期建成，并于 2010 年全部竣工，也是中国集群设计的代表。近年以银河 SOHO 为代表的建筑群稳固北京阵营，并逐渐占领上海市中心市场。如扎哈·哈迪德设计的上海凌空 SOHO，建筑面积 34.25 万 m²，

图 8-177　北京，SOHO 现代城，2001，建筑师：（委内瑞拉）安东（图片引自：《建筑中国六十年 1949—2009：作品卷》，2009：140）

图 8-178　北京，建外 SOHO，2006，建筑师：（日本）山本理显（图片引自：《时代建筑》，2004（5）：65）

图 8-179　北京，银河 SOHO，2008—2012，建筑师：扎哈·哈迪德（图片引自：www.ikuku.cn/photography/）

图 8-180　上海，凌空 SOHO，2014，建筑师：扎哈·哈迪德（图片引自：www.ikuku.cn/photography/）

项目毗邻上海虹桥交通枢纽，集商业、办公于一体，有丰富变化的空间、流线型的外观。

8.3.4　博物馆建筑

（1）北京天文馆新馆

该馆用地面积 2.38 万 m²，建筑面积 2.2 万 m²。新旧建筑之间超越表面上的相似性，在概念及思想层次上，进行两座建筑之间的对话。新馆作为衬托旧馆之背景，旧馆在新馆上面，产生变形的影像纹理。

（2）北京，首都博物馆新馆

该馆用地面积 2.41 万 m²，建筑面积 6.339 万 m²。建筑为地下 2 层，地上 5 层，檐高 36.4m，集文物收藏、展陈、修复、研究、教育、浏览和文化交流等功能于一体。建筑师试图以形态和材料的隐喻手法，表达对历史的尊重。

椭圆的青铜体以 10：3 的比例向北倾斜，破墙而出，生出文物发掘的意象，青铜与石墙、玻璃交汇的曲线构造精准。采用不锈钢整体屋盖，盒式蜂窝铝板吊顶，东西长 168m，南北长 89m。屋顶挑檐板北侧悬挑 21m，东西南悬挑 12m。南北檐口的流线型百叶，削弱了风压的边缘效应。屋面粘贴的 5000m² 的太阳能光伏电池板，以低压段并网方式，为日常办公和公共照明提供清洁能源。虹吸雨水系统、气体灭火系统、智能化消防安防系统、恒温恒湿技术、立体停车、LED 大屏幕等成就了集环保节能高科技于一体的示范工程。

（3）南通中国珠算博物馆

该馆用地面积 1.99 万 m²，建筑面积 5800m²。位于南通市环城西北，紧邻城市的景观带——濠河。蓝灰色的铝板屋面，恒山白

图 8-181　北京天文馆新馆，2004，设计单位：美国 AmphibianArc、（美）王弄极建筑事务所、中国航天建筑设计研究院，主要建筑师：窦晓玉、王弄极、吕琢、张瑞国、刘亚军（图片引自：《建筑学报》，2005（3）：39）

图 8-182　北京，首都博物馆新馆，2005，设计单位：法国 AREP 建筑设计公司、中国建筑设计研究院，建筑师：Jean Marie Duthilleul、崔愷、Etienne Tricand、崔海冬、汤钧（图片引自：《建筑学报》，2007（7）：58）

烧毛、刀劈石以及中国黑刻线花岗岩基墙，黑、白、灰的搭配，展现出如同传统水墨画般的意境美。同时，抽象构成手法，将博物馆、培训教室、训练基地三个功能性建筑，通过园林空间有机地组织在一起。

（4）苏州博物馆新馆

贝聿铭在设计中提出了"中而新，苏而新"的设计理念。从独具特色的江南民居中提取基

本要素，如以三角形斜坡顶表现中国建筑的坡屋顶；屋顶铺"中国黑"花岗石片，与白墙相配，体现了江南建筑的粉、黛特征；屋顶天窗从传统建筑的老虎天窗中得到灵感，天窗位置居于屋顶中间部位，自然光线在木贴面遮光条的作用下，给室内带来了光影的变化；片石砌成的假山，以白墙为布景，以池水为前景，是对苏州古典园林"山水"要素的借鉴；钢结构代替了传统的木结构，体现了现代建筑的简洁明快。

（5）北京，中国电影博物馆

该馆建筑面积 3.45 万 m^2，馆内设有巨幕电影厅、数字电影厅及三个 35mm 胶片影厅，另设 20 个展厅及临时展厅、报告厅和多功能厅等。建筑采用黑色为基础色，使用镂空图案

的金属板作为外层装饰。四个立面根据内部公共空间的位置分别开辟一片大型彩色玻璃。红、绿、蓝、黄分别代表展览、博览、影院、综合服务四个功能区域。

8.3.5　文化建筑和会议展览建筑

（1）北京，清华大学人文社科图书馆

该项目为百年校庆工程，也是国际著名建筑师马里奥·博塔（Mario Botta）在中国建成的第一个建筑。基地南北高差 4m，干道旁读者入口设由宽及窄的大台阶。建筑体量为圆台和矩形组合，立面的虚实明暗处理比较生动，并与室内光线要求相结合。光线在中庭的表现达到高潮，仅用环绕中庭的疏密格栅，格栅的

图 8-183　江苏，南通中国珠算博物馆，2004，设计单位：上海兴田建筑工程设计事务所、江苏省纺织工业设计研究院有限公司，建筑师：王兴田、杜福存、何伟、陈为亚、朱炜（图片引自：《建筑学报》，2006（9）: 45）

图 8-184　苏州博物馆（新馆），2006，建筑师：贝聿铭建筑事务所贝聿铭（图片引自：支文军，徐洁主编《2004—2008 中国当代建筑》，2008: 189）

图 8-185　北京，中国电影博物馆，2005，设计单位：美国 RTKL 国际有限公司、北京市建筑设计研究院，建筑师：刘晓光、柯蕾、张宇（图片引自：《建筑学报》，2006（2）: 43）

图 8-186　北京，清华大学人文社科图书馆，2009—2011，设计单位：马里奥·博塔建筑师事务所、中国建筑科学研究院，建筑师：马里奥·博塔、万瑶、汪震铭、吕勇、刘宇（图片引自：《建筑学报》，2011（6）: 64）

光影在一天内不断变化。建筑师始终关注细部设计，使之服从整体效果。

建筑师马里奥·博塔给人印象深刻的作风，是常用红砖、砖工精致。他在上海设计的一家旅馆，力图保持这一风格。不过，如今红砖已基本退场，他只得用精心设计的陶板图案代替了。

（2）上海，衡山路12号豪华精选酒店

该项目位于徐汇区衡山路历史风貌保护区的核心地段，有些红砖建筑，建筑面积5.1094万 m²，客房171间，外方建筑师是国际著名建筑师马里奥·博塔。建筑平面略呈矩形布满场地，高度按要求控制在24m之内，靠衡山路的短边高20m加以过渡。矩形体量的中部、内庭顶上，设置椭圆形绿色中庭，将绿化环境引入建筑。建筑的外墙，以红砖色陶板幕墙和玻璃幕墙相结合，回应了附近的红砖建筑的色彩，也表现出这位善于用砖的建筑师对砖肌理的延续。

（3）呼和浩特，内蒙古乌兰恰特大剧院、博物馆

该项目用地面积1.1227万 m²。是自治区50周年大庆的献礼工程。大剧院和博物馆作为一个完整的建筑群，通过二层的大平台相连，大平台是两栋建筑的主要入口区。大剧院包括三个豪华电影厅、一个420座多功能厅和一个1500座歌剧院；博物馆包括展览厅、藏品库、多功能厅等功能。建筑环境和形象，意在表达草原文化，使整个建筑群具有多重抽象寓意。

（4）北京，国家图书馆新馆

国家图书馆二期工程新大楼，位于原图书馆大楼的北面，在高度和入口形态上都与老馆

保持一致。建筑外形简洁，包含三个基本要素，突起的基座、支柱、悬浮的屋顶，分别承担不同的功能。基座内部是中文阅览区，由嵌在墙体内的书架围合成中庭的空间。一个全开放式的玻璃屋顶，一反传统图书馆的封闭性空间，同时具有良好的自然采光。阅览中庭向上逐层扩大，《四库全书》在底下一层中心位置，用空间的象征意义代表其价值的珍贵性。基座上部的3层，是由支柱撑起的玻璃围合体，通透的视觉效果实现了自身的消隐，同时将基座和屋

图 8-187　上海，衡山路12号豪华精选酒店，2008—2012，外方建筑师：马里奥·博塔，中方建筑室内设计师：李瑶等（图片引自：《建筑学报》，2013（5）：31）

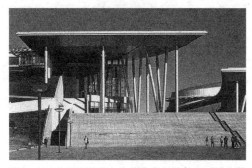

图 8-188　呼和浩特，内蒙古乌兰恰特大剧院、博物馆，2007，设计单位：日本安井 GLAnet 设计联合体、北京市建筑设计研究院，建筑师：大岛弘资、木村佐进、钟永新、尚曦木陈威（图片引自：《建筑学报》，2009（9）：28）

图 8-189　北京，国家图书馆新馆，2007，设计单位：KSP 建筑设计事务所、华东建筑设计研究院有限公司（图片引自：www.ikuku.cn/project/）

图 8-190　广州国际会议展览中心（中国出口商品交易会琶洲展馆），2002，设计单位：日本佐藤综合计画、华南理工大学建筑设计研究院、广州城市规划勘测设计研究院，建筑师：（日）大野胜、何镜堂、倪阳、潘忠诚、陶郅（图片引自：《新时代　新经典：中国建筑学会建筑创作大奖获奖作品集》，2015：329）

图 8-191　上海科技馆，2001，设计单位：美国 RTKL 国际有限公司、上海建筑设计研究院有限公司，建筑师：刘晓光、袁建平、陈文莱、段世峰、周红（图片引自：《新时代　新经典：中国建筑学会建筑创作大奖获奖作品集》，2015：189）

顶空间隔离，造成了屋顶空间的悬浮感。银色金属屋顶空间，具有的飘浮感和未来感，与数字图书馆的含义相符。

（5）广州国际会议展览中心（中国出口商品交易会琶洲展馆）

该项目用地面积 43.9004 万 m^2，建筑面积 39.8 万 m^2。建筑设计以"珠江来风"为主题，表现建筑"飘"的个性。一期工程中，在 8m 标高处，沿东西走向贯通布置了一条长 450m、宽 32m 的人流集散通道，与间隔两个 90m 单元体系之间布置的四个集中竖向交通枢纽，形成一个完整的步行系统。展厅采用 30m 为模数单元，90m 为一个大展厅单元，平面构成由此展开。建筑环境设计中也延伸了建筑模数，将广场、绿地切割成 90m 一个的单元，并创造了一个可以供人们在树荫下休憩的场所。靠近珠江岸边设计了亲水公园，水盘池中设计了长达 450m 壮观的水幕喷泉。

（6）上海科技馆

该馆用地面积 6.8728 万 m^2，建筑面积 9.8 万 m^2。位于浦东新区市政中心广场，是一座集科普教育、休闲旅游为一体的大型综合性科技博物馆。建筑以"天地、生命、智慧、创造、未来"等五大展馆为基本内容。主体建筑包括展馆、多功能厅、球幕影院、商店以及观众餐厅等。科技馆环绕半圆形下沉广场采用弧形平面，主体覆盖在一片缓缓升起的巨型翼状屋顶之下。椭球形中央大厅，是广场中轴线尽端的视觉焦点。

（7）西安世博园的三个与外国建筑师的合作项目

2011 年的西安世界园艺博览会的主题是：天人长安 创意自然——城市与自然和谐共

生。由 Plasma Studio 设计的广运门、创意馆、自然馆和张锦秋设计的位于小终南山上的长安塔，是园内的四大重点项目。外来设计的前三个项目，是全新的材料和构图，这对于西安这座古城而言，对于中国传统的审美观念，都是一种冲突。长安塔的设计，则表现出在传统审美基础上的突破，体现了中国建筑师立足本土建筑文化的创新功力。

①广运门

其主体部分为步行桥，通行宽度 35m，长 35m，由一系列管状结构组成廊架。

②创意馆

该项目用地面积 8.6209 万 m^2，建筑面积 6497m^2。其建筑体量有仿佛冲向水面的动感。三个展馆悬挑于水前，最远悬挑距离 25m。

③自然馆

该项目是植物展览的温室，建筑采取半埋地下，屋顶根据室内要求做适当起伏，形成伏卧大地的构图。

8.3.6　交通建筑

（1）广州新白云国际机场航站楼

该项目用地面积 14.56 万 m^2，建筑面积 35.3042 万 m^2。机场按功能划分为航站区、飞行区和（南、北）工作区。航站区道路贯穿式布局，航站楼沿南北中轴线对称，在南、北主楼与东、西连接楼之间，兴建机场酒店、停车楼、航管大楼及塔台，充分利用了东、西跑

图 8-193　西安世博园，创意馆，2009—2010，鸟瞰，设计单位：（英）Plasma Studio、北京建筑设计研究院，外方建筑师：Ea Castro、Holger Kehe、佟晓威，中方建筑师：李诗云、朱颖、沈桢、朱琳（图片引自：《建筑学报》，2011（8）：14；摄影：张广源）

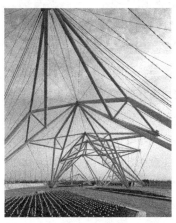

图 8-192　西安世博园，广运门，2009—2011，设计单位：（英）Plasma Studio、北京建筑设计研究院（图片引自：《建筑学报》，2011（8）：12，摄影：张广源）

图 8-194　西安世博园，自然馆，2009—2011，设计单位：（英）Plasma Studio、北京建筑设计研究院，外方建筑师：Ea Castro、Holger Kehe、佟晓威，中方建筑师：孙勃、孙宇（图片引自：《建筑学报》，2011（8）：18；摄影：张广源）

图 8-195 广州新白云国际机场航站楼，2004，设计单位：（美）PARSONS & URS Greiner 公司联合体、广东省建筑设计研究院，建筑师：Mark Molen、陈雄、刘萌培、郭胜、潘勇、周昶、杨之谨（图片引自：《建筑学报》，2004（9）：36）

图 8-196 北京南站，2008，设计单位：铁道第三勘察设计院，（英）泰瑞·法莱尔建筑设计公司，建筑师：郑健、周铁征、杜爽、Stefan Krummeck、Christopher Yee（图片引自：《新时代 新经典：中国建筑学会建筑创作大奖获奖作品集》，2015：187）

图 8-197 上海铁路南站客站，2006，设计单位：法国 AREP 设计集团、华东建筑设计研究院有限公司，建筑师：Jean Marie Duthilleul、Etienne Tricaud、陈雷、郑刚、周建龙（图片引自：《新时代 新经典：中国建筑学会建筑创作大奖获奖作品集》，2015：275）

道之间宽达 2200m 的区域，在航站区中引入了商业功能。航站楼构形采用指廊式概念。其到港厅位于连接楼，外墙采用通透的玻璃幕墙，视野开阔，屋面采用金属与张拉膜采光相结合的屋面系统，充分利用自然光，几乎所有的公共空间白天都无须人工照明。主楼及指廊屋面采用了箱形压型钢板技术，属首次在我国制造及应用。

（2）北京南站

该项目用地面积 49.92 万 m^2，建筑面积 30 万 m^2，是集普通铁路、高速铁路、市郊铁路、地铁、公交、出租车等交通设施于一体的大型综合枢纽站。站房为双曲穹顶，两侧雨棚为悬索形钢结构。建筑地上 2 层，地下 3 层。从上到下依次为：钢结构屋面、地上高架候车厅、地面站台轨道层、地下换乘区和车库、地铁 4 号线和地铁 14 号线。在众多大型火车站中首次采用太阳能发电，辅助解决车站用电问题。

（3）上海铁路南站客站

该项目用地面积 13.4 万 m^2，建筑面积 5.67 万 m^2。穿过城市中心区域，形成现代化交通综合枢纽，重新梳理城市交通网络和规划肌理。客站形成南北沟通的环形高架机动车下客带，主站房东西两条出站地道的尽端，设南北地下换乘敞厅，与地铁、轻轨的地下站厅无缝连接，从真正意义上实现了铁路客运与城市轨道交通的"零距离"换乘。建筑 9.9m 标高以下部位，采用清水混凝土材料，9.9m 标高以上部位则暴露主体钢结构：两列圆形钢柱，18 组人字形钢梁支撑屋盖体系，体现建筑的力度之美。

（4）北京首都机场T3航站楼

该项目位于原一、二号航站楼东侧，现有东跑道和新第三号跑道之间，建筑面积98万 m^2。新航站楼由两个人字形单元组成，两座大楼之间由内部旅客捷运系统连通。屋顶被设计成一个单一的曲面流线形体，其形式从视觉和几何上把航站楼单元连成一体。结构由三角形模块单元发展成四面体轻型空间网架，结构构件设计标准化，便于工厂制作和快速施工。屋顶在朝南方向有很长的悬挑，采用中国传统建筑的红和金为主色调，装饰屋面底板和空间网架。屋顶天窗朝南偏东，以获取最佳自然采光。

图8-198 北京首都机场T3航站楼，2008，设计单位：Naco-Foster-ARUP设计联合体、北京市建筑设计研究院，建筑师：Nomab Foster、Muzha Brain、邵韦平、王晓群（图片引自：《建筑学报》，2004（6）：81）

8.3.7 综合体建筑

（1）昆山花桥"游"站

该项目位于江苏省昆山市花桥镇，用地面积3.4223万 m^2，建筑面积10.6万 m^2，位于花桥国际商城附近商业、办公及酒店地带。建筑师把目标聚焦在首次置业的所谓"生活非生活，工作非工作"的"80后"群体。

略呈方形的地段上，布置三栋由内向外退缩的体量，在基地内形成"盆地"状，沿街的立面仍为常规的高层建筑处理，内部则是退台的居住建筑形态，群体空间给人以独特的新感受。通过控制社区商业策划，建立起社会化的餐厅、洗衣房等，以节省户内空间。主要户型控制在30~60m^2左右，通过加大层高（4.8m）和附有室外平台（20m^2），增加空间的利用率。

（2）上海，明天广场

该项目建筑面积12.74万 m^2。综合体主要由三部分构成：包含酒店、办公楼和公寓的

图8-199 昆山花桥"游"站，2009—2013，设计单位：日本M.A.O.一级建筑师事务所（图片引自：《时代建筑》，2013（6）：130）

塔楼，还有联结塔楼和裙房的中庭。55层的塔楼部分，包裹着铝和玻璃的表面，为线性、简洁的几何演进。塔楼的方形平面在第三十七层上旋转了45°，在上下两个旋转平面之间的转换部位，用长三角形构件承受重力以及由于形体扭转带来的外力。制高点是开放式的尖塔。裙房屋顶做了绿化并设室外游泳池及相关服务设施，以优化塔楼景观，并且为用户及市民提供了一个附加的优良环境。

（3）上海，港汇广场购物中心

该项目用地面积 5.0788 万 m²，总建筑面积 43 万 m²。建筑为双塔写字楼，每座高 224.5m，由 46 层超高层办公楼及 7 层商业裙楼组成。立面以和谐手法，配合花岗石面饰及银灰色玻璃幕墙等造型材料构建，强调了双塔的挺秀和现代感；每座塔楼设置 16 部高速电梯，运行分层区计划，舒适快捷。

（4）广州白云国际会议中心

该项目用地面积 25 万 m²，建筑面积 30.68 万 m²。集会议、展览、观演、酒店等配套服务设施于一体的大型综合性会议中心，主体建筑包括 B、C、D 三栋会议展览中心和 A、E 两栋东方国际会议酒店。设计打破一贯采取的建筑超大尺度、单一巨大体量的设计方式，构想了一个由线性景观广场所分隔出的如五个手指般结构的独特建筑形态。

（5）上海环球金融中心

该建筑位于浦东新区陆家嘴金融贸易区内，用地面积 3 万 m²，建筑面积 38.16 万 m²。以日本的森大厦株式会社（Mori Building Corporation）为中心，联合日本、美国等 40 多家企业投资兴建，地上 101 层，地下 3 层，总高度提到 492m。该中心从 1994 年开始设计，1998 年开始建设，2003 年重新开工，原来设计高度 460m。金融中心建筑的主体是一个正方形柱体，两个巨型拱形斜面逐渐向上、向内收缩变窄，于顶端交会收成一线，建筑线条简洁精细，体形流畅。上部开有倒梯形洞口，原设计洞口曾为圆形。建筑的 94 至 100 层为观景，第一百层的"观光天阁"离地 484m，预计将会成为未来世界最高的观景台。

图 8-200　上海，明天广场，2002，设计单位：（美国）约翰波特曼建筑设计事务所、上海现代建筑设计集团、上海建筑设计研究院，建筑师：John C.Portman、孟清芳、陈侠（图片引自：《新时代　新经典：中国建筑学会建筑创作大奖获奖作品集》，2015：485）（左）

图 8-201　上海，港汇广场购物中心，2007，设计单位：美国凯里森建筑师事务所、华东建筑设计研究院有限公司，建筑顾问：冯庆延建筑师事务所（香港）有限公司，建筑师：冯庆延、余舜华、陈瑜（图片引自：《新时代　新经典：中国建筑学会建筑创作大奖获奖作品集》，2015：449）（右）

图 8-202　广州白云国际会议中心，2007，设计单位：比利时 BURO Ⅱ 建筑事务所、中信华南（集团）建筑设计院，建筑师：陈海津、林周生、何健翔（图片引自：《新时代　新经典：中国建筑学会建筑创作大奖获奖作品集》，2015：601）

图8-203　上海，上海环球金融中心，2008年，设计单位：KPF（Kohn Pedersen Fox）建筑师事务所、森大厦株式会社一级建筑师事务所、入江三宅设计事务所、华东建筑设计研究院有限公司，建筑师：本耕一、William Pedersen、沈迪、周建龙、党杰（图片引自：《新时代　新经典：中国建筑学会建筑创作大奖获奖作品集》，2015：37）（左）

图8-204　北京银泰中心，2008，设计单位：约翰·波特曼建筑设计事务所、中国电子工程设计院，建筑师：John C.Portman、陈柏、周军旗（图片引自：《新时代　新经典：中国建筑学会建筑创作大奖获奖作品集》，2015：279）（右）

图8-205　上海，宝矿国际广场，2008，设计单位：（美）Gensler建筑设计公司、上海现代建筑设计集团现代都市建筑设计院，建筑师：曹嘉明、夏军、李军、沈毅、卫敏菲（图片引自：《新时代　新经典：中国建筑学会建筑创作大奖获奖作品集》，2015：283）

（6）北京银泰中心

该项目用地面积 3.1305 万 m^2，建筑面积 35 万 m^2。该中心是位于北京 CBD 核心地带的超高层综合体，集酒店、写字楼、商业于一体。三栋建筑均为极其简洁方正的几何形体，呈"品"字形矗立。中央主楼地上 63 层，高 249.9m，钢结构；东西两栋为对称配置的超甲级智能化写字楼，地上 44 层，高 186m，局部钢结构加钢筋混凝土结构。双层轿厢电梯，增加井道利用率，从而减少所需电梯数量。外檐立面设计以"方"为母体，方正分格，有机整合，彰显肌理的秩序感。

（7）上海，宝矿国际广场

该项目用地面积 2.5 万 m^2，建筑面积 20.4 万 m^2。集 5A 甲级智能纯办公楼、超五星级酒店、高级公寓式酒店和购物中心为一体。三栋高耸的建筑物通过裙房或过街楼相互连接，外墙由灰蓝色玻璃幕墙构成，室内绿色植物与广场上的喷泉水相呼应。其中，高度超过 210m、近 50 层的甲级智能办公楼，在上海苏州河以北地区，塑造了商务建筑的新形象。

（8）北京电视中心

该项目用地面积 4.49 万 m^2，建筑面积 19.79 万 m^2。该中心集电视节目制作、播出、传输和多功能服务为一体，是目前电视广播系统功能最全、标准最高的设计之一。北电中心拥有世界最大的共享中庭，充分利用空间资源和自然光资源。屋面采光顶根据朝向设置不同的电动遮阳系统，以降低空调能耗。

（9）北京，国家会议中心

该建筑位于北京奥林匹克公园 B 区，用地面积 8.05 万 m^2，建筑面积 27 万 m^2。会议中心主要包括主新闻中心、国际广播中心和两个体育馆。其中主新闻中心和国际广播中心，在奥运会期间，曾为 2 万名注册媒体人群服务。建筑为 8 层，高 42m，长 400m，两个体育馆负责承办奥运会和残奥会的击剑和现代五项手枪比赛，每个场馆能够容纳 5000 名座席。立面的曲线，有意把中国屋顶曲线做现代演绎。配合"绿色奥运、科技奥运、人文奥运"的基本理念，注重绿色环境设计，采用中央吸尘系统、自然通风系统，并大量使用新型建筑材料。

图 8-206　北京电视中心，2008，设计单位：株式会社日建设计、北京市建筑设计研究院、国家广播电影电视设计研究院，建筑师：（日）宫川浩、张江涛、徐金胜、王琦、吴淑芝（图片引自：《新时代　新经典：中国建筑学会建筑创作大奖获奖作品集》，2015：407）

图 8-207　北京奥林匹克公园（B 区）国家会议中心（含 MPC、IBC、击剑馆），2008，设计单位：英国 RMJM、北京市建筑设计研究院（图片引自：北京市建筑设计研究院作品集 1949—2009，2009：35）

8.4　进入新世纪的绿色建筑概览

进入 21 世纪，无论国际还是国内，绿色建筑毫无疑问是最热门的话题。

我国"绿色建筑"的定义为：在建筑的全寿命周期内，最大限度地节约资源（节能、节地、节水、节材）、保护环境和减少污染，为人们提供健康、适用和高效的使用空间，与自然和谐共生的建筑。[①] 与绿色建筑相关联的概念还有生态建筑、低碳建筑、可持续建筑，甚至智能建筑，也在一定程度上包含了很多绿色建筑的内容。无论概念如何，目标基本一致，都是为了应对全球化的能源危机和环境问题，让建筑，这一能耗和碳排放占据三分之一的产业，最大限度地降低能源和资源消耗，为防止气候变化和环境恶化作出应有的贡献。

在我国，从 2005 年开始，每年举办一次规模宏大的"国际绿色建筑与建筑节能大会"；2006 年首次颁布了《绿色建筑评价标准》GB/T 50378—2006，2014 年颁布该标准的修订版并于 2015 年 1 月 1 日开始执行新国标；2008 年首次依据《绿色建筑评价标准》GB/T 50378—2006 进行了绿色建筑评价，迄今为止已经获得绿色建筑标识的项目接近 3000 项（截至 2015 年度第六批住房和城乡建设部网站公告），总面积近 3 亿 m²；2012 年全国首批

① 资料来源：《绿色建筑评价标准》GB/T 50378—2019.

8个生态城区揭晓，每个生态城区获得5000万元专项财政补助资金。十几年间，从党中央国务院、住房和城乡建设部到各省市自治区，针对建筑的绿色、节能、减碳等颁布了数量众多的标准、规范和政策法规，在这场自上而下的运动中，来自决策层的推动力是空前的。

然而十几年间，国内环境问题不断恶化、雾霾天气增加的事实却依然历历在目！这是一个亟待找出原因，并痛下决心加以解决的迫切问题。

8.4.1　绿色建筑大会

自2005年至2015年，由住房和城乡建设部发起的"国际绿色建筑与建筑节能大会暨新技术与产品博览会"（简称"绿色建筑大会"）已经连续举办了11届。大会每年3月末在北京召开，是中国最大的绿色建筑与节能行业的国际交流平台，会议规模与影响力逐年扩大。

2015年3月24、25日，第十一届绿色建筑大会在北京国家会议中心隆重举行，大会主题为："提升绿色建筑性能，助推新型城镇化"。大会设置了1个主论坛、37个分论坛，以及规模庞大的新产品和新技术博览会。住房和城乡建设部原副部长仇保兴主持了主论坛，发表题为《新常态 新绿建》的主题报告。分论坛涉及"绿色建筑设计理论、技术和实践""既有建筑节能改造技术及工程实践""绿色建材与外围护结构"等37个专业领域。与大会同期举办的博览会，展位数量超过500个，参展企业超过300余家，展示内容涉及建筑节能、智能建筑、既有建筑节能改造等多方位的新技术与新产品。4000余名来自国内外绿色建筑领域的同行参加了大会。

纵观这十一届绿色建筑大会的主题，可以看到我国的绿色建筑运动经历了基本共识、明确方向、系统深化、量质共进四个阶段，有如下五个特点：

第一、决策层的推动：在十一次会议主题中，有七次直接出现了"推广""推进""推动""普及""助推"等用词，显示出源自政府层面的决心和推动绿色建筑工作的力度。这种推动力和持续性，在建国60多年的建筑发展进程中是少见的。

第二、从节能到绿色：在会议主题和报告内容中可以看到2010年前以强调建筑节能为主，以后逐渐转向基于生命周期的全面绿色建筑，目标更加明确，措施更加具体。

第三、从绿色到低碳：随着全球对碳排放导致气候变化的观点达成共识，以及我国在哥本哈根会议上的承诺，2010年以后减排成为绿色建筑运动的重要目标之一。

第四、从量到质：2013年的绿色建筑大会上明确提出"全面提升绿色建筑质量"，2015年进一步提出"提升绿色建筑性能"，并在修订版的《绿色建筑评价标准》（GB/T 50378—2014）中有所体现。

第五、从点到面：从会议主旨报告的内容中可以看到，对绿色建筑的强调逐步扩展到绿色小城镇、绿色村庄和生态城市，从点到面的发展显示出绿色建筑运动正在逐步拓展和深化。

8.4.2　政策法规与标准规范

十几年来，我国出台了很多法律法规、标准规范和政策通知，对建筑节能和绿色减排起

表内列举了历届绿色建筑大会的主题、主旨报告题目　　　　表8-1

年份	大会主题	主旨报告
第一届 2005 年	智能建筑 绿色家园 领先技术 持续发展	应对能源资源环境挑战、共同促进可持续发展
第二届 2006 年	绿色、智能——通向节能省地型建筑的捷径	大力发展节能省地型建筑 建设资源节约型社会
第三届 2007 年	推广绿色建筑——从建材、结构到评估标准的整体创新	抓好建筑节能 推进资源节约
第四届 2008 年	推广绿色建筑，促进节能减排	三要素助推建筑节能工作
第五届 2009 年	贯彻落实科学发展观，加快推进建筑节能	从专项检查到财政补贴——建筑节能工作总结与展望
第六届 2010 年	加快可再生能源应用，推动绿色建筑发展	我国建筑节能潜力最大的六大领域及其展望
第七届 2011 年	绿色建筑：让城市生活更低碳、更美好	进一步加快绿色建筑发展步伐——我国绿色建筑行动纲要（草案）
第八届 2012 年	推广绿色建筑，营造低碳宜居环境	我国绿色建筑发展和建筑节能的形势与任务
第九届 2013 年	加强管理，全面提升绿色建筑质量	全面提高绿色建筑质量
第十届 2014 年	普及绿色建筑，促进节能减排	绿色建筑十年回顾
第十一届 2015 年	提升绿色建筑性能，助推新型城镇化	新常态 新绿建

（资料来源：能源世界中国建筑节能网 http://www.chinagb.net/ 对历届大会的报道）

到了积极的推动作用和一定的约束效力。这十几年，我国出台关于建筑节能和绿色建筑的相关政策、法规、标准，非常之多。

初步统计，国家或行业在 2000—2015 年间推出：①建筑节能标准规范 17 项；②建筑节能强制推广政策 15 项；③绿色建筑标准规范的技术导则、国家标准、行业标准、学会标准计 18 项；④由国家、部、委推出的绿色建筑的政策计 17 项。

事实上，国家每出台一项法律、政策，各省市自治区往往相继出台本地的相关规定，这一方面是我国体制的惯性结果，另一方面也是因为绿色建筑本身涉及气候区域、经济水平、建筑类型等复杂因素，很难执行统一的政策标准。毫不夸张地说，如果把国家层面和地方层面 15 年来颁布的有关建筑节能和绿色建筑的政策、法规、标准、规范的数量加起来，几乎可以数以千计。

然而到目前为止，我国通过绿色建筑评价的建筑数量只有 3000 项，其中有一部分运行效果还不够理想。综合考虑我国 15 年来的建设总量、政策法规的数量，与通过绿色建筑评价建筑的数量之比例关系，实在是太不相称了。

8.4.3　绿色建筑创新奖

全国绿色建筑创新奖于 2005 年由建设部设立，每两年评审一次（2009 年未评选），该奖项是为了表彰对发展绿色建筑有突出示范作用的工程或技术产品。截至 2015 年度，全国已评出 142 项绿色建筑创新奖项目，其中一等奖 26 项，二等奖 54 项，三等奖 62 项，获奖数量呈现逐年递增的态势。由于经济发展水平等因素，北京、江苏、天津、上海、广东等省市创新奖项目数量较多。

国际经验表明，绿色建筑评价标准体系的建立，在规范绿色建筑的评价，推动绿色建筑的发展方面起到重要作用。我国绿色建筑的发展以政府为主导，而绿色建筑评价是政府推广绿色建筑的主要方式之一。在参照美国LEED、英国BREEAM等国外绿色建筑评价体系的基础上，结合我国国情，《绿色建筑评价标准》GB/T 50378—2006 于 2006 年正式颁布，该体系明确了绿色建筑星级划分、评价指标、认证方法与工作流程和认证机构。评价标准所涵盖的建筑类型逐步多样化。

绿色建筑作为一个门类，应该是暂时的，在当今世界，所有建筑执行绿色建筑标准，将是天经地义的。所以，这里举出的部分实例，不但表现出它们在执行绿色建筑方面的成就，同时也是建筑创作中的基本组成部分。应该看到，它们很好地完成了建筑的基本功能，又在绿色节能技术上有所创新，更重要的是，它们结合绿色建筑的要求，在建筑艺术上有所创造，有所进步，创造了绿色建筑的形式语言。这里，艺术形象的创造，有基本的依据，而不是随心所欲地"捏造"。

这些建筑实例，体现了"被动优先、主动优选"的原则。比抽象的政策法规更有说服力，具有很强的示范性，很好地诠释了绿色建筑文化的内涵：即绿色建筑不等于常规建筑＋绿色技术，而是基于新理念、新需求和新技术的全面建筑创新。

（1）延安枣园，黄土高原新型窑洞民居（2005 年，三等奖，该年度一等奖空缺）

传统民居具有"冬暖夏凉"等多种生态特性，新型窑居在继承传统窑洞生态经验的

图 8-208　延安枣园，黄土高原新型窑洞民居，1996—2004；设计单位：西安建筑科技大学，建筑师：刘加平、闫增峰、杨柳等（图片引自：马丽萍，等.从"红色"革命到"绿色"革命——枣园绿色生态窑居的可持续发展之路 [J]. 中华民居，2009（2）：29）

同时，运用现代测试、模拟分析、绿色创作等手段，探索并实施了一整套适宜的绿色技术，实现民居的现代转型。如结合南向"阳光间"形成新的空间形态，与太阳能动态利用有机结合；利用地道风预冷预热处理技术改善室内空气质量等。

（2）济南，山东交通学院图书馆（2007 年，一等奖）

该项目建筑面积 1.5 万 m^2，建设用地原为校内一片废弃的取石场，具备改造后蓄水的可能。考虑资金、施工水平等具体情况，建筑选择简单适用的生态技术，包括生态边庭、中庭、立面遮阳技术、立体绿化、地道风预冷预热处理技术等。在方案设计阶段，进行物理环境模拟技术，预测建筑的自然通风和采光性能，并依据模拟结果确定和优化建筑形式。

（3）深圳，建科大楼（2011 年，一等奖）

深圳市建筑科学研究院科研办公楼，建筑面积 1.82 万 m^2。建筑设计采用功能立体叠加的方式，外围护结构与内部使用功能呼应，形

图 8-209　济南，山东交通学院图书馆，2000—2003，设计单位：北京清华安地建筑设计顾问有限责任公司，建筑师：袁镔、朱颖心、林波荣等（图片引自：http://tieba.baidu.com/）

图 8-210　深圳，深圳市建科大楼，2006—2009，设计单位：深圳市建筑科学研究院有限公司，建筑师：叶青、张炜、袁小宜等（图片引自：www.ikuku.cn/project/）

成独特的空间形态。整合 40 多项适宜的绿色建筑技术，达到绿色技术与建筑形式的高度融合。从方案创作开始，就利用计算机模拟技术对能耗、风环境、光环境、噪声进行分析，来实现各方面的优化组合。

（4）上海，莘庄综合楼（2011 年，二等奖）

该项目建筑面积 9992m²，位于上海市建筑科学研究院园区的东南角，建设用地相对局促，平面布局呈"L"形，包括主楼（6 层）和附楼（4 层），是一栋考虑低造价和适宜技术的绿色办公示范建筑。绿色目标的实现，更多地依赖"建筑学"手段，如建筑沿南面城市道路的立面，设一些分层交错的"盒子"，形成良好的自遮阳；面向园区内部的体量，经过风环境模拟来实现优化。

（5）上海，绿地（集团）总部大楼（2011 年，二等奖）

该项目建筑面积 4 万 m²，位于上海市卢湾区黄浦江畔，一至三层为商业百货，四、五层为绿地集团办公楼，屋顶为绿色花园。设计过程综合运用数十项绿色技术措施，外遮阳体

图 8-211　上海，莘庄综合楼，2007—2010，设计单位：上海市建筑科学研究院（集团）有限公司，建筑师：朱雷、张宏儒、张颖等（图片引自：张宏儒.建筑，从"绿色"土壤中生长 [J].动感，2011（2）:77.）

图 8-212　上海，绿地（集团）总部大楼，2011，设计单位：（美）凯里森建筑事务所，咨询单位：中国建筑科学研究院上海分院（图片引自：唯绿网 http://vlbuilding.com）

系、中心庭院、室内水系、绿化以及屋顶花园的引入，使整幢建筑有着丰富的立体景观。

（6）深圳，南海意库 3 号楼（2013 年，一等奖）

该项目建筑面积 2.4354 万 m²，将深圳蛇口日资三洋厂房中的一栋，改造为招商地产的总部办公楼，保留旧厂房的主体结构，对其进行功能更新与空间、形象的再创造，为城市中旧工业片区的产业转型做出示范。改造方案在建筑北侧增设入口前厅，内部引入生态中庭，改善原建筑进深过大（36m）带来的采光通风问题。绿色方案还包括增设半地下停车库、立面绿化、屋顶绿化等。

图 8-213　深圳，南海意库 3 号楼，2006—2008，设计单位：北京毕路德建筑顾问有限公司，建筑师：杜昀（图片引自：深圳新闻网 www.sznews.com）

（7）北京，金茂府小学（2013 年，二等奖）

该项目建筑面积 1.0079 万 m²，位于朝阳区金茂府小区，设 24 个教学班，招生数 720人。国内首批绿色小学示范项目，同时获得LEED-SCHOOL 铂金级认证。通过废弃工业场地再利用、屋顶绿化、可再生能源利用等主被动绿色技术，实现绿色低碳目标。绿色技术综合展示系统的引入，设置绿色课程和试验科目，为可持续宣传和教育做出示范。

图 8-214　北京，金茂府小学，2010—2014，设计单位：CCDI，咨询单位：中国建筑科学研究院上海分院（图片引自：生态城市与绿色建筑网站 http://www.ecgbnet.com）

（8）天津，天友办公楼改造项目（2015 年，一等奖）

该项目建筑面积 5756m²，平面对原有一座多层厂房进行了节能、节水、节地、节材和室内外环境质量的全方位改造，改造后作为天友建筑设计公司的自用办公楼。保留厂房原有框架结构，采用"加法"原则，如屋顶加建轻质结构，增加生态中庭和采光边庭，增设特朗伯墙和活动外遮阳，东西向外立面种植分层拉丝绿化，北向增设挡风墙。

图 8-215　天津，天友办公楼改造项目，2011—2013，设计单位：天友建筑设计股份有限公司，建筑师：任军、何青、王重等（图片引自：天友建筑设计公司网站 www.tenio.com）

图 8-216　天津，中新天津生态城低碳体验中心，2013，设计单位：天津生态城绿色建筑研究院有限公司，建筑师：王颖、孙晓峰、戚建强等（图片引自：新加坡绿色建筑 GREEN MARK 网站 http://www.igreenmark.sg/case-study）

图 8-217　东莞，生态园控股有限公司办公楼，2012，设计单位：华南理工大学建筑设计研究院，咨询单位：北京清华同衡规划设计研究院有限公司（图片引自：东莞市美新文化传播公司 http://www.bpc6.com）

图 8-218　武汉，市民之家，2010—2012，设计单位：法国 Arte- 夏邦杰建筑设计事务所，建筑师：周雯怡、向博荣、皮埃尔（图片引自：ZOL 论坛 http://bbs.zol.com.cn）

（9）天津，中新天津生态城低碳体验中心（2015 年，一等奖）

该项目建筑面积 1.3 万 m²。集绿色技术、绿色材料于一体的展示性办公楼，同时获得新加坡绿色建筑白金奖。建筑以独特的外部空间形象吸引人群，教育性、互动展示效果突出。屋顶承载了混合型绿色能源设施，外立面处理则结合不同的朝向，采取不同的方式：最大化南向开窗面积，最小化北向开窗面积，东南面和西南面均采用遮阳设施。

（10）东莞，生态园控股有限公司办公楼（2015 年，一等奖）

该项目建筑面积 3.7664 万 m²。政府机关绿色办公建筑的实践，将岭南传统建筑文化与绿色理念相结合，采用遮阳、通风等被动式节能策略，全部 5 层的办公空间被巨大的金属外罩所覆盖，降低能耗的同时形成鲜明的造型与空间特色。

（11）武汉，市民之家（2015 年，二等奖）

该项目建筑面积 12.3423 万 m²。由市民行政服务中心、规划展览馆和两者围合的中庭组成，呈盘旋上升的动感造型。建筑平面布局呈 U 字，采用东南向迎风面悬挑、结合生态中庭的方式来营造良好的自然通风效果。立面的金属网遮阳体系造型简洁而又富于变化，是取自黄鹤楼的窗棂划分样式。合理选择六大节能环保技术体系，共 20 余项绿色技术。

（12）北京，当代万国城项目（2015 年，二等奖）

该项目建筑面积 22.14 万 m²。提出"城市复合社区"的规划原则，整个小区由空中连廊将九栋塔楼串联起来。采用了一系列绿色建筑技术手段，包括优化的外围护系统、高效率空调系统、置换式通风系统、辐射／制冷／采暖系统以及亚洲最大的建在建筑结构下的地源热泵系统。

（13）深圳，南方科技大学绿色生态校园建设项目行政办公楼（2015年，三等奖）

建筑面积 1.0327 万 m^2。位于校前区，紧邻图书馆。建筑形象开放，从湿热性亚热带气候特征出发，借鉴民居中的"天井"形态，采用底层架空、院落式布局、立面外遮阳等设计手法。

图 8-219　北京，当代万国城项目，2005—2008，设计单位：史蒂文·霍尔事务所（图片引自：乐乎网站 http://www.lofter.com）

8.4.4　关于绿色建筑未来走向的思考

超过千项的法规标准，相对不到 200 项获得运行标识的绿色建筑项目，可见理想与现实之间的差距实在悬殊。在新世纪我国绿色建筑虽然经历了从无到有、从少到多的变化，但总体而言仍然处于起步阶段，我们将继续朝有创新的道路前行。

第一，从政策标准层面：对于鼓励绿色建筑发展的政策和标准法规不在于多，而在于精。我国的《绿色建筑评价标准》GB/T 50378—2019，与建筑设计规范重复的条款、实现目标的具体措施等可以大幅度精简。同时应针对不同建筑类型、不同气候区的建筑，通过深入调研和计算，确定用水、用能、用地和全生命周期碳排放的合理基准值，以此评定绿色建筑的等级。在互联网＋的创新思维模式下，数字信息技术能把政策标准的复杂性变得相对简单。

第二，从绿色实践方面：在经历了十几年开放式甚至是零散化的探索之后，生态城市与

图 8-220　深圳，南方科技大学绿色生态校园建设项目行政办公楼，2010—2013，设计单位：筑博设计股份有限公司，建筑师：钟乔、黎靖、张甜甜、冯茜等（图片引自：搜建筑网 http://www.soujianzhu.cn/news）

绿色建筑实践，将从零散的技术集合转向系统化的技术集成；针对我国 500 亿 m^2 的既有建筑和大量现有城区，绿色实践将从新建建筑转向既有建筑绿色改造和既有城区生态化改造。在节能减排总体目标下，从强调单体建筑节能减排转向建设总量控制，从强调运行阶段节能减排转向强化建筑全生命周期控制。

第三，从理论研究层面：理论研究是政策法规和绿色实践之间的桥梁，应当为政策法规的制定提供充足的依据和量化的结果。坐在书

屋里参考国内外文献，制造标准或理论的方式，难以产出有效的理论成果，只有与实践的深入互动，才能产生有价值的理论成果，推动绿色建筑的发展。

8.4.5　对和谐住宅的向往

进入新世纪，中国的住宅问题，已经演化成一个大大的社会问题。一边房价飙升，一边庞大的存量得不到消化，看上去如此矛盾的现象，业已超出了我们以观察建筑功能、技术和艺术为目标的视野之外。但是，这些年广大有购房需求的民众，依然向往环境优美、使用方便、舒适美观、价格合理的住宅，许多中国建筑师也在为此目标而努力，并作出有成效的探索。

这些探索的方面有明显拓宽，例如我们已经见到的关于注入绿色建筑的新概念，在保障性住房方面的实践活动，在少数民族地区对地域和民族特征的探求，在旧城里面的街区住宅改造等等。住宅建筑在这些方面的活动，本章已经有所涉及，这里再做一些描述。

（1）拉萨，西藏[①]纳木湖牧民安居房

该项目位于拉萨市当雄县。为改善居住条件，提供教育、医疗等公共服务，将原来分散的定居房，根据行政或生产单位集中。规划设计充分考虑地震高发、特殊气候、地质、生态等自然条件，并保持深厚的民族建筑文化。住房的主体支撑，采用轻钢结构，并扩展钢网维护墙体。此外全是就地取材，简化施工设计，可以使牧民投入施工，沿用了木作、泥作等传统工艺。

（2）平顶山，西柏坡华润希望小镇

该项目位于河北省平顶山市，用地面积15.37 万 m²，建筑面积 5.3 万 m²，为新农村示范项目。该项目集合了原有的三个相邻的山村，容纳 238 户农宅。基地三面环山，面临水库，保留并修整了现有的泄洪沟，保留尽可能多的树木和一户质量上好的宅院及一座古桥。建筑依坡修建，公共设施构成贯穿小镇的景观带与互动中心，农宅设计研究了当地传统民居，以 L 形建筑主体加院墙形成院落。里面处理自由、利落，有较为厚重的北方民居气息。

图 8-221　拉萨，西藏纳木湖牧民安居房，2010，单体住宅，设计单位：拉萨市设计院、成都常民建筑科技有限公司，建筑师：谢英俊

图 8-222　平顶山，西柏坡华润希望小镇，2010—2011，鸟瞰，设计单位：中国建筑设计研究院，建筑师：李兴钢、谭泽阳、张一婷、马津（图片引自：《中国建筑设计研究院作品选 2010—2011》，2012）

---

① 西藏一般指西藏自治区。

（3）上海，新凯家园大型保障性社区

该项目位于松江区泗汀镇，用地面积47.4万 m^2，建筑面积67万 m^2（地上），是保障性的居住及配套项目。所谓保障性住区主要是政府为中低收入的困难家庭所提供的限定标准、限定价格或租金的住宅，保障性住区或住宅必须合理控制成本，必须实现舒适性与经济性同步。

图 8-223　平顶山，西柏坡华润希望小镇，街区（图片引自：《中国建筑设计研究院作品选2010—2011》，2012）

新凯家园在规划中注重了空间结构的完整性，有效地控制了建筑容量；贯彻了交通体系的有序性，不硬性规定人车分流，提倡人车交通的便捷性和功能性；绿化系统为均匀分散至各个组团，实现了"绿化不大环境美"；除设置中心商业区和沿街设施外，另在小区内设置了两条便民商业服务街，形成完整便捷的景观商业步行体系。

设置了 $45m^2$ 的一室一厅、$65m^2$ 的二室一厅以及 $80m^2$ 的三室一厅户型，细化设计，提高使用的灵活性，以适应不同家庭需求。设计中，注意了提高立面品质，取得了较好的效果。

图 8-224　上海，新凯家园大型保障性社区，2002—2008，设计单位：上海中房建筑设计有限公司（图片引自：《时代建筑》，2011（4）：82）

（4）上海世博会浦江镇定向安置基地

该项目位于闵行浦江镇，用地面积1.5km²，建筑面积140万 m^2，居住人口近3万。设计要求体现2010年上海世博会的主题"城市，让生活更美好"。

规划中，考虑了居民的便捷出行，综合考虑沿浦星路一侧的地铁8号停车站、浦星路与基地内公交站点、出租车服务站和社会停车场的关系，方便人流的换乘；内部交通清晰顺畅；商业设施考虑了大卖场、农贸市场和生鲜超市，并引入了带有老字号的特色一条街；同时有完善的各级教育设施，如中小学、幼儿园

图 8-225　上海世博会浦江镇定向安置基地，2004—2007，设计单位：现代都市建筑设计院、上海建筑设计研究院有限公司（图片引自：《时代建筑》，2011（4）：88）

等。建筑立面的处理，汲取了上海地域建筑文化，在现代、简洁的基调下，寻求识别性。

（5）杭州金基晓庐

该项目位于杭州市钱江新城，用地面积 7.8 万 m^2，总建筑面积 29.7 万 m^2，1879 户，5800 人。总图布置 9 栋 27~33 层的住宅，每栋由 2~3 个单元以浅弧线拼接，注意降低城市噪声的干扰，并最大争取南向。建筑立面保持简朴、无装饰的现代建筑形象，注重建筑肌理和用料设计的细节，取得既干净利落又不失美观细部的效果。

环境设计历时三年，在考虑居住者的舒适、方便和安全的前提下，以似"莲花"为主题，形成设施完善、细部考究、浑然一体的唯美环境。

（6）西安，群贤庄住宅小区

该项目用地面积 4.1 万 m^2，建筑面积 6.1842 万 m^2。小区采用"三线一环、中心花园、三小组团"的设计布局，主干道两侧建筑

做立体叠落，重要景观位置做空间扩展变化。小区空间变化丰富，建筑组合疏密有致。小区设五种基本户型单元，建筑面积从 150 m^2 至 240 m^2 渐次变化，为充分利用空间，又变化九种特殊户型平面。不同单元的阳台、入口、楼梯间等处理各有特色，以增加可识别性。

（7）广州，越秀区解放中路旧城改造

该项目用地面积 9810 m^2，建筑面积 1.3429 万 m^2，该改造项目是在政府主导、没有开发商介入的全新开发模式下进行的一次岭南传统街区振兴的探索。在规划层面，采用了控制适宜的居住密度、融入岭南城市肌理等设计策略；在建筑设计层面，注意结合岭南气候条件和原址回迁居民多样化的居住面积要求精心设计，并努力建立新老建筑之间的和谐关系。

（8）成都，清华坊

该项目位于成都市南郊紫薇东路南侧，是

图 8-226　杭州金基晓庐，2005—2009，设计单位：深圳华森建筑与工程设计顾问有限公司，建筑师：宋源、肖蓝、胡光瑾、李舒、胡起萌、李立德等（图片引自：《建筑学报》，2010（2）：49；摄影：张广源）（左）
图 8-227　西安，群贤庄住宅小区，2002，设计单位：中国建筑西北设计研究院华夏建筑设计所，建筑师：张锦秋等（图片引自：张锦秋著《现代民居群贤庄》，2007：37）（中）
图 8-228　广州，越秀区解放中路旧城改造，2006，设计单位：华南理工大学建筑学院，建筑师：何镜堂、刘宇波、张振辉（图片引自：《新时代　新经典：中国建筑学会建筑创作大奖获奖作品集》，2015：579）（右）

图 8-229 成都，清华坊，2003，住区环境，设计单位：成都华宇建筑设计有限公司，建筑师：张雪梅、苟中军、肖林、石仁佑（图片引自：《建筑学报》，2005（4）：49）（左）
图 8-230 成都，清华坊，沿街立面（图片引自：《建筑学报》，2005（4）：49）（中）
图 8-231 成都，清华坊，单元入口（图片引自：《建筑学报》，2005（4）：48）（右）

一座低层高密度的传统形式与现代风格相结合的住宅小区，用地面积 5.9 万 m²，建筑面积 5.1 万 m²。由于总住户不多，因此小区内道路系统采用人车混行的通行模式。沿小区四周有一条环形的道路可以到达每户的停车库。连接这条环状道路的是一些入户道路及人行道路，这些道路把小区分成几个小组团，每个组团内的房屋都是南北向，住户主要房间争取更多的阳光，绿地分散到每户的私人院落中。户主还可以对私人院落进行个性化的设计，期望形成城市中的乡村感受。

小区每幢建筑基本上都是在一块 12m×27m 的基地上展开设计。在总平面的组团布置及组团建筑布置上，有意进行建筑错位排列，以获得丰富的天际轮廓线。每户建筑面积 400m² 左右，共 3 层。在各个功能房间的布置及相互关系、面积的大小分配上都精心推敲，确保住户在使用上达到居住的舒适性。在建筑的后院处理上，造成一种高墙深院的传统民居庭院效果。

8.5 世界瞩目的三大建筑项目

2000 年开始的十年当中，我国有世界瞩目的三项大规模的建设，一是四川汶川大地震的灾后大规模重建活动，这是一项"一方有难，八方支援"的活动；二是 2008 年奥林匹克运动会的场馆建设，它一方面要圆中华民族的百年奥运梦，同时也要展示改革开放 20 年来中国人民的建设成就和精神面貌；三是为国际重大建筑盛事，实际上也是赛事的上海世博会进行规划、设计，特别是中国馆的建设。

8.5.1 汶川大地震灾后重建

2008 年 5 月 12 日，在四川省阿坝藏族羌族自治州汶川县映秀镇发生了里氏 8.0 级的大地震，遭受严重破坏的地区超过 10 万 km²。汶川、北川、绵竹等地大地震中死亡人数达 6.9227 万人，伤者约 37 万余人，另有 1.7923 万人失踪。地震消息传出的第一时间，军队和救灾专业队伍就奔赴现场抢救人员、抢修道路和疏通堰塞湖等，场面极为感人。包括港澳台在内的全国各地的各界同胞，及时慷慨地捐赠财、物，许多国家和组织，真诚慰问灾区并提供大量捐款和救灾物资。

距地震仅仅一周的时间，震后重建工作就已展开。5月19日，中国城市规划设计研究院的汶川地震抗震救灾绵阳工作组奔赴现场，启动北川新县城的选址工作。6月3日，工作组即提出选址方案，11月10日国务院常务会议原则通过北川新县城选址。

2009年3月30日，四川省政府正式批复《北川羌族自治县灾后恢复重建总体规划》，至此，具体的建设项目陆续展开。重建北川的规划和实施，得到中国建筑学会、中国城市规划学会和全国各大设计院的热情支持，得到许多大师、院士等资深建筑设计、城市规划专家的支持，他们为重建这个全国唯一的羌族自治县，付出了勤劳和智慧。

援建工作在对口支援的形式下进行，例如，山东省对北川县（绵阳市）、广东省对汶川县（阿坝州）、浙江省对青川县（广元市）、江苏省对绵竹市（德阳市）、北京市对什邡市（德阳市）、上海市对都江堰市（成都市），等等。

2009年6月8日，山东省援建北川新县城及山东产业园第一批项目开工，2010年9月25日，山东省对口援建北川竣工。各地对口援建的项目也陆续交付使用，至2011年虎年腊月二十九日，举行了以"开启永昌之门，点燃幸福之火"为主题的北川新县城开城仪式，一个全新城市重生了。

北川新县城安居工程，是北川县易地重建的新县城，用地面积67.42万 m^2，建筑面积100余万平方米。安置房由原北川县曲山镇受灾群众和新县城征地拆迁群众的安置两部分组成。在居住建筑的设计中，考虑了"安全、宜居、特色、繁荣、文明、和谐"十二字方针；

图8-232 从云盘山看新县城的施工进程（上2010年1月；中2010年6月；下2010年10月）（图片引自：《建筑新北川》，2011：10）

贯彻社会公平的原则，例如在温泉片区，按政策和实际家庭状况，设计了户型为50、70、90、105和120m²的多种单元，误差不超过1m²；建筑设计贯彻"羌风羌貌"，创造旅游资源等因素。在属于汉、羌民族地带，建筑设计充分尊重场地、气候所形成的地域特点，如屋顶平坡结合，立面吸取当地民居和汉、羌民族建筑的符号等。设计中，从县城到小区再到组团等等，在不同层次上分清主次，采取"红花绿叶"的原则。

（1）尔玛小区

该项目是新北川安居工程的重要组成部分，用地面积28.42万m²，建筑面积42.15万m²，住户3638户。规划以小街坊组织空间，实现开发的街区和连贯的步行系统。将黄土镇的部分民居、石碑和石桥保留为景观设施，并安排了羌族跳锅庄舞的小广场。

（2）新川小区

该项目位于新县城南端，用地面积21.87万m²，建筑面积32.588万m²，3161户。

图8-233　北川新县城安居工程，2009—2011，设计单位：中国建筑设计研究院，主持：刘燕辉，建筑师：程开春、詹柏楠、卢鹏、宋波、董晶涛（图片引自：《建筑新北川》，2011：31）

图8-234　北川尔玛小区，2009—2010，新建筑和保留建筑，设计单位：中国建筑设计研究院、中国城市规划设计研究院（图片引自：《建筑新北川》，2011：35）

图8-235　北川尔玛小区，羌族传统石塔"拉克西"成为组团广场的中心元素（图片引自：《建筑新北川》，2011：40）

图8-236　北川尔玛小区，小区里为回族特别建设的清真寺（图片引自：《建筑新北川》，2011：42）

设计延续街坊格局，利于邻里交往、社区安全，也便于营造连续的沿街界面。组团划分兼顾原有四个村的居民组织。绿地尽量外置于城市公共范畴外围滨河带和休闲公园内，以减轻社区的负担。户型设计尊重当地生活习惯，如多设储藏空间等。建筑体现当地木石结合的特征。

图 8-237　新川小区，2009—2010，设计单位：中国建筑设计研究院、中国城市规划设计研究院（图片引自：《建筑新北川》，2011：49）

图 8-238　汶川水磨中学，2008—2010，主楼，设计单位：北京大学中国城市设计研究中心，建筑师：陈可石（图片引自：《建筑学报》，2011（6）：112）

图 8-239　汶川永昌小学，2010，设计单位：中国建筑设计研究院（方案）（图片引自：《建筑新北川》，2011：65）

北川新县城公共服务设施的建设标准和内容，是一项政策极强、涉及各方利益、民众高度关注的工作。本着节约用地、高效使用资金、综合利用以及降低建成后运营成本等原则，最终确定 7 大类 66 个项目纳入山东援建和地方重建项目。内容包括教育科研、社会福利、体育文化娱乐、行政办公和医疗卫生等设施。

其他受灾地区的重建项目，也本着这样的原则实行，取得了良好的效果。

（3）汶川水磨中学

该项目为易地重建的汶川第二中学，位于全镇中心位置，坐落寿溪湖（原为寿溪河，重建改造为寿溪湖）北侧的开阔地，占地 5.6818 万 m²。采用中央连廊，纵向组织建筑功能区及空间，联系方便又互不干扰。由于地属汉、藏、羌等不同民族聚居地区，建筑形式吸取各族建筑的元素，提取了藏、羌碉楼的形式，运用在主楼的立面上，用现代的方式处理地方石材，在新的钢木玻璃窗上再现红色藏窗形式等。

（4）汶川永昌小学

该项目位于新县城中心区北侧，东临永昌河景观带，用地面积 3.4 万 m²，建筑面积 1.4 万 m²，36 班，1620 人，建筑设计以结构安全和心理安全并重。建筑层数尽量控制在三层之内，利用不同高度的屋顶平台、连廊与体育场连接，提供更多快速疏散的路径。羌族民居的坡顶、碉楼、过街楼、干阑式连廊、花窗、石片墙等，都在建筑中有所反映。

（5）汶川人民医院

该项目位于新县城西北部，尔玛小区中部，用地面积 2.65 万 m²，建筑面积 2.3978 万 m²，200 床。以两条宽度不一的医疗街，串联成枝状分布的门诊、医疗技术、病房等功能单元。门诊等位于用地西侧，沿街展开，病房楼位于东侧，南北向布置。羌族建筑的要素，如灰砖、坡顶、碉楼、木构架等具有地方文脉的东西加入建筑，使得医院建筑多些亲近感。

（6）平武县人民医院重建项目

该项目总用地 1.3923 万 m²，总建筑面积 2.0555 万 m²。213 张床位，日最高门诊量设计为 400 人。用地为东宽西窄的三角形用地，紧邻古明城墙（已坍落），墙外是滨江（涪江）带状绿地公园。根据古城保护规划，建筑檐口高度限制在 15m 以下，用地十分紧张，地形复杂。采用多层院落布局削弱体量，建筑以出挑较宽的坡檐、碉楼造型、穿斗结构的外露等手法表达川北民居风格，在尊重本土传统文化的基础上又体现了现代医院的精神风貌。

（7）映秀，汶川大地震震中纪念地

该项目建筑面积 5148m²。映秀镇是汶川大地震震中受灾最严重的地带之一。在映秀的重建规划中，列入了纪念体系，为后代保留一份震灾及救灾的精神档案。

震中纪念地位于三个重要纪念节点：震源广场、中滩堡地震遗址和漩口中学的几何中心，高于城镇中心地区 50~60m，既是俯瞰城镇的重要视点，也是城镇多处公共空间的视觉焦点。建筑师划定三条场地控制线，分别指向三个重要纪念节点，并由此安排场地和布局建筑。建筑师以自然、平和、静谧根植于大地的地景式建筑的手法，处理空间，表现主题。

（8）北川文化中心

该项目位于四川省北川县易地重建的新县城中轴上，用地面积 2.2438 万 m²，建筑面积

图 8-240　汶川人民医院，2010，设计单位：中国建筑标准设计研究院（方案）（图片引自：《建筑新北川》，2011：91）

图 8-241　平武县人民医院，2008—2010，设计单位：河北建筑设计研究院有限责任公司，建筑师：蒋群力、郭卫兵、李洪泉（图片提供：河北建筑设计研究院有限责任公司）

图 8-242　映秀，汶川大地震震中纪念地，2009—2011，设计单位：华南理工大学建筑设计研究院，建筑师：何镜堂、郭卫宏、郑少鹏、何正强、陈晓红、黄瑜、张莉兰（图片引自：《何镜堂：建筑创作》，2010：145）

1.4098 万 m²，由图书馆、文化馆、羌族民俗博物馆组成。建筑布局受羌族聚落建筑与山势紧密结合的启发，开敞的前厅连起了建筑的三部分，并将它们的平屋顶、大地缓坡屋顶，整合成为一个大地景观。建筑采用了羌族建筑的许多细部，如碉楼、木架等，以干净的现代手法，处理石材表面肌理。

（9）四川绵竹市文化广场

该项目位于回澜大道南侧，总建筑面积 1.7 万 m²。建筑师把要求相似、相对较小的六个单体项目集约化，合并成一个综合性项目，顺应北低南高的地形，从东到西按六个项目的功能分段设置，共同使用、统一调配公共空间。公共空间为坡地下面的开放或半开放空间，作为屋顶的坡地，在植被的覆盖下，既丰富了城市景观，又提供了活动空间的多样性。

（10）北川，羌族特色步行街

该项目用地面积 7.56 万 m²，建筑面积 7 万 m²，是新县城景观轴和步行廊道的重要组成部分，是集中体现传统羌族建筑风貌的特色地区。旅游业将成为该地区的支柱产业之一，步行街承担着多层次旅游体验的任务。

图 8-243　北川文化中心，2009—2010，入口，设计单位：中国建筑设计研究院，建筑师：崔愷、康凯、关飞、傅晓铭、张汝冰（图片引自：《中国建筑设计研究院作品选 2010—2011》，2012）

图 8-244　北川文化中心，鸟瞰（图片引自：《中国建筑设计研究院作品选 2010—2011》，2012）

图 8-245　四川绵竹市文化广场，2009—2011，设计单位：南通市对口支援绵竹地震灾后重建指挥组，建筑师：张应鹏、许天、刘勇（图片引自：《新建筑》，2011（4）：84）

图 8-246　北川羌族特色步行街，2010，设计单位：北京清华城市规划设计研究院、成都富政建筑设计有限公司、青岛市建筑设计研究院股份有限公司（图片引自：《建筑新北川》，2011：115）

图 8-247　北川，羌族特色步行街，2010，院落（图片引自：《建筑新北川》，2011：118）

图 8-248　汶川，禹王桥，2010，设计单位：成都富政建筑设计有限公司（方案）（图片引自：《建筑新北川》，2011：111）

商业街的建筑，被定位成"仿原生传统羌式建筑"，建筑体量化整为零，体型多变，均为2~4层，屋顶平坡结合，碉楼、廊桥等形成丰富的天际线。地方材料的使用，如片石、块石、原木等，力求与原型接近。

（11）汶川，禹王桥

该项目建筑面积 5166m²，长度 204.2m，宽 12.6m，是一座人行风雨廊桥，位于新县城文化轴线上，横跨安昌河是新县城景观轴和步行廊道的西端起点。是一件充分表现羌族建筑艺术风貌的作品。立面横向分为三段，中部形象较为丰富，两侧平缓。桥内设置了商业店铺，并为行人提供观景和休息平台。坡屋顶间设置的高窗，为相对封闭的廊桥提供了良好的自然通风条件。

8.5.2　北京奥运会场馆

1）绿色、科技和人文奥运

1999 年 9 月 6 日，国家体育总局、北京市人民政府和国务院相关部门，组成北京 2008 年奥运会申办委员会。2000 年 6 月 19 日，奥运会申办委员会在洛桑向国际奥委会递交了申请报告。2001 年 7 月 12 日，国际奥委会第 112 次全会在莫斯科著名的大剧院隆重开幕。会上通过投票最终确定北京获得第 29 届 2008 年奥运会主办权。

经过申奥前期的准备以及获得主办权后长达 7 年的建设，奥运所需的场馆都已按时完工，2008 年 8 月 8—24 日北京成功举办了第 29 届奥林匹克运动会，不但实现了中国人民近百年参加奥运、举办奥运的梦想，同时也实现了"绿色奥运、人文奥运、科技奥运"的承诺。2008 年 8 月 8 日晚，在奥运会主体育场"鸟巢"内的开幕式狂欢，是北京落成当代重大体育建筑的盛大庆典。

2002 年至 2008 年，北京市用于奥运会相关的投资总规模达 2800 亿元，其中，直接用于奥运场馆和相关设施的新增固定资产投资约 1349 亿元。[①]北京提出了"绿色奥运、科技奥运、人文奥运"的理念。在具体的奥运工程建设过程中，成为工程建设者的共识和必然要求。

2）北京奥林匹克公园

经过对北京城市规划的多方论证，奥林匹克公园用地选在北京城市北部，城市轴线北端。在奥林匹克公园规划方案的征集中，美国

① 数据来源：林云霞.区域性房地产市场过热的成因及其对策 [J].中国房地产金融，2003（7）：27–31.

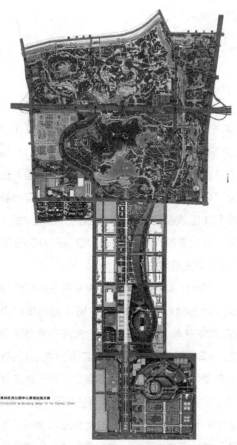

图 8-249　北京奥林匹克公园中心区景观设计（图片引自：《建筑创作》，2008（7）：38）

图 8-250　北京奥林匹克公园，中心区景观之一（图片引自：《建筑创作》，2008（7）：35）

SASAKI 公司与天津华汇建筑设计公司合作方案《人类文明成就的轴线》获得一等奖，为实施的蓝本。

奥林匹克公园总用地面积约 11.59km^2，分三个区域，北端为奥林匹克森林公园（用地 6.8km^2），其中有挖湖、堆山，建造"奥海""仰山""生态走廊"等内容。

中部为主要场馆和配套设施（用地 3.15km^2），规划地上建筑面积约 361 万 m^2，其中有奥运村、国家体育场（鸟巢）、国家游泳中心（水立方）、国家体育馆、国家会议中心（赛时为击剑馆、国际广播中心）等，此外，还有 20 余万 m^2 的地下商业建筑以及庆典广场、下沉花园、龙形水系、132m 高的奥林匹克多功能演播塔等景观设施。

南部是原有的国家奥林匹克体育中心（用地 1.64km^2），所有场馆为 1990 年亚运会建成的体育场馆，包括奥体中心体育场、奥体中心体育馆和英东游泳馆。南端为预留地，奥运会后将开发为文化商务区。

3）北京奥运会的主要比赛场馆

北京奥运建筑具有一定创新性、实验性和时代性。国外建筑师和中国建筑师的合作设计，也成为建筑创作互相学习和交流的大舞台。

在奥运会的体育场馆设计方案中，由于设计大胆、造型新颖，耗资巨大，引起社会公众及专家的关注和质疑。2004 年 7 月，有 30 多位中科院、工程院院士联名上书，在经费、设计和安全等方面，对一些方案提出质疑。7 月底，北京市政府提出"节约办奥运"的思想，对众多原设计方案进行了修改，其中最受瞩目的是国家体育场"鸟巢"，因受到直呈国务院总理温家宝的信件影响，于 7 月 30 日停工。"鸟巢"在大大减了用钢量、提高结构的安全性和降低造价后，重新开工。其他项目也进行了相应的调整。

国家体育场和国家游泳馆是北京 2008 年奥运会场馆建设最重要的项目。两者比邻而居，矗立在北京北四环的边线上，因为各自独特的造型，被称为"鸟巢"和"水立方"。

（1）北京，中国国家体育场（鸟巢）

该建筑是北京奥运会的主体育场，位于北京奥林匹克公园中心区南部。建筑面积 25.8 万 m^2，容纳观众座席约为 9.1 万个，其中临时座席约 1.1 万个。该体育场为特级体育建筑，主体结构设计使用年限 100 年。

体育场主体建筑为南北长 333m、东西宽 298m 的椭圆形，最高处高 69m、最低处高 40m，中间开口南北长 182m、东西宽 124m。主体钢结构形成整体的巨型大跨度钢桁架编织式"鸟巢"结构，成为作品的商业名称。看台为混凝土碗形结构，两部分在结构体系上是脱开的。屋顶围护结构为钢结构上覆盖双层膜结构。双层膜结构分别采用单层张拉式 ETFE 膜和 PTFE 膜。ETFE 膜可防风雨侵蚀和紫外线。PTFE 膜则起遮挡结构，营造声学效果和隔声的作用。

钢结构及其他结构高度复杂，有体现新型建筑材料和技术的膜结构，有建筑、结构、给排水设计高度整合的屋面雨水排水系统，具有基于计算机模拟技术的消防性能化设计和安保疏散条件，进行热舒适度、风舒适度和声环境研究，体现绿色奥运项目（雨洪利用、地源热泵、太阳能利用）。CATIA 空间模型的三维

图 8-251 北京，国家体育场，2008，设计单位：赫尔佐格 & 德梅隆建筑事务所、中国建筑设计研究院（图片引自:《建筑学报》，2003：5）

设计方法与表达等新技术、新材料和新方法的运用等，推动了建筑行业相关领域的技术进步。

设计单位在介绍所谓"鸟巢"方案中称："与过分强调技术而忽视本身存在意义的 20 世纪 90 年代建筑不同，国家体育场设计中对建筑本源的探索将成为面向 21 世纪的宣言。"介绍还说，方案的着力点在于"蕴藏的中国文化"：——秩序内敛的东方美学思想；——单一器物的完美性；——网格与镂空；——十二生肖图案清晰地划分出体育场的不同区域。[1]

这些说辞，只能理解成一种商业语言。事实上，在 1990 年代的中国体育建筑中，强调技术的作用乃是体育建筑创作中的正事，设计者和建造者们，也都不会不在乎他们体育建筑存在的意义。广大的受众站在这个巨大的"鸟巢"面前，如何领略到"蕴藏的中国文化"，将是一个值得研究的课题。

（2）北京，中国国家游泳中心（水立方）

该建筑位于北京国家奥林匹克公园内，是 2008 年奥运会游泳、跳水、花样游泳和水球的比赛场馆，用地面积 3.1449 万 m^2，建筑面

---

[1] 李兴钢. 优秀作品——瑞士 Herzog & de Meuron 设计公司 + 中国建筑设计研究院 联营体方案 [J]. 建筑学报，2003（5）：8–11.

积 8.7283 万 m^2，可容纳座席 1.7 万个。这个简洁的方盒子建筑，与公园中轴线另一侧的国家体育场"鸟巢"遥相呼应。"水立方"采用方形，设计单位特别提出这样的说明："方形是中国古代城市建筑最基本的形态，在方形的形制之中体现了中国文化中以纲常伦理为代表的社会生活准则。生存空间和生活资源相对匮乏的中国社会，需要严格的社会规则下的生存。对规则的尊重是提升人的社会层次的唯一途径。"[①]

PTW 事务所的建筑师引入 ETFE 膜作为建筑表皮，赋予建筑结晶状的外貌，设计单位解释说："ETFE 是近年国际上渐渐流行的材料，格雷姆肖、赫尔佐格等大师都有用其建成的作品。……这是一种叫做'聚四氟乙烯'的超稳定有机物薄膜，中间充气形成气枕，……这种材料与家用不粘锅内的'特氟龙'属同族物质，表面附着力极小……"ARUP 的工程师基于 Kelvin "泡沫"理论，为该建筑设定了这种结构形式。屋盖和墙体的内外表面，均覆以 ETFE 气枕，气枕总面积达 10 万 m^2，成为世界上最大的 ETFE 工程。

"水立方"还体现了诸多科技和环保特点：自然通风的合理组织、循环水系统的合理开发和高科技建筑材料的广泛应用，这些都为游泳中心增添了更多的时代气息。

（3）北京，奥运射击馆

该建筑坐落在北京西山脚下，是目前国内规模最大、靶位数最多、项目最全的全天候射击比赛场馆。射击馆各赛场安装的"电子靶计时记分系统"是当时世界上最先进的射击比赛计时记分系统。该系统采用超声波定位技术与多媒体信息

图 8-252　北京，国家游泳馆，2008，设计单位：澳大利亚 PTW 建筑事务所、中建国际（深圳）设计顾问有限公司（图片引自：《建筑创作》，2008（7）：50）

图 8-253　北京，2008 年奥运会北京射击馆，2007，设计单位：清华大学建筑设计院，建筑师：庄惟敏（图片引自：《建筑中国六十年 1949—2009：作品卷》，2009：238）

技术，能自动采集射击信息，实时统计、显示各靶位的射击分数。决赛馆电子靶计时记分系统，还能实时显示各靶位射击的弹着点。

建筑设计打破了建筑室内与室外环境的严格界限，通过"渗透中庭""呼吸外壁""室内园林"等建筑、空间元素，将自然环境引入室内，实现室内外空间相互渗透。建筑运用成熟、可靠、易行的生态建筑技术，充分利用阳光、雨水、自然风等可再生资源，解决射击馆空调、用水、用电等能源问题，降低能源消耗、环境负荷。整个场馆的外壁布满了棕色的木条纹，像长满

① 赵小钧. 优秀方案——中国建筑工程公司、澳大利亚 PTW 建筑师事务所、奥雅纳澳大利亚有限公司 联合设计方案 [J]. 建筑学报，2003（8）：16-19.

了高大树木的森林，与背后的群山交融。这一道道爬满整个场馆南面外墙的条纹，既有象征意义又有巨大的用途。①

（4）北京奥运会国家网球中心

该项目用地面积 2.2295 万 m^2，建筑面积 2.6514 万 m^2。网球中心为圆形建筑，借鉴古希腊、古罗马圆形剧场的建筑式样。所有席位没有视觉分级，按照几何中心等距分布。建筑立面造型简洁朴素，清水混凝土与公园整体环境融为一体，随着看台座椅数量的变化，三个看台高度逐渐升起，中心赛场的白色罩棚似 12 片纯洁的花瓣向天空伸展。

（5）北京，2008 年奥运摔跤比赛馆（中国农业大学体育馆）

该建筑位于校园东校区，用地面积 3 万 m^2，建筑面积 2.395 万 m^2。奥运会后改造比赛大厅、标准篮球训练馆和游泳馆，除了可以安排相应的赛事项目外，还可满足体育教育、文娱演出和社团活动等功能要求。

建筑采用巨型门式刚架结构，使建筑在规则的平面下拥有富有韵律感的体量。层层错开的屋面与外墙，便于引入自然光，也便于利用主导风向组织通风。合理规划改造后，在体积不变的情况下，完成最大灵活性的功能转换。

8.5.3　上海世博会

2010 年 5 月 1 日至 10 月 31 日，举世瞩目的世博会在上海举行，参加这次世博会的国家和国际组织有 242 个，这是 1851 年在伦敦第一届世博会以来的第四十一届。如此国际视野的世界性经贸、科技、文化活动，就像在中国举办奥运会一样，将留给世界深刻的印象。

图 8-254　北京奥运会国家网球中心，2007，设计单位：澳大利亚百翰年建筑设计事务所、中建国际（深圳）设计顾问有限公司（CCDI）（图片引自：《建筑学报》，2007（12）：34）

图 8-255　北京，2008 年奥运摔跤比赛馆，2004—2007，设计单位：华南理工大学设计研究院，建筑师：何镜堂等（图片引自：《何镜堂：建筑创作》，2010：199）

本届世博主题是："城市，让生活更美好"（Better City，Better Live），这也是 150 年的世博会历史上第一次以"城市"为主题的世博会，它将通过展示、活动、论坛等形式，去回答：

什么样的城市让生活更美好、更和谐？

什么样的生活方式让城市更美好、更和谐？

什么样的发展模式让地球家园更美好、更和谐？

上海世博会场地选址在上海市中心，位于南浦大桥和卢浦大桥之间的黄浦江两岸，沿岸

---

① 文字参考：馆内可闻青草味道 狩猎创意激活北京射击馆 [N]. 京华时报，2007-07-29.

布局，用地面积约 5.28km²，是世博会历史上第一次在特大型城市的中心城区举办。

世博会的规划方案，综合了适宜的步行距离、人体尺度和参观者的认知度等因素，提出了"园、区、片、组、团"等五个层次的布局结构，其中"片"分为五个编号 A、B、C、D、E 的功能片区。A 片区位于浦东"世博轴"以东，布置中国馆和除东南亚以外的亚洲国家馆；B 片区在 A 片区的西侧，包括主题馆、大洋洲国家馆、国际组织馆、公共活动

图 8-256　上海世博会鸟瞰图（图片引自：《建筑学报》，2009（6）：1）

图 8-257　上海世博会，世博轴及周围场馆，2006—2010，设计单位：德国 SBA 公司、华东建筑设计研究院有限公司、上海市政工程设计研究总院，建筑师：黄秋平、孙俊、蔡欣、欧阳恬之等（图片引自：《建筑学报》，2010（5）：40）

中心和演艺中心等；C 片区，位于浦东卢浦大桥以西的后滩地区布置欧洲、美洲、非洲国家馆和国际组织馆；D 片区，位于浦西世博轴以西，保留中国现代民族工业发源地江南造船厂大量的历史建筑群，改造为企业馆等；E 片区位于浦西世博轴以东，新建独立企业馆，设立最佳城市实践区。

在规划和设施中，组织者始终坚持生态、环保和历史保护的概念。园区内，绿地和公园的面积占总面积的 1/3，园内各类建筑设施，都按环保节能标准建设，注重保护城市历史文脉，保留和改造利用的建筑面积超过30 万 m²。

世博会的永久性场馆包括"一轴四馆"。"一轴"即横贯世博园浦东部分中心区的世博轴；"四馆"分别是中国馆、主题馆、世博中心和演艺中心。

（1）上海世博会，世博轴及地下综合体

该建筑用地面积 13.222 万 m²，总建筑面积 25.1144 万 m²，是世博会主要园区的入口，承担约 23% 的入园客流，首先要体现高效的服务功能。1km 长的世博轴分为 4 个层面，解决人流到达、等候、排队、安检、验票、入场等功能。4 个层面的平台设有引向园区其他场馆的通道。

6 个阳光谷从简洁的平层升起，阳光谷是由单层结构的网格组成，从地下 7m 一直延展到地上 35m，总高度 42m。世博轴采用 PTFE（聚四氯乙烯）张拉索膜，总长约840m，最大跨度约 97m，由 31 个外侧桅杆、19 个下拉点以及 18 个与阳光谷的连接点，通过拉索支撑。

（2）上海世博会中国馆

该建筑位于世博园的中心地带，用地面积6.52万 m^2，建筑面积16.0162万 m^2。方案投标时，命名为"中国器"。设计竞赛中，华南理工大学建筑设计研究院的"中国器"方案与清华大学安地建筑设计顾问有限公司、上海建筑设计研究院合作的"叠篆"（立面篆刻古代叠篆文字）方案胜出。最终方案定为："中国器"为主馆，"叠篆"为水平外围基座，两个方案整合为国家馆"中国之冠"实施方案。

中国馆架空升起，层叠出挑，创造出由前广场开始，到9m架空平台及13m标高"九洲清晏"屋顶花园的连续城市广场空间。主馆70 高m，架空层33m。架空层的布局使国家馆主体形象壮观，并与中国传统礼器"鼎"建立起某种联系。4组巨柱（18m×18m）托起上部展厅，形成21m净高的巨构空间。顶部为边长139m×139m见方的冠盖，欲表达"东方之冠，鼎盛中华，天下粮仓，富庶百姓"的概念。主馆外面为"中国红"，对不同的部位，按照阳光与阴影的关系，饰以不同的红色，以形成最佳整体效果。

国家馆的外围水平底座为地方馆，高13m，造型平缓，图案朴实，甘当配角，是国家馆不可缺少的部分。

（3）上海世博会主题馆

该建筑用地面积11.4558万 m^2，总建筑面积15.2813万 m^2，力求体现上海的地域元素，将上海的里弄肌理与大屋面相结合。平面布局采用规整的矩形体量，突出展示功能优先的原则。设计中运用新材料、新技术，体现绿色环保的可持续理念。其中有三个主要亮点：

图8-258　上海世博会，世博轴夜景，2006—2010，夜景（图片引自：《建筑学报》，2010（5）：46）

图8-259　上海世博会中国馆，2007—2009，设计单位：华南理工大学建筑设计研究院、清华大学安地建筑设计顾问有限公司、上海建筑设计研究院（图片引自：《何镜堂：建筑创作》，2010：84-85）

图8-260　上海世博会中国馆，2007—2009，底部架空层（图片引自：《何镜堂：建筑创作》，2010：80）

图8-261　上海世博会主题馆，2007—2009，设计单位：同济大学建筑设计研究院（集团）有限公司，建筑师：曾群、丁洁民、邹子敬、文小琴等（图片引自：《建筑学报》，2010（5）：62）

双向巨跨空间的"城市客厅"，光电建筑一体化的太阳能屋面和垂直绿化墙面的"城市绿篱"。

（4）上海世博会，世博中心

该建筑位于浦东世博园主会场黄浦江沿岸，用地面积 6.65 万 m²，总建筑面积 14.2 万 m²。世博中心是 2010 年上海世博会最具规模的综合性核心功能场馆，在世博会举办期间，将接待各国来宾并举行大型活动，承担会议庆典、论坛交流、新闻发布和接待宴请等主要功能，全方位地服务于世博会的筹备和举办。世博中心在世博会后，将转型成为国际一流的会议中心，为上海的国际交流和大型政务活动以及推动现代服务业发展起到积极作用。

主要功能有 7200m² 的多功能大厅、4800m² 的宴会厅、3000m² 的公共餐厅、2000m² 的国际会议厅、2600 席的大会堂以及近百间规模不等的中小会议室和贵宾接待厅。设计遵循"可合并，可分割""最大连续空间""最小使用空间""功能通用"等评价指标，通过留有余地达到经济和高效。模数化的构造奠定空间组合的基础，达到最大空间的灵活性。

世博中心简约方正的体量，不仅有助于复杂的功能分区与合理的流线组织，同时通过材料的应用，塑造了富有创意的折线单元式幕墙并构成了建筑的主要形态特征。世博中心简约的建筑形态也造就了宽阔舒展的屋顶平面，主要采用植被以及太阳能光伏电板架空层，大大提高了屋顶的夏季隔热和冬季保温性能。同时开创了国内外大型公共建筑上大规模采用新型能源并网发电的先河。

整个建筑采用全钢结构，使用 LED 照明、冰蓄冷等系统，太阳能热水、分工况变频给水系统，雨水和杂用水收集系统，程控型绿地浇灌。特别是利用黄浦江边得天独厚的地理优势，采用江水循环降温技术，最大限度地实现节能降耗。

（5）上海世博会，世博文化中心

该建筑用地面积 6.72 万 m²，总建筑面积 14.0227 万 m²，综合性功能显著，不仅有 1.8 万观众席的大型室内演艺场馆，还集电影院、音乐世博演艺中心俱乐部、展览厅、文艺沙龙及各种商业、旅游设施于一体，是一个符合现

图 8-262　上海世博会，世博中心，2006—2009，设计单位：华东建筑设计研究院有限公司，建筑师：汪孝安、傅海聪、亢智毅、乔伟等（图片引自：《建筑学报》，2010（5）：60）

图 8-263　上海世博会，世博文化中心，2007—2010，设计单位：华东建筑设计研究院有限公司，建筑师：汪孝安、鲁超、田园、涂宗豫（图片引自：《建筑学报》，2010（5）：57）

代理念的文化娱乐集聚区。飞碟状的建筑外形既时尚现代又充满未来气息，犹如黄浦江畔的一只"艺海贝壳"。

世博会从来都是展示新概念新建筑的盛会，上海世博会在"城市，让生活更美好"主题的号召下，各国不但献出了形态万千的建筑形式，也对于这个口号做出了建筑的宣示。各国实例数不胜数，这里仅举几例，略以管中窥豹。

（6）上海世博会，印度尼西亚馆

该建筑位于 B 片区，用地面积 4000m²，建筑面积 2757m²。建筑师以"和谐的城市——即可持续发展的生态城市"为主题作出诠释，体现印尼植物茂密、种类繁多"赤道上的翡翠"的美誉。根据展馆坡道的形式，以天然竹材和钢材为主要材料，将自然引入建筑。外立面利用格栅，以半开敞的空间来传承印尼凉亭建筑的通畅特色，也为建筑带来自然通风。

（7）上海世博会，韩国馆

该馆位于 A 片区，用地面积 6000m²，建筑面积 7683m²。该馆的设计，诠释了将技术与文化融合在一起的未来城市。建筑的表皮，由两种要素组成：韩国字符和艺术图案。立体化的韩文和五彩像素画为装饰，成为展馆的外立面。远观展馆，建筑体量由几个硕大的韩文字符连接而成，当接近建筑时，看出大字符的外墙上再划分若干组小字符，更进一步观察，每组小字符中又包含着凹凸有致、更精致的韩文字符。

（8）上海世博会，奥地利馆

该馆位于 C 片区北环路以南 C07 街坊，用地面积 2310m²，建筑面积 2112m²。建筑材料采用光滑的马赛克，以白色为底，屋顶局部采用红色带，是奥地利国旗的颜色，远望建

图 8-264　上海世博会，印度尼西亚馆，2009—2010，设计单位：BUDI LIM ARCHITECTS、上海市建工设计研究院有限公司，建筑师：BUDI LIM、王耘方、陈燕冰、付睿、姚鸣东、涂颖君（图片引自：《建筑学报》，2010（6）：59）

图 8-265　上海世博会，韩国馆，2008—2010，设计单位：（韩）MASS STUDIES、日兴设计·上海兴田建筑工程设计事务所，建筑师：（韩）Minsuk Cho、王兴田、张峻、何思强、苏晓宇（图片引自：《建筑学报》，2010（6）：46）

图 8-266　上海世博会，奥地利馆，2009—2010，设计单位：（奥地利）Arge SPAN-ZEYTINOGLU Architects、上海现代工程咨询有限公司，建筑师：Arge SPAN-ZEYTINOGLU Architects、黄颖陆鸣、刘文毅（图片引自：《建筑学报》，2010（5）：108）

筑外形犹如白色的乐器。建筑师团队以音乐为灵感，以曲线拓扑体为基础，将建筑外部体量和内部空间紧密融为一体，形成流动的空间，如音乐的流动。该馆的展览理念为"和谐都市"，展览的内容被抽象为视觉和听觉的体验，建筑空间的声环境，体现建筑空间的流动感。该馆还采用了地板侧墙送风技术，节省空间，并达到绿色节能要求。

（9）上海世博会，德国馆

该馆建筑师对未来城市的理解是"和谐都市——一座在更新与保护、创新与传统、城市化与自然、集体与个人、工作与休闲、全球化与民族化之间取得平衡，和谐的城市"。建筑为4层，全钢结构，全部展览空间置于绿色景观的上空，给观者以丰富的使用空间。外形以四个看上去不稳定的体量，通过彼此的相互支撑而获得整体平衡，暗含了和谐城市的本质。

建筑采取双层表皮，围护结构外墙包裹100mm厚的彩钢夹芯板，有防水、防火等

作用。夹芯板外是一层开放的网格状膜，不仅有装饰作用，还有通风遮阳等作用，提高热工性能。双层构造设计也为机电设备、管线设计创造了条件。

（10）上海世博会，丹麦馆

该馆位于世博园C片区，用地面积3000m²，建筑面积3000m²，该馆主题是"梦想城市"，设计灵感得自对哥本哈根和上海这两个城市的研究，最终，这个两城市的共同元素：自行车，成为设计的指南。一个环绕着中央水池盘旋向上的环形箱体，构成了自半地下到屋顶的开放建筑空间，也形成了自行车的车道。中央水池坐着著名的小美人鱼。从室内走向屋顶后，沿着哥本哈根特有的蓝色自行车道形成的"蓝地毯"，观者可以选一辆自行车，在室外骑行后，再次进入室内进行参观。同时，展馆使观者以两种速度体验丹麦的城市生活，一是悠闲的步行速度，二是快捷的骑行速度。

以钢板为材料的外立面，实际上是展馆结

图 8-267　上海世博会，德国馆，2008—2010，设计单位：（德国）Schmidhuber+Kaindl、现代工程咨询有限公司，建筑师：杨慧南、林文蓉、臧传金、刘文毅、胡金龙（图片引自：《建筑学报》，2010（5）：120）

图 8-268　上海世博会，丹麦馆，2008—2010，设计单位：（丹麦）Bjarke Ingles Group（BIG）、上海奥雅纳工程咨询公司（Arup 上海）、同济大学建筑研究院，外方建筑师：Bjarke Ingles 等，中方建筑师：任力之、汪启颖、章蓉妍、茅名前（图片引自：《建筑学报》，2010（5）：79）

构的重要组成部分。上面分布的 90~250mm
的数千个孔洞，除了为展馆提供采光、通风
和人工照明外，还直接反映了受力的情况，
载荷较大的地方，孔洞较小，孔洞较大的地
方，载荷较小。孔洞所组成的抽象图案，既可
反映馆内人、车流动，也能反映立面上结构
力量的流动。

（11）上海世博会，法国馆

该馆位于世博会浦东 C 片区 C09 地块，
用地面积 6765m²，建筑面积 7651m²，法国
馆的主题是"感性城市"。这种所谓感性城市，
却是在一个十分理性的架构下展开的。建筑的
平面是一个中空的方形，如中国的回字或四合
院，方正、对称的格局体现出经典现代建筑设
计的理性价值，以及法国传统城市街区的记忆。

建筑平面的回形模式和底部的架空，突
破了建筑有一圈外立面和一个屋顶面的外观属
性，增加了一个内立面和底面，这就为建筑提
供了更多的展示感性一面的可能。建筑师采用
了一个优雅的混凝土网架，具有轻盈的织物效
果。屋顶面和内立面设计法式花园景观，绿色
生态理念和建筑立面的围合在这里相会，像一
挂从屋顶花园溢出的景观瀑布。建筑的底面是
一个城市广场，欧洲城市生活的公共空间得以
充分表达，而涉及的景观、水体、绿化则超越
了城市广场的感性体验。那个理性的平面，通
过超出传统立面的处理，折射出"感性的城市"。

进入新世纪，中国加入了 WTO，国内建
筑设计市场已经初成，外国建筑师大步走进来，
中国建筑师小步走出去，庞大的设计任务，把
中国建筑创作推向一个前所未有的盛期。

新一代建筑师走向建筑舞台的中心，他们

图 8-269　上海世博会，丹麦馆，室内（图片引自：
《建筑学报》，2010（5）：79）

图 8-270　上海世博会，法国馆，2008—2018，
设计单位：（法）JFA 建筑事务所、（法）Agence
TER 景观事务所、（法）C&E 结构工程公司、同
济大学建筑设计研究院，外方建筑师：雅克·费里
埃（Jacques Ferrier）等，中方建筑师（国内设计
团队）：任力之、汪启颖、章蓉妍、茅名前（图片引自：
《建筑学报》，2010（5）：107）

的作品充满生机。有条件的资深建筑师，依然
发挥着特有的示范效应。外国建筑师的作品大
举进入，有示范效应，也引人思考，一些作品
的相关争论，不论多么激烈，都应当视为建筑
领域的佳话，中国需要建筑批评。

我们已经指出的，初成的建筑市场依然是
一个不健全的市场，远远没有建成现代社会的
建筑制度体系，包括建筑设计的制度体系：完
善的建筑法律、法规，及其严格地执行措施。
不必讳言，表现在建筑设计中的乱象，都与法

律的缺失相关。

我们似乎进入了一个对艺术十分宽容的时代，这个时代也拥有了无所不能的手段。建筑可以随心所欲、无所顾忌，只要有人出钱。应当认真研究，从伪欧陆风开始，到招财进宝、福禄寿喜，现在已经发展到大型的"奇奇怪怪"的建筑，到底谁是"主谋"，建筑师是什么角色？

民间和互联网自2010年起，已经有过"中国十大丑陋建筑评选"活动，反映出社会对当前建筑乱象的焦虑，同时这也是研究建筑乱象原因的有效方法。遗憾的是，活动缺乏这些建筑的作者出场。如果能够，看看这些建筑的原始数据，听听他们亲历的设计故事，那么，已经评选了五届的活动和50个建筑，就可能拥有特定的历史意义。

繁重、庞大的中国建筑设计市场，呼唤约束建设各方行为的法律极其严格执行。

（本书所引用参考文献的论文部分，已经在各引用当页注出，此处不再列出，这里只列出正式出版的有关著作）

[1] （苏）耶·安·阿谢甫可夫.苏维埃建筑史（城市建设文集，内部发行）[M].陈志华，高亦兰，译.北京：中国建筑工业出版社，1955.

[2] 建工部建筑科学研究院.建筑十年[M].北京：建筑工程部建筑科学研究院，1959.

[3] 建筑工程部建筑科学研究院建筑理论及历史研究室，中国建筑史编辑委员会.中国建筑简史：第二册（中国近代建筑简史）[M].北京：中国工业出版社，1962.

[4] 苏联科学院哲学研究所，艺术研究所.马克思列宁主义美学原理[M].陆梅林，等，译.北京：生活·读书·新知三联书店，1962.

[5] 国家基本建设委员会建筑科学研究院.新中国建筑[M].北京：中国建筑工业出版社，1976.

[6] 王国泉，曲士蕴，徐纺，等.建筑实录（1、2、3、4）[M].北京：中国建筑工业出版社，1985—1993.

[7] 梁思成.梁思成文集（四）[M].北京：中国建筑工业出版社，1986.

[8] 中国建筑学会，北京土木建筑学会，清华大学建筑系联合举行梁思成先生诞辰八十五周年纪念大会.梁思成先生诞辰八十五周年纪念文集 1901—1986[M].北京：清华大学出版社，1986.

[9] 特约主编汪坦，清华大学建筑系，华中建筑编辑部编辑.中国近代建筑史研究讨论会论文[J].华中建筑，1987（2）.

[10] 朱寨.中国当代文学思潮史[M].北京：人民文学出版社，1987.

[11] 特约主编汪坦，清华大学建筑系、华中建筑编辑部编辑.第二次中国近代建筑史研究讨论会论文专辑[J].华中建筑，1988（3）.

[12] 王弗，刘志先.新中国建筑业纪事（1949—1989）[M].北京：中国建筑工业出版社，1989.

[13] 王桧林，等.中国现代史（下册）[M].北京：高等教育出版社，1989.

[14] 王绍周.上海近代城市建筑[M].南京：江苏科学技术出版社，1989.

[15] 天津建设四十年编委会.天津建设四十年[M].天津：天津科学技术出版社，1989.

[16] 萧默.中国 80 年代建筑艺术[M].北京，香港：经济管理出版社，香港建筑与城市出版有限公司，1990.

[17] 中国著名建筑师林克明编委会.中国著名

建筑师林克明 [M]. 北京：科学普及出版社，1991.

[18] 汪坦 . 第三次中国近代建筑史研究讨论会论文集 [M]. 北京：中国建筑工业出版社，1991.

[19] 陈保胜 . 中国建设四十年——建筑设计精选 [M]. 上海，香港：同济大学出版社，香港欧亚经济出版社，1992.

[20] 杨秉德 . 中国近代城市与建筑 [M]. 北京：中国建筑工业出版社，1993.

[21] 吴亦良 . 中国"八五"新住宅设计方案选 [M]. 北京：中国建筑工业出版社，1992.

[22] 中国建筑史编写组 . 中国建筑史（新一版）[M]. 北京：中国建筑工业出版社，1993.

[23] 华夏精粹编委会 . 华夏精粹 1991[M]. 北京：中国建筑工业出版社，1993.

[24] 华夏精粹编委会 . 华夏精粹 1993（上、中、下）[M]. 北京：中国建筑工业出版社，1994.

[25] 岭南建筑丛书编辑委员会 . 莫伯治集 [M]. 广州：华南理工大学出版社，1994.

[26] 黄国新主编 . 跨世纪的上海新建筑 [M]. 上海：同济大学出版社，1995.

[27] 林洙 . 建筑师梁思成 [M]. 天津：天津科技出版社，1996.

[28] 袁镜身 . 城乡规划建筑纪实录 [M]. 北京：中国建筑工业出版社，1996.

[29] 华夏精粹编委会 . 华夏精粹 1995（上、中、下）[M]. 北京：中国建筑工业出版社，1996.

[30] （意）L. 本奈沃洛 . 西方现代建筑史 [M]. 邹德侬，巴竹师，高军，译 . 天津：天津

科学技术出版社，1996.

[31] 刘尔明，羿风 . 当代青年建筑师作品选 [M]. 北京：中国大百科全书出版社，1997.

[32] 建设部科学技术司 . 中国小康住宅示范工程集萃 1、2[M]. 北京：中国建筑工业出版社，1997.

[33] 建设部勘察设计杂志社 . 当代中国特许以及注册建筑师作品选 [M]. 北京：中国文献出版社，1998.

[34] 梅季魁 . 现代体育馆建筑设计 [M]. 哈尔滨：黑龙江科学技术出版社，2002.

[35] 李伟伟 . 特色与探求 [M]. 大连：大连理工大学出版社，1999.

[36] 贾东东 . 海内外建筑师合作设计作品选 [M]. 北京：中国建筑工业出版社，1998.

[37] 天津市城乡建设管理委员会 . 天津建筑五十年 [M]. 珠海：珠海出版社，1999.

[38] 杨永生，顾孟潮 . 20 世纪中国建筑 [M]. 天津：天津科学技术出版社，1999.

[39] 杨永生 . 中国百名建筑师 [M]. 北京：中国建筑工业出版社，1999.

[40] 中国百名一级注册建筑师作品选（1~5）[M]. 北京：中国建筑工业出版社，1999.

[41] 当代中国建筑精品集编委会 . 当代中国建筑精品集 [M]. 北京：中国计划出版社，1999.

[42] 中国建筑年鉴编委会 . 中国建筑年鉴 1984—1995[M]. 北京：中国建筑工业出版社 .

[43] 北京市建筑设计志编纂委员会 . 北京建筑志设计资料汇编 [M]. 北京：内部资料 .

[44] 汪坦，中国近代建筑史研究会，藤森照

信，日本亚细亚近代建筑史研究会．中
国近代建筑总览之《南京篇》《武汉篇》
《广州篇》《重庆篇》《青岛篇》《天津篇》
等 [M]．北京：中国建筑工业出版社．

[45]《当代中国建筑师》丛书编委会．程泰宁
[M]．北京：中国建筑工业出版社，1998.

[46]《当代中国建筑师》丛书编委会．布正伟
[M]．北京：中国建筑工业出版社，1999.

[47] 邓小平．邓小平文选 第三卷 [M]．北京：
人民出版社，1993.

[48] 中共中央文献研究室．三中全会以来重要
文献选编（上、下）[M]．北京：人民出版
社，1982.

[49] 伍江．上海百年建筑史 [M]．上海：同济大
学出版社，1997.

[50] 张镈．我的建筑创作道路 [M]．北京：中国
建筑工业出版社，1993.

[51] 吴良镛．建筑学的未来 [M]．北京：清华大
学出版社，1999.

[52] 汤应武．抉择——1978 年以来中国改革
的历程 [M]．北京：经济出版社，1998.

[53] 薄一波．若干重大决策与事件的回顾（上
卷）[M]．北京：中共中央党校出版社，
1991.

[54] 中共中央文献研究室．关于建国以来党的
若干历史问题的决议注释本 [M]．北京：
人民出版社，1983.

[55] 孙敦璠，等．中国共产党历史讲义（下册）
[M]．济南：山东人民出版社，1984.

[56] 张在元，曾昭奋．当代中国建筑师（1）[M]．
天津：天津科学技术出版社，1988.

[57] 3A2 设计所．3A2 设计所作品集：3A2

STUDIO 2005—2015[M]．北京：中国
建筑工业出版社，2015.

[58] 包海泠，濮慧娟．浅析大型保障性社区
"新凯家园"的规划策略 [J]．时代建筑，
2011（4）：82-87.

[59] 陈伯超，徐丽云，王晓晶．沈阳建筑大
学新校区设计解读 [J]．建筑学报，2005
（11）：27-30.

[60] 陈超敏，郭胜．体育建筑的理性演绎——
广州市花都东风体育馆 [J]．建筑学报，
2011（9）：90-91.

[61] 陈可石，王雨．当代地域性策略在灾后重
建中的探索实践——汶川水磨中学建筑设
计 [J]．建筑学报，2011（6）：110-113.

[62] 程泰宁．程泰宁建筑作品选 2005—
2008[M]．北京：中国建筑工业出版社，
2009.

[63] 城市环境设计．评论："山""村"新解——
吉首大学综合科研教学楼及黄永玉博物
馆 [J]．城市环境设计，2009（12）：82-
85.

[64] 重松象平．想象的国度：Imagi-Nation
想象与热望的结合 [J]．时代建筑，2003
（2）：33-41.

[65] 崔愷．本土设计 [M]．北京：清华大学出版
社，2008.

[66] 崔愷，崔海东．文化客厅——首都博物馆
新馆 [J]．建筑学报，2007（7）：56-61.

[67] 大舍．当代建筑师系列：大舍 [M]．北京：
中国建筑工业出版社，2012.

[68]《当代中国建筑师》丛书编委会．布正
伟——当代中国建筑师 [M]．北京：中国

建筑工业出版社，1999.

[69] 董丹申，劳燕青，胡慧峰.追求得体的建筑表达——中国井冈山干部学院设计 [J].建筑学报，2007（2）：60-64.

[70] 关肇邺.关肇邺选集 2002—2010[M].北京：清华大学出版社，2011.

[71] 华南理工大学建筑设计研究院.何镜堂建筑创作 [M].广州：华南理工大学出版社，2010.

[72]《建筑创作》杂志.北京市建筑设计研究院作品集 1949—2009[M].天津：天津大学出版社，2009.

[73]《建筑学报》杂志.评论：辽宁五女山高句丽山城遗址博物馆 [J].建筑学报，2009（5）：36-39.

[74]《建筑学报》杂志.评论：中国 2010 年上海世博会概述 [J].建筑学报，2009（6）：1-6.

[75]《建筑学报》杂志.评论：清华大学附小新校舍 [J].建筑学报，2006（9）：41.

[76]《建筑学报》杂志.评论：中国科学院图书馆 [J].建筑学报，2006（9）：44.

[77]《建筑学报》杂志.评论：中国南通珠算博物馆 [J].建筑学报，2006（9）：45.

[78]《建筑学报》杂志.评论：北京德胜尚城 [J].建筑学报，2006（9）：53-55.

[79]《建筑学报》杂志.评论：杭州金基晓庐 [J].建筑学报，2011（2）：48-51.

[80]《建筑学报》杂志.评论：郑州郑东新区城市规划展览馆 [J].建筑学报，2011（3）：18-23.

[81]《建筑学报》杂志.四川美术学院虎溪校区图书馆 [J].建筑学报，2011（6）：52-59.

[82]《建筑学报》杂志.评论：清华大学人文社科图书馆 [J].建筑学报，2011（6）：63-67.

[83]《建筑学报》杂志.评论：深圳湾体育中心 [J].建筑学报，2011（9）：70-77.

[84]《建筑学报》杂志.前进中的中国建筑——中国建筑学会青年建筑师奖获奖者作品精选 [M].北京：中国城市出版社，2011.

[85] 江彬.重构建筑的自然性——内蒙古鄂尔多斯博物馆的回归与超越 [J].时代建筑，2012（4）：130-137.

[86] 柯蕾.中国电影博物馆设计回顾 [J].建筑学报，2006（2）：40-45.

[87] 李承德.中国美术学院校园整体改造 [J].建筑学报，2004（1）：46-51.

[88] 李涛.基于性能表现的中国绿色建筑评价体系研究 [D].天津大学博士学位论文，2012.

[89] 刘荫培，陈雄.广州新白云国际机场航站楼 [J].建筑学报，2004（9）：34-39.

[90] 李兴钢.国家体育场设计 [J].建筑学报，2008（8）：1-17.

[91] 刘家琨.建筑界丛书：此时此地 [M].北京：中国建筑工业出版社，2002.

[92] 刘谞.玉点——建筑师刘谞西部创作实鉴 [M].天津：天津大学出版社，2011.

[93] 马国馨.求一得集 [M].北京：中国电力出版社，2014.

[94] 马国馨.朴实无华见联想 [J].建筑学报，2005（5）：56-57.

[95] 毛厚德，常海东 . 面向未来的社会实验尝试简谈江苏昆山花桥游站项目创作心得[J]. 时代建筑，2013（6）: 130-135.

[96] 缪朴 . 成对的室内外空间: 深圳基督教堂方案 [J]. 建筑学报，1999（8）: 50-53.

[97] 彭一刚 . 传统 · 现代 · 融合——彭一刚建筑设计作品集 [M]. 武汉: 华中科技大学出版社，2014.

[98] 彭一刚 . 彭一刚文集——中国建筑名家文库 [M]. 武汉: 华中科技大学出版社，2010.

[99] 齐康 . 创意设计——齐康及其合作者建筑设计作品选集 [M]. 北京: 中国建筑工业出版社，2010.

[100] 齐康 . 建筑思迹——当代中国名家建筑创作与表现丛书 [M]. 哈尔滨: 黑龙江科学技术出版社，1999.

[101] 钱锋，魏崴，曲翠松 . 同济大学文远楼改造工程——历史保护建筑的生态节能更新 [J]. 时代建筑，2008（02）: 56-61

[102] 邵韦平 . "数字" 铸就建筑之美，北京凤凰国际传媒中心 [J]. 时代建筑，2012（5）: 90-98.

[103] 邵韦平 . 首都机场 T3 航站楼设计 [J]. 建筑学报，2008（5）: 1-13.

[104] 赵菊峰，刘宛，等 . 青年建筑师 · 中国 · 33[M]. 北京: 知识产权出版社，2001.

[105]《世界建筑》杂志 .WA 建筑档案: 土楼公社 [J]. 世界建筑，2011（5）: 84-85.

[106]《世界建筑》杂志 .WA 建筑档案: 中国国际建筑艺术实践展 4 号住宅 [J]. 世界建筑，2011（4）: 36-43.

[107] 时代建筑 . 评论: OMA 为中国电视巨擘CCTV: 设计新总部大楼 [J]. 时代建筑，2003（2）: 30-32.

[108] 时代建筑 . 评论: OMA 为中国电视巨擘CCTV: 设计新总部大楼 [J]. 时代建筑，2003（2）: 30-32.

[109] 斯特凡 · 胥茨 . 中国国家博物馆改扩建工程设计 [J]. 建筑学报，2011（7）: 10-23.

[110] 汤桦 . 建筑界丛书: 营造乌托邦 [M]. 北京: 中国建筑工业出版社，2002.

[111] 天津市历史风貌建筑保护委员会办公室 . 天津历史风貌建筑图志 [M]. 天津: 天津大学出版社，2013.

[112] 王小东 . 西部建筑行脚——个西部建筑师的建筑创作和论述 [M]. 北京: 中国建筑工业出版社，2007.

[113] 王伟 . 嘉兴博物馆 [J]. 建筑学报，2007（5）: 46-49.

[114] 王毅 . 一个结合地域的设计——九寨沟国际大酒店 [J]. 建筑学报，2004（6）: 46-49.

[115] 王弄极 . 用建筑书写历史——北京天文馆新馆 [J]. 建筑学报，2005（3）: 36-41.

[116] 王澍 . 建筑界丛书: 设计的开始 [M]. 北京: 中国建筑工业出版社，2002.

[117] 汪光焘，仇保兴 . 在第一届至第十届国际绿色建筑与建筑节能大会上的讲话 [R]. 2005-2014.

[118] 吴珊 . 中国拒绝"洋建筑实验场"[N].
青年参考，2004-8-12.

[119]《新建筑》杂志 . 作品专辑：四川绵竹市
文化广场 [J]. 新建筑，2011（4）：82-85.

[120]《新时代　新经典：中国建筑学会建筑
创作大奖获奖作品集》编委会 . 新时
代　新经典：中国建筑学会建筑创作大
奖获奖作品集 [M]. 北京：中国城市出版
社，2012.

[121] 袁建平，袁刚，黄晨 . 上海国际赛车场 [J].
建筑学报，2005（5）：42-45.

[122] 章明，张姿 . 事件建筑——关于 2010
年上海世博会永久性建筑"一轴四馆"
的思考与对话 [J]. 建筑学报，2010（5）：
36-65.

[123] 张川，宋凌，孙潇月 . 2014 年度绿色
建筑评价标识统计报告 [J]. 建设科技，
2015（6）.

[124] 张锦秋 . 延安革命纪念馆——长安意匠
张锦秋建筑作品集 [M]. 北京：中国建筑
工业出版社，2011.

[125] 张锦秋 . 圣殿记——长安意匠张锦秋建
筑作品集 [M]. 北京：中国建筑工业出版
社，2006.

[126] 张锦秋 . 天人古今——长安意匠张锦秋
建筑作品集 [M]. 北京：中国建筑工业出
版社，2013.

[127] 张锦秋 . 现代民居群贤庄 [M]. 北京：中

国建筑工业出版社，2007.

[128] 张姿，章明 . 上海当代艺术博物馆的
文化表达 [J]. 时代建筑，2013（1）：
120-127.

[129] 赵崇新 . 1933 老场坊改造 [J]. 建筑学报，
2008（12）：70-75.

[130] 赵小钧 . 优秀方案——中国建筑工程公
司、澳大利亚 PTW 建筑师事务所、奥
雅纳澳大利亚有限公司联合设计方案 [J].
建筑学报，2003（8）：16-19.

[131] 中华人民共和国住房和城乡建设部 . 绿色
建筑评价标准：GB/T 50378—2019[S].
北京：中国建筑工业出版社，2019.

[132] 中国城市科学研究会 . 绿色建筑系列丛
书 [M]. 北京：中国建筑工业出版社，
2012.

[133] 中国城市规划设计研究院，中国建筑设
计研究院 . 建筑新北川 [M]. 北京：中国
建筑工业出版社，2011.

[134] 中国建筑设计研究院 . 中国建筑设计研
究院作品选 2010—2011[M]. 北京：中
国建筑工业出版社，2012.

[135] 支文军，徐洁 . 2004—2008 中国当代
建筑 [M]. 沈阳：辽宁科学技术出版社，
2008.

[136] 朱小地，张果，孙志敏，王玥 . 北京奥
林匹克公园中心区景观设计 [J]. 建筑创
作，2008（7）：34-61.